中 国 国 家 标 准 汇 编

568

GB 29322～29369

（2012 年制定）

中国标准出版社　编

中国标准出版社

北　京

图书在版编目(CIP)数据

中国国家标准汇编:2012年制定.568:
GB 29322~29369/中国标准出版社编.—北京:
中国标准出版社,2013.10
ISBN 978-7-5066-7298-6

Ⅰ.①中…　Ⅱ.①中…　Ⅲ.①国家标准-
汇编-中国-2012　Ⅳ.①T-652.1

中国版本图书馆CIP数据核字(2013)第183721号

中国标准出版社出版发行
北京市朝阳区和平里西街甲2号(100013)
北京市西城区三里河北街16号(100045)

网址 www.spc.net.cn
总编室:(010)64275323　发行中心:(010)51780235
读者服务部:(010)68523946

中国标准出版社秦皇岛印刷厂印刷
各地新华书店经销

*

开本 880×1230　1/16　印张 35.25　字数 1 080 千字
2013年10月第一版　2013年10月第一次印刷

*

定价 220.00 元

出 版 说 明

1.《中国国家标准汇编》是一部大型综合性国家标准全集。自1983年起，按国家标准顺序号以精装本、平装本两种装帧形式陆续分册汇编出版。它在一定程度上反映了我国建国以来标准化事业发展的基本情况和主要成就，是各级标准化管理机构，工矿企事业单位，农林牧副渔系统，科研、设计、教学等部门必不可少的工具书。

2.《中国国家标准汇编》收入我国每年正式发布的全部国家标准，分为“制定”卷和“修订”卷两种编辑版本。

“制定”卷收入上一年度我国发布的、新制定的国家标准，顺延前年度标准编号分成若干分册，封面和书脊上注明“20××年制定”字样及分册号，分册号一直连续。各分册中的标准是按照标准编号顺序连续排列的，如有标准顺序号缺号的，除特殊情况注明外，暂为空号。

“修订”卷收入上一年度我国发布的、被修订的国家标准，视篇幅分设若干分册，但与“制定”卷分册号无关联，仅在封面和书脊上注明“20××年修订-1，-2，-3，……”字样。“修订”卷各分册中的标准，仍按标准编号顺序排列(但不连续)；如有遗漏的，均在当年最后一分册中补齐。需提请读者注意的是，个别非顺延前年度标准编号的新制定的国家标准没有收入在“制定”卷中，而是收入在“修订”卷中。

读者配套购买《中国国家标准汇编》“制定”卷和“修订”卷则可收齐由我社出版的上一年度我国制定和修订的全部国家标准。

3.由于读者需求的变化，自1996年起，《中国国家标准汇编》仅出版精装本。

4.2012年我国制修订国家标准共2 101项。本分册为“2012年制定”卷第568分册，收入国家标准GB 29322～29369的最新版本。

中国标准出版社

2013年8月

目　　录

ICS 29.240.99
K 45

中华人民共和国国家标准

GB/T 29322—2012

1 000 kV 变压器保护装置技术要求

Specification for 1 000 kV power transformer protection equipment

2012-12-31 发布　　　　2013-06-01 实施

中华人民共和国国家质量监督检验检疫总局
中国国家标准化管理委员会　发布

前　言

本标准按照 GB/T 1.1—2009 给出的规则起草。

本标准由中国电器工业协会提出。

本标准由全国量度继电器和保护设备标准化技术委员会(SAC/TC 154)归口。

本标准起草单位:国家电力调度通信中心、国家电网公司特高压建设部、南京南瑞继保电气有限公司、国网电力科学研究院、中国电力科学研究院、华中电网电力调度通信中心、北京四方继保自动化股份有限公司、国电南京自动化股份有限公司、许继电气股份有限公司、许昌智能电网装备试验研究院、许昌开普电器检测研究院。

本标准主要起草人:舒治淮、陈松林、文继锋、杜丁香、柳焕章、屠黎明、王峰、李瑞生、姚致清、于飞、李志勇、刘文、杨慧霞、祝斌、张喜玲。

1 000 kV 变压器保护装置技术要求

1 范围

本标准规定了1 000 kV 变压器继电保护装置的基本技术要求、试验方法、检验规则及对标志、包装、运输、贮存的要求。

本标准适用于1 000 kV 变压器微机型继电保护装置(以下简称为装置),作为该类装置设计、制造、检验和应用的依据。

2 规范性引用文件

下列文件对于本文件的应用是必不可少的。凡是注日期的引用文件,仅注日期的版本适用于本文件。凡是不注日期的引用文件,其最新版本(包括所有的修改单)适用于本文件。

GB/T 191 包装储运图示标志

GB/T 2887—2011 计算机场地通用规范

GB/T 2900.17 电工术语 量度继电器

GB/T 2900.49 电工术语 电力系统保护

GB/T 7261—2008 继电保护及安全自动装置基本试验方法

GB/T 9361—2011 计算机场地安全要求

GB/T 11287—2000 电气继电器 第21部分:量度继电器和保护装置的振动、冲击、碰撞和地震试验 第1篇:振动试验(正弦)

GB/T 14285—2006 继电保护和安全自动装置技术规程

GB/T 14537—1993 量度继电器和保护装置的冲击与碰撞试验

GB/T 14598.9—2010 量度继电器和保护装置 第22-3部分:电气骚扰试验 辐射电磁场抗扰度

GB/T 14598.10—2012 电气继电器 第22-4部分:量度继电器和保护装置的电气骚扰试验 电快速瞬变/脉冲群抗扰度试验

GB/T 14598.11—2011 量度继电器和保护装置 第11部分:辅助电源端口电压暂降、短时中断、电压变化和纹波

GB/T 14598.13—2008 电气继电器 第22-1部分:量度继电器和保护装置的电气骚扰试验 1 MHz脉冲群抗扰度试验

GB/T 14598.14—2010 量度继电器和保护装置 第22-2部分:电气骚扰试验 静电放电试验

GB/T 14598.16—2002 电气继电器 第25部分:量度继电器和保护装置的电磁发射试验

GB/T 14598.17—2005 电气继电器 第22-6部分:量度继电器和保护装置的电气骚扰试验 射频场感应的传导骚扰的抗扰度

GB/T 14598.18—2012 电气继电器 第22-5部分:量度继电器和保护装置的电气骚扰试验 浪涌抗扰度试验

GB/T 14598.19—2007 电气继电器 第22-7部分:量度继电器和保护装置的电气骚扰试验 工频抗扰度试验

GB 14598.27—2008 量度继电器和保护装置 第27部分:产品安全要求

GB/T 17626.8—2006 电磁兼容 试验和测量技术 工频磁场抗扰度试验

GB/T 17626.9—1998 电磁兼容 试验和测量技术 脉冲磁场抗扰度试验

GB/T 17626.10—1998 电磁兼容 试验和测量技术 阻尼振荡磁场抗扰度试验

GB/T 19520.12—2009 电子设备机械结构 482.6 mm(19 in)系列机械结构尺寸 第3-101部分:插箱及其插件

DL/T 667 远动设备及系统 第5部分:传输规约 第103篇:继电保护设备信息接口配套标准

DL/T 860(所有部分) 变电站通信网络和系统

DL/T 871 电力系统继电保护产品动模试验

3 术语和定义

GB/T 2900.17 和 GB/T 2900.49 界定的以及下列术语和定义适用于本文件。

3.1

纵差保护 longitudinal differential protection

由变压器各侧外附CT构成的差动保护,该保护能反映变压器各侧的各类故障。

3.2

分相差动保护 phase segregated differential protection

分相差动保护是指由变压器高、中压侧外附CT(电流互感器)和低压侧三角内部套管(绕组)CT(电流互感器)构成的差动保护。将变压器的各相绕组分别作为被保护对象,由每相绕组的各侧CT构成的差动保护。

3.3

低压侧小区差动保护 low voltage small section differential protection

由低压侧三角形两相绕组内部CT和一个反映两相绕组差电流的外附CT构成的差动保护。

3.4

分侧差动保护 subsection differential protection

高中压和公共绕组分侧差动保护指由自耦变压器高、中压侧外附CT和公共绕组CT构成的差动保护。将变压器的各侧绕组分别作为被保护对象,由各侧绕组的首末端CT按相构成的差动保护。

3.5

故障分量差动保护 fault component differential protection

零序分量、负序分量或变化量等反映轻微故障的差动保护称为故障分量差动保护。

4 技术要求

4.1 环境条件

4.1.1 正常工作大气条件

正常工作大气条件如下:

a) 环境温度:−10 ℃~+55 ℃;

b) 相对湿度:5%~95%(产品内部既不应凝露,也不应结冰);

c) 大气压力:86 kPa~106 kPa。

4.1.2 试验的标准大气条件

试验的标准大气条件如下:

a) 环境温度：15 ℃～35 ℃；

b) 相对湿度：45%～75%；

c) 大气压力：86 kPa～106 kPa。

4.1.3 仲裁试验的标准大气条件

仲裁试验的标准大气条件如下：

a) 环境温度：20 ℃±5 ℃；

b) 相对湿度：45%～75%；

c) 大气压力：86 kPa～106 kPa。

4.1.4 贮存、运输极限环境温度

装置的贮存、运输的极限环境温度为－25 ℃～＋70 ℃。在不施加任何激励量的条件下，不出现不可逆变化。温度恢复后，装置性能应符合4.4、4.5、4.7的规定。

4.1.5 周围环境

装置的使用地点应无爆炸危险、无腐蚀性气体及导电尘埃、无严重霉菌、无剧烈振动源；不存在超过4.9规定的电气骚扰；有防御雨、雪、风、沙、尘埃及防静电措施；场地应符合GB/T 9361—2011中B类安全要求，接地电阻应符合GB/T 2887—2011中4.4的规定。

4.1.6 特殊环境条件

当超出4.1.1～4.1.5规定的环境条件时，由用户与制造厂商定。

4.2 额定电气参数

4.2.1 直流电源

装置的直流电源额定参数如下：

a) 额定电压：220 V、110 V；

b) 允许偏差：－20%～＋15%；

c) 纹波系数：不大于5%。

4.2.2 交流回路

装置的交流回路额定参数如下：

a) 交流电流：1 A；

b) 交流电压：100 V、$100/\sqrt{3}$ V；

c) 频率：50 Hz。

4.3 功率消耗

装置的功率消耗为：

a) 交流电流回路：每相不大于0.5 VA；

b) 交流电压回路：当额定电压时，每相不大于0.5 VA；

c) 直流电源回路：当正常工作时，不大于60 W；

当装置动作时，不大于110 W。

4.4 整套装置的主要功能

4.4.1 装置应具有独立性、完整性。

4.4.2 装置应具有自检功能，自检功能应符合 GB/T 14285—2006 中 4.1.12.5 的要求。

4.4.3 装置应具有独立的启动元件，只有在电力系统发生扰动时，才允许开放出口跳闸回路。

4.4.4 装置应具有故障记录功能，以记录保护的动作过程，为分析保护的动作行为提供详细、全面的数据信息。并且能以 COMTRADE 数据格式输出。应能至少记录 32 次故障记录，所有故障记录按时序循环覆盖；应能保存最新的 8 次跳闸报告。装置应保证发生故障时不丢失故障记录信息，在装置直流电源消失时不丢失已经记录的信息，记录不可人为清除；应能记录故障时的输入模拟量和开关量、输出开关量、动作元件、动作时间、相别。

4.4.5 装置中央信号的触点在直流电源消失后应能自保持，只有当运行人员复归后，信号触点才能返回，人工复归应能在装置外部实现。

4.4.6 装置的定值应满足保护功能的要求，应尽可能做到简单、易理解、易整定；定值需改变时，应设置多套可切换的定值，满足特高压变压器调压要求。电流定值可整定范围应在 0.05 I_n～15 I_n，其他定值整定的范围应满足工程需要。

4.4.7 装置应按时间顺序记录正常操作信息，如开关变位、开入量变位、压板切换、定值修改、定值切换等。在装置直流电源消失时不丢失已经记录的信息；所有记录按时序循环覆盖；记录不可人为清除。

4.4.8 装置应能输出装置本身的自检信息及动作时间、动作时间报告、动作采样值数据报告、开入、开出和内部状态信息、定值报告等。

4.4.9 装置应能提供 3 个以太网通信接口、一个调试接口、一个打印接口。通信传输协议应符合 DL/T 667或 DL/T 860 的有关规定。

4.4.10 装置应提供相应的辅助调试软件。

4.4.11 装置应具有硬件时钟电路，装置在失去直流电源时，硬件时钟应能正常工作。装置应具有与外部标准授时源的 IRIG—B 对时接口。

4.4.12 装置的直流工作电源，应保证在外部电源为 80%～115%额定电压、纹波系数不大于 5%的条件下可靠工作。拉、合装置直流电源或直流电压缓慢下降及上升时，装置不应误动。直流电源消失时，应有输出触点以起动告警信号。直流电源恢复时，装置应能自动恢复工作。

4.4.13 装置应有足够的跳闸触点，除应满足跳开相应的断路器及起动失灵保护的要求外，还应提供一定数量的备用跳闸出口触点，供安全稳定装置等使用。装置的跳闸触点应保证断路器可靠动作切除故障，故障消失后跳闸触点的返回时间不应大于 30 ms。

4.5 装置的主要技术性能

4.5.1 一般要求

保护模块的配置与被保护的设备有关，但所选择的单个保护应能达到下面的性能指标。本标准未规定的指标由下级标准规定。

1 000 kV 变压器由于容量、体积及自重等关系，为独立的主变压器、调压变压器、补偿变压器构成的特殊接线方式。主变压器保护和调压变压器、补偿变压器保护应独立配置，以方便现场运行调试。

4.5.2 变压器保护配置要求

变压器保护配置要求如下：

a） 主变压器保护应采用主后一体，应配置纵差保护，或分相差动保护加上低压侧小区差动保护。

b） 主变压器保护应具有接入高、中压侧和公共绕组回路的分侧差动保护，不应将中性点零序电流接入差动保护。

c) 为了保证调压变压器和补偿变压器匝间故障的灵敏度，两者应单独配置差动保护，不配置差动速断和后备保护。

d) 可配置不经整定的反应故障分量的差动保护。

e) 变压器差动保护应采用 TPY 型电流互感器。

f) 对外部单相接地、相间短路引起的变压器过电流，变压器应装设相间短路后备保护，保护带延时跳开相应断路器。在满足灵敏性和选择性要求的情况下，应优先选用简单可靠的电流、电压保护作为相间短路后备保护。对电流、电压保护不能满足灵敏性和选择性要求的变压器可采用阻抗保护。

g) 公共绕组侧应该配置零序过流保护和过负荷功能。

h) 各侧应配置后备保护和过负荷功能，各侧应各装设一套不带任何闭锁的过流保护或零序电流保护作为变压器的总后备。

i) 过激磁保护：应配置与被保护变压器的励磁特性相配合的反时限过激磁保护。

j) 应配置非电量保护。非电量保护一般包括瓦斯、压力释放、油温、绕组温度等。

4.5.3 变压器保护技术要求

4.5.3.1 差动保护要求

差动保护要求如下：

a) 具有防止区外故障误动的制动特性；

b) 具有 CT 断线判别功能，并能报警，是否闭锁差动保护，可整定；

c) 差动动作时间(差动电流为 2 倍整定值时)不大于 30 ms；

d) 整定值允许误差±5%或±0.02 I_n(I_n 为 CT 二次额定电流，下同)；

e) 主变压器纵差保护、分相差动保护、调压变差动保护和补偿变差动保护应具有防止励磁涌流引起误动的功能；

f) 主变压器纵差保护、分相差动保护应具有防止过激磁引起误动的功能；

g) 主变压器纵差保护、分相差动保护应具有严重内部故障 CT 饱和情况下快速动作的差动速断功能，差动速断保护不经电流波形特征元件闭锁，差动速断动作时间(差动电流为 1.5 倍整定值时)不大于 20 ms。

4.5.3.2 过激磁保护

过激磁保护要求如下：

a) 定时限过激磁倍数整定值允许误差±2.5%；返回系数不小于 0.96，长延时应能整定到1 000 s；

b) 反时限过激磁保护时限特性应能整定，应与变压器过激磁特性相匹配；

c) 装置适用频率范围 45 Hz～55 Hz。

4.5.3.3 阻抗保护

阻抗保护要求如下：

a) 应具有 PT 断线闭锁功能并发出告警信号；

b) 具有偏移特性时，正反向阻抗均可分别整定；

c) 阻抗整定值允许误差±5%或±0.1 Ω。

4.5.3.4 复合电压闭锁过流(方向)保护

复合电压闭锁过流(方向)保护要求如下：

a) 电压整定值允许误差±5%或±0.01 U_n,电流整定值允许误差±5%或±0.02 I_n；

b) 方向元件无死区;动作边界允许误差±3°；

c) 具有PT断线报警功能；

d) 方向元件的投退应由整定控制。

4.5.3.5 零序过流(方向)保护

零序过流(方向)保护要求如下：

a) 电流整定值允许误差±5%或±0.02 I_n；

b) 最小动作电流不大于0.1 I_n；

c) 方向元件的投退应由整定控制。

4.5.3.6 低电压闭锁过流保护

低电压闭锁过流保护要求如下：

a) 电压整定值允许误差±5%或±0.01 U_n,电流整定值允许误差±5%或±0.02 I_n；

b) 具有PT断线报警功能。

4.5.3.7 过流保护

电流整定值允许误差±5%或±0.02 I_n。

4.5.3.8 过负荷保护

过负荷保护要求如下：

a) 电流整定值允许误差±5%或±0.02 I_n；

b) 返回系数:0.9～0.95。

4.5.3.9 非电量保护

非电量保护要求如下：

a) 非电量保护应分相设置；

b) 非电量保护应有独立的出口回路,不应使用弱电作为跳闸起动电源；

c) 非电量保护不应启动失灵；

d) 接入非电量跳闸继电器,启动功率应大于5 W,动作电压在额定直流电源电压的55%～70%范围内,额定直流电源电压下动作时间为10 ms～35 ms,应具有抗220 V工频电压干扰的能力。

4.5.3.10 测量元件特性的准确度

测量元件特性的准确度要求如下：

a) 整定误差:不超过±2.5%或不超过0.02 I_n；

b) 温度变差:在正常工作环境温度范围内,相对于20 ℃±5 ℃时,不超过±2.5%。

4.5.3.11 装置自身时钟精度

装置时钟精度:24 h不超过±2 s;经过时钟同步后,误差不超过±1 ms。

4.6 过载能力

装置的过载能力如下：

a) 交流电流回路：2 倍额定电流，连续工作；
10 倍额定电流，允许 10 s；
40 倍额定电流，允许 1 s。

b) 交流电压回路：1.2 倍额定电压，连续工作；
1.4 倍额定电压，允许 10 s。

装置经受电流电压过载后，应无绝缘损坏，并符合 4.7、4.8 的规定。

4.7 绝缘性能

4.7.1 绝缘电阻

在试验的标准大气条件下，装置的每个电路与外露导电部分之间，每个独立电路的端子连接在一起；各独立电路之间，每个独立电路的端子连接在一起。施加直流 500 V 时的绝缘电阻值不应小于 100 MΩ。

4.7.2 介质强度

在试验的标准大气条件下，装置应能承受频率为 50 Hz，历时 1 min 的工频耐压试验而无击穿闪络及元器件损坏现象。

工频试验电压值按表 1 选择。也可以采用直流试验电压，其值应为规定的工频试验电压值的 1.4倍。

试验过程中，任一被试回路施加电压时其余回路等电位互联接地。

表 1 工频试验电压

单位为伏特

被试回路	额定绝缘电压	试验电压
整机引出端子和背板线—地	63～250	2 000
直流输入回路—地	63～250	2 000
交流输入回路—地	63～250	2 000
信号输出触点—地	63～250	2 000
无电气联系的各回路之间	63～250	2 000
整机带电部分—地	≤63	500
出口继电器的动断触点之间	63～250	2 000

4.7.3 冲击电压

在试验的标准大气条件下，装置的直流输入回路、交流输入回路、信号输出触点等诸回路对地，以及回路之间，应能承受 1.2/50 μs 的标准雷电波的短时冲击电压试验。当额定绝缘电压大于 63 V 时，开路试验电压为 5 kV；当额定绝缘电压不大于 63 V 时，开路试验电压为 1 kV。试验后，装置的性能应符合 4.4、4.5 的规定。

4.8 耐湿热性能

4.8.1 根据试验条件和使用环境，在以下两种方法中选择其中一种。

4.8.2 恒定湿热

装置应能承受 GB/T 7261—2008 中 9.5 规定的恒定湿热试验。试验温度为 40 ℃±2 ℃，相对湿度为(93±3)%，试验持续时间 48 h。在试验结束前 2 h 内，用 500 V 直流兆欧表，测量各外引带电回路部分对外露非带电金属部分及外壳之间、以及电气上无联系的各回路之间的绝缘电阻值不应小于10 MΩ；介质强度不低于 4.7.2 规定的介质强度试验电压值的 75%。

4.8.3 交变湿热

装置应能承受 GB/T 7261—2008 中 9.4 规定的交变湿热试验。试验温度为 40 ℃±2 ℃，相对湿度为(93±3)%，试验时间为 48 h，每一周期历时 24 h。在试验结束前 2 h 内，用 500 V 直流兆欧表，测量各外引带电回路部分对外露非带电金属部分及外壳之间、以及电气上无联系的各回路之间的绝缘电阻不应小于 10 MΩ；介质强度不低于 4.7.2 规定的介质强度试验电压值的 75%。

4.9 电磁兼容要求

4.9.1 抗扰度要求

4.9.1.1 辐射电磁场骚扰

装置应能承受 GB/T 14598.9—2010 第 4 章规定的严酷等级的辐射电磁场骚扰试验。试验期间及试验后，装置的验收准则见表 2。

表 2 验收准则

功 能	验 收 准 则
保护	在规定限值内性能正常
命令和控制	在规定限值内性能正常
测量	试验期间性能暂时下降，试验后自行恢复。存储数据不丢失
人机接口和可视报警	试验期间性能暂时下降或功能丧失，试验后自行恢复。存储数据不丢失
数据通信	误码率可能增加，但传输数据不丢失

4.9.1.2 电快速瞬变/脉冲群抗扰度

装置应能承受 GB/T 14598.10—2012 第 4 章规定的严酷等级为 A 级的电快速瞬变/脉冲群抗扰度试验。试验期间及试验后，装置的验收准则见表 2。

4.9.1.3 1 MHz 及 100 kHz 脉冲群抗扰度

装置应能承受 GB/T 14598.13—2008 第 4 章规定的严酷等级的 1 MHz 和 100 kHz 脉冲群抗扰度试验。试验期间及试验后，装置的验收准则见表 2。

4.9.1.4 静电放电抗扰度

装置应能承受 GB/T 14598.14—2010 第 4 章规定的严酷等级为 4 级的静电放电试验。试验期间及试验后，装置的验收准则见表 2。

4.9.1.5 浪涌抗扰度

装置应能承受 GB/T 14598.18—2012 第 4 章规定的严酷等级的浪涌抗扰度试验。试验期间及试验后，装置的验收准则见表 2。

4.9.1.6 射频场感应的传导骚扰的抗扰度

装置应能承受 GB/T 14598.17—2005 第 4 章规定的严酷等级的射频场感应的传导骚扰的抗扰度试验。试验期间及试验后，装置的验收准则见表 2。

4.9.1.7 工频抗扰度

装置应能承受 GB/T 14598.19—2007 第 4 章规定的严酷等级为 A 级的工频抗扰度试验。试验期间及试验后，装置的验收准则见表 2。

4.9.1.8 工频磁场抗扰度

装置应能承受 GB/T 17626.8—2006 第 5 章规定的严酷等级为 5 级的工频磁场抗扰度试验。试验期间及试验后，装置的验收准则见表 2。

4.9.1.9 脉冲磁场抗扰度

装置应能承受 GB/T 17626.9—1998 第 5 章规定的严酷等级为 5 级的脉冲磁场抗扰度试验。试验期间及试验后，装置的验收准则见表 2。

4.9.1.10 阻尼振荡磁场抗扰度

装置应能承受 GB/T 17626.10—1998 第 5 章规定的严酷等级为 5 级的脉冲磁场抗扰度试验。试验期间及试验后，装置的验收准则见表 2。

4.9.2 电磁发射试验

装置应符合 GB/T 14598.16—2002 中 4.1 规定的传导发射限值和 4.2 规定的辐射发射限值。

4.10 直流电源影响

4.10.1 在试验的标准大气条件下，分别改变 4.2.1 中规定的极限参数，装置应可靠工作，性能及参数符合 4.4、4.5 的规定。

4.10.2 按 GB/T 14598.11—2011 中 4.2 的规定进行直流电源中断 20 ms 影响试验，装置不应误动。

4.10.3 装置加上电源、断电、电源电压缓慢上升或缓慢下降，装置均不应误动作或误发信号。当电源恢复正常后，装置应自动恢复正常运行。

4.11 静态模拟、动态模拟

装置应进行静态模拟、动态模拟试验。在各种故障类型下，装置动作行为应正确，信号指示应正常，应符合 4.4、4.5 的规定。

4.12 连续通电

装置完成调试后，出厂前应进行连续通电试验。试验期间，装置工作应正常，信号指示应正确，不应有元器件损坏，或其他异常情况出现。试验结束后，性能指标应符合 4.4、4.5 的规定。

4.13 机械性能

4.13.1 振动(正弦)

4.13.1.1 振动响应

装置应能承受 GB/T 11287—2000 中 3.2.1 规定的严酷等级为 1 级的振动响应试验。试验期间及试验后,装置性能应符合该标准 5.1 的规定。

4.13.1.2 振动耐久

装置应能承受 GB/T 11287—2000 中 3.2.2 规定的严酷等级为 1 级的振动耐久试验。试验期间及试验后,装置性能应符合该标准 5.2 的规定。

4.13.2 冲击

4.13.2.1 冲击响应

装置应能承受 GB/T 14537—1993 中 4.2.1 规定的严酷等级为 1 级的冲击响应试验。试验期间及试验后,装置性能应符合该标准 5.1 的规定。

4.13.2.2 冲击耐久

装置应能承受 GB/ T 14537—1993 中 4.2.2 规定的严酷等级为 1 级的冲击耐久试验。试验期间及试验后,装置性能应符合该标准 5.2 的规定。

4.13.3 碰撞

装置应能承受 GB/T 14537—1993 中 4.3 规定的严酷等级为 1 级的碰撞试验。试验期间及试验后,装置性能应符合该标准 5.2 的规定。

4.14 结构、外观及其他

4.14.1 装置的机箱尺寸应符合 GB/T 19520.12—2009 的规定。
4.14.2 装置应采取必要的抗电气干扰措施,装置的不带电金属部分应在电气上连成一体,并具备可靠接地点。
4.14.3 装置应有安全标志,安全标志应符合 GB 14598.27—2008 中 9.1 的规定。
4.14.4 金属结构件应有防锈蚀措施。

5 试验方法

5.1 试验条件

5.1.1 除另有规定外,各项试验均在 4.1.2 规定的试验的标准大气条件下进行。
5.1.2 被试验装置和测试仪表应良好接地,并考虑周围环境电磁干扰对测试结果的影响。

5.2 技术性能试验

5.2.1 基本性能试验

装置的基本性能试验包括:

a) 各种保护的定值;
b) 各种保护的动作特性;
c) 各种保护的动作时间特性;
d) 装置整组的动作正确性。

5.2.2 其他性能试验

装置的其他性能试验包括:

a) 硬件系统自检；
b) 硬件系统时钟功能；
c) 通信及信息显示、输出功能；
d) 开关量输入输出回路；
e) 数据采集系统的精度和线性度；
f) 定值区切换功能。

5.2.3 静态、动态模拟试验

装置通过5.2.1、5.2.2各项试验后，根据4.11的要求，按照DL/T 871的规定，在电力系统静态或动态模拟系统上进行整组试验，或使用继电保护试验装置、仿真系统进行试验。试验结果应满足4.4、4.5的规定。

试验项目如下：

a) 变压器内部各种短路、端部各种短路、并经过渡电阻的短路；
b) 各种运行情况下投切变压器；
c) 外部故障及外部故障切除；
d) CT断线，PT断线；
e) 断路器失灵；
f) 断路器非全相；
g) 过励磁；
h) 系统振荡并伴随故障；
i) 区外故障转化为区内故障。

5.3 温度试验

根据4.1.1 a)的要求，按GB/T 7261—2008中9.1规定的方法进行。在试验过程中施加规定的激励量，温度变差应满足4.5.5.11的要求。

5.4 贮存、运输极限环境温度试验

装置不包装，不施加激励量，根据4.1.4的要求，按GB/T 7261—2008中9.2规定的方法进行。在室温下恢复2 h后，施加激励量进行电气性能检测，装置的性能应符合4.5的规定。

5.5 功率消耗试验

根据4.3的要求，按GB/T 7261—2008第7章的规定的方法进行。

5.6 过载能力试验

根据4.6的要求，按GB/T 7261—2008第14章规定的方法进行。

5.7 绝缘试验

根据4.7的要求，按GB/T 7261—2008第12章规定的方法进行绝缘电阻测量、介质强度及冲击电压试验。

5.8 湿热试验

根据4.8的规定，在以下两种方法中选择其中一种。

5.8.1 恒定湿热试验

根据4.8.1的要求，按GB/T 7261—2008中9.5规定的方法进行恒定湿热试验。

5.8.2 交变湿热试验

根据4.8.2的要求，按GB/T 7261—2008中9.4规定的方法进行交变湿热试验。

5.9 电磁兼容要求试验

5.9.1 抗扰度试验

5.9.1.1 辐射电磁场骚扰试验

根据4.9.1.1的要求，按GB/T 14598.9—2010第7章规定的方法对装置进行辐射电磁场骚扰试验。

5.9.1.2 电快速瞬变/脉冲群抗扰度试验

根据4.9.1.2的要求，按GB/T 14598.10—2012第7章规定的方法对装置进行电快速瞬变/脉冲群抗扰度试验。

5.9.1.3 1 MHz及100 kHz脉冲群抗扰度试验

根据4.9.1.3的要求，按GB/T 14598.13—2008第7章规定的方法对装置进行1 MHz及100 kHz脉冲群抗扰度试验。

5.9.1.4 静电放电试验

根据4.9.1.4的要求，按GB/T 14598.14—2010第7章规定的方法对装置进行静电放电试验。

5.9.1.5 浪涌抗扰度试验

根据4.9.1.5的要求，按GB/T 14598.18—2012第7章规定的方法对装置进行浪涌抗扰度试验。

5.9.1.6 射频场感应的传导骚扰抗扰度试验

根据4.9.1.6的要求，按GB/T 14598.17—2005第7章规定的方法对装置进行射频场感应的传导骚扰的抗扰度试验。

5.9.1.7 工频抗扰度试验

根据4.9.1.7的要求，按GB/T 14598.19—2007第7章规定的方法对装置进行工频抗扰度试验。

5.9.1.8 工频磁场抗扰度试验

根据4.9.1.8的要求，按GB/T 17626.8—2006第8章规定的方法对装置进行工频磁场抗扰度试验。

5.9.1.9 脉冲磁场抗扰度试验

根据4.9.1.9的要求，按GB/T 17626.9—1998第8章规定的方法对装置进行脉冲磁场抗扰度试验。

5.9.1.10 阻尼振荡磁场抗扰度试验

根据4.9.1.10的要求,按GB/T 17626.10—1998第8章规定的方法对装置进行阻尼振荡磁场抗扰度试验。

5.9.2 电磁发射试验

根据4.9.2的要求,按GB/T 14598.16—2002第6章规定的方法对装置进行电磁发射试验。

5.10 直流电源影响试验

根据4.10的要求,按GB/T 7261—2008第10章规定的方法对装置进行直流电源影响试验。

5.11 连续通电试验

5.11.1 根据4.12的要求,装置出厂前应进行连续通电试验。
5.11.2 被试装置只施加直流电源,必要时可施加其他激励量进行功能检测。
5.11.3 试验时间为室温100 h(或40 ℃,72 h)。

5.12 机械性能试验

5.12.1 振动试验

根据4.13.1的要求,按GB/T 7261—2008中11.1规定的方法,对装置进行振动响应和振动耐久试验。

5.12.2 冲击试验

根据4.13.2的要求,按GB/T 7261—2008中11.2规定的方法,对装置进行冲击响应和冲击耐久试验。

5.12.3 碰撞试验

根据4.13.3的要求,GB/T 7261—2008中11.2规定的方法,对装置进行碰撞试验。

5.13 结构和外观检查

按4.14及GB/T 7261—2008第5章的要求逐项进行检查。

6 检验规则

6.1 检验分类

产品检验分出厂检验和型式检验两种。

6.2 出厂检验

每台装置出厂前应由制造厂的检验部门进行出厂检验,出厂检验在试验的标准大气条件下进行。检验项目见表3。

6.3 型式检验

6.3.1 型式检验规定

凡遇下列情况之一,应进行型式检验:

a) 新产品定型鉴定前;

b) 产品转厂生产定型鉴定前；

c) 正式投产后，如设计、工艺、材料、元器件有较大改变，可能影响产品性能时；

d) 产品停产一年以上又重新恢复生产时；

e) 国家质量技术监督机构或受其委托的质量技术检验部门提出型式检验要求时；

f) 合同规定时。

6.3.2 型式检验项目

型式检验项目见表 3。

表 3 检验项目

检验项目名称	“出厂检验”项目	“型式检验”项目	“技术要求”章条	“试验方法”章条
a) 结构与外观	√	√	4.14	5.13
b) 技术性能	√	√	4.5	5.2
c) 功率消耗	√[a]	√	4.3	5.5
d) 高温、低温	—	√	4.1.1 a)，4.5.3.10 b)	5.3
e) 直流电源影响	—	√	4.10	5.10
f) 静态模拟	√	√	4.11	5.2.3
g) 连续通电	√	√	4.12	5.11
h) 电磁兼容要求	—	√	4.9	5.9
i) 贮存、运输极限环境温度	—	√	4.1.4	5.4
j) 耐湿热性能	—	√	4.8	5.8
k) 绝缘性能	√[b]	√	4.7	5.7
l) 过载能力	—	√	4.6	5.6
m) 机械性能	—	√	4.13	5.12
n) 动态模拟	—	√[c]	4.11	5.2.3

[a] 只测交流电流电压功耗，不测直流电源功耗。

[b] 只测绝缘电阻及介质强度，不测冲击电压。

[c] 新产品定型鉴定前做。

6.3.3 型式检验的抽样与判定规则

6.3.3.1 型式检验从出厂检验合格的产品中任意抽取两台作为样品，然后分 A、B 两组进行：

A 组样品按 6.3.2 表 3 中规定的 a)、b)、c)、d)、e)、f)、g)、h)各项进行检验；

B 组样品按 6.3.2 表 3 中规定的 i)、j)、k)、l)、m)各项进行检验。

6.3.3.2 样品经过型式检验，未发现主要缺陷，则判定产品本次型式检验合格。检验中如发现有一个主要缺陷，则进行第二次抽样，重复进行型式检验，如未发现主要缺陷，仍判定该产品本次型式检验合格。如第二次抽取的样品仍存在此缺陷，则判定该产品本次型式检验不合格。

6.3.3.3 样品型式检验结果达不到 4.3～4.11 要求中任一条时，均按存在主要缺陷判定。

6.3.3.4 检验中样品出现故障允许进行修复。修复内容，如对已做过检验项目的检验结果没有影响，可继续往下进行检验。反之，受影响的检验项目应重做。

7 标志、包装、运输、贮存

7.1 标志

7.1.1 每台装置必须在机箱的显著部位设置持久明晰的标志或铭牌，标志下列内容：

a) 产品型号、名称；

b) 制造厂全称及商标；

c) 主要参数；

d) 对外端子及接口标识；

e) 出厂日期及编号。

7.1.2 包装箱上应以不易洗刷或脱落的涂料作如下标记：

a) 发货厂名、产品型号、名称；

b) 收货单位名称、地址、到站；

c) 包装箱外形尺寸(长×宽×高)及毛重；

d) 包装箱外面书写“防潮”、“向上”、“小心轻放”等字样；

e) 包装箱外面应规定叠放层数。

7.1.3 标志标识，应符合 GB/T 191 的规定。

7.1.4 产品执行的标准应予以明示。

7.1.5 安全设计标志应按 GB 14598.27 的规定明示。

7.2 包装

7.2.1 产品包装前的检查

产品包装前的检查项目包括：

a) 产品合格证书和装箱清单中各项内容应齐全；

b) 产品外观无损伤；

c) 产品表面无灰尘。

7.2.2 包装的一般要求

产品应有内包装和外包装，插件插箱的可动部分应锁紧扎牢，包装应有防尘、防雨、防水、防潮、防震等措施。包装完好的装置应满足 4.1.4 规定的贮存运输要求。

7.3 运输

产品应适于陆运、空运、水运(海运)，运输装卸按包装箱的标志进行操作。

7.4 贮存

长期不用的装置应保留原包装，在 4.1.4 规定的条件下贮存。贮存场所应无酸、碱、盐及腐蚀性、爆炸性气体和灰尘以及雨、雪的侵害。

8 其他

用户在遵守本标准及产品说明书所规定的运输、贮存条件下，装置自出厂之日起，至安装不超过两年，如发现装置和配套件非人为损坏，制造厂应负责免费维修或更换。

ICS 29.240.99
K 45

中华人民共和国国家标准

GB/T 29323—2012

1 000 kV 断路器保护装置技术要求

Specification for 1 000 kV circuit breaker protection equipment

2012-12-31 发布 2013-06-01 实施

中华人民共和国国家质量监督检验检疫总局
中国国家标准化管理委员会 发布

前　言

本标准按照 GB/T 1.1—2009 给出的规则起草。

本标准由中国电器工业协会提出。

本标准由全国量度继电器和保护设备标准化技术委员会(SAC/TC 154)归口。

本标准起草单位:国家电力调度通信中心、国家电网公司特高压建设部、南京南瑞继保电气有限公司、国网电力科学研究院、中国电力科学研究院、北京四方继保自动化股份有限公司、国电南京自动化股份有限公司、许继电气股份有限公司、湖北省电力调度通信中心、许昌智能电网装备试验研究院、许昌开普电器检测研究院。

本标准主要起草人:刘宇、郑玉平、沈军、董明会、徐振宇、朱建红、王玉杰、赵严凤、姚致清、于飞、刘文、李志勇、杨慧霞、祝斌、张喜玲。

1 000 kV 断路器保护装置技术要求

1 范围

本标准规定了 1 000 kV 双断路器接线或一个半断路器接线断路器继电保护装置的基本技术要求、试验方法、检验规则及对标志、包装、运输、贮存的要求。

本标准适用于 1 000 kV 双断路器接线或一个半断路器接线断路器微机型继电保护装置(以下简称为装置),作为该类装置设计、制造、检验和应用的依据。

2 规范性引用文件

下列文件对于本文件的应用是必不可少的。凡是注日期的引用文件,仅注日期的版本适用于本文件。凡是不注日期的引用文件,其最新版本(包括所有的修改单)适用于本文件。

GB/T 191 包装储运图示标志

GB/T 2887—2011 计算机场地通用规范

GB/T 2900.17 电工术语 量度继电器

GB/T 2900.49 电工术语 电力系统保护

GB/T 7261—2008 继电保护及安全自动装置基本试验方法

GB/T 9361—2011 计算机场地安全要求

GB/T 11287—2000 电气继电器 第 21 部分:量度继电器和保护装置的振动、冲击、碰撞和地震试验 第 1 篇:振动试验(正弦)

GB/T 14285—2006 继电保护和安全自动装置技术规程

GB/T 14537—1993 量度继电器和保护装置的冲击与碰撞试验

GB/T 14598.9—2010 量度继电器和保护装置 第 22-3 部分:电气骚扰试验 辐射电磁场抗扰度

GB/T 14598.10—2012 电气继电器 第 22-4 部分:量度继电器和保护装置的电气骚扰试验 电快速瞬变/脉冲群抗扰度试验

GB/T 14598.11—2011 量度继电器和保护装置 第 11 部分:辅助电源端口电压暂降、短时中断、电压变化和纹波

GB/T 14598.13—2008 电气继电器 第 22-1 部分:量度继电器和保护装置的电气骚扰试验 1 MHz脉冲群抗扰度试验

GB/T 14598.14—2010 量度继电器和保护装置 第 22-2 部分:电气骚扰试验 静电放电试验

GB/T 14598.16—2002 电气继电器 第 25 部分:量度继电器和保护装置的电磁发射试验

GB/T 14598.17—2005 电气继电器 第 22-6 部分:量度继电器和保护装置的电气骚扰试验 射频场感应的传导骚扰的抗扰度

GB/T 14598.18—2012 电气继电器 第 22-5 部分:量度继电器和保护装置的电气骚扰试验 浪涌抗扰度试验

GB/T 14598.19—2007 电气继电器 第 22-7 部分:量度继电器和保护装置的电气骚扰试验 工频抗扰度试验

GB 14598.27—2008 量度继电器和保护装置 第 27 部分:产品安全要求

GB/T 17626.8—2006 电磁兼容 试验和测量技术 工频磁场抗扰度试验

GB/T 17626.9—1998 电磁兼容 试验和测量技术 脉冲磁场抗扰度试验

GB/T 17626.10—1998 电磁兼容 试验和测量技术 阻尼振荡磁场抗扰度试验

GB/T 19520.12—2009 电子设备机械结构 482.6 mm(19 in)系列机械结构尺寸 第3-101部分:插箱及其插件

DL/T 667 远动设备及系统 第5部分:传输规约 第103篇:继电保护设备信息接口配套标准

DL/T 860(所有部分) 变电站通信网络和系统

DL/T 871 电力系统继电保护产品动模试验

3 术语和定义

GB/T 2900.17 和 GB/T 2900.49 界定的术语和定义适用于本文件。

4 技术要求

4.1 环境条件

4.1.1 正常工作大气条件

正常工作大气条件如下:

a) 环境温度:－10 ℃～＋55 ℃;

b) 相对湿度:5%～95%(产品内部,既不应凝露,也不应结冰);

c) 大气压力:86 kPa～106 kPa。

4.1.2 试验的标准大气条件

试验的标准大气条件如下:

a) 环境温度:15 ℃～35 ℃;

b) 相对湿度:45%～75%;

c) 大气压力:86 kPa～106 kPa。

4.1.3 仲裁试验的标准大气条件

仲裁试验的标准大气条件如下:

a) 环境温度:20 ℃±5 ℃;

b) 相对湿度:45%～75%;

c) 大气压力:86 kPa～106 kPa。

4.1.4 贮存、运输极限环境温度

装置的贮存、运输的极限环境温度为－25 ℃～＋70 ℃。在不施加任何激励量的条件下,不出现不可逆变化。温度恢复后,装置性能应符合4.4、4.5、4.7的规定。

4.1.5 周围环境

装置的使用地点应无爆炸危险、无腐蚀性气体及导电尘埃、无严重霉菌、无剧烈振动源;不存在超过4.9规定的电气骚扰;有防御雨、雪、风、沙、尘埃及防静电措施;场地应符合GB/T 9361—2011中B类安全要求,接地电阻应符合GB/T 2887—2011中4.4的规定。

4.1.6 特殊环境条件

当超出4.1.1～4.1.5规定的环境条件时，由用户与制造厂商定。

4.2 额定电气参数

4.2.1 直流电源

装置的直流电源额定参数如下：

a) 额定电压：220 V、110 V；

b) 允许偏差：－20%～＋15%；

c) 纹波系数：不大于5%。

4.2.2 交流回路

装置的交流回路额定参数如下：

a) 交流电流：1 A；

b) 交流电压：100 V、$100/\sqrt{3}$ V；

c) 频率：50 Hz。

4.3 功率消耗

装置的功率消耗如下：

a) 交流电流回路：每相不大于0.5 VA；

b) 交流电压回路：当额定电压时，每相不大于0.5 VA；

c) 直流电源回路：当正常工作时，不大于50 W；
当装置动作时，不大于80 W。

4.4 整套装置的主要功能

4.4.1 装置应具有独立性、完整性。

4.4.2 装置应具有自检功能，自检功能应符合GB/T 14285—2006中4.1.12.5的要求。

4.4.3 装置应具有独立的启动元件，只有在电力系统发生扰动时，才允许开放出口跳闸回路。

4.4.4 装置应具有故障记录功能，以记录保护的动作过程，为分析保护的动作行为提供详细、全面的数据信息。并且能以COMTRADE数据格式输出。应能至少记录32次故障记录，所有故障记录按时序循环覆盖；应能保存最新的8次跳闸报告。装置应保证发生故障时不丢失故障记录信息，在装置直流电源消失时不丢失已经记录的信息，记录不可人为清除；应能记录故障时的输入模拟量和开关量、输出开关量、动作元件、动作时间、相别。

4.4.5 装置中央信号的触点在直流电源消失后应能自保持，只有当运行人员复归后，信号触点才能返回，人工复归应能在装置外部实现。

4.4.6 装置的定值应满足保护功能的要求，应尽可能做到简单、易理解、易整定。电流定值可整定范围应在0.05 I_n～15 I_n，其他定值整定的范围应满足工程需要。

4.4.7 装置应按时间顺序记录正常操作信息，如开关变位、开入量变位、压板切换、定值修改、定值切换等。在装置直流电源消失时不丢失已经记录的信息；所有记录按时序循环覆盖；记录不可人为清除。

4.4.8 装置故障报告应包含动作元件、动作时间、动作相别、开关变位、自检信息、定值、压板、故障录波数据等。

4.4.9 装置应能提供3个以太网通信接口、一个调试接口、一个打印接口。通信传输协议应符合

DL/T 667或DL/T 860的有关规定。

4.4.10 装置应提供相应的辅助调试软件。

4.4.11 装置应具有硬件时钟电路，装置在失去直流电源时，硬件时钟应能正常工作。装置应具有与外部标准授时源的IRIG—B对时接口。

4.4.12 装置的直流工作电源，应保证在外部电源为80%～115%额定电压、纹波系数不大于5%的条件下可靠工作。拉、合装置直流电源或直流电压缓慢下降及上升时，装置不应误动。

4.4.13 装置应有足够的跳闸触点和失灵输出触点，除应满足跳开相应的断路器外，还应提供一定数量的备用跳闸出口触点。装置的跳闸触点应保证断路器可靠动作切除故障，故障消失后跳闸触点的返回时间不应大于30 ms。

4.4.14 在由分布电容、并联电抗器、变压器(励磁涌流)、高压直流输电设备和串联补偿电容等所产生的稳态和暂态的谐波分量和直流分量的影响下，装置内部元件不应误动作或拒动。装置应有专门的滤波措施，以避免特高压系统产生的谐波和直流分量对保护装置的影响。

4.4.15 装置在电压互感器二次回路断线时应发出告警信号，并闭锁可能误动的元件。装置在电流互感器二次回路一相或二相断线时，应发出告警信号。

4.5 装置的主要技术性能

4.5.1 一般要求

保护模块的配置与被保护的设备有关，但所选择的单个保护应能达到下面的性能指标。本标准未规定的指标由下级标准规定。

4.5.2 断路器保护配置要求

断路器保护配置要求如下：

a) 断路器保护应按断路器配置，包括断路器失灵保护、充电保护、死区保护；

b) 与线路相连的断路器保护应配重合闸功能；自动重合闸只实现一次重合闸，在任何情况下不应发生多次重合闸。自动重合闸采用单相重合闸方式；重合闸按线路配置；

c) 为了降低重合于出口严重永久故障及跨线故障对系统的冲击，可采用按相顺序重合方式。

4.5.3 断路器失灵保护要求

断路器失灵保护要求如下：

a) 启动失灵的保护应为线路、母线、短引线、变压器、高压并联电抗器等的电气量保护；

b) 断路器失灵保护的启动回路采用分相及三相启动回路，由断路器保护完成电流判别，判别断路器未跳开的元件应保证有足够的灵敏度；

c) 断路器失灵保护启动并经断路器未跳开的元件确认后，瞬时按相重跳一次本断路器，再经延时，跳本断路器及相邻断路器三相；

d) 线路断路器失灵保护动作后，应通过通道发远跳信号；

e) 断路器失灵保护动作应闭锁重合闸；

f) 断路器失灵保护启动回路的返回时间应小于20 ms；

g) 失灵保护应有足够的跳闸出口触点。

4.5.4 死区保护要求

死区保护要求如下：

a) 当CT和断路器之间存在保护死区时，应配置死区保护，以缩短失灵保护动作时间；

b) 死区保护应由三相跳闸位置继电器、保护三相跳闸开入、任一相过流条件与门组成，当上述条件满足时，经短延时出口；
c) 死区保护与失灵保护应共用出口。

4.5.5 充电保护要求

充电保护要求如下：
a) 充电保护应可通过“充电保护压板”进行投退；
b) 充电保护设置两段相过电流、Ⅰ段零序电流保护，Ⅱ段过流与零序共用Ⅰ段时限；
c) 充电保护动作后应能启动失灵保护。

4.5.6 重合闸要求

重合闸要求如下：
a) 断路器保护的常规重合闸起动方式包括线路保护跳闸启动和断路器跳闸位置不对应启动；断路器保护的按相顺序重合闸由线路保护的按相顺序重合闸命令启动。
b) 重合闸方式可实现单相重合闸、重合闸停用的切换。当采用“按相顺序重合闸”方式时，断路器保护根据线路保护的按相顺序重合指令并结合本开关的重合条件完成按相顺序重合出口功能；按相顺序重合闸应能可靠避免重合于可能的跨线永久故障及近处严重故障。
c) 重合闸闭锁方式：
- 重合闸装置应有外部闭锁重合闸的输入回路。断路器操作压力降低闭锁重合闸应保证只检查断路器操作前的操作压力；
- 一回线三相跳闸或有三相跳闸位置继电器应闭锁该回线的按相顺序重合闸功能。

d) 断路器保护应在本断路器无法重合时(断路器低气压、重合闸装置故障等)准备好三跳回路，在线路保护发出单跳令时，本断路器三跳，而不应影响另一个断路器重合闸功能。
e) 重合闸合闸脉冲宽度不应小于 100 ms，以保证断路器可靠合闸。

4.5.7 精度测量范围

精度测量范围如下：
a) 电压：$(0.01\sim1.1)U_n$；
b) 电流：$(0.05\sim20)I_n$。

4.5.8 测量元件特性的准确度

测量元件特性的准确度要求如下：
a) 整定误差：不超过±2.5%或不大于 $0.02\ I_n$；
b) 温度变差：在正常工作环境温度范围内，相对于 20 ℃±5 ℃时，不超过±2.5%。

4.5.9 装置自身时钟精度

装置时钟精度：24 h 不超过±2 s；经过时钟同步后，相对误差不超过±1 ms。

4.6 过载能力

装置的过载能力如下：
a) 交流电流回路：2 倍额定电流，连续工作；
10 倍额定电流，允许 10 s；
40 倍额定电流，允许 1 s。

b) 交流电压回路:1.2 倍额定电压,连续工作;

1.4 倍额定电压,允许 10 s。

装置经受电流电压过载后,应无绝缘损坏,并符合 4.7、4.8 的规定。

4.7 绝缘性能

4.7.1 绝缘电阻

在试验的标准大气条件下,装置的每个电路与外露导电部分之间,每个独立电路的端子连接在一起;各独立电路之间,每个独立电路的端子连接在一起。施加直流 500 V 时的绝缘电阻值不应小于 100 MΩ。

4.7.2 介质强度

在试验的标准大气条件下,装置应能承受频率为 50 Hz,历时 1 min 的工频耐压试验而无击穿闪络及元器件损坏现象。

工频试验电压值按表 1 选择。也可以采用直流试验电压,其值应为规定的工频试验电压值的 1.4倍。

试验过程中,任一被试回路施加电压时其余回路等电位互联接地。

4.7.3 冲击电压

在试验的标准大气条件下,装置的直流输入回路、交流输入回路、信号输出触点等诸回路对地,以及回路之间,应能承受 1.2/50 μs 的标准雷电波的短时冲击电压试验。当额定绝缘电压大于 63 V 时,开路试验电压为 5 kV;当额定绝缘电压不大于 63 V 时,开路试验电压为 1 kV。试验后,装置的性能应符合 4.4、4.5 的规定。

表 1 工频试验电压

单位为伏特

被试回路	额定绝缘电压	试验电压
整机引出端子和背板线——地	63～250	2 000
直流输入回路——地	63～250	2 000
交流输入回路——地	63～250	2 000
信号输出触点——地	63～250	2 000
无电气联系的各回路之间	63～250	2 000
整机带电部分——地	≤63	500
出口继电器的常开触点之间	63～250	2 000

4.8 耐湿热性能

4.8.1 根据试验条件和使用环境,在以下两种方法中选择其中一种。

4.8.2 恒定湿热

装置应能承受 GB/T 7261—2008 中 9.5 规定的恒定湿热试验。试验温度为 40 ℃±2 ℃,相对湿度为(93±3)%,试验持续时间 48 h。在试验结束前 2 h 内,用 500 V 直流兆欧表,测量各外引带电回路部分对外露非带电金属部分及外壳之间、以及电气上无联系的各回路之间的绝缘电阻值不应小于10 MΩ;介质强度不低于 4.7.2 规定的介质强度试验电压值的 75%。

4.8.3 交变湿热

装置应能承受GB/T 7261—2008中9.4规定的交变湿热试验。试验温度为40 ℃±2 ℃,相对湿度为(93±3)%,试验时间为48 h,每一周期历时24 h。在试验结束前2 h内,用500 V直流兆欧表,测量各外引带电回路部分对外露非带电金属部分及外壳之间,以及电气上无联系的各回路之间的绝缘电阻不应小于10 MΩ;介质强度不低于4.7.2规定的介质强度试验电压值的75%。

4.9 电磁兼容要求

4.9.1 抗扰度要求

4.9.1.1 辐射电磁场骚扰

装置应能承受GB/T 14598.9—2010第4章规定的严酷等级的辐射电磁场骚扰试验。试验期间及试验后,装置的验收准则见表2。

表2 验收准则

功　能	验　收　准　则
保护	在规定限值内性能正常
命令和控制	在规定限值内性能正常
测量	试验期间性能暂时下降,试验后自行恢复。存储数据不丢失
人机接口和可视报警	试验期间性能暂时下降或功能丧失,试验后自行恢复。存储数据不丢失
数据通信	误码率可能增加,但传输数据不丢失

4.9.1.2 电快速瞬变/脉冲群抗扰度

装置应能承受GB/T 14598.10—2012第4章规定的严酷等级为A级的电快速瞬变/脉冲群抗扰度试验。试验期间及试验后,装置的验收准则见表2。

4.9.1.3 1 MHz及100 kHz脉冲群抗扰度

装置应能承受GB/T 14598.13—2008第4章规定的严酷等级的1 MHz和100 kHz脉冲群抗扰度试验。试验期间及试验后,装置的验收准则见表2。

4.9.1.4 静电放电

装置应能承受GB/T 14598.14—2010第4章规定的严酷等级为4级的静电放电试验。试验期间及试验后,装置的验收准则见表2。

4.9.1.5 浪涌抗扰度

装置应能承受GB/T 14598.18—2012第4章规定的严酷等级的浪涌抗扰度试验。试验期间及试验后,装置的验收准则见表2。

4.9.1.6 射频场感应的传导骚扰的抗扰度

装置应能承受GB/T 14598.17—2005第4章规定的严酷等级的射频场感应的传导骚扰的抗扰度试验。试验期间及试验后,装置的验收准则见表2。

4.9.1.7 工频抗扰度

装置应能承受 GB/T 14598.19—2007 第 4 章规定的严酷等级为 A 级的工频抗扰度试验。试验期间及试验后,装置的验收准则见表 2。

4.9.1.8 工频磁场抗扰度

装置应能承受 GB/T 17626.8—2006 第 5 章规定的严酷等级为 5 级的工频磁场抗扰度试验。试验期间及试验后,装置的验收准则见表 2。

4.9.1.9 脉冲磁场抗扰度

装置应能承受 GB/T 17626.9—1998 第 5 章规定的严酷等级为 5 级的脉冲磁场抗扰度试验。试验期间及试验后,装置的验收准则见表 2。

4.9.1.10 阻尼振荡磁场抗扰度

装置应能承受 GB/T 17626.10—1998 第 5 章规定的严酷等级为 5 级的脉冲磁场抗扰度试验。试验期间及试验后,装置的验收准则见表 2。

4.9.2 电磁发射试验

装置应符合 GB/T 14598.16—2002 中 4.1 规定的传导发射限值和 4.2 规定的辐射发射限值。

4.10 直流电源影响

4.10.1 在试验的标准大气条件下,分别改变 4.2.1 中规定的极限参数,装置应可靠工作,性能及参数符合 4.4、4.5 的规定。

4.10.2 按 GB/T 14598.11—2011 中 4.2 的规定进行直流电源中断 20 ms 影响试验,装置不应误动。

4.10.3 装置加上电源、断电、电源电压缓慢上升或缓慢下降,装置均不应误动作或误发信号。当电源恢复正常后,装置应自动恢复正常运行。

4.11 静态模拟、动态模拟

装置应进行静态模拟、动态模拟试验。在各种故障类型下,装置动作行为应正确,信号指示应正常,应符合 4.4、4.5 的规定。

4.12 连续通电

装置完成调试后,出厂前应进行连续通电试验。试验期间,装置工作应正常,信号指示应正确,不应有元器件损坏,或其他异常情况出现。试验结束后,性能指标应符合 4.4、4.5 的规定。

4.13 机械性能

4.13.1 振动(正弦)

4.13.1.1 振动响应

装置应能承受 GB/T 11287—2000 中 3.2.1 规定的严酷等级为 1 级的振动响应试验。试验期间及试验后,装置性能应符合该标准 5.1 的规定。

4.13.1.2 振动耐久

装置应能承受 GB/T 11287—2000 中 3.2.2 规定的严酷等级为 1 级的振动耐久试验。试验期间及试验后，装置性能应符合该标准 5.2 的规定。

4.13.2　**冲击**

4.13.2.1　**冲击响应**

装置应能承受 GB/T 14537—1993 中 4.2.1 规定的严酷等级为 1 级的冲击响应试验。试验期间及试验后，装置性能应符合该标准 5.1 的规定。

4.13.2.2　**冲击耐久**

装置应能承受 GB/T 14537—1993 中 4.2.2 规定的严酷等级为 1 级的冲击耐久试验。试验期间及试验后，装置性能应符合该标准 5.2 的规定。

4.13.3　**碰撞**

装置应能承受 GB/T 14537—1993 中 4.3 规定的严酷等级为 1 级的碰撞试验。试验期间及试验后，装置性能应符合该标准 5.2 的规定。

4.14　**结构、外观及其他**

4.14.1　装置的机箱尺寸应符合 GB/T 19520.12—2009 的规定。

4.14.2　装置应采取必要的抗电气干扰措施，装置的不带电金属部分应在电气上连成一体，并具备可靠接地点。

4.14.3　装置应有安全标志，安全标志应符合 GB 14598.27—2008 中 9.1 的规定。

4.14.4　金属结构件应有防锈蚀措施。

5　试验方法

5.1　试验条件

5.1.1　除另有规定外，各项试验均在 4.1.2 规定的试验的标准大气条件下进行。

5.1.2　被试验装置和测试仪表应良好接地，并考虑周围环境电磁干扰对测试结果的影响。

5.2　技术性能试验

5.2.1　**基本性能试验**

装置的基本性能试验包括：

a)　各种保护的定值；

b)　各种保护的动作特性；

c)　各种保护的动作时间特性；

d)　装置整组的动作正确性。

5.2.2　**其他性能试验**

装置的其他性能试验包括：

a)　硬件系统自检；

b)　硬件系统时钟功能；

c)　通信及信息显示、输出功能；

d)　开关量输入输出回路；

e) 数据采集系统的精度和线性度；

f) 定值区切换功能。

5.2.3 静态、动态模拟试验

装置通过5.2.1、5.2.2各项试验后，根据4.11的要求，按照DL/T 871的规定，在电力系统静态或动态模拟系统上进行整组试验，或使用继电保护试验装置、仿真系统进行试验。试验结果应满足4.4、4.5的规定。

试验项目如下：

a) 和其他保护配合时的装置失灵跟跳动作行为；

b) 和其他保护配合时的装置失灵动作行为；

c) 和其他保护配合时的死区故障装置动作行为；

d) 开关不一致装置动作行为；

e) 线路充电于故障时充电保护动作行为；

f) 装置重合闸和线路保护配合工作时，在瞬时性和永久性故障条件下的动作行为；

g) 和具有按相顺序重合闸功能的线路保护配合工作时，断路器保护按相重合闸功能；

h) CT断线、PT断线对装置的影响。

5.3 温度试验

根据4.1.1 a)的要求，按GB/T 7261—2008中9.1规定的方法进行。在试验过程中施加规定的激励量，温度变差应满足4.5.8的要求。

5.4 贮存、运输极限环境温度试验

装置不包装，不施加激励量，根据4.1.4的要求，按GB/T 7261—2008中9.2规定的方法进行。在室温下恢复2 h后，施加激励量进行电气性能检测，装置的性能应符合4.5的规定。

5.5 功率消耗试验

根据4.3的要求，按GB/T 7261—2008第7章的规定的方法进行。

5.6 过载能力试验

根据4.6的要求，按GB/T 7261—2008第14章规定的方法进行。

5.7 绝缘试验

根据4.7的要求，按GB/T 7261—2008第12章规定的方法进行绝缘电阻测量、介质强度及冲击电压试验。

5.8 湿热试验

根据4.8的规定，在以下两种方法中选择其中一种。

5.8.1 恒定湿热试验

根据4.8.1的要求，按GB/T 7261—2008中9.5规定的方法进行恒定湿热试验。

5.8.2 交变湿热试验

根据4.8.2的要求，按GB/T 7261—2008中9.4规定的方法进行交变湿热试验。

5.9 电磁兼容要求试验

5.9.1 抗扰度试验

5.9.1.1 辐射电磁场骚扰试验

根据4.9.1.1的要求，按GB/T 14598.9—2010第7章规定的方法对装置进行辐射电磁场骚扰试验。

5.9.1.2 电快速瞬变/脉冲群抗扰度试验

根据4.9.1.2的要求，按GB/T 14598.10—2012第7章规定的方法对装置进行电快速瞬变/脉冲群抗扰度试验。

5.9.1.3 1 MHz及100 kHz脉冲群抗扰度试验

根据4.9.1.3的要求，按GB/T 14598.13—2008第7章规定的方法对装置进行1 MHz及100 kHz脉冲群抗扰度试验。

5.9.1.4 静电放电试验

根据4.9.1.4的要求，按GB/T 14598.14—2010第7章规定的方法对装置进行静电放电试验。

5.9.1.5 浪涌抗扰度试验

根据4.9.1.5的要求，按GB/T 14598.18—2012第7章规定的方法对装置进行浪涌抗扰度试验。

5.9.1.6 射频场感应的传导骚扰抗扰度试验

根据4.9.1.6的要求，按GB/T 14598.17—2005第7章规定的方法对装置进行射频场感应的传导骚扰的抗扰度试验。

5.9.1.7 工频抗扰度试验

根据4.9.1.7的要求，按GB/T 14598.19—2007第7章规定的方法对装置进行工频抗扰度试验。

5.9.1.8 工频磁场抗扰度试验

根据4.9.1.8的要求，按GB/T 17626.8—2006第8章规定的方法对装置进行工频磁场抗扰度试验。

5.9.1.9 脉冲磁场抗扰度试验

根据4.9.1.9的要求，按GB/T 17626.9—1998第8章规定的方法对装置进行脉冲磁场抗扰度试验。

5.9.1.10 阻尼振荡磁场抗扰度试验

根据4.9.1.10的要求，按GB/T 17626.10—1998第8章规定的方法对装置进行阻尼振荡磁场抗扰度试验。

5.9.2 电磁发射试验

根据4.9.2的要求，按GB/T 14598.16—2002第6章规定的方法对装置进行电磁发射试验。

5.10 直流电源影响试验

根据4.10的要求，按GB/T 7261—2008第10章规定的方法对装置进行直流电源影响试验。

5.11 连续通电试验

5.11.1 根据4.12的要求,装置出厂前应进行连续通电试验。

5.11.2 被试装置只施加直流电源,必要时可施加其他激励量进行功能检测。

5.11.3 试验时间为室温100 h(或40 ℃,72 h)。

5.12 机械性能试验

5.12.1 振动试验

根据4.13.1的要求,按GB/T 7261—2008中11.1规定的方法,对装置进行振动响应和振动耐久试验。

5.12.2 冲击试验

根据4.13.2的要求,按GB/T 7261—2008中11.2规定的方法,对装置进行冲击响应和冲击耐久试验。

5.12.3 碰撞试验

根据4.13.3的要求,GB/T 7261—2008中11.2规定的方法,对装置进行碰撞试验。

5.13 结构和外观检查

按4.14及GB/T 7261—2008第5章的要求逐项进行检查。

6 检验规则

6.1 检验分类

产品检验分出厂检验和型式检验两种。

6.2 出厂检验

每台装置出厂前应由制造厂的检验部门进行出厂检验,出厂检验在试验的标准大气条件下进行。检验项目见表3。

表3 检验项目

检验项目名称	"出厂检验"项目	"型式检验"项目	"技术要求"章条	"试验方法"章条
a) 结构与外观	√	√	4.14	5.13
b) 技术性能	√	√	4.5	5.2
c) 功率消耗	√[a]	√	4.3	5.5
d) 高温、低温	—	√	4.1.1 a),4.5.3.10 b)	5.3
e) 直流电源影响	—	√	4.10	5.10
f) 静态模拟	√	√	4.11	5.2.3
g) 连续通电	√	√	4.12	5.11
h) 电磁兼容要求	—	√	4.9	5.9

表 3（续）

检验项目名称	“出厂检验”项目	“型式检验”项目	“技术要求”章条	“试验方法”章条
i) 贮存、运输极限环境温度	—	√	4.1.4	5.4
j) 耐湿热性能	—	√	4.8	5.8
k) 绝缘性能	√[b]	√	4.7	5.7
l) 过载能力	—	√	4.6	5.6
m) 机械性能	—	√	4.13	5.12
n) 动态模拟	—	√[c]	4.11	5.2.3

[a] 只测交流电流电压功耗，不测直流电源功耗。

[b] 只测绝缘电阻及介质强度，不测冲击电压。

[c] 新产品定型鉴定前做。

6.3 型式检验

6.3.1 型式检验规定

凡遇下列情况之一，应进行型式检验：

a) 新产品定型鉴定前；

b) 产品转厂生产定型鉴定前；

c) 正式投产后，如设计、工艺、材料、元器件有较大改变，可能影响产品性能时；

d) 产品停产一年以上又重新恢复生产时；

e) 国家质量技术监督机构或受其委托的质量技术检验部门提出型式检验要求时；

f) 合同规定时。

6.3.2 型式检验项目

型式检验项目见表 3。

6.3.3 型式检验的抽样与判定规则

6.3.3.1 型式检验从出厂检验合格的产品中任意抽取两台作为样品，然后分 A、B 两组进行：

A 组样品按 6.3.2 表 3 中规定的 a)、b)、c)、d)、e)、f)、g)、h)各项进行检验；

B 组样品按 6.3.2 表 3 中规定的 i)、j)、k)、l)、m)各项进行检验。

6.3.3.2 样品经过型式检验，未发现主要缺陷，则判定产品本次型式检验合格。检验中如发现有一个主要缺陷，则进行第二次抽样，重复进行型式检验，如未发现主要缺陷，仍判定该产品本次型式检验合格。如第二次抽取的样品仍存在此缺陷，则判定该产品本次型式检验不合格。

6.3.3.3 样品型式检验结果达不到 4.3～4.11 要求中任一条时，均按存在主要缺陷判定。

6.3.3.4 检验中样品出现故障允许进行修复。修复内容，如对已做过检验项目的检验结果没有影响，可继续往下进行检验。反之，受影响的检验项目应重做。

7 标志、包装、运输、贮存

7.1 标志

7.1.1 每台装置必须在机箱的显著部位设置持久明晰的标志或铭牌，标志下列内容：

a) 产品型号、名称；

b) 制造厂全称及商标；
c) 主要参数；
d) 对外端子及接口标识；
e) 出厂日期及编号。

7.1.2 包装箱上应以不易洗刷或脱落的涂料作如下标记：
a) 发货厂名、产品型号、名称；
b) 收货单位名称、地址、到站；
c) 包装箱外形尺寸(长×宽×高)及毛重；
d) 包装箱外面书写“防潮”、“向上”、“小心轻放”等字样；
e) 包装箱外面应规定叠放层数。

7.1.3 标志标识，应符合 GB/T 191 的规定。

7.1.4 产品执行的标准应予以明示。

7.1.5 安全设计标志应按 GB 14598.27 的规定明示。

7.2 包装

7.2.1 产品包装前的检查

产品包装前的检查项目包括：
a) 产品合格证书和装箱清单中各项内容应齐全；
b) 产品外观无损伤；
c) 产品表面无灰尘。

7.2.2 包装的一般要求

产品应有内包装和外包装，插件插箱的可动部分应锁紧扎牢，包装应有防尘、防雨、防水、防潮、防震等措施。包装完好的装置应满足 4.1.4 规定的贮存运输要求。

7.3 运输

产品应适于陆运、空运、水运(海运)，运输装卸按包装箱的标志进行操作。

7.4 贮存

长期不用的装置应保留原包装，在 4.1.4 规定的条件下贮存。贮存场所应无酸、碱、盐及腐蚀性、爆炸性气体和灰尘以及雨、雪的侵害。

8 其他

用户在遵守本标准及产品说明书所规定的运输、贮存条件下，装置自出厂之日起，至安装不超过两年，如发现装置和配套件非人为损坏，制造厂应负责免费维修或更换。

ICS 29.060.10
K 11

中华人民共和国国家标准

GB/T 29324—2012

架空导线用纤维增强树脂基复合材料芯棒

Fiber reinforced polymer matrix composite core for overhead electrical conductors

2012-12-31 发布　　2013-06-01 实施

中华人民共和国国家质量监督检验检疫总局
中国国家标准化管理委员会　发布

前　言

本标准按照 GB/T 1.1—2009 给出的规则起草。

本标准由中国电器工业协会提出。

本标准由全国裸电线标准化技术委员会(SAC/TC 422)归口。

本标准负责起草单位:上海电缆研究所、远东复合技术有限公司。

本标准参加起草单位:中国电力科学研究院、广东电网公司、辽宁省电力有限公司、航天电工技术有限公司、特变电工山东鲁能泰山电缆有限公司、嘉兴宝盈通复合材料有限公司、邯郸市硅谷新材料有限公司、常州鸿泽澜线缆有限公司、西安超码复合材料公司、上海特缆电工科技有限公司。

本标准主要起草人:黄国飞、党朋、汪传斌、万建成、张春雷、杨长龙、孙泽强、臧德峰、尤洞、朱波、李哲婴、屈永强、孙萍、郑秋、周泽。

架空导线用纤维增强树脂基复合材料芯棒

1 范围

本标准规定了架空导线用纤维增强树脂基复合材料芯棒(以下简称复合芯棒)的术语、定义、规格、技术要求、试验方法、检验规则、包装、标志、运输和贮存。

本标准适用于架空导线的纤维增强树脂基复合材料加强芯。

2 规范性引用文件

下列文件对于本文件的应用是必不可少的。凡是注日期的引用文件,仅注日期的版本适用于本文件。凡是不注日期的引用文件,其最新版本(包括所有的修改单)适用于本文件。

GB/T 1446—2005 纤维增强塑料性能试验方法 总则

GB/T 1463—2005 纤维增强塑料密度和相对密度试验方法

GB/T 2572—2005 纤维增强塑料平均线膨胀系数试验方法

GB/T 6995.1—2008 电线电缆识别标志方法 第1部分:一般规定

GB/T 10125—1997 人造气氛腐蚀试验 盐雾试验

GB/T 16422.3—1997 塑料实验室光源暴露试验方法 第3部分:荧光紫外灯

GB/T 22315—2008 金属材料 弹性模量和泊松比试验方法

GB/T 22567—2008 电气绝缘材料 测定玻璃化转变温度的试验方法

JB/T 8137.2—1999 电线电缆交货盘 第2部分:全木结构交货盘

3 术语和定义

GB/T 22567—2008 界定的及下列术语和定义适用于本文件。

3.1

复合材料 composite

由两种或两种以上的组分材料通过适当的制备工艺复合在一起的新材料,它既保留原组分材料的基本特性,又具有原单一组分材料所无法获得的更优异的特性。

3.2

纤维增强树脂基复合材料芯棒 fiber reinforced polymer matrix composite core

由一种或多种纤维与树脂材料复合在一起的圆形棒材。

3.3

直径 diameter

在同一圆截面且互相垂直的方向上两次测量值的平均值。

3.4

f 值 value f

垂直于轴线的同一圆截面上测得的最大和最小直径之差。

3.5

强度等级 grade

复合芯棒按其抗拉强度分为“1”、“2”两种强度等级。

3.6

温度级别　level

复合芯棒按长期允许使用温度分为“A”、“B”两种温度级别。

3.7

玻璃化转变温度　glass transition temperature

$\boldsymbol{T_g}$

发生玻璃化转变的温度范围内的中点处的温度。

注：通过观察某些特定的电气、力学、热学或其他物理性能发生明显变化时的温度。可以很容易地测定玻璃化转变。另外，由于观察时所选取的性能及试验技术细节（例如加热速率、试验频率等），观察到的这个温度可能会有明显差异。因此，观察到的 t 应认为仅是一种近似值，且仅对某一具体技术及试验条件有效。

［GB/T 22567—2008，定义 2.2］

3.8

动态机械分析　dynamic mechanical analysis，DMA

是一种测量在振动负荷或变形下，材料的储能模量和/或损失模量与温度、频率或时间或其组合的关系。

［GB/T 22567—2008，定义 2.7］

4　产品命名及表示方法

复合芯棒命名用型号、规格表示，表示方法如下：

F □ □-□　GB/T 29324—2012

- □（第三个）——复合芯棒标称直径
- □（第二个）——复合芯棒温度级别
- □（第一个）——复合芯棒强度等级
- F——复合芯棒

示例：标称直径为 8.00 mm，抗拉强度等级为 2 100 MPa，耐温级别为 160 ℃的复合芯棒表示为：

F1B-8.00　GB/T 29324—2012

5　规格

复合芯棒推荐规格见表 1。

表 1　复合芯棒推荐规格参数表

规格	标称直径 D mm
	5.00、5.50、6.00、6.50、7.00、7.50、8.00、8.50、9.00、9.50、10.00、10.50、11.00

6　技术要求

6.1　外观

复合芯棒表面应圆整、光洁、平滑、色泽一致，不得有与良好的工业产品不相称的任何缺陷（如凹凸、竹节、银纹、裂纹、夹杂、树脂积瘤、孔洞、纤维裸露、划伤及磨损等)。

6.2 直径偏差及 f 值

复合芯棒的直径偏差、f 值应符合表 2 的规定。

表 2 复合芯棒直径偏差和 f 值

型 号	规格范围 mm	直径偏差 mm	f 值 mm
F1A、F1B、F2A、F2B	$5.00 \leqslant d < 8.00$	±0.03	≤0.03
	$8.00 \leqslant d \leqslant 11.00$	±0.05	≤0.05
注:f 值应测量三个不同截面,且截面间隔距离不小于 100 mm,取最大值作为结果。			

6.3 抗拉强度

复合芯棒的抗拉强度应符合表 3 的规定。

表 3 复合芯棒的抗拉强度

等级	最小抗拉强度 MPa
1	2 100
2	2 400

6.4 长期允许使用温度

复合芯棒的长期允许使用温度应符合表 4 的规定。

表 4 复合芯棒的长期允许使用温度

级别	长期允许使用温度 ℃
A	120
B	160

6.5 线膨胀系数

复合芯棒在 40 ℃到长期允许使用温度区间内的平均线膨胀系数应不大于 2.0×10^{-6}(1/℃),理论计算复合芯棒平均线膨胀系数取值 2.0×10^{-6}(1/℃)。

6.6 密度

复合芯棒的密度应不大于 2.0 kg/dm³,单位长度质量理论计算复合芯棒密度取值 2.0 kg/dm³。

6.7 卷绕

复合芯棒应在 55 D 直径的筒体上以不大于 3 r/min 的卷绕速度卷绕 1 圈,芯棒应不开裂、不断裂。

6.8 扭转

完成卷绕试验后的复合芯棒应以170 D 的长度试样以不大于 2 r/min 的扭转速度扭转 360°试验，其表层应不开裂，且扭转后的抗拉强度应符合表3的规定。

6.9 径向耐压性能

复合芯棒应承受不小于 30 kN 的压力，其端部应不开裂和脱皮。

6.10 玻璃化转变温度 DMA T_g

复合芯棒玻璃化转变温度 DMA T_g 应符合表5的规定。

表5 复合芯棒的玻璃化转变温度 DMA T_g

级别	玻璃化转变温度 DMA T_g ℃ 不小于
A	150
B	190

6.11 高温抗拉强度

复合芯棒高温抗拉强度应不小于表3规定值的95%。

6.12 弹性模量

复合芯棒的弹性模量应符合表6的规定。

表6 复合芯棒的弹性模量

等级	弹性模量 GPa 不小于
1	110
2	120

6.13 耐荧光紫外老化

复合芯棒曝露1 008 h后，其表面应不发黏，无纤维裸露、裂纹和龟裂现象。

6.14 盐雾试验

复合芯棒在温度为 35 ℃±2 ℃，pH 值 6.5～7.2 之间的盐雾环境中保持 240 h，其表面不应出现腐蚀产物和缺陷。

6.15 长度及长度偏差

复合芯棒其单根交货长度应不小于 4 500 m，允许按购买方要求的最小长度交货，长度允许偏差为

$^{+0.5}_{0}$%。除非购买方与制造方预先订有协议,才允许以双方协议规定的长度交货。

6.16 接头

不允许为了延续单根复合芯棒制造长度而产生的任何形式的纤维接头。

复合芯棒成品不允许有任何形式的接头。

7 试验

7.1 试验地点

除非供需双方另有协议,例行试验(R)和抽样试验(S)均应在制造厂内进行。

当芯棒的纤维、树脂配方、制造工艺等发生变化时应重新开展型式试验(T),试验应在具有资质的第三方检测机构进行。

7.2 试验方法

7.2.1 外观

目视观察。

7.2.2 抗拉强度试验

取合适长度试样,两端做好端头,处理好的端头能牢固的固定在试验设备上,确保在轴向拉伸试验中试样不滑落,同时试样有效拉伸长度应不小于 70*D*。试验中保证试样的纵轴线与拉伸的中线重合。拉伸速度应取为 1 mm/min ~6 mm/min,仲裁试验拉伸速度应取为 2 mm/min。每批次至少测试 5 组试样。

7.2.3 卷绕试验

取长度不少于 200*D* 的复合芯棒试样,试样应在 55*D* 直径的筒体上以不大于 3 r/min 的卷绕速度卷绕 1 圈,保持 2 min,芯棒应不开裂、不断裂。每批次至少测试 3 组试样。试验方法应符合附录 A。

7.2.4 扭转试验

完成卷绕试验后,截取经卷绕试验的 170*D* 长度复合芯棒,一端固定在试验设备旋转夹头中,另一端固定在试验设备定位夹头中,定位夹头加载 40 kg 砝码,试样以不大于 2 r/min 的扭转速度在导轮上完成 360°的扭转,保持 2 min,再将复合芯棒展直,其表层应不开裂,然后测试试样的抗拉强度。每批次至少测试 3 组试样。试验方法应符合附录 B。

7.2.5 径向耐压试验

截取长度不小于 100 mm 的复合芯棒,以 1 mm/min~2 mm/min 加载速度平稳加载直至破坏,其他试验条件应符合 GB/T 1446—2005 的规定,记录最大压力值并目测试样端部开裂情况。每批次至少测试 5 组试样。

7.2.6 直径测量

复合芯棒直径测量应使用精度至少为 0.002 mm 的量具。直径应取在同一圆截面上互成直角位置上的两个读数的平均值,修约到两位小数,单位为毫米(mm)。

7.2.7 高温抗拉强度试验

复合芯棒应在试验温度符合表7规定的烘箱内静置400 h,并在试验温度符合表7规定的高温试验机试验箱内静置1 h后在高温下按7.2.2测试抗拉强度。每批次至少测试5组试样。

表7 复合芯棒的高温抗拉强度试验温度

等级	高温抗拉强度试验温度 ℃
1	120±3
2	160±3

7.2.8 弹性模量试验

取合适长度试样,两端做好端头,处理好的端头能牢固的固定在试验设备上,确保在轴向拉伸试验中试样不滑落,同时试样有效拉伸长度应不小于70D。试验中保证试样的纵轴线与拉伸的中线重合。然后按GB/T 22315—2008中的5.5.1规定的方法测试弹性模量。

7.2.9 耐荧光紫外老化试验

按GB/T 16422.3—1997的规定进行试验,紫外波长为340 nm,强度为0.76 W/m^2/nm,采用暴露方式1,其中每循环辐照暴露时间为4 h。复合芯棒暴露1 008 h后,目测表面质量。

7.2.10 密度

按GB/T 1463—2005规定的方法进行。

7.2.11 玻璃化转变温度 DMA T_g

按GB/T 22567—2008规定的方法进行试验,并按GB/T 22567—2008附录A规定的方法计算DMA T_g。

试样推荐尺寸为2 mm×D×60 mm,升温速率为5 K/min,频率为1 Hz。

7.2.12 线膨胀系数

按GB/T 2572—2005规定的方法对同一试样进行两次试验,第二次试验测试数据作为最终试验结果。

7.2.13 盐雾试验

按GB/T 10125—1997规定的方法进行试验。

8 检验规则

8.1 产品应由制造厂检验合格后方能出厂。每批出厂的产品应附有制造厂的产品质量检验合格证。

8.2 产品应按表8的规定进行检验。

表 8 复合芯棒的检验

序号	检验项目	本标准章条编号	检验规则	试验方法
1	外观	6.1	T,R	7.2.1
2	直径偏差及 f 值	6.2	T,S	7.2.6
3	抗拉强度	6.3	T,S	7.2.2
4	线膨胀系数	6.5	T	7.2.12
5	密度	6.6	T,S	7.2.10
6	卷绕	6.7	T,S	7.2.3
7	扭转	6.8	T,S	7.2.4
8	径向耐压性能	6.9	T,S	7.2.5
9	玻璃化转变温度 DMA T_g	6.10	T,S	7.2.11
10	高温抗拉强度	6.11	T,S	7.2.7
11	弹性模量	6.12	T	7.2.8
12	耐荧光紫外老化	6.13	T	7.2.9
13	盐雾试验	6.14	T	7.2.13

8.3 每批按 5%抽样,但不少于 3 盘;批量较大时,不多于 10 盘。第一次试验结果有不合格时,应另取双倍数量的试样就不合格项目进行第二次试验,如仍有不合格时,应逐盘检查。

如果是大批量的成品,并且制造厂能证明该批成品达到或超过规定性能要求时,则在供需双方达成协议的情况下,试样数量可以减少至保证对每批复合芯棒达到足够的监测水平。

9 包装、标志、运输和贮存

9.1 线盘及包装

9.1.1 线盘应符合 JB/T 8137.2—1999 的规定,线盘的筒体直径应不小于 800 mm。

9.1.2 每个线盘上只绕一根复合芯棒。两端头应固定牢固,防止滑脱。

9.1.3 线盘外包装应能保护产品免受损伤。

9.2 标志

9.2.1 产地标志和识别

复合芯棒应具有制造厂名、产品型号、规格和计米长度的连续标志,并应符合 GB/T 6995.1—2008 的要求。

9.2.2 包装标志

每盘复合芯棒应附有标签,并标明:

a) 制造厂名、商标和厂址;

b) 产品名称、型号、规格;

c) 产品长度:m;

d) 皮重、毛重和净重:kg;

e） 产品批号；

f） 线盘旋转方向；

g） 制造日期： 年 月 日；

h） 本标准编号:GB/T 29324—2012。

9.3 运输和贮存

9.3.1 包装盘不应处于平放位置，且不得堆放。

9.3.2 盘装产品不得做长距离滚动，需短距离滚动时，应按线盘标示的旋转箭头方向滚动。

9.3.3 盘装产品不得遭受冲撞、挤压和其他任何机械损伤。

9.3.4 产品应放在干燥的环境中，避免放在潮湿且碱性的环境。

10 接收和拒收

10.1 若试样不符合本标准规定的任何一项要求，即可作为拒收该试样所代表的该批次成品的依据。

10.2 若任何一批复合芯棒因不符合10.1的规定而被拒收，则制造厂有权对该批所有各盘芯棒重新试验一次，并将其中合格的产品提交使用。

附 录 A
（规范性附录）
卷 绕 试 验

A.1 卷绕试验设备

复合芯棒的卷绕试验需专用卷绕设备进行试验。试验机应由复合芯棒导向装置、卷绕装置及安全防护装置组成，原理示意图见图A.1。

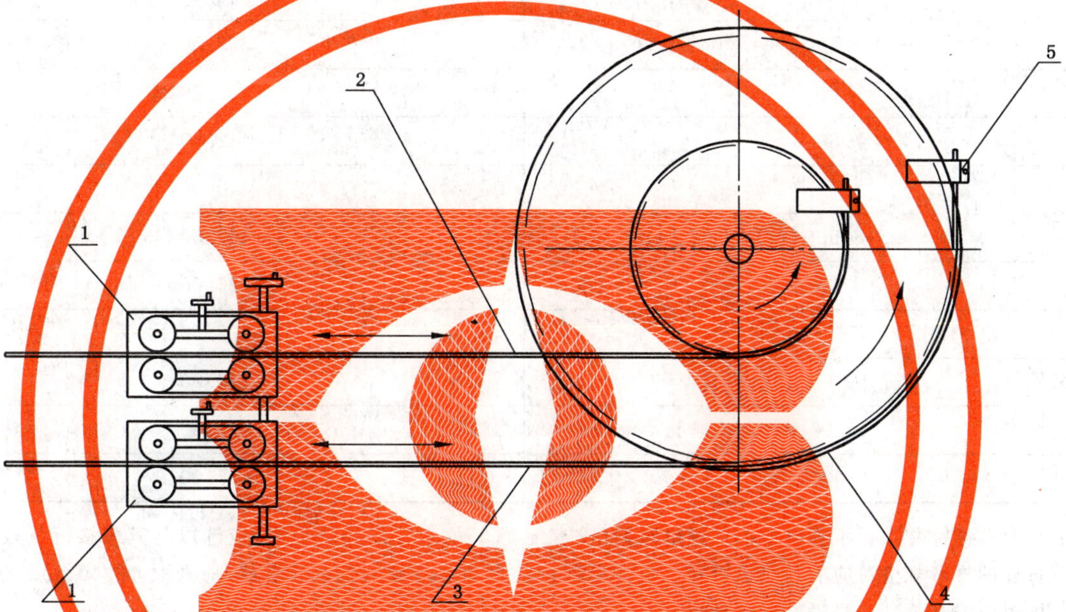

说明：

1——复合芯棒双向牵引装置；

2——Φ5.00 mm 复合芯棒试样；

3——Φ11.00 mm 复合芯棒试样；

4——卷绕盘；

5——复合芯棒固定装置。

图 A.1 卷绕试验机原理示意图

A.2 卷绕试验方法

1） 根据复合芯棒的尺寸，选择安装所需的卷绕盘；
2） 调整试样导向装置，使之与卷绕盘成切线方向；
3） 调节复合芯棒固定装置，使复合芯棒与卷绕盘外圆表面相切并压紧；
4） 启动试验机，使卷绕盘旋转，进行试样卷绕试验；
5） 当试样卷绕满一圈时，停止转动，保持 2 min 后使试样反向匀速退出至初始位置；
6） 取下试样，目视观察其表面质量。

A.3 卷绕盘直径

表 A.1 卷绕盘直径参数表

复合芯棒标称直径 mm	卷绕盘直径 mm
5.00	275.00
5.50	302.50
6.00	330.00
6.50	357.50
7.00	385.00
7.50	412.50
8.00	440.00
8.50	467.50
9.00	495.00
9.50	522.50
10.00	550.00
10.50	577.50
11.00	605.00

注：复合芯棒标称直径不为以上推荐规格时，且没有配套 $55D$ 直径的卷绕盘时，应选取与其最接近且较小标称直径的推荐规格对应的卷绕盘直径。例如标称直径为 Φ8.45 mm 的复合芯棒，应选取 Φ8.00 mm 的复合芯棒对应的卷绕盘直径 Φ440.00 mm。

附　录　B
（规范性附录）
扭 转 试 验

B.1　扭转试验设备

复合芯棒的扭转试验需专用扭转设备进行试验。试验机应由复合芯棒夹持装置、扭转装置及外加负荷装置组成，原理示意图见图 B.1。

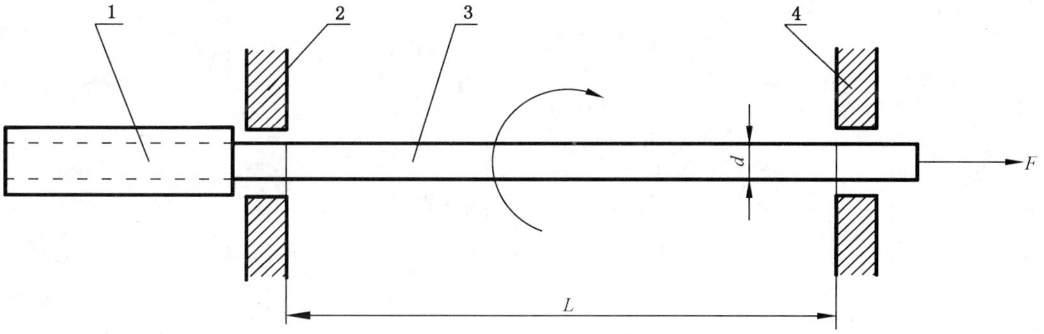

说明：
1——电机轴；
2——旋转夹头；
3——复合芯棒试样；
4——定位夹头；
d——试样的标称直径；
L——标距长度；
F——负荷。

图 B.1　扭转试验机原理示意图

B.2　扭转试验方法

扭转试验方法如下：

1）　根据复合芯棒的标称直径，确定试样的原始标距长度；
2）　调整定位夹头，使两夹头间的距离等于原始标距长度；
3）　在定位夹头上挂上规定负荷的砝码；
4）　安装试样，确保试样的轴线与夹具的轴线重合，旋紧夹具；
5）　启动试验机，进行扭转试验，试样扭转 360°后停止，保持 2 min，随后退扭到初始状态；
6）　取下试样，目视观察其表面质量并按 7.2.2 进行抗拉强度试验。

ICS 29.060.10
K 11

GB

中华人民共和国国家标准

GB/T 29325—2012

架空导线用软铝型线

Annealed aluminum formed wires for overhead electrical conductors

2012-12-31 发布　　2013-06-01 实施

中华人民共和国国家质量监督检验检疫总局
中国国家标准化管理委员会　发布

前　言

本标准按照 GB/T 1.1—2009 给出的规则起草。

本标准由中国电器工业协会提出。

本标准由全国裸电线标准化技术委员会(SAC/TC 422)归口。

本标准负责起草单位:上海电缆研究所、远东复合技术有限公司。

本标准参加起草单位:航天电工技术有限公司、江苏中天科技股份有限公司、杭州电缆股份有限公司、特变电工山东鲁能泰山电缆有限公司、江苏长峰电缆有限公司、广东电网公司东莞供电局、郑州电缆有限公司、郑州华力电缆有限公司、江苏亨通电力电缆有限公司。

本标准主要起草人:黄国飞、党朋、汪传斌、徐秋平、吴明埝、胡建明、臧德峰、张伟民、高明振、王丽、欧阳斌、朱红良、郑秋。

架空导线用软铝型线

1 范围

本标准规定了架空导线用软铝型线的产品型号、规格、材料、电气和机械性能、检验规则、包装及标志等。

本标准适用于制造架空导线的软铝型线。

2 规范性引用文件

下列文件对于本文件的应用是必不可少的。凡是注日期的引用文件，仅注日期的版本适用于本文件。凡是不注日期的引用文件，其最新版本(包括所有的修改单)适用于本文件。

GB/T 3048.2—2007 电线电缆电性能试验方法 第2部分：金属材料电阻率试验

GB/T 3954—2008 电工圆铝杆

GB/T 4909.2—2009 裸电线试验方法 第2部分：尺寸测量

GB/T 4909.3—2009 裸电线试验方法 第3部分：拉力试验

GB/T 20141—2006 型线同心绞架空导线

3 术语和定义

GB/T 20141—2006 界定的以及下列术语和定义适用于本文件。

3.1

型线 formed wire

具有不变横截面且非圆形的金属线。

3.2

截面形状 cross-section shape

软铝型线推荐的截面形状分为"X1"、"X2"两种类型，其中X1表示梯形截面，X2表示Z(或S)形截面。

3.3

标称值 nominal value

一个可测性能的名义值或标志值，用以标志单线并给定公差。

3.4

等效单线直径 equivalent wire diameter

与已定相同材料和状态的型线具有相同横截面积、质量及电阻的圆单线的直径。

[GB/T 20141—2006，定义3.5]

4 产品命名及表示方法

产品用型号、规格表示，表示方法如下：

LRX□-□ GB/T 29325—2012

——规格

——型号(LRX 为软铝型线,□为 1 或 2)

示例:标称等效单线直径为 3.00 mm 的 X1 型软铝型线,表示为:

LRX1—3.00 GB/T 29325—2012

5 规格

软铝型线的规格用标称等效单线直径表示,其范围应符合表 1 规定。

表 1 软铝型线的规格

型号	等效单线直径范围 mm
LRX1、LRX2	2.00~6.00

6 材料

软铝型线应采用符合 GB/T 3954—2008 规定的圆铝杆来制造。

7 截面形状

软铝型线的推荐截面形状示意图见附录 A。

8 外观

软铝型线表面应光洁,不得有与良好工业产品不相称的任何缺陷(如油污、发黑、夹杂、色泽不均表面压痕或划痕等)。

9 尺寸偏差

软铝型线标称等效单线直径的偏差应符合表 2 的规定。

表 2 软铝型线标称等效单线直径的偏差

标称等效单线直径 d mm	偏差
2.00~6.00	$\pm 2\% \ d$

10 机械性能

软铝型线的机械性能应符合表 3 的规定。

表 3 软铝型线的机械性能

型 号	标称等效单线直径 d mm	抗拉强度 MPa	
		最小	最大
LRX1、LRX2	2.00～6.00	60	95

11 电性能

软铝型线的电性能应符合表 4 的规定。

表 4 软铝型线的电性能

型 号	20 ℃时直流电阻率 ρ_{20} Ω·mm²/m
LRX1、LRX2	≤0.027 37

计算时，软铝型线 20 ℃时的物理参数应取下列数值：

——密度：2.703(kg/dm³)；

——线膨胀系数：23.0×10^{-6}(1/℃)；

——电阻温度系数：0.004 16(1/℃)。

12 交货要求

12.1 软铝型线应成盘交货，每盘软铝型线应为一整根，不允许有任何形式的接头。在制造过程中铝杆和成品线模前的焊接除外。

12.2 根据双方协议，允许以任何重量的软铝型线交货。

13 检验规则

13.1 产品应由制造厂检验合格后方能出厂。每批出厂的产品应附有制造厂的产品质量检验合格证。

13.2 产品应按表 5 的规定进行检验。

表 5 软铝型线的检验

序 号	检验项目	本标准章条编号	检验规则	试验方法
1	外观	8	T,S	正常目力检测
2	尺寸偏差	9	T,S	GB/T 4909.2—2009
3	机械性能[a]	10	T,S	GB/T 4909.3—2009
4	电性能	11	T,S	GB/T 3048.2—2007

[a] 软铝型线拉力试验时其夹持方式应符合附录 B 的要求。

13.3　每批产品应按1%抽样，但不少于3盘；批量较大时，不多于10盘。第一次试验结果有不合格时，应另取双倍数量的试样就不合格项目进行第二次试验，如仍有不合格时，应逐盘检查。

14　包装及标志

14.1　软铝型线应排线整齐，妥善包装。

14.2　每盘软铝型线上应附有标签标明：

a)　制造厂名称、商标和厂址；

b)　产品名称、型号、规格；

c)　产品批号：

d)　毛重、净重和长度；

e)　制造日期：　年　月　日；

f)　标准编号：GB/T 29325—2012。

附　录　A
（资料性附录）
推荐截面形状

软铝型线推荐截面形状示意图见图 A.1。

a）　X1 型截面形状示意图

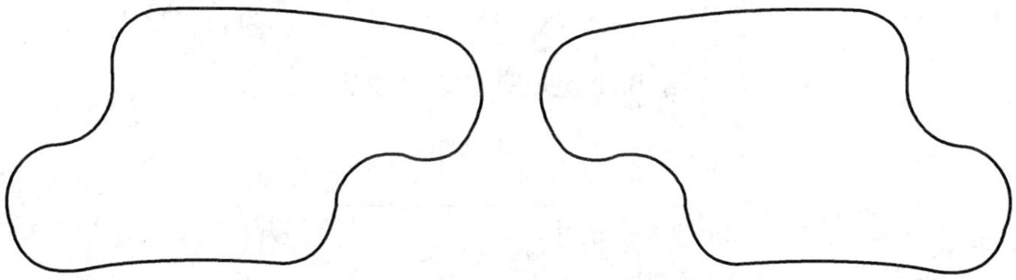

b）　X2 型截面形状示意图

图 A.1　型线截面形状示意图

附　录　B
（规范性附录）
拉力试验夹持方式

软铝型线进行拉力试验时，其夹持方式应符合图B.1所示。

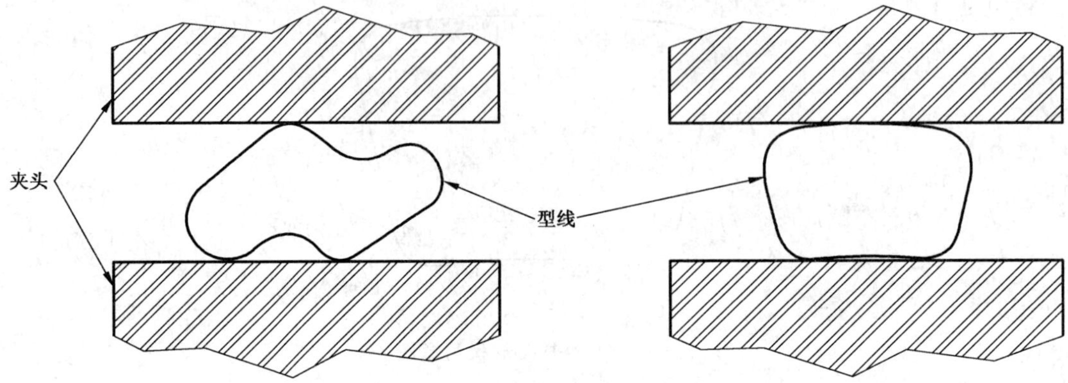

图 B.1　夹持方式示意图

ICS 29.160
K 20

中华人民共和国国家标准

GB/T 29326—2012/IEC/TS 60034-31:2010

包括变速应用的能效电动机的选择——应用导则

Selection of energy-efficient motors including variable speed applications—Application guide

(IEC 60034-31:2010,IDT)

2012-12-31 发布 2013-06-01 实施

中华人民共和国国家质量监督检验检疫总局
中国国家标准化管理委员会 发布

前　言

本标准按照 GB/T 1.1—2009 给出的规则起草。

与本标准中规范性引用的国际标准有一致性对应关系的我国标准如下：

——GB 755—2008　旋转电机　定额和性能(IEC 60034-1:2004,IDT)

本标准使用翻译法等同采用 IEC/TS 60034-31:2010《旋转电机　第 31 部分:包括变速应用的能效电动机的选择——应用导则》。

本标准由中国电器工业协会提出。

本标准由全国旋转电机标准化技术委员会(SAC/TC 26)归口。

本标准主要起草单位:上海电器科学研究所(集团)有限公司、卧龙电气集团股份有限公司、山东华力电机集团股份有限公司、北京毕捷电机股份有限公司、河北电机股份有限公司、广东省东莞电机有限公司、青岛和力达电气有限公司、文登奥文电机有限公司、江门市江晟电机厂有限公司、宁波东力传动设备股份有限公司、永济新时速电机电器有限责任公司。

本标准参加起草单位:安波电机集团有限公司、南阳防爆集团股份有限公司、江苏清江电机制造有限公司、上海邦浦实业集团有限公司、开封电机制造有限公司、上海 ABB 电机有限公司、安徽明腾永磁机电设备有限公司、安徽皖南电机股份有限公司、湘潭电机股份有限公司、衡水电机股份有限公司、中国电子科技集团公司第二十一研究所。

本标准主要起草人:李秀英、陈伟华、周立新、张文斌、周守廉、黄磊、杨秀军、刘征良、王金平、梁邦建、刘权、姚立新、屈斌。

引　言

本标准提供能效电动机在恒速运行和变速运行情况下应用的导则,不包括商业方面的考虑。

由 IEC/TC 2 制定的标准不涉及怎样获得高效率电动机,但包括确定效率保证值的试验方法。IEC 60034-2-1 是有关这一目的的重要标准。

关于输出功率最大至 200 kW 的三相、笼型、感应电动机的效率分级问题在世界许多地区经过了近 15 年的谈判,达成了区域性一致。因为这类电动机在大多数情况下是系列设计产品,这类电动机的设计常常受市场需求要求较低的成本,因此,能效问题就不是优先考虑的重点。

在 IEC 60034-30 标准中,对单速感应电动机定义了能效分级 IE 及指定了测试程序。

IE1	标准效率
IE2	高效率
IE3	超高效率
IE4	超超高效率

确定变频电机的效率的试验方法将包括在 IEC 60034-2-3 中。

通常对额定功率在 1 MW 及以上的电动机是专门定制的,需要较高的效率已经是一个非常重要的设计目标。这些电机满载效率典型值一般都在 95%～98%之间。效率通常也是购买合同中一项重要指标,如果不能满足保证值将受罚。因此,规定效率分级来要求更高的额定效率是第二重要的因素。

在 NEMA 的许可下,本标准的部分内容是基于 NEMA MG10,“对选择和使用固定频率的中型交流笼型多相感应电动机的能源管理导则”。

包括变速应用的能效电动机的选择——应用导则

1 范围

本标准对三相电动机能效方面的应用提供了技术层面的指导。它不仅适用于电机制造商、OEM、终端用户、管理机构、立法机关,也适用于其他感兴趣的团体。

本标准适用于 IEC 60034-30 所覆盖的所有电动机,然而其大多数论述对输出功率超过 375 kW 以上的笼型感应电动机也适用。

2 规范性引用文件

下列文件对于本文件的应用是必不可少的。凡是注日期的引用文件,仅注日期的版本适用于本文件。凡是不注日期的引用文件,其最新版本(包括所有的修改单)适用于本文件。

IEC 60034-1 旋转电机 第1部分:定额和性能(Rotating electrical machines—Part 1:Rating and performance)

IEC 60034-30 旋转电机 第30部分:单速、三相笼型感应电动机能效分级(IE代码)(Rotating electrical machines—Part 30:Efficiency classes of single-speed three-phase,cage induction motors(IE-code))

3 术语和定义、符号

3.1 术语和定义

IEC 60034-1、IEC 60034-30 界定的以及下列术语和定义适用于本文件。

3.2 符号

η_n 名义效率,%

η_N 额定效率,%

f_N 额定频率,Hz

n_N 额定转速,r/min

P_N 额定输出功率,kW

T_N 额定转矩,Nm

U_N 额定电压,V

4 概述

电气传动系统不同环节中的能量节约取决于工作制类型(连续工作制或断续工作制),见图1。

电动机为连续工作制运行时,改善电动机的效率是有益的。改善功率因数(变频器,同步电动机)可以降低传输电缆的 I^2R 绕组损耗。机械传动方面的优化(齿轮箱、皮带、泵、风扇叶片等)比提高电动机本身的效率而获得的节能效果更显著。

因为在很多场合通过管理好实际运行的负载可以得到很好的节能效果,所以更应关注运行节能。因此,满足需求的速度控制对于节能是很有帮助的。

通常适当的维护对节能是非常有益的。许多工厂在低电压控制电路中(典型的 24 V 电源)存在着大量能源消耗,因此,应该使用高效、低压供电电源。如果可能,在长期待机状态下(周末,节假日)应关断电源。

	电气部分	机械部分	应用	工厂自动化	能量再生
	适当的定期保养				
S1 连续工作制	能效电动机	能效电动机 齿轮箱 皮带,……	变速驱动系统	更有效的功率电源	
	功率因数 修正器	能效泵,风机, 压缩机,……	减少电的 传输损耗	待机状态低 耗能模式	
S2 短时工作制	用更经济的元件				
S3,…,S10 间歇工作制	带变频控制 的软起动	考虑转动惯量	变速驱动系统	更有效的功率电源	再制动
			优化质量和流量	待机状态低 耗能模式	DC 靠背轮联接 电池 飞轮等

图 1 驱动系统中不同环节的电能节省情况

图 2 给出了能效电动机和功率驱动系统包括有电动机和电压型变频器,以及带或不带电-机械制动装置制动线圈的典型损耗情况概况。

在断续工作制运行时,能效电动机不是很节能的,甚至由于惯性和起动电流的增加可能会消耗更多的电能。在这种运行情况下,电动机起动时使用软起动器或变频器可降低能量损耗。当运行周期包括频繁再生制动阶段(如提升机、电梯、起重机等),使用能量储存是有帮助的。

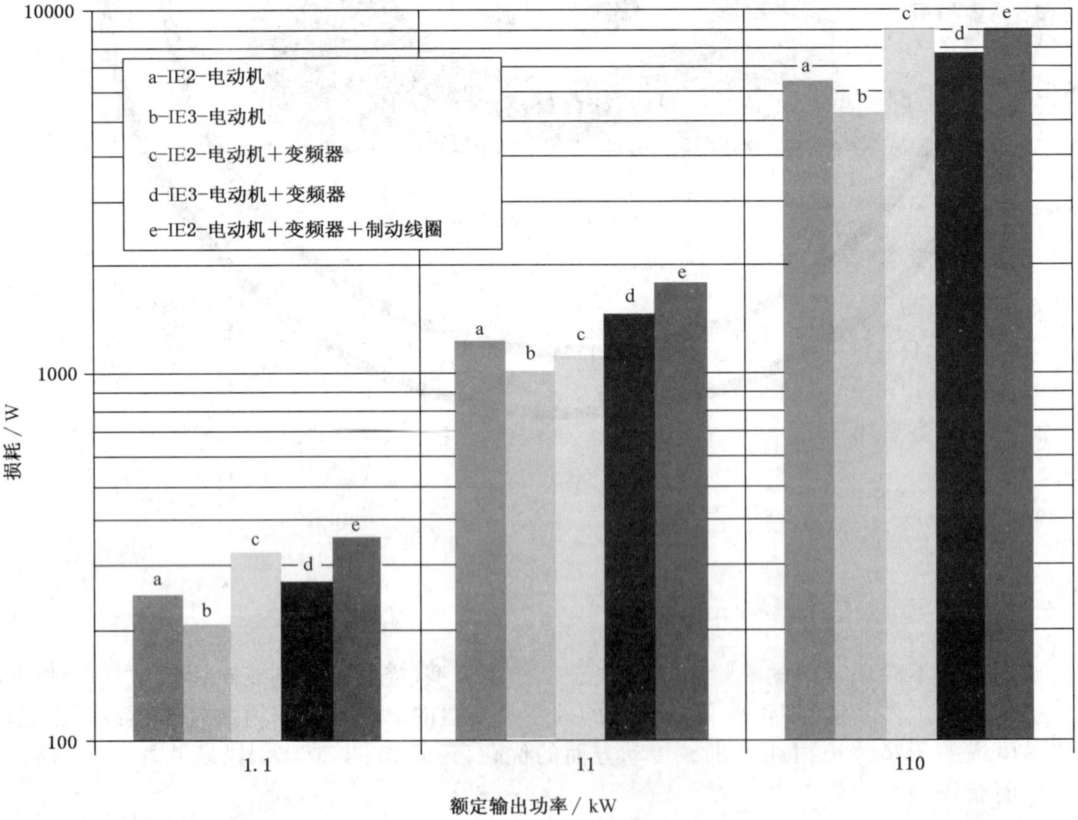

图 2 能效电动机、变频器和电-机械制动装置的损耗与标准电动机(IE1)损耗之间的关系

5 效率

5.1 概述

电动机的效率定义为电能转换为机械能的效率测量值，用输出功率与输入功率的比值来表示。

效率＝输出功率/输入功率＝输出功率/(输出功率＋损耗)

电动机通常要给出额定负载时的效率，有时也提供3/4负载和1/2负载时的效率。

电动机的效率主要为负载、额定功率、转速的函数，表示如下：

a) 效率随负载变化的函数关系是电动机的固有特性。如果电动机远远偏离额定点运行时将会导致电动机的效率发生变化(见图3)。
b) 通常，电动机的满载效率随电机的几何尺寸和输出功率的增加而增加。
c) 对相同功率的电动机，一般来说转速高的电动机在额定负载时比转速低的电动机效率高，但并不总是这样。因此，这并不意味着，所有的设备都必须用高速电机来驱动，当需要低转速时，再采用变速装置，如采用滑轮或齿轮来获得所需的低速，这样反而增加了系统的功率损耗从而降低了系统效率，因此，对需要低速运行的地方，还不如直接用低速电动机来驱动。

笼型感应电动机效率和额定转速之间存在着明确的关系。这就是：低额定转速，则效率就低。因为滑差主要反映了转子绕组的损耗(感应电机的滑差就是同步转速和运行转速之间的差值)。一般用转差率来表示，转差率为：滑差/同步转速×100%。因此，N设计的笼型感应电动机的转差率小于5%，比高转差率电机有更高的效率，当应用场合允许时应优先使用。

对泵、风机、压缩机类的负载，使用多速电动机或变速驱动(VSD)可能会节省大量的电能。但应该注意，相同定额的多速电动机在每一速度下的效率比单速电动机的效率稍低。通常，单绕组多速电动机比双绕组多速电动机效率高。

当电动机连续长期运行时，提供了有意义的节能空间。这种应用场合如加工机械、空气动力装置、泵和其他类型的工业设备。

许多电动机是连续运行的，但有些电动机全年运行时间较短。如阀门电机，水坝门电机，工业门电机，消防泵和污水泵。在这些场合，改变电动机的效率对整个能源的降低意义不大，因为总的能耗较少，并且改为高效率电动机后反而有可能降低了其他性能要求。

电动机的效率适当增加几个点，结果是电动机的损耗大大减少。例如，对相同输出功率，如果将损耗减少20%，可使原来效率为75%的电机效率提高到78.9%，原来效率为85%的电机效率提高到87.6%，原来效率为90%的电机效率提高到91.8%。

效率是随着电动机的几何尺寸大小而增加的。对输出超过1 MW的大型、高压电动机其效率通常在95%以上。

注：由于电动机输出功率是随着几何尺寸的平方关系而增加的，与其可允许的散热条件是线性增加的关系。因此，大电机有着较高的效率是必然的。

5.2 电动机损耗

电动机将电能转换为机械能所产生的损耗一般描述如下：

a) 电损耗(定子和转子，随负载变化)——电流流过电动机定转子绕组产生的损耗表示为电流平方乘绕组电阻(I^2R)。转子损耗随转差率增加而增加。
b) 铁心损耗(与负载无关)——这些损耗主要由定子叠片产生，转子低一些。磁场要产生电磁转矩所造成的磁滞损耗和涡流损耗。
c) 机械损耗(通风和摩擦损耗，与负载无关)——机械损耗主要产生于轴承，风扇和电动机的密封结构等。这些损耗在低速电动机和防护等级为IP2X、IP4X、IP5X电动机中较小，但是在全封闭 IP6X、高速电机、大电机中较大。

d) 附加损耗(附加负载损耗)——铁心中附加基波和高频损耗,定子绕组中循环电流产生的损耗,转子导体在负载时产生的谐波损耗。这些损耗假设与转矩平方成比例。

表1列出了这些损耗分量的情况,在电动机总的损耗中典型的比例分配,设计和结构的因素将影响其损耗大小。

表1 三相、4极、笼型感应电动机损耗分布

	4极电机典型损耗分布/%	影响损耗的因素
定子损耗	30～50	定子导体尺寸及材料
转子损耗	20～25	转子导体尺寸及材料
铁耗	20～25	磁性材料的类型和质量
附加损耗	5～15	主要为制造因素和设计方法
风摩耗	5～10	风扇和轴承的选择和设计

一般来说,增加电动机的有效材料,如导电和导磁材料的类型和数量,损耗将减少。

5.3 变频器供电时电动机的附加损耗

笼型感应电动机由变频器供电时,电压和电流谐波将在定子和转子中引起附加的铁耗和绕组 I^2R 损耗。这些附加损耗的大小与负载无关,随开关频率的增加而降低。

与正弦波供电相比,由变频器供电引起的附加损耗在严重情况下可使电动机总损耗增加15%～20%。

更详细的论述见 IEC 60034-17 和 IEC 60034-25。

5.4 更高效率等级电动机

期待通过技术的进步能够设计和制造出与现有的低效率等级的电动机(例如 EN 50347,NEMA MG1 和其他地方标准)的机械尺寸(法兰、轴中心高等)相兼容,效率比 IE3 更高的电动机。这类电动机运行时通常要求有电子功率器件(变频器)。

无励磁绕组的同步电动机转子损耗几乎为零。

本标准的附录 A 中提出了一种超超高效率等级(IE4)作为一种目标电动机的效率值(超超高效等级(IE4)电动机并未指定是哪类电动机)。

永磁电机(PMSM)和磁阻(RSM)同步电动机已经开发并商品化。PMSM 永磁电机通常有某种固有的磁阻转矩而 RSM 磁阻电机具有永久的驱动力,因此可能将两者的结构混合以相互弥补。

由于 PMSM 永磁电机使用了大量的磁性材料,使得其功率因数比感应电动机高,因此改善了电网和变频器的效率。这类电动机要求有变频器和转子位置传感器(编码器)(除非变频器中使用一种较低编码器的控制算法)来进行工作。

另外一种同步电动机设计就是组合了永磁电机和笼型电机的特点。它可以在线启动(直接启动,永磁,同步电动机,LSPM)。这种电动机运行时不需要变频器,因此它们的启动性比较差,有转矩脉动和噪声,同时受负载转矩和负载惯量的限制。它们需要和实际使用工况配合,不能使用在一般场合。

注:当本标准中所说的同步电动有更多的经验可使用时,拟扩充 IEC 60034-30 的适用范围和修改附录 A。

5.5 电动机损耗的变化

各种制造产品都会受材料和制造工艺的影响,即使是相同的设计和相同的工艺生产线,也不可能制造出两个完全相同的产品。

对电机来说也是这样的。产品会受材料的影响，如定转子叠片所用的硅钢片电磁性能的改变就会影响到损耗的改变从而影响到电机的效率。如 7.5 kW 的电机，铁耗增加 10%(300 W～330 W)，这是在硅钢片允许的容差内，那么电动机总的损耗就由 946 W 增加到 976 W，电机效率就从 88.8%(IE2)减小到 88.5%(IE1)。

制造过程的局限性也会影响到效率的改变。如电机零部件尺寸都有一个经济的合理的公差的限值，将这些部件装配在一起也累计了各自的公差，如影响到了电机气隙的实际尺寸，则会造成附加损耗的改变而影响电机的效率。

另外，由于制造过程及试验程序也会造成影响。

因此，谈到一台给定电动机的效率，也可以说是制造商定义的额定效率(这个效率也可能是对同一设计大量电动机所得的平均效率)应高于或等于所要求的额定效率分级的名义效率值(根据 IEC 60034-30)。

当电动机运行在额定电压、额定频率时，根据 IEC 60034-1，任一电动机的实际满载效率可能会低于额定效率，但是不能低于额定效率减效率的容差。这是当原材料和制造过程都是最差的情况下时应该达到的最低水平。

额定效率应该被用来评估供给一批电动机设备的功率要求。最低效率(额定最小容差)保证了电动机用户达到的最低性能水平。

5.6 部分负载时效率

如图 3 所示，三相笼型感应电动机在较宽的部分负载范围内效率值几乎不变。

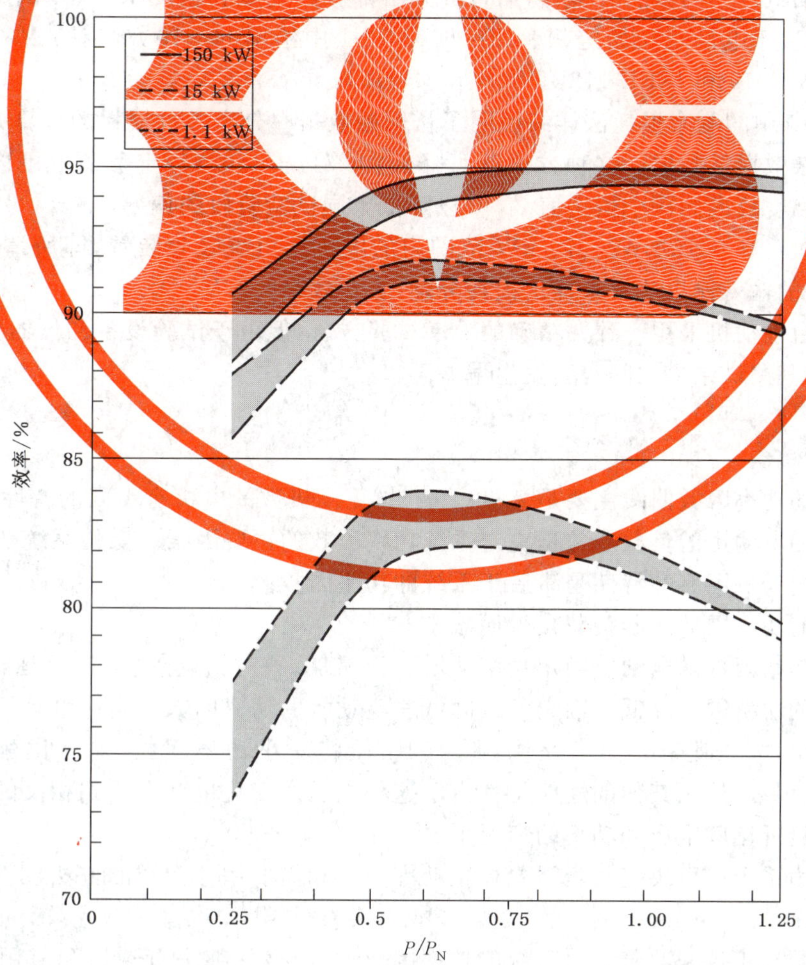

图 3 三相笼型感应电动机 不同的输出功率时(近似的 1.1 kW，15 kW，150 kW)典型的效率曲线

图中给出的效率曲线主要是2极、4极时，更高极数的电机有不同的特性曲线。

当给定了额定负载和3/4负载的效率值时，可以根据下面公式来近似计算出任一负载情况下的效率。

$$\nu_L = \frac{(100/\eta_{100} - 1) - 0.75 \cdot (100/\eta_{75} - 1)}{0.4375}$$

$$\nu_0 = (100/\eta_{100} - 1) - \nu_L$$

$$\eta_p = \frac{100}{1 + \nu_0/P + \nu_L \cdot P}$$

式中：

η_{100} ——额定负载时效率，%；

η_{75} ——3/4负载时的效率，%；

ν_L、ν_0 ——中间结果；

P ——要求的功率(相对于额定负载，如：从0…1…过载)；

η_p ——作为结果的效率，%。

注：负载低于50%或高于125%时，不推荐使用该公式。

5.7 效率测试方法

有许多测试方法来确定电动机的效率。测试感应电动机效率所使用的国际标准是IEC 60034-2-1，要注意到确定电动机效率的方法有多种，而每种方法都有其优点和精度水平、测试成本、测量方法的难易程度，同时还取决于电动机初始定额。IEC 60034-2-1中给出的一些方法在一些国家标准中也有规定，如加拿大CSA C390和IEEE 112B。

IEC 60034-2-1中的剩余损耗法详细说明了从原始数据中分离各种损耗的计算方法，并用线性回归分析法修匀负载杂散损耗数据。这种方法既可降低在25%～150%额定负载范围内的数据测量误差，又可将试验环境温度校准到一个恒定值25 ℃以降低不同试验阶段的偏差。

通常习惯上对功率0.75 kW～370 kW范围内的电机用负载吸收装置，即所谓的测功机来进行试验，通过计算测量的输入输出功率来确定损耗分量，决定效率。

即使对同一台电动机采用一致并精确的效率试验方法，但由于试验设备和仪器特性、非自动测试和人员因素等原因，其测试结果之间也会发生偏差。

5.8 功率因数

图4中给出的功率因数曲线主要是2极、4极时，更高极数的电机有不同的特性曲线。

设备中连接的电动机的负载通常是决定系统功率因数的主要因素。低的系统功率因数导致系统损耗的增加。感应电动机固有的特性是滞后于系统的功率因数。

感应电动机的功率因数随着负载减少而减小。

额定负载时功率因数随电动机额定功率的增加而增加。一批感应电动机都运行在轻载情况下时，将导致电力系统的功率因数降低。额定负载时低速电动机的功率因数比高速电动机的功率因数低。

对感应电动机，电压比额定电压略高(低于10%)将减小功率因数，电压比额定电压略低(低于10%)将改善功率因数，然而其他的性能特性由于这种电压的变化也许会受到相反的影响，所以，推荐电动机尽量运行在接近铭牌电压和功率的情况下。

通过分析电力系统后可决定是否需要校正功率因数和需要用什么样的方法校正，如电容器，同步电机或其他的方法。

当用功率因数校正仪来改善电力系统的功率因数时，应该仔细进行选择和应用以避免不安全的运行情况。系统设计人员应该推荐一个合适的校正方法。

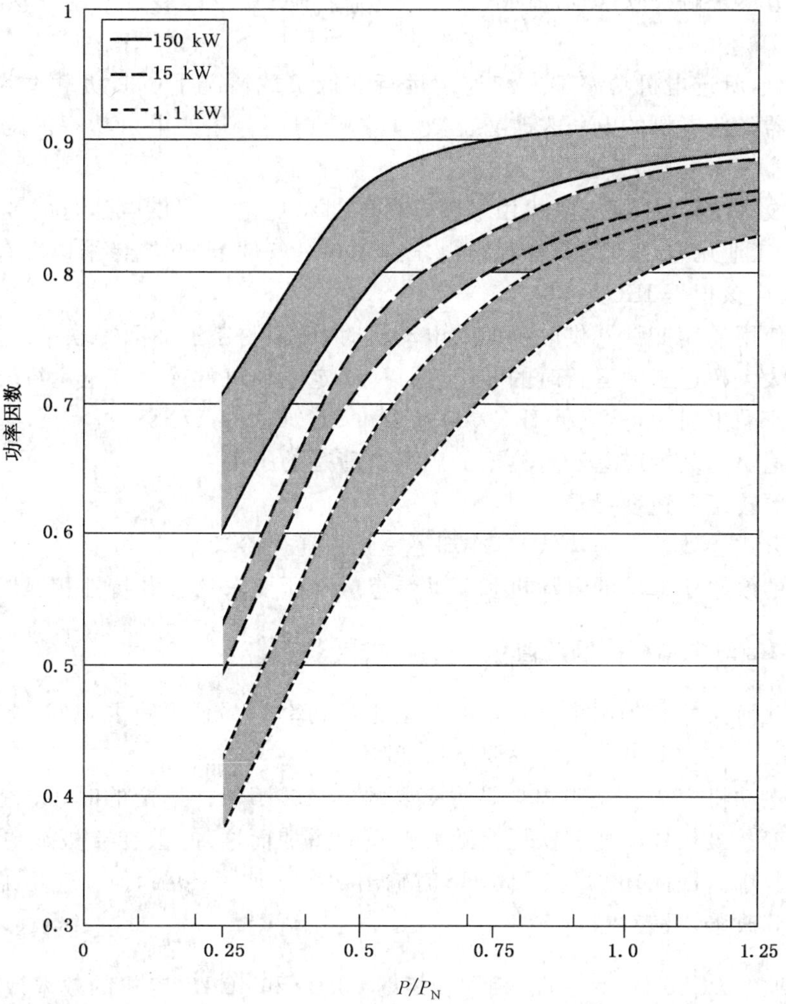

图 4 三相笼型感应电动机不同输出功率时(近似 1.1 kW,15 kW,150 kW)典型功率因数随负载变化曲线

5.9 电动机和变频器的匹配

很多功率驱动系统中加入变频器后增加了相当大的改善能效的潜能。变频器附加的成本(典型的要高于高效电机)和增加的附加损耗(取决于变频器的大小和设计,典型的在名义转矩和转速下要增加2%～5%,在25%转矩和转速下要增加10%～30%),因此要求仔细的分析应用场合。

第一类应用场合为泵、风机和类似的负载即转矩与电动机的转速成平方关系变化,电动机的轴功率与转速成三次方关系变化。流量的改变用挡风板和节流阀来控制。变速装置(VSD)可以平滑的调节输入的电功率改变调节流量从而减少了损耗。传统上也用多速电动机或并联几台电动机运行的方式来改变流量,这样也可以达到低成本低损耗。因为能更好的改善效率,用VSD方法可以得到更高的成本利益。

第二类应用场合为传送机、自动扶梯、起重机和类似转矩与转速关系不大的负载。变速装置(VSD)能够做到从停止到全速的无级调速,因此得到最小的功率需要。由于输入功率与转速成线性关系,因此在成本和节能方面相比第一类应用场合较小。

第三类应用场合包括负载和转速变化很小,使用变速装置VSD可以获得其他的好处,如软起动和停止或要求较高的起动转矩,这时其主要的好处并不是能效得到改善而是减少了机械磨损。也有其他的更低成本的技术方案来解决软起动的问题。不管怎样,相比用变速装置来进行软起动,这些方法都不节能。

还有些应用场合,所选电机功率偏大和连续运行在低负载情况下(如,负载率为50%或更低)。即使可以通过用变频器降低电机的电压来改善能效,但是选用更合适的电机功率能得到更低的成本和更好的节能效果。

除非使用正弦波滤波器,否则电动机由变频器供电时将比由电网供电运行时要承受更高的尖峰电压。现在,很多新的工业用电动机运行在供电电压到500 V条件下,其绝缘结构没有什么问题。对更高的供电电压,电动机应该根据IEC 60034-25来考虑。

当更新已经在使用的用变频器供电的旧的电动机时,应该与制造商取得联系。同时,具有调速装置的电机其转速将会大大超过工频运行时的转速,所以,确定电动机的最大安全运行转速也很重要。这类信息可以正常的从产品手册中得到(见IEC 60034-1和IEC 60034-17)。

选择和安装变速驱动装置应基于对典型的工况有清楚的了解:

——驱动机械的转矩和速度要求;

——由于冷却方式导致的功率降低(自冷却还是强迫通风冷却)。

要想获得更好的效益所选用的电动机和驱动装置应与所要求的负载特性相匹配是非常重要的。

5.10 50 Hz和60 Hz时电动机的额定值

因为电动机的几何尺寸和利用率与转矩的关系比与功率的关系更重要,理论上输出功率与转速是成线性关系的,如从50 Hz到60 Hz,功率要增加20%。

在中小型感应电动机中 I^2R 绕组损耗是占主要的。当转矩保持不变的时,从50 Hz到60 Hz绕组损耗基本上保持不变。虽然风摩耗和铁耗会随着频率的增加而增加,但在4极或更高极数的电机中绕组损耗所占的比例较小。因此,60 Hz比50 Hz时输出功率增加了20%,但损耗增加的比例小于这一比例,因此,其效率得到改善,见表2。

表2 以50 Hz为基准,相同转矩时50 Hz和60 Hz电机的效率计算

	50 Hz	60 Hz
转矩	100%	100%
转速	100%	120%
输出功率	100%	120%
损耗占输出功率的比例		
I^2R	20%	20%
风摩耗	4%	$4\times(1.2)^{1.5}=5.25\%$
铁耗	4%	$4\times(1.2)^{1.5}=5.25\%$
总损耗	28%	30.5%
输入功率	100+28=128%	120+30.5=150.5%
效率	100/128=78.1%	120/150.5=79.7%

实际上,无论是60 Hz还是50 Hz,其输出功率的定额都是根据IEC 60072按一定的功率等级来划分的。因此,电动机的功率不可能总是增加20%。然而对各自电源频率下,如果电动机设计的更优化,则60 Hz时的一般优势还是适用的。

50 Hz和60 Hz时效率的差别也随着电机的极数和几何尺寸而改变。通常,三相笼型感应电动机60 Hz时的效率,在输出功率从0.75 kW到370 kW这一范围比50 Hz时的效率高2.5%~0.5%。仅仅是大功率2极电机由于风摩耗使得效率有轻微的减少。

当电动机既可以额定运行于 50 Hz 又可以运行于 60 Hz 而具有相同的磁通和差不多相同的转矩(也就是在 60 Hz 时功率高出 20%,如,400 V/50 Hz/3.0 kW 和 460 V/60 Hz/3.7 kW)时,多数情况下,60 Hz 的效率要比 50 Hz 时效率高(见图 5)。

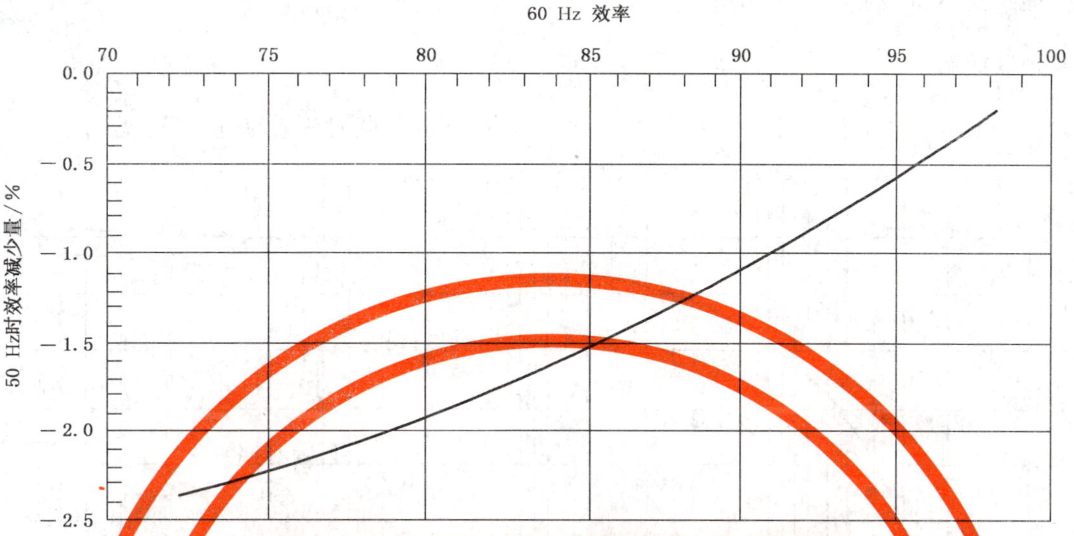

图 5　4 极、低压电机相同转矩下 50 Hz 和 60 Hz 比较效率的减少(60 Hz 时功率增加 20%)

相同地,当电动机既可以额定运行于 50 Hz 又可以运行于 60 Hz 而具有相同的磁通和差不多相同的输出功率(也就是在 60 Hz 时转矩将减少 20%,例如,400 V/50 Hz/5.5 kW 和 460 V/60 Hz/5.5 kW),60 Hz 的效率总是比 50 Hz 时高,因为电机的利用率减少了(见图 6)。

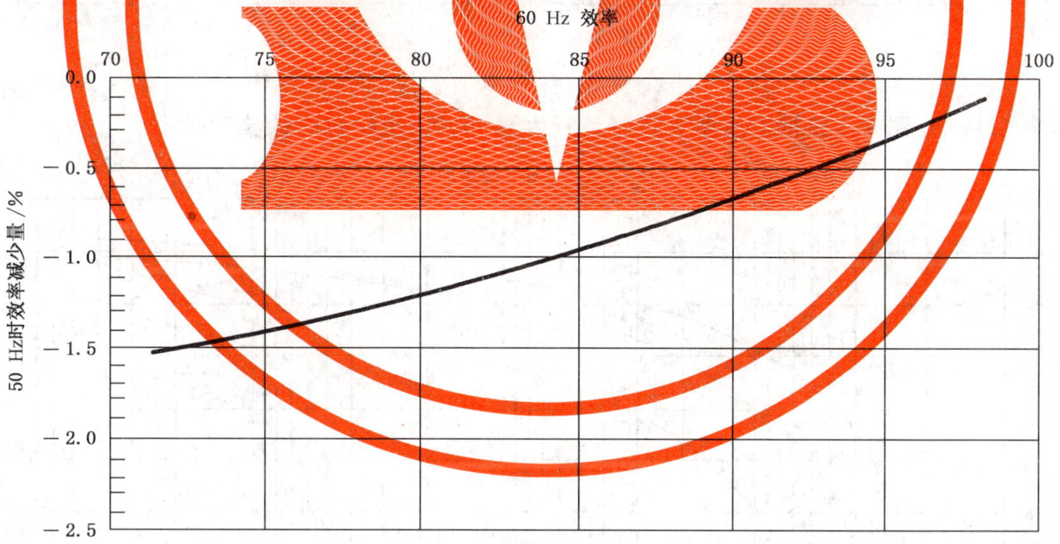

图 6　4 极、低压电机相同输出功率下 50 Hz 和 60 Hz 比较效率的减少
(60 Hz 时转矩减少 20%)

由于这些原因,不同效率等级(IE1、IE2、IE3)的限值曲线在 60 Hz 时总是高于 50 Hz。

5.11　电动机在不同电压或电压范围时的定额

电动机效率与电压的函数关系是电动机的内在特性决定的。电动机运行时的电压与额定电压明显不同时,将导致电机效率和温升的变化。

典型的小电机受电压变化的影响比大电机严重。

5.12 电动机额定运行频率不是 50 Hz/60 Hz 时

电动机运行频率不是 50 Hz/60 Hz 时，其效率分级将不遵守 IEC 60034-30。

本标准附录 A 定义的 IE4 适用于这类电动机。

5.13 变频器效率

变频器一般有较高的能效水平。如同电动机一样，在部分负载时其效率会下降(见图 7)。

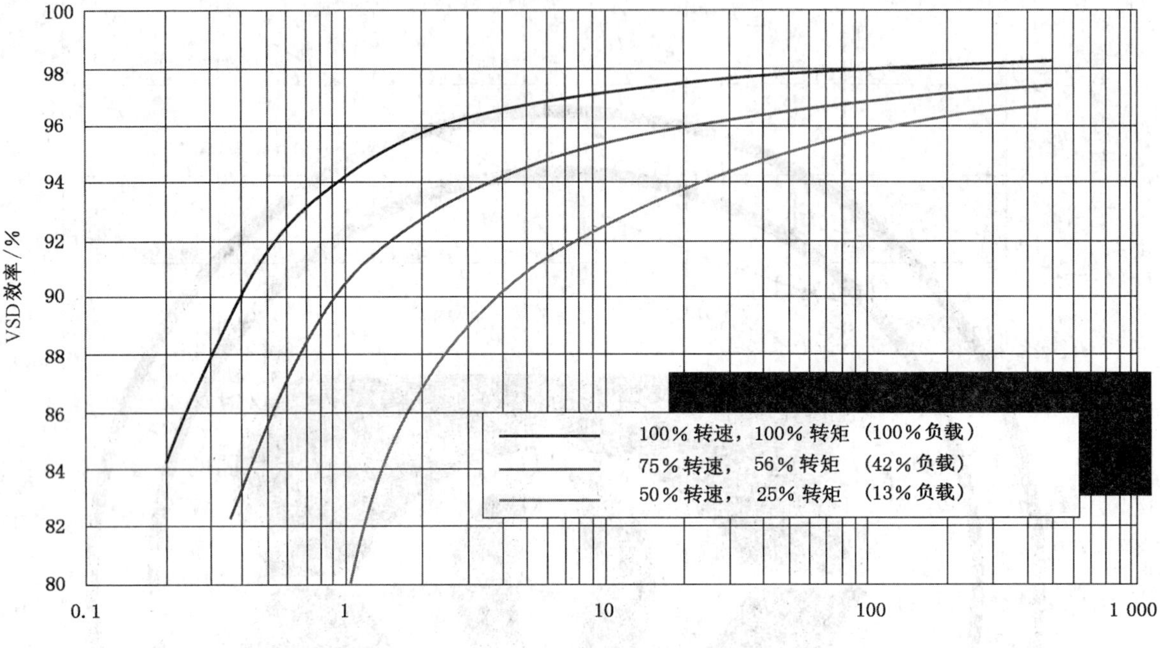

图 7 三相电压型变频器负载为泵、风机、压缩机时的典型效率

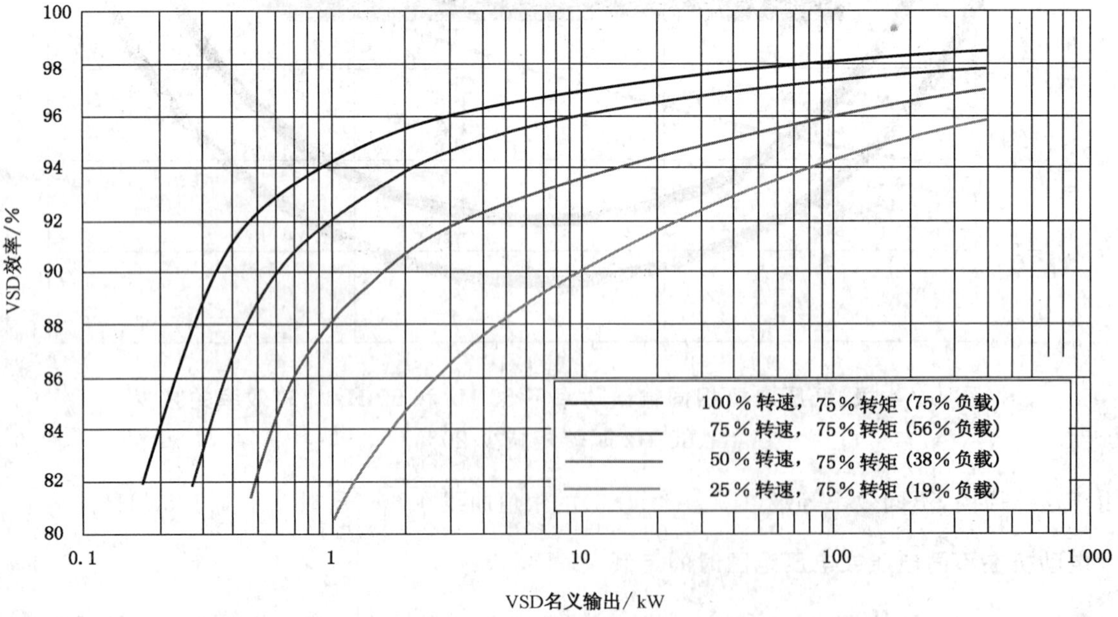

图 8 三相电压型变频器负载为恒转矩负载时的典型效率

表3列出了输出功率范围在1 kW～100 kW大多数工业用变频器的损耗构成(低压电压源型变频器带不可控二极管整流器作为网侧变频器)。

表3 低压、电压型变频器损耗分布

	损耗比例的典型值%	影响损耗的因素
开关损耗(输出级)	30～50	电动机电流和开关频率
直线整流器损耗	20～25	线电流(近似与电动机功率成比例)
正向损耗(输出级)	15～20	电动机电流
内部控制电路损耗(微处理器,内部功率电源,显示器,键盘,通讯,数模转换,输入/输出等)	5～20	接近恒定
开关损耗(变频器线路侧/活动前端)	—	线电流和开关频率(近似与电动机功率成正比)
复合损耗(变频器线路侧/活动前端)	—	线电流(近似与电动机功率成正比)

变频器效率的降低可能导致电动机端电压降低。这可能妨碍电动机在弱磁运行达到最高转速,但这将会降低电动机的效率。

5.14 变频器的功率因数

直流联接的变频器的功率因数只取决于变频器的输入整流器。电动机的设计和负载不影响其功率因数。

由于变频器输入电流的谐波分量,总的功率因数可表示为:

$$\text{功率因数}\ \lambda=\frac{|\text{有功功率}\ P|}{\text{视在功率}\ S}$$

通过使用带网侧(主动前端)式变频器可将功率因数调整到1。

下面列出了低压电动机用的大多数通用型变频器(间接电压源型具有无反馈单相或三相二极管整流器做回路的变频器)的典型功率因数值:

单相变频器: $\lambda\approx0.58$(对 $P_N\approx0.5$kW)

三相变频器: $\lambda\approx0.64$(对 $P_N\approx2$ kW)

三相变频器带滤波电感 $\lambda\approx0.92$(对 $P_N\approx2$ kW)

三相变频器带有源校正 $\lambda\approx0.94$(对 $P_N\approx1\cdots10$ kW)

由于变频器提高网侧端的功率因数不会改善电动机和变频器之间的功率因数,因此为提高效率,在安装时变频器尽可能接近电动机(分散安装)。

6 环境

6.1 起动性能

能效型笼型感应电动机为了获得较高的效率,在结构上采取的典型措施是使用更多的有效材料,如增加铁芯长,和/或增大铁芯的冲片直径。由于这些原因,能效型电动机的起动性能与低效率的标准电动机的起动性能有所不同。

平均来说,当电动机输出功率不变,效率水平提高一个等级后堵转电流将增加10%～15%。个别情况下,这种不同取决于电动机的结构原理,当用新电动机置换现有安装的电动机时,应和制造商一起核查结构设计。通常，铸铜转子电动机比铸铝转子电动机具有较高的堵转电流。应该保证控制保护装置有合适的大小和设置。也可参考 IEC 60034-12。

典型情况下，当能效电动机输出功率不变时，效率提高一个等级时平均最小转矩(见 IEC 60034-12)会增加约 10%～20%。

与铸铝转子电动机相比，铸铜转子电动机的最小转矩较低。

制造商应通过合适的设计尺寸以保证满足 IEC 60034-12(N 设计)定义的起动特性。

6.2 运行速度和转差率

通常，具有较高效率的电动机其运行转速比较高，例如，和低效率电动机相比，高效率电动机的转差率较低。平均来说，当电动机的输出功率不变时，效率提高一个等级时转差率会降低 20%～30%。

铸铜转子比铸铝转子的转差率更小转速更高。

6.3 电源质量以及电压和频率变化的影响

电动机的电压和频率在额定条件以外运行时，其效率和功率因数都会减小，并且其他的特性性能也会受到有害的影响。当电动机运行在非正弦波电压时也会出现相同的结果。供电电源的变化、波形的改变、频率的变化对电动机效率和功率因数的影响取决于电动机的各自设计(见图 9)。

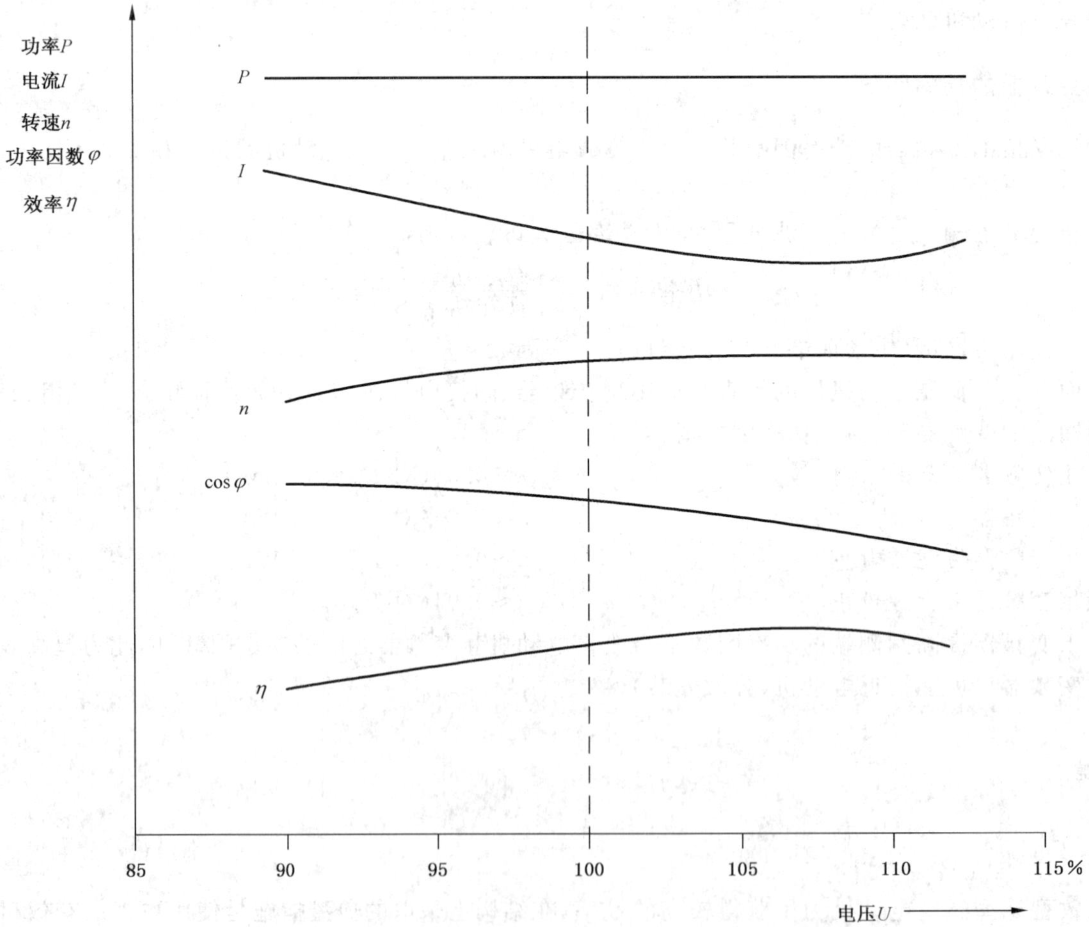

图 9 在恒定输出功率时电流、转速、功率因数和效率随电压变化的典型曲线

运行过程中允许的电压和频率的变化范围见 IEC 60034-1。

6.4 电压不平衡的影响

三相平衡的电源是电动机有效运行的基本条件。例如,电压不平衡度为3.5%就会增加电动机的损耗将近20%。由于这一原因,应该仔细地分配三相电源上的单相负载,以使电动机端电源不平衡尽可能低。

更详细的介绍见IEC 60034-26。

6.5 环境温度的影响

电动机额定效率是在标准参考环境温度为25 ℃给出的(见IEC 60034-2-1)。电动机运行的温度比它低则会增加效率,运行环境温度高则效率会降低。

7 应用

7.1 概述

对标准电动机来说,机座号和输出功率的对应关系没有国际标准。然而存在一些地区标准(如EN 50347,NEMA MG1)也是被广泛认同的。因此将现在使用的标准电动机改型为能效型电动机时,保持相同的机座号和输出功率是有利的,这样将不会要求更换其他驱动装置。

当一个装置由电动机驱动时产生了相应的恒定和连续的有效工作,最初电动机的选择主要关心的是额定负载时的效率,然而,实际上在很多应用场合是周期性的,在这种情况下使用特殊的应用技术可以节省大量的能量。

其他的应用需要断续或连续吸收能量。同样,使用特殊的应用技术可将其他方面浪费的大量能量弥补回来。

这里为用户列举了一些这种特殊应用技术的实例。为了确定最有效的节能措施,应咨询电动机制造商。

7.2 通过速度控制的节能(变速装置VSD)

在很多情况下,根据负载的使用要求改变电动机的转速能节约大量的能源。典型的应用就是使用变速装置(VSD)。

由于全面的改善了应用效率,变频器的附加损耗可以轻易得到补偿。

当前很多泵、风机使用过程中需要控制流量和压力,使用所谓的节流和旁路装置串并联来获得所需要的动力。

通过改变驱动系统的速度来控制风机和水泵的流量和压力,损耗可以明显减少。

7.3 合理选择电动机的大小

能效电动机应应用于长时间高负荷率(高于3/4满载)情况下。

为避免电动机长时间运行在低负荷率(小于50%)下导致系统效率很低,应该根据要求的最大负载和起动转矩来选择合适大小的电动机。

由于高效电动机比标准电动机温升低,其过载能力更强。因此,通常不会因为偶尔的尖峰负载而选择较大的电动机,这样也不经济。

当用高效电动机替换现有的标准电动机时,应该仔细评估所要求的功率和大小。

7.4 连续定额的应用场合

从一个能效水平到高一级能效水平可达到的节能效果为损耗降低15%~20%(见图10)。购买高效和超高效电动机额外的投资回报可以从能源的节约中很容易的进行计算。

图 10 举例说明了电动机在额定输出功率时从低的能效等级到高的能效等级时能源消费的关系。

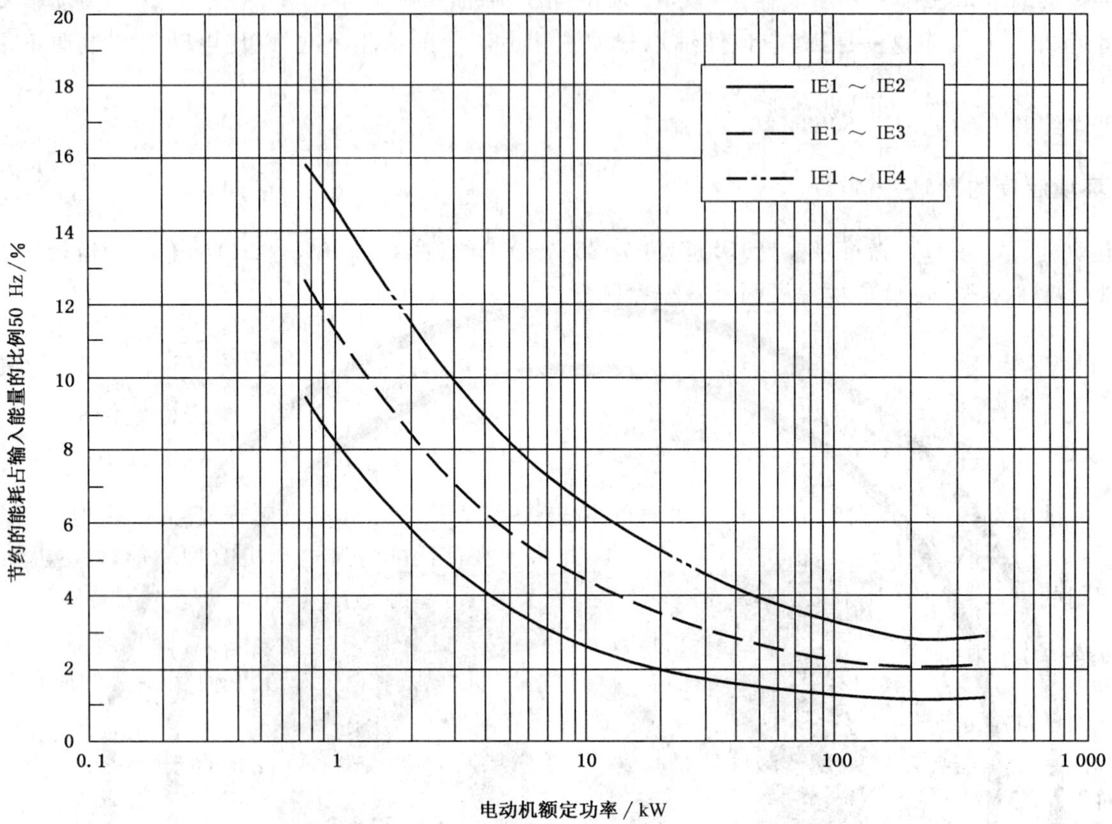

图 10 电动机运行在额定负载时改变能效等级潜在的节能效果

7.5 持续轻负载运行的应用场合

还有一些方法被提及，就是通过降低电压的方式，当电动机不要求输出满载转矩时，通过降低电压来减少磁通损耗。这类装置的典型应用就是功率因数调节器。功率因数调节器就是通过调节电压来使电动机得到一合适的功率因数的装置。

例如，当电动机在额定输出小于 3 kW 并且较长时间下是轻载运行，那么磁场损耗在总损耗中所占的比例是相当大的，这时使用功率因数调节器就很有益。必须仔细考虑这类运行状况，只有在电动机长期在空载或轻载情况下运行才能达到节能效果。

当这种控制器与其他额定功率高于 3 kW 的电动机一起使用时必须特别注意。典型地，一台功率为 7.5 kW 的电动机的空转损耗大约为额定功率的 4%或 5% 。在这个数字范围内节省下来的磁场损耗可能与功率因数控制器引起电压波形畸变所产生的附加损耗值不相等。

7.6 包含超同步速运行负载的应用场合

如果使用某种耗能制动装置导致的典型结果是能量浪费。这样的负载举例如下：大惯量负载的减速、吸收试验装置、释放装置、网络处理装置和下降的传送带。通过使用能量再生装置可节省以上装置使用时的能量。

7.7 负载—转矩随转速增加情况下的应用(泵、风机、压缩机等)

一般来说，高效率笼型感应电动机具有较低的转差率(见表 4)，也就是说与低效率电动机相比具有较高的转速。当应用在转矩与转速平方成比例的工况时(如泵、风扇、压缩机等),转速的增加将会导致输出功率(转矩)的增加,有时会削弱提高效率所带来的好处(见图11)。

表4 11 kW,50 Hz电动机在相同应用场合下不同效率变化时转速、转矩要求随能效等级的变化情况

	效率 %	转速 r/min	转矩 Nm	输出功率 kW	输入功率 kW
IE1	87.6	1 464	75.4	11 559	13 195
IE2	89.8	1 474	76.4	11 792	13 131
IE3	91.4	1 480	77.1	11 948	13 073

因此,在这种负载应用中,当一台低效率的电动机通过改型设计为高效率电动机时,前后两台电动机的效率相比较,改型后电动机的输入功率不会降低到所期望的值。

在某些应用场合,与低效率电动机相比,实际上高效率电动机的输入功率可能会增加。

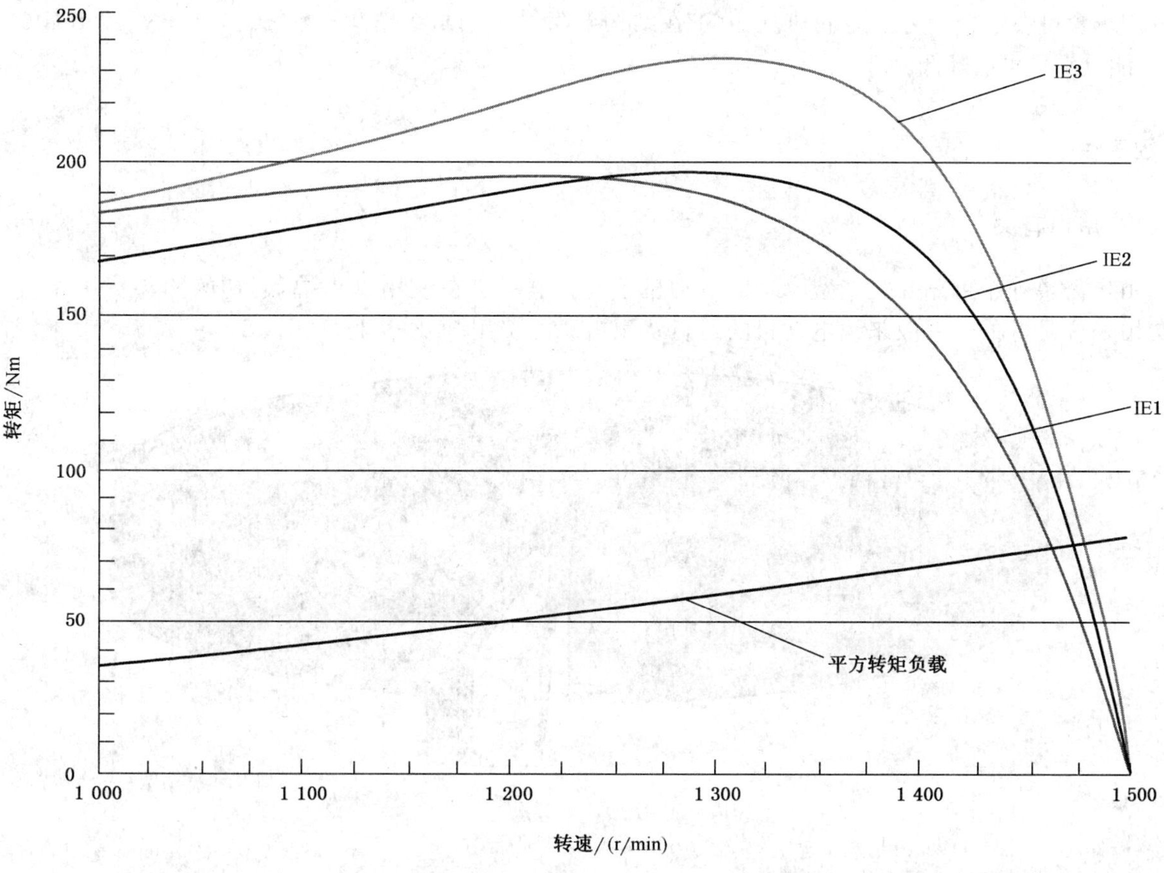

图11 11 kW、4极、三相笼型感应电动机风机类负载的典型转矩转速曲线

7.8 频繁起动-停止和/或机械制动阀的应用

高效率电动机在设计时通常是通过增加有效材料如增大电机尺寸或改进转子材料(如铸铜转子来代替铸铝转子)来降低损耗。

但是,当输出功率相同时将高效率电动机和低效率电动机进行比较,发现以上两种设计理念会使转子的惯量增加。

在要求频繁起动-停止的场合，转子惯量的增加将会增加起动时间及起动过程所消耗的能量。这也会降低电动机每小时允许的起动次数，因此可能限制使用设备的生产能力。

而且，当使用机械制动系统进行制动时，制动圆盘的磨损和制动时间都会随转子惯量的增加而增加。

起动过程中使用变频器代替直接起动可大量降低起动过程的损耗，并且可增加每小时允许的起动次数。一般来说，高效率电动机在频繁起动-停止和/或机械制动阀的应用场合是不利的，但是目前仍在使用。

注：软起动会减小起动转矩但不会减少损耗和改善效率。

7.9 电机在含爆炸性气体或粉尘环境的应用场合

对用于含爆炸性气体或粉尘场合的电动机，其在设计上是有些限制的。

具有防爆机壳（“d”）（见 IEC 60079-1）或保护类型（“n”）（见 IEC 60079-15）的电机用在这种场合中不受影响。

增安型电机（“e”）（见 IEC 60079-7）由于在起动时间、气隙、起动电流等方面有限制，能效水平可能会降低。

用于含可燃性粉尘场合的电动机，由于在结构上附加了轴封来防尘（见 IEC 60079-31 或 IEC 61241-1），其能效水平可能降低。

8 经济性

8.1 与用户有关

用户需要一个可靠并且花费合理的电动机系统。电动机在使用过程中，起初的购买费用相对于运行费用来说是低的。一般来说电动机的运行费用占总的费用 90％以上，见图 12。

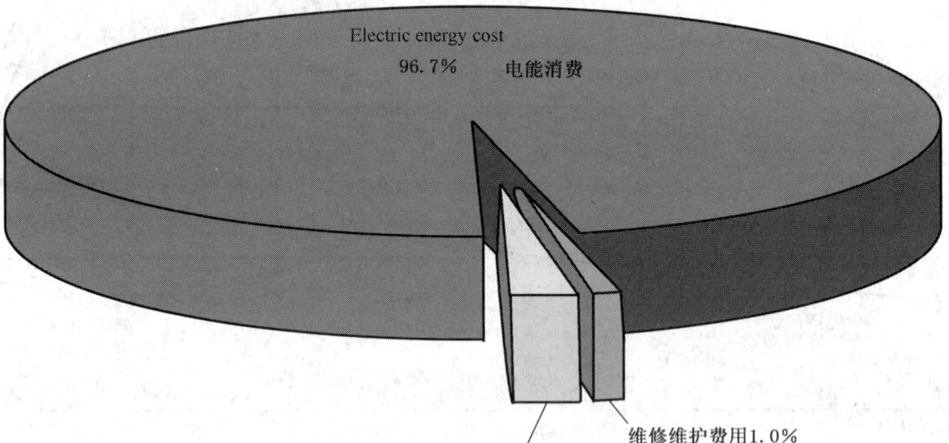

注：资料来源：EuP Lot 2008.11，见参考文献。

图 12 11 kW IE3 电动机，年运行时间为满载 4 000 h，运行寿命为 15 年

高效率电动机由于产品质量高并且使用材料多，因此所花费用更高。这些额外的花费与电动机的输出功率和类型有关。电动机能效等级从 IE1 提高到 IE2，其价格要增加 10％～15％，能效等级从 IE2 提高到 IE3，其价格需再增加 10％～15％，因为增加了有效材料（铜和铁），同时，也需要更高质量的材料。因此，每增加一个效率等级，价格通常会增加 10％～30％。在比较电动机效率时，不能仅比较效率增加的量，还要考虑各自的功率因数。

用户不论是置换电动机还是新安装电动机，在购买时都要面对复杂的选择，因为这包括到既要考虑运行费用又要考虑起初的购买费用。必须评估确定是置换电动机还是维修电动机。

在决定安装高效电动机时，应对总的年能效节约量、购买超过现存的或标准电机的额外成本等进行经济可行性的评估。

通常有两种方法有助于做出选择：

- 简单的回收方法；
- 生命周期费用。

8.2 初始的购买成本

初始的购买费用包括电动机的计划编制、安装费用和购买价格以及其他附加设备，如调速装置的费用。

必须确定每一部分费用的参照基准。在有强制性能效标准要求的国家，参照基准为各自的效率等级，在没有强制性能效标准要求的国家，通常按市场上已有的标准电动机作为费用的参照基准。然后确定效率等级直到 IE3 的高效电动机的项目费用情况。

如果认为调速装置与给定类型电机匹配，则其费用应包括在项目总费用中。

如果置换新的电动机失败，不应计及现存继续运行的电动机费用。如果提前置换电动机，则购买新电机时应计及所损失的运行时间产生的剩余价值。

8.3 运行成本

运行成本包括所耗电费、维护和修理的费用。

依据以下三个因素来计算预期的电能消费：

- 平均年负荷率(例子见图 13)；
- 平均负荷率下的电动机效率；
- 年运行时间。

对于固定转速的电动机，以上 3 个因素可以很容易清楚准确地估计出来。对于带可变负载和可能使用调速装置的电动机系统进行运行费用计算时，平均负荷率、各自的运行时间和电动机加调速装置的效率的计算应以典型负载分布图为基准。如果现存系统没有一个相关标准的负载分布图可使用，则应采用一个平均的负载分布图(举例如下)：

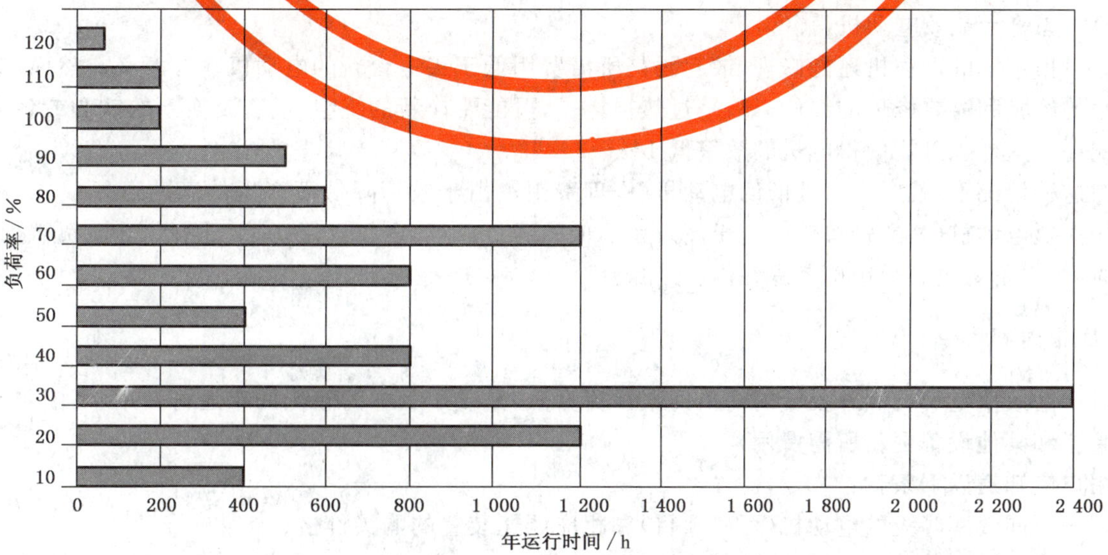

图 13 负荷率图的例子：年运行时间的百分数

运行费用中的电费通常包括3个因素，这3个因素包括在价目表或与当地电网所签的供应合同中：

——电费(kWh)的价格(考虑日/夜，季节性和价目表中的其他因素)；

——峰值负荷费用(kW)纪录15 min峰值；

——功率因数补偿(kVA)的费用。

以上电费所含因素和组成结构的局部变化应同时考虑折扣、税金和预计寿命期间的价格提升。价目表中的固定费用因为不受能效提高的影响，可以不考虑。

将维护和维修费用增加到电费中。电机的维护和维修费用应根据工厂中电机每运行1 h所耗费用来的经验值来估计，这因电机的输出、转速和年运行时间不同而不同。

在分析寿命周期费用时，也应评估运行寿命的费用。如果工厂库存电机没有历史数据可参考利用，则可使用表5中有关寿命的技术数据。

表5　电动机的平均寿命周期

	电动机额定输出 kW			
	0.75～1.1	1.1～11	11～110	110～370
平均寿命(年)	10	12	15	20

实际的寿命取决于电动机的年运行时间、工作周期、负荷率及电动机的可靠性、维护质量和维修方面的因素。由于运行费用尤其是电费目前为止在费用计算中占主要部分，应采用灵敏度分析来进行试验。可以改变运行费用中的一个或几个因素来检查结果是否合理。合理的结果意味着回收时间或寿命周期费用的不同变化并不改变在对比中的顺序。通常，年运行时间的估计是最关键的因素，因此应有变化。

8.4　修理成本

除了初始购买成本和运行成本外，电动机返修和损坏的成本也应计算在内。

下面是电动机故障或烧毁后该考虑的几种选择：

a)　修理故障电动机；

b)　买一台新的标准效率的电动机；

c)　买一台能效电动机。

假设损坏了的电动机还能修理，最起码是所需费用低于买一台新的电动机才有意义。然而，这取决于修理的经验和需要修理的部位(如：是过热损坏了，可能要换新的绕组，或者要换新的铁心或将会改变定子铜耗)，这样也可能使得电机的效率低1%～2.5%。

在这种情况下，就要在修理旧的电动机(修理费用＋由于效率降低而产生的高的运行成本)和买一台新的能效电动机(高的购买价＋由于高效率而低的运行成本)之间进行比较。除此之外，负载因素、年运行时间、电价等也必须精确考虑在内。

8.5　回报时间

对于高效率电动机额外投资的简单回报计算方法，是基于其相对较低的年运行费用(可能包括调速驱动装置和其他设备更新所需费用)。

用户应知道以下条款：

——不同效率等级的电动机(可变项目)和相应调速装置的购买价格；

——年运行时间；

——电费。

用户可以计算运行成本并比较所提项目中可变部分的回报时间。因为,预计回报时间较短,通常未考虑通货膨胀、维修工费用或能源价格的上升,这些都是将要考虑的因素。基于以上分析,用户现在可以选择解决最短回报时间的问题了。

用户也可以预先在计划中定义一个回报时间,通常为 2 年～5 年。这个时间比电动机系统的预期寿命短很多。这意味着经过一段很短的回报期后,电动机继续运行直到技术上所预计的寿命结束为止,在这段期间,对于所增加的投资来说电动机是免费运行的,电动机会产生一个"黄金结尾"的利润。

8.6 寿命周期成本

进行寿命周期费用分析时,应对不同设计的 3 个阶段所有因素的费用总和应以基准价格为基础进行分析:

——起初的购买(或修理)、计划和安装费用;

——使用阶段的运行费用(电费,维护和维修费用);

——寿命结束阶段拆除和回收再利用费用。

为了精确计算,应将其折算成现金进行分析考虑,同时将利率和通货膨胀利率考虑在内。用户应知道不同效率等级电动机和相应驱动装置的购买价格及其年运行时间、电费、预期的持续寿命和维护和维修费用。

在计算时,寿命结束阶段的费用通常被忽略,这是因为电动机材料的回收利用所得费用支付了最终的拆卸和运输费用。

用户可以选择具有最低寿命周期费用的设计计划。对用户来说选择最低寿命周期费用是最合算的,在进行大量投资时,最低寿命周期费用可以帮助决定最优设计。

最近在欧洲(2008 年,图 14)的研究表明,如果功率为 1.1 kW～110 kW 的电动机年运行时间超过 2 000 h,则当效率属于 IE3 等级时的寿命周期费用比属于 IE1 等级或 IE2 等级时的寿命周期费用稍低。

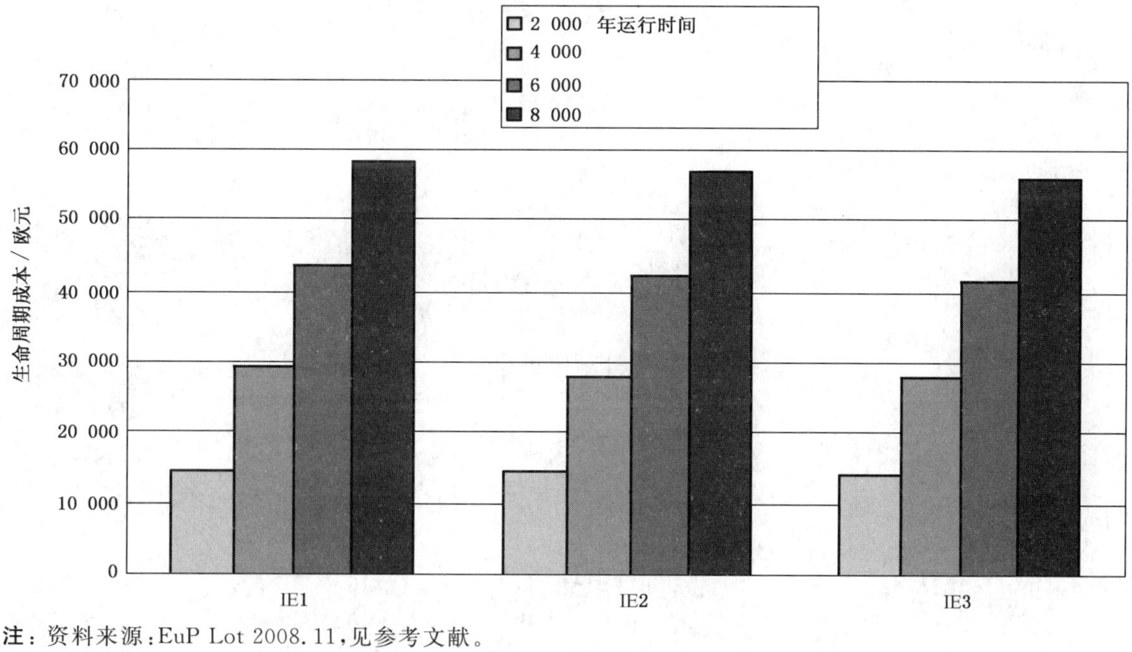

注:资料来源:EuP Lot 2008.11,见参考文献。

图 14 11kW 电动机寿命周期成本分析

也曾研究过环境对高效率电动机及其调速装置的影响。较高能效装置的产品额外使用的材料通过较高的购买价格来反映。研究表明对于高效率电动机来说,如果寿命周期费用较低,是由于考虑到环境因素的影响。

9 维护

通常电动机不需要太多的维护，因此经常忘记正确地进行维护。有许多共性的违规行为对电动机运行性能产生有害影响：

a） 通风散热效果不良；

b） 环境温度较高；

c） 机械加工偏差；

d） V形带的不正确使用；

e） 不正确的润滑方式；

f） 过度潮湿；

g） 环境污染；

h） 持续过载；

i） 电压偏差较大；

j） 极端的电压不平衡(单相)。

通风散热效果不良或环境温度较高会导致绕组的电阻增加。平均来说，当电动机温度从室温增加到运行时的温度，相应的效率将会降低0.2％～1％。而且，由于维护不良或不正确使用引起温升过高，会降低电动机的运行寿命并增加电能损耗。

有时负载中会产生附加的摩擦损耗，可能由于风扇上长期积累的灰尘、摩擦部件、齿轮或传输带的机械加工偏差或负载的润滑脂不足诸因素引起，这将降低系统的效率，增加所耗的电能。为了保证电动机连续有效运行且有较长的运行寿命，应制定一个时间表对电动机及其从动装置进行定期检查维护。

附　录　A
（资料性附录）
超超高效率(IE4)

附录的目的是给出下列超超高效率的名义限值。在IEC 60034-30标准中IE4等级的超超高效率计划为在IE3的基础上将损耗降低15%而得到。本附录给出一个更准确的推荐。

IE4能效等级和IEC 60034-30中的IE1、IE2、IE3不同,将不在限制电动机仅为三相、笼型感应电动机。取而代之的是,IE4趋向于所有类型的电动机都适用,特别是带有变频装置的电动机(笼型感应电机和其他类型的如永磁同步电机等)。

因为电网频率和变频电机的极对数与转速没有直接的关系,这类电机通常是用一个转速范围和转矩作为定额,而不是用功率。因此,IE4是用给出的转速范围内用转矩来定义。

注1:用户应该知道变频器也有相关的效率,将导致减少系统的效率(电动机加变频器)。

注2:变频电机效率的确定见IEC 60034-2-3(正在制定中)。

因此,既不会要求电机从801 r/min~3 600 r/min的整个速度范围内都是额定值,也不会要求在整个速度范围内都是恒转矩。

超超高效率的名义限值通常用额定转矩通过下式进行计算:

$$\eta_n = A\times\left[\lg\left(\frac{T_N}{1Nm}\right)\right]^3 + B\times\left[\lg\left(\frac{T_N}{1Nm}\right)\right]^2 + C\times\left[\lg\left(\frac{T_N}{1Nm}\right)\right] + D$$

式中A、B、C、D是插值系数(见表A.1)。

注:公式和插值系数是通过从所要求的名义效率限值用数学方法生成一条最光滑的曲线得来的,没有物理含义。

最后的效率值圆整到小数点1位,如:xx.x%。

当转矩大于2 000 Nm时,其IE4的效率值取2 000 Nm时的值。输出功率大于400 kW时,不规定IE4效率值。

当额定值不仅仅只有一个转矩和转速(范围)时,根据本标准,其名义效率限值应针对每一各自不同的应用情况下的额定转矩和额定转速(范围)组合进行计算。

对用转矩而不是用功率来定义额定值的电机,应该用下列公式来定义转矩T_N:

$$T_N = \frac{P_N}{n_N}\times\frac{60\times 1\ 000}{2\pi}$$

转矩值应按R10数系进行圆整。

为了保证和单速2极、4极、6极电机兼容,表A.3给出了转矩、转速与标准功率的转换值。在此基础时候表A.4给出了50 Hz时IE4的名义值,表A.5给出了60 Hz时IE4的名义值。

表A.1　插值系数

IE代码	系数	801 r/min~1 000 r/min 转矩最高 2 000 Nm	1 001 r/min~1 200 r/min 转矩最高 2 000 Nm	1 201 r/min~1 500 r/min 转矩最高 2 000 Nm	1 501 r/min~1 800 r/min 转矩最高 2 000 Nm	1 801 r/min~3 000 r/min 转矩最高 2 000 Nm	3 001 r/min~3 600 r/min 转矩最高 2 000 Nm
IE4	A	0.282 4	0.190 1	0.184 6	0.164 8	0.211 6	0.222 7
	B	−3.843 9	−2.924 2	−2.743 3	−2.497 6	−2.669 5	−2.726 2
	C	17.462 8	13.695 3	12.747 3	11.659 5	11.336 9	11.162 5
	D	70.220 9	76.196 1	77.956 5	79.778 7	80.844 9	81.226 7

对转矩不连续的情况,限值也可简化为表 A.2 所示。

表 A.2 超超高效率(IE4)限值

T_N Nm	801/min～ 1 000 r/min	1 001 r/min～ 1 200 r/min	1 201 r/min～ 1 500 r/min	1 501 r/min～ 1 800 r/min	1 801 r/min～ 3 000 r/min	3 001 r/min～ 3 600 r/min
2.5	76.6	81.2	82.6	84.0	84.9	85.3
3.2	78.0	82.3	83.7	85.0	85.9	86.1
4.0	79.4	83.4	84.7	85.9	86.7	87.0
5.0	80.6	84.4	85.6	86.8	87.5	87.8
6.3	81.9	85.4	86.5	87.6	88.3	88.5
8	83.1	86.3	87.4	88.4	89.1	89.2
10	84.1	87.2	88.1	89.1	89.7	89.9
12.5	85.1	88.0	88.9	89.8	90.3	90.5
16	86.2	88.8	89.7	90.5	91.0	91.1
20	87.1	89.5	90.3	91.1	91.5	91.6
25	87.9	90.1	90.9	91.6	92.1	92.1
32	88.7	90.8	91.5	92.2	92.5	92.6
40	89.5	91.4	92.1	92.7	93.0	93.0
50	90.2	92.0	92.6	93.2	93.4	93.4
63	90.8	92.5	93.1	93.6	93.8	93.8
80	91.5	93.0	93.6	94.1	94.2	94.1
100	92.0	93.4	94.0	94.4	94.5	94.4
125	92.5	93.8	94.3	94.8	94.8	94.7
160	93.1	94.2	94.7	95.1	95.1	95.0
200	93.5	94.5	95.0	95.4	95.4	95.2
250	93.9	94.8	95.3	95.6	95.6	95.4
315	94.3	95.1	95.6	95.9	95.8	95.6
400	94.6	95.4	95.8	96.1	96.0	95.7
500	94.9	95.6	96.0	96.3	96.2	95.9
630	95.2	95.8	96.2	96.5	96.3	96.0
800	95.4	96.0	96.4	96.6	96.4	96.1
1 000	95.6	96.1	96.5	96.7	96.5	96.2
1 250	95.8	96.2	96.6	96.8	96.6	—
1 600	96.0	96.3	96.7	96.9	—	—
2 000	96.1	96.4	96.8	97.0	—	—
2 500	96.1	96.4	96.8	—	—	—
3 150	96.1	96.4	—	—	—	—
4 000	96.1	—	—	—	—	—

表 A.3　在线运行电动机标准功率与转矩转速对应关系

T_N Nm	50 Hz 6P (801～1 000 r/min)	60 Hz 6P (1 001～1 200 r/min)	50 Hz 4P (1 201～1 500 r/min)	60 Hz 4P (1 501～1 800 r/min)	50 Hz 2P (1 801～3 000 r/min)	60 Hz 2P (3 001～3 600 r/min)
2.5	—	—	—	—	0.75	—
3.2	—	—	—	—	—	1.1
4.0	—	—	—	0.75	1.1	1.5
5.0	—	—	0.75	—	1.5	—
6.3	—	0.75	—	1.1	—	2.2
8	0.75	—	1.1	1.5	2.2	—
10	1.1	1.1	1.5	—	3	3.7
12.5	—	1.5	—	2.2	4	—
16	1.5	—	2.2	—	—	5.5
20	2.2	2.2	3	3.7	5.5	7.5
25	—	—	4	—	7.5	—
32	3	3.7	—	5.5	—	11
40	4	—	5.5	7.5	11	15
50	5.5	5.5	7.5	—	15	18.5
63	—	7.5	—	11	18.5	22
80	7.5	—	11	15	22	30
100	—	11	15	18.5	30	37
125	11	15	18.5	22	37	45
160	15	18.5	22	30	45	55
200	18.5	22	30	37	55	75
250	22	30	37	45	75	90
315	30	37	45	55	90	110
400	37	45	55	75	110/132	150
500	45	55	75	90	160	185
630	55	75	90	110	200	220/250
800	75	90	110	150	250	300
1 000	90/110	110	132/160	185	315	335/375
1 250	132	150	200	220/250	355/375	—
1 600	160	185	250	300	—	—
2 000	200	220/250	315	335/375	—	—
2 500	250	300/335	355/375	—	—	—
3 150	315	375	—	—	—	—
4 000	355/375	—	—	—	—	—

表 A.4 在线运行的 50 Hz 超超高效率电机效率限值(IE4)

P_N kW	2P	4P	6P
0.75	84.9	85.6	83.1
1.1	86.7	87.4	84.1
1.5	87.5	88.1	86.2
2.2	89.1	89.7	87.1
3	89.7	90.3	88.7
4	90.3	90.9	89.5
5.5	91.5	92.1	90.2
7.5	92.1	92.6	91.5
11	93.0	93.6	92.5
15	93.4	94.0	93.1
18.5	93.8	94.3	93.5
22	94.2	94.7	93.9
30	94.5	95.0	94.3
37	94.8	95.3	94.6
45	95.1	95.6	94.9
55	95.4	95.8	95.2
75	95.6	96.0	95.4
90	95.8	96.2	95.6
110	96.0	96.4	95.6
132	96.0	96.5	95.8
160	96.2	96.5	96.0
200	96.3	96.6	96.1
250	96.4	96.7	96.1
315	96.5	96.8	96.1
355	96.6	96.8	96.1
375(400)	96.6	96.8	96.1

表 A.5　在线运行的 60 Hz 超超高效率电机效率限值(IE4)

P_N kW	2P	4P	6P
0.75	—	85.9	85.4
1.1	86.1	87.6	87.2
1.5	87.0	88.4	88.0
2.2	88.5	89.8	89.5
3.7	89.9	91.1	90.8
5.5	91.1	92.2	92.0
7.5	91.6	92.7	92.5
11	92.6	93.6	93.4
15	93.0	94.1	93.8
18.5	93.4	94.4	94.2
22	93.8	94.8	94.5
30	94.1	95.1	94.8
37	94.4	95.4	95.1
45	94.7	95.6	95.4
55	95.0	95.9	95.6
75	95.2	96.1	95.8
90	95.4	96.3	96.0
110	95.6	96.5	96.1
150	95.7	96.6	96.2
185	95.9	96.7	96.3
220	96.0	96.8	96.4
250	96.0	96.8	96.4
300	96.1	96.9	96.4
335	96.2	97.0	96.4
375	96.2	97.0	96.4

注：由于 60 Hz、6 极电机 IE3 的效率曲线是不连续的，而 IE4 的曲线的光滑曲线，所以，导致在 1.1 kW、1.5 kW、2.2 kW 时 IE4 的值还略低于 IE3 的值(1.1 kW 为 87.5%，1.5 kW 为 88.5%)。

当适用范围符合 IEC 60034-30 的电机满足 IE 4 能效等级时，也应满足 IE 3 能效等级。因此，表 A.5 中 60Hz、6 极、1.1 kW、1.5 kW 的电机的能效限值要略高于表 A.2 的值。

对选定转矩(Nm)的电机 IE 4 名义效率值见图 A.1。

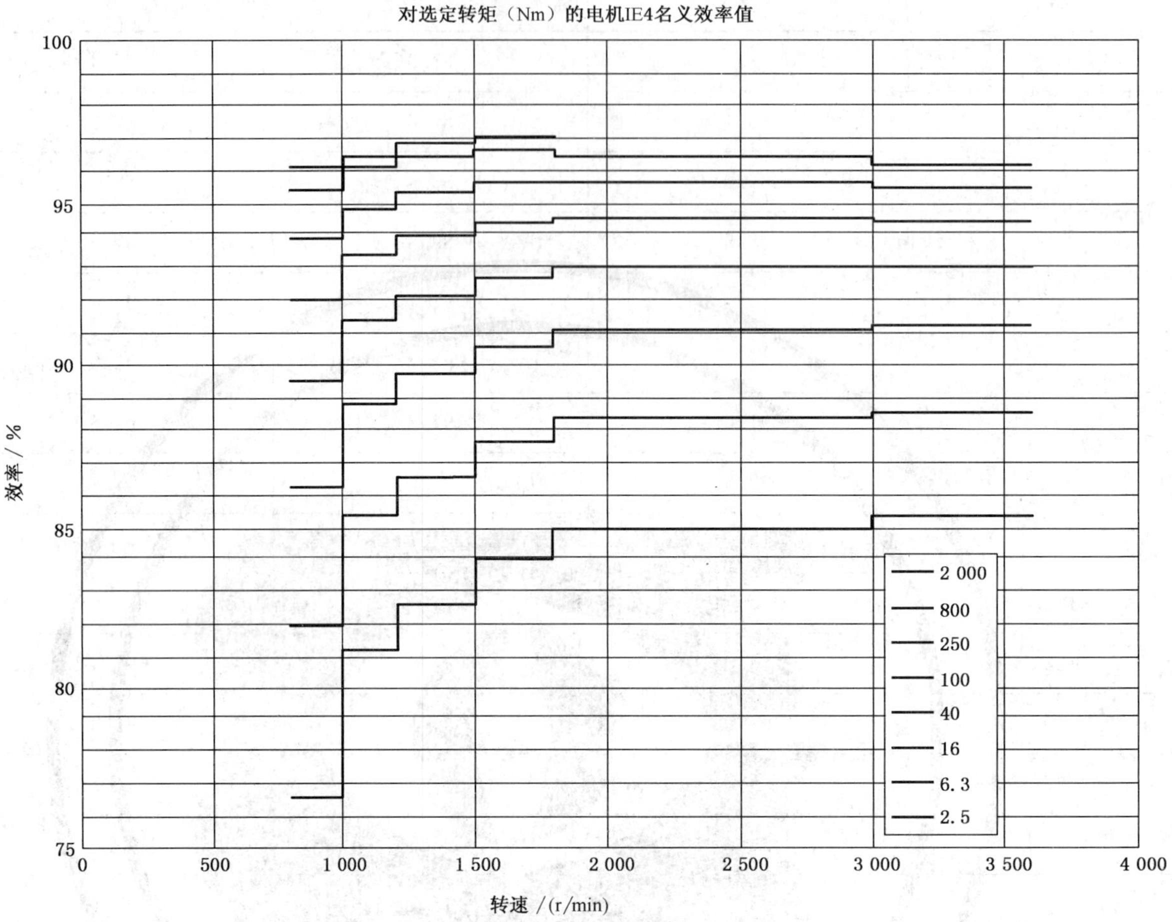

图 A.1 IE4 效率限值

参 考 文 献

[1] IEC 60034-2-1:2007, Rotating electrical machines—Part 2-1: Standard methods for determining losses and efficiency from tests(excluding machines for traction vehicles)

[2] IEC 60034-2-3, Rotating electrical machines—Part 2-3: Specific test methods for detemining losses and efficiency of converter-fed AC motors

[3] IEC 60034-12, Rotating electrical machines—Part 12: Starting performance of single-speed three-phase cage induction motors

[4] IEC 60034-17, Rotating electrical machines—Part 17: Cage induction motors when fed from converters—Application guide

[5] IEC 60034-25, Rotating electrical machines—Part 25: Guidance for the design and performance of a. c. motors specifically designed for converters supply

[6] IEC 60034-26, Rotating electrical machines—Part 26: Effects of unbalancedCage induction motors when fed from converters—Application guide

[7] IEC 60072-1, Dimensions and output series for rotating electrical machines—Part 1: Frame numbers 56 t 400 and flange numbers 55 to 1080

[8] IEC 60079-0, Explosive atmospheres—Part 0: Equipment—General requirements

[9] IEC 60300-3-3, Dependability management—Part 3-3: Application guide—Life cycle costing

[10] IEC 61241-1, Electrical apparatus for use in the presence of combustible dust—Part 1: Protection by encloseres "tD"(withdrawn)

[11] IEC 61800-2, Adjustable speed electrical power drive systems—Part 2: General requirements—Rating specifications for low voltage adjustable frequency a. c. power drive systems

[12] IEC 61800-8, Adjustable speed electrical power drive systems—Part 8: Specification of voltage on the power interface

[13] ISO 3, Preferred numbers—Series of preferred numbers

[14] EN 50347, General purpose three-phase induction motors having standard dimensions and pouputs—Frame numbers 56 to 315 and flange numbers 65 to 740

[15] NEMA ICS7. 1, Safety Standards for Construction and Guide Selection, Installation, and Operation of Adjustable—Speed Drive Systems

[16] NEMA MG1, Motors anf Generators

[17] NEMA MG10, Energy Mangement Guide For Selection and Use of Fixed Frequency Medium AC Squirrel—Cage Polyphase Induction Motors

[18] NEMA MG11, Energy Mangement Guide For Selection and Use of Single—Phase Motors

[19] IEEE 112-1996, IEEE Standard Test Procedure for Polyphase Induction Motors and Generatos

[20] DE ALMEIDA, ANIBAL, et al, Energy-using Products Directive, Preparatory Studies, Lot 11: Motors, Coimbra Portugal, February 2008

ICS 29.240.99
K 45

中华人民共和国国家标准化指导性技术文件

GB/Z 29327—2012

1 000 kV 电抗器保护装置技术要求

Specification for 1 000 kV reactor protection equipment

2012-12-31 发布　　2013-06-01 实施

中华人民共和国国家质量监督检验检疫总局
中国国家标准化管理委员会　发布

前　言

本指导性技术文件按照 GB/T 1.1—2009 给出的规则起草。

本指导性技术文件由中国电器工业协会提出。

本指导性技术文件由全国量度继电器和保护设备标准化技术委员会(SAC/TC 154)归口。

本指导性技术文件起草单位:国家电力调度通信中心、中国电力科学研究院、南京南瑞继保电气有限公司、国网电力科学研究院、许继电气股份有限公司、北京四方继保自动化股份有限公司、国电南京自动化股份有限公司、河北省电力调度通信中心、国家电网公司特高压建设部、许昌智能电网装备试验研究院、许昌开普电器检测研究院。

本指导性技术文件主要起草人:吕鹏飞、周泽昕、詹荣荣、文继锋、余高旺、屠黎明、王峰、刘华、李斌、姚致清、于飞、刘文、李志勇、杨慧霞、祝斌、张喜玲。

1 000 kV 电抗器保护装置技术要求

1 范围

本指导性技术文件规定了 1 000 kV 电抗器保护装置的基本技术要求、试验方法、检验规则及对标志、包装、运输、贮存的要求。

本指导性技术文件适用于 1 000 kV 电抗器保护装置(以下简称为装置),作为该类装置设计、制造、检验和应用的依据。

2 规范性引用文件

下列文件对于本文件的应用是必不可少的。凡是注日期的引用文件,仅注日期的版本适用于本文件。凡是不注日期的引用文件,其最新版本(包括所有的修改单)适用于本文件。

GB/T 191 包装储运图示标志

GB/T 2887—2011 计算机场地通用规范

GB/T 2900.17 电工术语 量度继电器

GB/T 2900.49 电工术语 电力系统保护

GB/T 7261—2008 继电保护及安全自动装置基本试验方法

GB/T 9361—2011 计算机场地安全要求

GB/T 11287—2000 电气继电器 第 21 部分:量度继电器和保护装置的振动、冲击、碰撞和地震试验 第 1 篇:振动试验(正弦)

GB/T 14285—2006 继电保护和安全自动装置技术规程

GB/T 14537—1993 量度继电器和保护装置的冲击与碰撞试验

GB/T 14598.9—2010 量度继电器和保护装置 第 22-3 部分:电气骚扰试验 辐射电磁场抗扰度

GB/T 14598.10—2012 电气继电器 第 22-4 部分:量度继电器和保护装置的电气骚扰试验 电快速瞬变/脉冲群抗扰度试验

GB/T 14598.11—2011 量度继电器和保护装置 第 11 部分:辅助电源端口电压暂降、短时中断、电压变化和纹波

GB/T 14598.13—2008 电气继电器 第 22-1 部分:量度继电器和保护装置的电气骚扰试验 1 MHz 脉冲群抗扰度试验

GB/T 14598.14—2010 量度继电器和保护装置 第 22-2 部分:电气骚扰试验 静电放电试验

GB/T 14598.16—2002 电气继电器 第 25 部分:量度继电器和保护装置的电磁发射试验

GB/T 14598.17—2005 电气继电器 第 22-6 部分:量度继电器和保护装置的电气骚扰试验 射频场感应的传导骚扰的抗扰度

GB/T 14598.18—2012 电气继电器 第 22-5 部分:量度继电器和保护装置的电气骚扰试验 浪涌抗扰度试验

GB/T 14598.19—2007 电气继电器 第 22-7 部分:量度继电器和保护装置的电气骚扰试验 工频抗扰度试验

GB 14598.27—2008 量度继电器和保护装置 第 27 部分:产品安全要求

GB/T 17626.8—2006 电磁兼容 试验和测量技术 工频磁场抗扰度试验

GB/T 17626.9—1998 电磁兼容 试验和测量技术 脉冲磁场抗扰度试验

GB/T 17626.10—1998 电磁兼容 试验和测量技术 阻尼振荡磁场抗扰度试验

GB/T 19520.12—2009 电子设备机械结构 482.6 mm(19 in)系列机械结构尺寸 第3-101部分:插箱及其插件

DL/T 667—1999 远动设备及系统 第5部分:传输规约 第103篇:继电保护设备信息接口配套标准

DL/T 860(所有部分) 变电站通信网络和系统

DL/T 871 电力系统继电保护产品动模试验

3 术语和定义

GB/T 2900.17 和 GB/T 2900.49 界定的术语和定义适用于本文件。

4 技术要求

4.1 环境条件

4.1.1 正常工作大气条件

正常工作大气条件如下:

a) 环境温度:−10 ℃~+55 ℃;

b) 相对湿度:5%~95%(产品内部,既不应凝露,也不应结冰);

c) 大气压力:86 kPa~106 kPa。

4.1.2 试验的标准大气条件

试验的标准大气条件如下:

a) 环境温度:15 ℃~35 ℃;

b) 相对湿度:45%~75%;

c) 大气压力:86 kPa~106 kPa。

4.1.3 仲裁试验的标准大气条件

仲裁试验的标准大气条件如下:

a) 环境温度:20 ℃±5 ℃;

b) 相对湿度:45%~75%;

c) 大气压力:86 kPa~106 kPa。

4.1.4 贮存、运输极限环境温度

装置的贮存、运输的极限环境温度为−25 ℃~+70 ℃。在不施加任何激励量的条件下,不出现不可逆变化。温度恢复后,装置性能应符合4.4、4.5、4.7的规定。

4.1.5 周围环境

装置的使用地点应无爆炸危险、无腐蚀性气体及导电尘埃、无严重霉菌、无剧烈振动源;不存在超过4.9规定的电气骚扰;有防御雨、雪、风、沙、尘埃及防静电措施;场地应符合GB/T 9361—2011中B类

安全要求,接地电阻应符合 GB/T 2887—2011 中 4.4 的规定。

4.1.6 特殊环境条件

当超出 4.1.1～4.1.5 规定的环境条件时,由用户与制造厂商定。

4.2 额定电气参数

4.2.1 直流电源

装置的直流电源额定参数如下:

a) 额定电压:220 V、110 V;

b) 允许偏差:－20％～＋15％;

c) 纹波系数:不大于 5％。

4.2.2 交流回路

装置的交流回路额定参数如下:

a) 交流电流:1 A;

b) 交流电压:100 V、$100/\sqrt{3}$ V;

c) 频率:50 Hz。

4.3 功率消耗

装置的功率消耗为:

a) 交流电流回路:每相不大于 0.5 VA;

b) 交流电压回路:当额定电压时,每相不大于 0.5 VA;

c) 直流电源回路:当正常工作时,不大于 50 W;
当装置动作时,不大于 80 W。

4.4 整套装置的主要功能

4.4.1 装置应具有独立性、完整性。

4.4.2 装置应具有自检功能,自检功能应符合 GB/T 14285—2006 中 4.1.12.5 的要求。

4.4.3 装置应具有独立的启动元件,只有在电力系统发生扰动时,才允许开放出口跳闸回路。

4.4.4 装置应具有故障记录功能,以记录保护的动作过程,为分析保护的动作行为提供详细、全面的数据信息,并且能以 COMTRADE 数据格式输出。应能至少记录 32 次故障记录,故障记录按时序循环覆盖,但应能保存最新的 8 次跳闸报告。装置应保证发生故障时不丢失故障记录信息,在装置直流电源消失时不丢失已经记录的信息,记录不可人为清除;应能记录故障时的输入模拟量和开关量、输出开关量、动作元件、动作时间、相别。

4.4.5 装置应按时间顺序记录事件信息,如开关变位、压板切换等开入量变位事件,以及保护定值切换、保护投停的控制字变位至少记录 32 次。在装置直流电源消失时不丢失已经记录的信息;所有记录按时序循环覆盖;记录不可人为清除。

4.4.6 自检信息如装置硬件损坏、CT 断线、PT 断线等信息至少记录 32 次。在装置直流电源消失时不丢失已经记录的信息;所有事件记录按时序循环覆盖;记录不可人为清除。

4.4.7 装置应能输出装置本身的自检信息及动作时间、动作时间报告、动作采样值数据报告、开入、开出和内部状态信息、定值报告等。

4.4.8 装置的动作信号在直流电源消失后应能自保持,只有当运行人员复归后,信号触点才能返回,人工复归应能在装置外部实现。

4.4.9 装置的定值应满足保护功能的要求,应尽可能做到简单、易理解、易整定。

4.4.10 装置应具有硬件时钟电路,装置在失去直流电源时,硬件时钟应能正常工作。装置应具有与外部标准授时源的 IRIG—B 对时接口。

4.4.11 装置应能提供 3 个以太网通信接口、一个调试接口、一个打印接口。通信传输协议应符合 DL/T 667或 DL/T860 的有关规定。

4.4.12 装置应提供相应的辅助分析软件。

4.4.13 装置直流电源消失时,应有输出触点以起动告警信号。

4.4.14 装置应有足够的跳闸触点以跳开相应的断路器,装置的跳闸触点应保证断路器可靠动作切除故障。

4.5 装置的主要技术性能

4.5.1 一般要求

保护模块的配置与被保护的设备有关,但所选择的单个保护应能达到下面的性能指标。本指导性技术文件未规定的指标由下级标准规定。

4.5.2 保护配置要求

4.5.2.1 主保护配置要求:

a) 电抗器差动保护;

b) 电抗器零序差动保护;

c) 电抗器匝间保护。

4.5.2.2 后备保护配置要求:

a) 电抗器过电流保护;

b) 电抗器零序过流保护;

c) 电抗器过负荷保护;

d) 中性点电抗器过负荷保护,接入电抗器末端三相电流。

4.5.2.3 非电量保护配置要求:

a) 非电量保护包括重瓦斯、轻瓦斯、压力释放、油位低、油温过高等保护,重瓦斯等保护动作后独立出口,断开线路断路器,并发信。轻瓦斯等保护动作发告警信号。

b) 非电量保护不应启动失灵。

4.5.3 电抗器保护技术要求

4.5.3.1 一般要求

4.5.3.1.1 CT 二次回路断线时,装置应能够发出断线告警信号,整套保护不应误动。

4.5.3.1.2 装置不应受暂态电流的影响而产生误动作。

4.5.3.1.3 在全相或非全相振荡过程中及振荡中线路上发生故障时,装置不应误动。

4.5.3.1.4 保护用的交流电压回路断线,保护不应误动作,并发出告警信号。

4.5.3.2 分相差动保护

分相差动保护要求如下:

a) 动作时间(差流为 2 倍及以上整定值)≤30 ms;

b) 应该具有足够的灵敏度,在绕组内部距中性点匝数不小于 10%处发生接地故障时,保护应可靠动作。

4.5.3.3 零序差动保护

应具有足够的灵敏度，在绕组内部距中性点匝数不小于8%处发生接地故障时，保护应可靠动作。

4.5.3.4 匝间短路保护

当电抗器发生不小于3%匝间短路故障时，匝间短路保护应瞬时动作；匝间短路保护所用的零序电流应为自产零序电流。断路器非全相运行时，健全相若发生不小于6%匝间短路，保护应正确动作。

4.5.3.5 过流保护

过流保护要求如下：

a) 由具有定时限特性的三相电流元件构成，保护延时动作；

b) 电流元件整定范围：0.05 I_n～2.0 I_n，(I_n 指 CT 额定电流，下同)；

c) 时间元件整定范围：0.2 s～10 s。

4.5.3.6 过负荷保护

过负荷保护要求如下：

a) 采用具有定时限特性的电流元件，保护延时发告警信号；

b) 电流元件整定范围：0.05 I_n～2.0 I_n；

c) 时间元件整定范围：0.1 s～10 s。

4.5.3.7 非电量保护

非电量保护要求如下：

a) 非电量保护应独立于电气量保护，瞬时出口或经装置延时后出口；

b) 接入非电量跳闸继电器，启动功率应大于5 W，动作电压在额定直流电源电压的55%～70%范围内，额定直流电源电压下动作时间为10 ms～35 ms，应具有抗220 V工频电压骚扰的能力。

4.5.3.8 中性点电抗器保护

中性点电抗器保护要求如下：

a) 采用具有定时限特性的电流元件，保护动作延时发告警信号；

b) 电流元件整定范围：0.1 I_n～1.0 I_n；

c) 时间元件整定范围：0.1 s～10 s；

d) 时间元件误差：不超过3%或不大于40 ms。

4.5.3.9 精度测量范围

精度测量范围如下：

a) 电压：(0.01～1.4)U_n；

b) 电流：(0.05～20)I_n。

4.5.3.10 测量元件的准确度

测量元件的准确度要求如下：

a) 测量误差：不超过±2.5%或不超过0.02 I_n；

b) 温度变差：在正常工作环境温度范围内，相对于 20 ℃±5 ℃时，不超过±2.5%；

c) 时间元件误差：不超过 1%或不大于 40 ms。

4.5.3.11 装置自身时钟精度

装置时钟精度：24 h 不超过±2 s；经过时钟同步后，误差不超过±1 ms。

4.6 过载能力

装置的过载能力如下：

a) 交流电流回路：2 倍额定电流，连续工作；
10 倍额定电流，允许 10 s；
40 倍额定电流，允许 1 s；

b) 交流电压回路：1.2 倍额定电压，连续工作；
1.4 倍额定电压，允许 10 s。

装置经受电流电压过载后，应无绝缘损坏，并符合 4.7、4.8 的规定。

4.7 绝缘性能

4.7.1 绝缘电阻

在试验的标准大气条件下，装置的每个电路与外露导电部分之间，每个独立电路的端子连接在一起；各独立电路之间，每个独立电路的端子连接在一起。施加直流 500 V 时的绝缘电阻值不应小于 100 MΩ。

4.7.2 介质强度

在试验的标准大气条件下，装置应能承受频率为 50 Hz，历时 1 min 的工频耐压试验而无击穿闪络及元器件损坏现象。

工频试验电压值按表 1 选择。也可以采用直流试验电压，其值应为规定的工频试验电压值的 1.4 倍。

试验过程中，任一被试回路施加电压时其余回路等电位互联接地。

表 1 工频试验电压

单位为伏特

被试回路	额定绝缘电压	试验电压
整机引出端子和背板线——地	63～250	2 000
直流输入回路——地	63～250	2 000
交流输入回路——地	63～250	2 000
信号输出触点——地	63～250	2 000
无电气联系的各回路之间	63～250	2 000
整机带电部分——地	≤63	500
出口继电器的常开触点之间	63～250	2 000

4.7.3 冲击电压

在试验的标准大气条件下，装置的直流输入回路、交流输入回路、信号输出触点等诸回路对地，以及回路之间，应能承受 1.2/50 μs 的标准雷电波的短时冲击电压试验。当额定绝缘电压大于 63 V 时，开路试验电压为 5 kV；当额定绝缘电压不大于 63 V 时，开路试验电压为 1 kV。试验后，装置的性能应符合 4.4、4.5 的规定。

4.8 耐湿热性能

4.8.1 根据试验条件和使用环境，在以下两种方法中选择其中一种。

4.8.2 恒定湿热

装置应能承受 GB/T 7261—2008 中 9.5 规定的恒定湿热试验。试验温度为 40 ℃±2 ℃，相对湿度为(93±3)%，试验持续时间 48 h。在试验结束前 2 h 内，用 500 V 直流兆欧表，测量各外引带电回路部分对外露非带电金属部分及外壳之间、以及电气上无联系的各回路之间的绝缘电阻值不应小于10 MΩ；介质强度不低于 4.7.2 规定的介质强度试验电压值的 75%。

4.8.3 交变湿热

装置应能承受 GB/T 7261—2008 中 9.4 规定的交变湿热试验。试验温度为 40 ℃±2 ℃，相对湿度为(93±3)%，试验时间为 48 h，每一周期历时 24 h。在试验结束前 2 h 内，用 500 V 直流兆欧表，测量各外引带电回路部分对外露非带电金属部分及外壳之间、以及电气上无联系的各回路之间的绝缘电阻不应小于 10 MΩ；介质强度不低于 4.7.2 规定的介质强度试验电压值的 75%。

4.9 电磁兼容要求

4.9.1 抗扰度要求

4.9.1.1 辐射电磁场骚扰

装置应能承受 GB/T 14598.9—2010 第 4 章规定的严酷等级的辐射电磁场骚扰试验。试验期间及试验后，装置的验收准则见表 2。

表 2 验收准则

功 能	验 收 准 则
保护	在规定限值内性能正常
命令和控制	在规定限值内性能正常
测量	试验期间性能暂时下降，试验后自行恢复。存储数据不丢失
人机接口和可视报警	试验期间性能暂时下降或功能丧失，试验后自行恢复。存储数据不丢失
数据通信	误码率可能增加，但传输数据不丢失

4.9.1.2 电快速瞬变/脉冲群抗扰度

装置应能承受 GB/T 14598.10—2012 第 4 章规定的严酷等级为 A 级的电快速瞬变/脉冲群抗扰度试验。试验期间及试验后，装置的验收准则见表 2。

4.9.1.3 1 MHz 及 100 kHz 脉冲群抗扰度

装置应能承受 GB/T 14598.13—2008 第 4 章规定的严酷等级的 1 MHz 和 100 kHz 脉冲群抗扰度试验。试验期间及试验后，装置的验收准则见表 2。

4.9.1.4 静电放电

装置应能承受 GB/T 14598.14—2010 第 4 章规定的严酷等级为 4 级的静电放电试验。试验期间及试验后，装置的验收准则见表 2。

4.9.1.5 浪涌抗扰度

装置应能承受 GB/T 14598.18—2012 第 4 章规定的严酷等级的浪涌抗扰度试验。试验期间及试验后，装置的验收准则见表 2。

4.9.1.6 射频场感应的传导骚扰的抗扰度

装置应能承受 GB/T 14598.17—2005 第 4 章规定的严酷等级的射频场感应的传导骚扰的抗扰度试验。试验期间及试验后，装置的验收准则见表 2。

4.9.1.7 工频抗扰度

装置应能承受 GB/T 14598.19—2007 第 4 章规定的严酷等级为 A 级的工频抗扰度试验。试验期间及试验后，装置的验收准则见表 2。

4.9.1.8 工频磁场抗扰度

装置应能承受 GB/T 17626.8—2006 第 5 章规定的严酷等级为 5 级的工频磁场抗扰度试验。试验期间及试验后，装置的验收准则见表 2。

4.9.1.9 脉冲磁场抗扰度

装置应能承受 GB/T 17626.9—1998 第 5 章规定的严酷等级为 5 级的脉冲磁场抗扰度试验。试验期间及试验后，装置的验收准则见表 2。

4.9.1.10 阻尼振荡磁场抗扰度

装置应能承受 GB/T 17626.10—1998 第 5 章规定的严酷等级为 5 级的脉冲磁场抗扰度试验。试验期间及试验后，装置的验收准则见表 2。

4.9.2 电磁发射试验

装置应符合 GB/T 14598.16—2002 中 4.1 规定的传导发射限值和 4.2 规定的辐射发射限值。

4.10 直流电源影响

4.10.1 在试验的标准大气条件下，分别改变 4.2.1 中规定的极限参数，装置应可靠工作，性能及参数符合 4.4、4.5 的规定。

4.10.2 按 GB/T 14598.11—2011 中 4.2 的规定进行直流电源中断 20 ms 影响试验，装置不应误动。

4.10.3 装置加上电源、断电、电源电压缓慢上升或缓慢下降，装置均不应误动作或误发信号。当电源恢复正常后，装置应自动恢复正常运行。

4.10.4 将直流电源的纹波系数调整至额定值 5%时，装置应正确工作。

4.10.5 交流电源频率偏差 2 Hz，装置应正常工作。

4.11 静态模拟、动态模拟

装置应进行静态模拟、动态模拟试验。在各种故障类型下，装置动作行为应正确，信号指示应正常，应符合 4.4、4.5 的规定。

4.12 连续通电

装置完成调试后，出厂前应进行连续通电试验。试验期间，装置工作应正常，信号指示应正确，不应有元器件损坏，或其他异常情况出现。试验结束后，性能指标应符合4.4、4.5的规定。

4.13 机械性能

4.13.1 振动(正弦)

4.13.1.1 振动响应

装置应能承受GB/T 11287—2000中3.2.1规定的严酷等级为1级的振动响应试验。试验期间及试验后，装置性能应符合该标准5.1的规定。

4.13.1.2 振动耐久

装置应能承受GB/T 11287—2000中3.2.2规定的严酷等级为1级的振动耐久试验。试验期间及试验后，装置性能应符合该标准5.2的规定。

4.13.2 冲击

4.13.2.1 冲击响应

装置应能承受GB/T 14537—1993中4.2.1规定的严酷等级为1级的冲击响应试验。试验期间及试验后，装置性能应符合该标准5.1的规定。

4.13.2.2 冲击耐久

装置应能承受GB/T 14537—1993中4.2.2规定的严酷等级为1级的冲击耐久试验。试验期间及试验后，装置性能应符合该标准5.2的规定。

4.13.3 碰撞

装置应能承受GB/T 14537—1993中4.3规定的严酷等级为1级的碰撞试验。试验期间及试验后，装置性能应符合该标准5.2的规定。

4.14 结构、外观及其他

4.14.1 装置的机箱尺寸应符合GB/T 19520.12—2009的规定。

4.14.2 装置应采取必要的抗电气干扰措施，装置的不带电金属部分应在电气上连成一体，并具备可靠接地点。

4.14.3 装置应有安全标志，安全标志应符合GB 14598.27—2008中9.1的规定。

4.14.4 金属结构件应有防锈蚀措施。

5 试验方法

5.1 试验条件

5.1.1 除另有规定外，各项试验均在4.1.2规定的试验的标准大气条件下进行。

5.1.2 被试验装置和测试仪表应良好接地，并考虑周围环境电磁干扰对测试结果的影响。

5.2 技术性能试验

5.2.1 基本性能试验

装置的基本性能试验包括：

a) 各种保护的定值；
b) 各种保护的动作特性；
c) 各种保护的动作时间特性；
d) 装置整组的动作正确性。

5.2.2 其他性能试验

装置的其他性能试验包括：
a) 硬件系统自检；
b) 硬件系统时钟功能；
c) 通信及信息显示、输出功能；
d) 开关量输入输出回路；
e) 数据采集系统的精度和线性度；
f) 定值区切换功能。

5.2.3 静态、动态模拟试验

装置通过5.2.1、5.2.2各项试验后，根据4.11的要求，按照DL/T 871的规定，在电力系统静态或动态模拟系统上进行整组试验，或使用继电保护试验装置、仿真系统进行试验。试验结果应满足4.4、4.5的规定。

试验项目如下：
a) 区内单相接地，两相短路接地，两相短路和三相短路时的动作行为；
b) 区外单相接地，两相短路接地，两相短路和三相短路时的动作行为；
c) 区内转换性故障时的动作行为；
d) 区内转区外或区外转区内各种转换性故障时装置的动作行为；
e) 线路非全相运行中电抗器再故障时装置的动作行为；
f) 电抗器内部匝间短路；
g) 投入无故障及故障电抗器；
h) 装置在电力系统振荡过程中的性能；
i) 电流回路断线对装置的影响；
j) 电压回路断线对装置的影响；
k) 非电量保护重动继电器性能测试(包括动作功率、动作电压)。

5.3 温度试验

根据4.1.1 a)的要求，按GB/T 7261—2008中9.1规定的方法进行。在试验过程中施加规定的激励量，温度变差应满足4.5.3.10的要求。

5.4 贮存、运输极限环境温度试验

装置不包装，不施加激励量，根据4.1.4的要求，按GB/T 7261—2008中9.2规定的方法进行。在室温下恢复2 h后，施加激励量进行电气性能检测，装置的性能应符合4.5的规定。

5.5 功率消耗试验

根据4.3的要求，按GB/T 7261—2008第7章的规定的方法进行。

5.6 过载能力试验

根据4.6的要求，按GB/T 7261—2008第14章规定的方法进行。

5.7 绝缘试验

根据 4.7 的要求,按 GB/T 7261—2008 第 12 章规定的方法进行绝缘电阻测量、介质强度及冲击电压试验。

5.8 湿热试验

根据 4.8 的规定,在以下两种方法中选择其中一种。

5.8.1 恒定湿热试验

根据 4.8.1 的要求,按 GB/T 7261—2008 中 9.5 规定的方法进行恒定湿热试验。

5.8.2 交变湿热试验

根据 4.8.2 的要求,按 GB/T 7261—2008 中 9.4 规定的方法进行交变湿热试验。

5.9 电磁兼容要求试验

5.9.1 抗扰度试验

5.9.1.1 辐射电磁场骚扰试验

根据 4.9.1.1 的要求,按 GB/T 14598.9—2010 第 7 章规定的方法对装置进行辐射电磁场骚扰试验。

5.9.1.2 电快速瞬变/脉冲群抗扰度试验

根据 4.9.1.2 的要求,按 GB/T 14598.10—2012 第 7 章规定的方法对装置进行电快速瞬变/脉冲群抗扰度试验。

5.9.1.3 1 MHz 及 100 kHz 脉冲群抗扰度试验

根据 4.9.1.3 的要求,按 GB/T 14598.13—2008 第 7 章规定的方法对装置进行 1 MHz 及 100 kHz 脉冲群抗扰度试验。

5.9.1.4 静电放电试验

根据 4.9.1.4 的要求,按 GB/T 14598.14—2010 第 7 章规定的方法对装置进行静电放电试验。

5.9.1.5 浪涌抗扰度试验

根据 4.9.1.5 的要求,按 GB/T 14598.18—2012 第 7 章规定的方法对装置进行浪涌抗扰度试验。

5.9.1.6 射频场感应的传导骚扰的抗扰度试验

根据 4.9.1.6 的要求,按 GB/T 14598.17—2005 第 7 章规定的方法对装置进行射频场感应的传导骚扰的抗扰度试验。

5.9.1.7 工频抗扰度试验

根据 4.9.1.7 的要求,按 GB/T 14598.19—2007 第 7 章规定的方法对装置进行工频抗扰度试验。

5.9.1.8 工频磁场抗扰度试验

根据 4.9.1.8 的要求,按 GB/T 17626.8—2006 第 8 章规定的方法对装置进行工频磁场抗扰度试验。

5.9.1.9 脉冲磁场抗扰度试验

根据4.9.1.9的要求，按GB/T 17626.9—1998第8章规定的方法对装置进行脉冲磁场抗扰度试验。

5.9.1.10 阻尼振荡磁场抗扰度试验

根据4.9.1.10的要求，按GB/T 17626.10—1998第8章规定的方法对装置进行阻尼振荡磁场抗扰度试验。

5.9.2 电磁发射试验

根据4.9.2的要求，按GB/T 14598.16—2002第6章规定的方法对装置进行电磁发射试验。

5.10 直流电源影响试验

根据4.10的要求，按GB/T 7261—2008第10章规定的方法对装置进行直流电源影响试验。

5.11 连续通电试验

5.11.1 根据4.12的要求，装置出厂前应进行连续通电试验。

5.11.2 被试装置只施加直流电源，必要时可施加其他激励量进行功能检测。

5.11.3 试验时间为室温100 h(或40 ℃，72 h)。

5.12 机械性能试验

5.12.1 振动试验

根据4.13.1的要求，按GB/T 7261—2008中11.1规定的方法，对装置进行振动响应和振动耐久试验。

5.12.2 冲击试验

根据4.13.2的要求，按GB/T 7261—2008中11.2规定的方法，对装置进行冲击响应和冲击耐久试验。

5.12.3 碰撞试验

根据4.13.3的要求，按GB/T 7261—2008中11.2规定的方法，对装置进行碰撞试验。

5.13 结构和外观检查

按4.14及GB/T 7261—2008第5章的要求逐项进行检查。

6 检验规则

6.1 检验分类

产品检验分出厂检验和型式检验两种。

6.2 出厂检验

每台装置出厂前应由制造厂的检验部门进行出厂检验，出厂检验在试验的标准大气条件下进行。

检验项目见表 3。

6.3 型式检验

6.3.1 型式检验规定

凡遇下列情况之一，应进行型式检验：

a) 新产品定型鉴定前；

b) 产品转厂生产定型鉴定前；

c) 正式投产后，如设计、工艺、材料、元器件有较大改变，可能影响产品性能时；

d) 产品停产一年以上又重新恢复生产时；

e) 国家质量技术监督机构或受其委托的质量技术检验部门提出型式检验要求时；

f) 合同规定时。

6.3.2 型式检验项目

型式检验项目见表 3。

表 3 检验项目

检验项目名称	"出厂检验"项目	"型式检验"项目	"技术要求"章条	"试验方法"章条
a) 结构与外观	√	√	4.14	5.13
b) 技术性能	√	√	4.5	5.2
c) 功率消耗	√[a]	√	4.3	5.5
d) 高温、低温	—	√	4.1.1a)，4.5.3.10b)	5.3
e) 直流电源影响	—	√	4.10	5.10
f) 静态模拟	√	√	4.11	5.2.3
g) 连续通电	√	√	4.12	5.11
h) 电磁兼容要求	—	√	4.9	5.9
i) 贮存、运输极限环境温度	—	√	4.1.4	5.4
j) 耐湿热性能	—	√	4.8	5.8
k) 绝缘性能	√[b]	√	4.7	5.7
l) 过载能力	—	√	4.6	5.6
m) 机械性能	—	√	4.13	5.12
n) 动态模拟	—	√[c]	4.11	5.2.3

[a] 只测交流电流电压功耗，不测直流电源功耗。

[b] 只测绝缘电阻及介质强度，不测冲击电压。

[c] 新产品定型鉴定前做。

6.3.3 型式检验的抽样与判定规则

6.3.3.1 型式检验从出厂检验合格的产品中任意抽取两台作为样品，然后分 A、B 两组进行：

A 组样品按 6.3.2 中规定的 a)、b)、c)、d)、e)、f)、g)、h)各项进行检验；

B组样品按6.3.2中规定的i)、j)、k)、l)、m)各项进行检验。

6.3.3.2 样品经过型式检验,未发现主要缺陷,则判定产品本次型式检验合格。检验中如发现有一个主要缺陷,则进行第二次抽样,重复进行型式检验,如未发现主要缺陷,仍判定该产品本次型式检验合格。如第二次抽取的样品仍存在此缺陷,则判定该产品本次型式检验不合格。

6.3.3.3 样品型式检验结果达不到4.3~4.11要求中任一条时,均按存在主要缺陷判定。

6.3.3.4 检验中样品出现故障允许进行修复。修复内容,如对已做过检验项目的检验结果没有影响,可继续往下进行检验。反之,受影响的检验项目应重做。

7 标志、包装、运输、贮存

7.1 标志

7.1.1 每台装置必须在机箱的显著部位设置持久明晰的标志或铭牌,标志下列内容:

a) 产品型号、名称;

b) 制造厂全称及商标;

c) 主要参数;

d) 对外端子及接口标识;

e) 出厂日期及编号。

7.1.2 包装箱上应以不易洗刷或脱落的涂料作如下标记:

a) 发货厂名、产品型号、名称;

b) 收货单位名称、地址、到站;

c) 包装箱外形尺寸(长×宽×高)及毛重;

d) 包装箱外面书写“防潮”、“向上”、“小心轻放”等字样;

e) 包装箱外面应规定叠放层数。

7.1.3 标志标识,应符合GB/T 191的规定。

7.1.4 产品执行的标准应予以明示。

7.1.5 安全设计标志应按GB 14598.27的规定明示。

7.2 包装

7.2.1 产品包装前的检查

产品包装前的检查项目包括:

a) 产品合格证书和装箱清单中各项内容应齐全;

b) 产品外观无损伤;

c) 产品表面无灰尘。

7.2.2 包装的一般要求

产品应有内包装和外包装,插件插箱的可动部分应锁紧扎牢,包装应有防尘、防雨、防水、防潮、防震等措施。包装完好的装置应满足4.1.4规定的贮存运输要求。

7.3 运输

产品应适于陆运、空运、水运(海运),运输装卸按包装箱的标志进行操作。

7.4 贮存

长期不用的装置应保留原包装,在4.1.4规定的条件下贮存。贮存场所应无酸、碱、盐及腐蚀性、爆炸性气体和灰尘以及雨、雪的侵害。

8 其他

用户在遵守本指导性技术文件及产品说明书所规定的运输、贮存条件下，装置自出厂之日起，至安装不超过两年，如发现装置和配套件非人为损坏，制造厂应负责免费维修或更换。

ICS 29.020
F 25

GB

中华人民共和国国家标准化指导性技术文件

GB/Z 29328—2012

重要电力用户供电电源及自备应急电源配置技术规范

Specific configuration of power supply and self-emergency power supply for important power users

2012-12-31 发布

2013-06-01 实施

中华人民共和国国家质量监督检验检疫总局
中国国家标准化管理委员会 发布

前　言

本指导性技术文件按照 GB/T 1.1—2009 给出的规则起草。

本指导性技术文件由国家电力监管委员会提出。

本指导性技术文件由全国电力监管标准化技术委员会(SAC/TC 296)归口。

本指导性技术文件主要起草单位:国家电网公司。

本指导性技术文件参加起草单位:中国电力科学研究院、重庆电力公司、北京电力公司、河南电力公司。

本指导性技术文件主要起草人:侯义明、李蕊、王子龙、付振罡、胡军毅、李立刚、苏剑、廖学中、徐阿元、方耀明、王鹏。

重要电力用户供电电源及自备应急电源配置技术规范

1 范围

本指导性技术文件规定了重要电力用户的界定和分级、供电电源和自备应急电源的配置原则和主要技术条件。

本指导性技术文件适用于重要电力用户的供电电源及自备应急电源的配置。

其他电力用户的供电电源和自备应急电源配置可参照执行。

2 规范性引用文件

下列文件对于本文件的应用是必不可少的。凡是注日期的引用文件，仅注日期的版本适用于本文件。凡是不注日期的引用文件，其最新版本(包括所有的修改单)适用于本文件。

GB 50052　供配电系统设计规范

3 术语和定义

下列术语和定义适用于本文件。

3.1

保安负荷　protective load

用于保障用电场所人身与财产安全所需的电力负荷。一般认为，断电后会造成下列后果之一的，为保安负荷：

a) 直接引发人身伤亡的；

b) 使有毒、有害物溢出，造成环境大面积污染的；

c) 将引起爆炸或火灾的；

d) 将引起较大范围社会秩序混乱或在政治上产生严重影响的；

e) 将造成重大生产设备损坏或引起重大直接经济损失的。

3.2

主供电源　prime power supply

在正常情况下，能正常有效且连续为全部负荷提供电力的电源。

3.3

备用电源　standby power supply

根据用户在安全、业务和生产上对供电可靠性的实际需求，在主供电源发生故障或断电时，能有效且连续为全部负荷或保安负荷提供电力的电源。

3.4

自备应急电源　self-emergency power supply

由用户自行配备的，在正常供电电源全部发生中断的情况下，能为用户保安负荷可靠供电的独立电源。

3.5

双回路　double circuit

为同一用户负荷供电的两回供电线路。

3.6

双电源 double power supply

分别来自两个不同变电站，或来自不同电源进线的同一变电站内两段母线，为同一用户负荷供电的两路供电电源。

3.7

允许断电时间 allowable outage time

电力用户的重要用电负荷所能容忍的最长断电时间。

3.8

非电保安措施 non-electrical security measures

为保证安全，用户所采取的非电性质的应急手段和方法。

4 总则

4.1 为指导重要电力用户供电电源及自备应急电源的合理配置，提高其应对电力突发事件的能力，有效防止次生灾害发生，维护社会公共安全，特制定本指导性技术文件。

4.2 本指导性技术文件对重要电力用户的范围进行了界定和分级。规定了重要电力用户供电电源的配置原则和技术条件。

4.3 本指导性技术文件规定了重要电力用户自备应急电源的配置原则和技术条件。对重要电力用户自备应急电源的接入、投切、运行和维护等方面进行了规范。

4.4 重要电力用户供电电源及自备应急电源的配置应遵照本指导性技术文件执行，已有相关国家标准规定的行业，可按照相关标准执行。

5 重要电力用户的界定和分级

5.1 重要电力用户界定

5.1.1 重要电力用户是指在国家或者一个地区（城市）的社会、政治、经济生活中占有重要地位，对其中断供电将可能造成人身伤亡、较大环境污染、较大政治影响、较大经济损失、社会公共秩序严重混乱的用电单位或对供电可靠性有特殊要求的用电场所。重要电力用户的分类与范围参见附录A和附录B。

5.1.2 重要电力用户的认定应在省级政府部门主导下，由相关政府部门组织供电企业和用户统一开展，采取一次认定，每年审核新增和变更的重要电力用户。

5.1.3 供电企业应依据对重要电力用户的界定及分级范围，遵照本指导性技术文件要求提出重要电力用户的供电电源及自备应急电源配置方案，报政府电力主管部门备案。

5.2 重要电力用户分级

5.2.1 根据供电可靠性的要求以及中断供电的危害程度，重要电力用户可分为特级、一级、二级重要电力用户和临时性重要电力用户。

5.2.2 特级重要电力用户，是指在管理国家事务中具有特别重要的作用，中断供电将可能危害国家安全的电力用户。

5.2.3 一级重要电力用户，是指中断供电将可能产生下列后果之一的电力用户：

a) 直接引发人身伤亡的；

b) 造成严重环境污染的；

c) 发生中毒、爆炸或火灾的；

d) 造成重大政治影响的；

e) 造成重大经济损失的；

f) 造成较大范围社会公共秩序严重混乱的。

5.2.4 二级重要电力用户，是指中断供电将可能产生下列后果之一的电力用户：

a) 造成较大环境污染的；

b) 造成较大政治影响的；

c) 造成较大经济损失的；

d) 造成一定范围社会公共秩序严重混乱的。

5.2.5 临时性重要电力用户，是指需要临时特殊供电保障的电力用户。

6 重要电力用户的供电电源配置

6.1 重要电力用户供电电源配置原则

6.1.1 重要电力用户的供电电源一般包括主供电源和备用电源。重要电力用户的供电电源应依据其对供电可靠性的需求、负荷特性、用电设备特性、用电容量、对供电安全的要求、供电距离、当地公共电网现状、发展规划及所在行业的特定要求等因素，通过技术、经济比较后确定。

6.1.2 重要电力用户电压等级和供电电源数量应根据其用电需求、负荷特性和安全供电准则来确定。

6.1.3 重要电力用户应根据其生产特点、负荷特性等，合理配置非电性质的保安措施。

6.1.4 在地区公共电网无法满足重要电力用户的供电电源需求时，重要电力用户应根据自身需求，按照相关标准自行建设或配置独立电源。

6.2 重要电力用户供电电源配置技术要求

6.2.1 重要电力用户的供电电源应采用多电源、双电源或双回路供电。当任何一路或一路以上电源发生故障时，至少仍有一路电源应能对保安负荷持续供电。

6.2.2 特级重要电力用户宜采用双电源或多路电源供电；一级重要电力用户宜采用双电源供电；二级重要电力用户宜采用双回路供电。重要电力用户典型供电模式，包括适用范围及其供电方式参见附录 C。

6.2.3 临时性重要电力用户按照用电负荷的重要性，在条件允许情况下，可以通过临时敷设线路等方式满足双回路或两路以上电源供电条件。

6.2.4 重要电力用户供电电源的切换时间和切换方式宜满足重要电力用户允许断电时间的要求。切换时间不能满足重要负荷允许断电时间要求的，重要电力用户应自行采取技术手段解决。

6.2.5 重要电力用户供电系统应当简单可靠，简化电压层级，重要电力用户的供电系统设计应按 GB 50052 执行。如果用户对电能质量有特殊需求，应当自行加装电能质量控制装置。

6.2.6 双电源或多路电源供电的重要电力用户，宜采用同级电压供电。但根据不同负荷需要及地区供电条件，亦可采用不同电压供电。采用双电源或双回路的同一重要电力用户，不应采用同杆架设供电。

7 重要电力用户的自备应急电源配置

7.1 自备应急电源类型

下列电源可作为自备应急电源：

a) 自备电厂

b) 发动机驱动发电机组，包括：

  1) 柴油发动机发电机组；

2） 汽油发动机发电机组；
3） 燃气发动机发电机组。

c） 静态储能装置，包括：
1） 不间断电源 UPS；
2） EPS；
3） 蓄电池；
4） 干电池。

d） 动态储能装置（飞轮储能装置）；

e） 移动发电设备，包括：
1） 装有电源装置的专用车辆；
2） 小型移动式发电机。

f） 其他新型电源装置。

7.2 自备应急电源配置原则

7.2.1 重要电力用户均应自行配置自备应急电源，电源容量至少应满足全部保安负荷正常供电的要求。新增重要电力用户自备应急电源应同步建设，在正式生产运行前投运。有条件的可设置专用应急母线。

7.2.2 自备应急电源的配置应依据保安负荷的允许断电时间、容量、停电影响等负荷特性，按照各类应急电源在启动时间、切换方式、容量大小、持续供电时间、电能质量、节能环保、适用场所等方面的技术性能，选取合理的自备应急电源。重要电力用户自备应急电源配置典型模式参见附录 D。

7.2.3 重要电力用户应具备外部自备应急电源接入条件，有特殊供电需求及临时重要电力用户，应配置外部应急电源接入装置。

7.2.4 自备应急电源应符合国家有关安全、消防、节能、环保等技术规范和标准要求。

7.3 自备应急电源配置技术要求

7.3.1 允许断电时间的技术要求

重要负荷允许断电时间为毫秒级的，用户应选用满足相应技术条件的静态储能不间断电源或动态储能不间断电源，且采用在线运行的运行方式。

重要负荷允许断电时间为秒级的，用户应选用满足相应技术条件的静态储能电源、快速自动启动发电机组等电源，且自备应急电源应具有自动切换功能。

重要负荷允许断电时间为分钟级的，用户应选用满足相应技术条件的发电机组等电源，可采用手动方式启动自备发电机。

7.3.2 自备应急电源需求容量的技术要求

自备应急电源需求容量达到百兆瓦级的，用户可选用满足相应技术条件的独立于电网的自备电厂等自备应急电源。

自备应急电源需求容量达到兆瓦级的，用户应选用满足相应技术条件的大容量发电机组、动态储能装置、大容量静态储能装置（如 EPS）等自备应急电源；如选用往复式内燃机驱动的交流发电机组，可参照 GB 2820.1 的要求执行。

自备应急电源需求容量达到百千瓦级的，用户可选用满足相应技术条件的中等容量静态储能不间断电源（如 UPS）或小型发电机组等自备应急电源。

自备应急电源需求容量达到千瓦级的，用户可选用满足相应技术条件的小容量静态储能电源（如小型移动式 UPS、蓄电池、干电池）等自备应急电源。

7.3.3 持续供电时间和供电质量的技术要求

对于持续供电时间要求在标准条件下 12 h 以内，对供电质量要求不高的重要负荷，可选用满足相应技术条件的一般发电机组作为自备应急电源。

对于持续供电时间要求在标准条件下 12 h 以内，对供电质量要求较高的重要负荷，可选用满足相应技术条件的供电质量高的发电机组、动态储能不间断供电装置、静态储能装置与发电机组的组合作为自备应急电源。

对于持续供电时间要求在标准条件下 2 h 以内，对供电质量要求较高的重要负荷，可选用满足相应技术条件的大容量静态储能装置作为自备应急电源。

对于持续供电时间要求在标准条件下 30 min 以内，对供电质量要求较高的重要负荷，可选用满足相应技术条件的小容量静态储能装置作为自备应急电源。

7.3.4 对于环保和防火等有特殊要求的用电场所，应选用满足相应要求的自备应急电源。

7.4 自备应急电源的运行

7.4.1 自备应急电源应定期进行安全检查、预防性试验、启机试验和切换装置的切换试验。

7.4.2 用户装设自备发电机组应向供电企业提交相关资料，备案后机组方可投入运行。

7.4.3 自备发电机组与供电企业签订并网调度协议后方可并入公共电网运行。签订并网调度协议的发电机组用户应严格执行电力调度计划和安全管理规定。

7.4.4 重要电力用户的自备应急电源在使用过程中应杜绝和防止以下情况发生：

a) 自行变更自备应急电源接线方式；

b) 自行拆除自备应急电源的闭锁装置或者使其失效；

c) 自备应急电源发生故障后长期不能修复并影响正常运行；

d) 擅自将自备应急电源引入，转供其他用户；

e) 其他可能发生自备应急电源向公共电网倒送电的。

附 录 A
（资料性附录）
重要电力用户分类

A.1 根据目前不同类型重要电力用户的断电后果，将重要电力用户分为社会类和工业类两类，工业类分为煤矿及非煤矿山、危险化学品、冶金、电子及制造业、军工 5 类；社会类分为党政司法机关和国际组织、广播电视、通信、信息安全、公共事业、交通运输、医疗卫生和人员密集场所 8 类，见表 A.1。

表 A.1 重要电力用户所在行业分类

重要电力用户分类		
[A]工业类	[A1] 煤矿及非煤矿山	[A1.1] 煤矿
		[A1.2] 非煤矿山
	[A2] 危险化学品	[A2.1] 石油化工
		[A2.2] 盐化工
		[A2.3] 煤化工
		[A2.4] 精细化工
	[A3] 冶金	
	[A4] 电子及制造业	[A4.1] 芯片制造
		[A4.2] 显示器制造
	[A5] 军工	[A5.1] 航天航空、国防试验基地
		[A5.2] 危险性军工生产
[B]社会类	[B1] 党政司法机关、国际组织、各类应急指挥中心	
	[B2] 通信	
	[B3] 广播电视	
	[B4] 信息安全	[B4.1] 证券数据中心
		[B4.2] 银行
	[B5] 公用事业	[B5.1] 供水、供热
		[B5.2] 污水处理
		[B5.3] 供气
		[B5.4] 天然气运输
		[B5.5] 石油运输
	[B6] 交通运输	[B6.1] 民用运输机场
		[B6.2] 铁路、轨道交通、公路隧道
	[B7] 医疗卫生	
	[B8] 人员密集场所	[B8.1] 五星级以上宾馆饭店
		[B8.2] 高层商业办公楼
		[B8.3] 大型超市、购物中心
		[B8.4] 体育馆场馆、大型展览中心及其他重要场馆
注 1：本分类未含盖全部行业，其他行业可参考本分类。		
注 2：不同地区重要电力用户分类可参照各地区发展情况确定。		

附 录 B
（资料性附录）
重要电力用户的范围

B.1 为便于对重要电力用户范围的界定，表 B.1 列出了部分重要电力用户及断电影响。

表 B.1 重要电力用户范围

重要电力用户类别		重要电力用户范围	断电影响
[A]工业类	[A1.1] 煤矿	井工煤矿	可能引发人身伤亡
	[A1.2] 非煤矿山	井工非煤矿山	可能引发人身伤亡
	[A2.1] 石油化工	以石油为原料的化工企业	可能引发人身伤亡、中毒、爆炸或火灾等重大安全事故、造成重大经济损失和严重环境污染
	[A2.2] 盐化工	以粗盐为原料的化工企业	可能引发人身伤亡、中毒、爆炸或火灾等重大安全事故、造成重大经济损失和严重环境污染
	[A2.3] 煤化工	以煤为原料的化工企业	可能引发人身伤亡、中毒、爆炸或火灾等重大安全事故、造成重大经济损失和严重环境污染
	[A3] 冶金	黑色金属和有色金属的冶炼和加工企业	可能引发人身伤亡、爆炸或火灾等重大安全事故、造成重大经济损失
	[A4.1] 芯片制造	对电能质量要求高的电子企业	可能造成重大经济损失
	[A4.2] 显示器制造	汽车、造船、飞行器、发电机、锅炉、汽轮机、机车、机床加工等机械制造企业	可能引发人身伤亡、造成重大经济损失
	[A5] 军工	航天航空、国防试验基地、危险性军工生产企业	可能造成重大政治影响和重大社会影响、可能引发人身伤亡
[B]社会类	[B1] 党政司法机关、国际组织、各类应急指挥中心	国家级首脑机关的办公地点，外国驻华使馆及外交机构，省级党政机关、地市级党政机关和一些重要的涉外组织；以及气象监测指挥和预报中心、电力调度中心、重要水利大坝、重要的防汛防洪闸门、排涝站、地震监测指挥预报中心、防汛防灾等应急指挥中心、消防（含森林防火）指挥中心、交通指挥中心、公安监控指挥中心等重要应急指挥中心	可能造成重大政治影响和重大社会影响
	[B2] 通信	国家级和省级的枢纽、容灾备份中心、省会级枢纽、长途通信楼、核心网局、互联网安全中心、省级 IDC 数据机房、网管计费中心、国际关口局、卫星地球站。	可能造成大的社会影响
	[B3] 广播电视	国家级和省级广播电视机构及广播电台、电视台、无线发射台、监测台，卫星地球站等	可能造成大的政治影响和社会影响

表 B.1（续）

重要电力用户类别		重要电力用户范围	断电影响
[B]社会类	[B4.1] 证券数据中心	全国性证券公司、省级证券交易中心、市级证券交易中心	可能造成大的经济损失和社会影响
	[B4.2] 银行	国家级银行、省级银行一级数据中心和营业厅、地市级银行营业网点	可能造成大的经济损失和社会影响
	[B5.1] 供水、供热	供水面积大的大、中型水厂（用水泵进行取水）、重要的加压站以及大型供热厂	可能造成社会公共秩序混乱
	[B5.2] 污水处理	国家一级污水处理厂、中型、小型污水处理厂	可能造成环境污染
	[B5.3] 供气	天然气城市门站、燃气储配站、调压站、供气管网等	可能造成安全事故和环境污染
	[B5.4] 天然气运输	天然气输气干线、输气支线、矿场集气支线、矿场集气干线、配气管线、普通计量站等	可能造成安全事故和环境污染
	[B5.5] 石油运输	石油输送首站、末站、减压站和压力、热力不可逾越的中间（热）泵站、其他各类输油站等	可能造成安全事故和环境污染
	[B6.1] 民用运输机场	国际航空枢纽、地区性枢纽机场及一些普通小型机场	可能引发人身伤亡、造成重大安全事故、造成大的政治影响和社会影响
	[B6.2] 铁路、城市轨道交通、公路、隧道	铁路牵引站、国家级铁路干线枢纽站、次级枢纽站、铁路大型客运站、中型客运站、铁路普通客运站；城市轨道交通牵引站、城市轨道交通换乘站、城市轨道交通普通客运站	可能造成安全事故和大的社会影响
	[B7] 医疗卫生	三级医院	可能引发人身伤亡、造成社会影响和公共秩序混乱
	[B8.1] 五星级以上宾馆饭店	特殊定点涉外接待的宾馆、饭店及其他五星级及以上高等级宾馆	可能造成政治影响和社会公共秩序混乱
	[B8.2] 高层商业办公楼	高度超过 100 m 的特别重要的商业办公楼、商务公寓、购物中心	可能引发人身伤亡和社会公共秩序混乱
	[B8.3] 大型超市、购物中心	营业面积在 6 000 m^2 以上的多层或地下大型超市及大型购物中心	可能引发人身伤亡和社会公共秩序混乱
	[B8.4] 体育馆场馆、大型展览中心及其他重要场馆	国家级承担重大国事活动的会堂、国家级大型体育中心；举办世界级、全国性或单项国际比赛；举办地区性和全国单项比赛、举办地方性、群众性运动会展会；承担国际或国家级大型展览的会展中心；承担地区级展览的会展中心	可能引发人身伤亡、可能造成重大政治影响和社会公共秩序混乱
注 1：本范围未含盖全部行业，其他行业可参考执行。 注 2：不同地区重要电力用户范围可参照各地区发展情况确定。			

附　录　C
（资料性附录）
供电电源配置典型模式

C.1　根据不同供电电源配置的实际情况和可靠性的高低，可确定以下14种重要电力用户供电方式的典型模式。

C.2　按照供电电源回路数分为Ⅰ、Ⅱ、Ⅲ三类供电方式，分别代表三电源、双电源、双回路供电。

a）　三电源供电：模式Ⅰ

Ⅰ.1：三路电源来自三个变电站，全专线进线；

Ⅰ.2：三路电源来自两个变电站，两路专线进线，一路环网公网供电进线；

Ⅰ.3：三路电源来自两个变电站，两路专线进线，一路辐射公网供电进线。

b）　双电源供电：模式Ⅱ

Ⅱ.1：双电源（不同方向变电站）专线供电；

Ⅱ.2：双电源（不同方向变电站）一路专线、一路环网公网供电；

Ⅱ.3：双电源（不同方向变电站）一路专线、一路辐射公网供电；

Ⅱ.4：双电源（不同方向变电站）两路环网公网供电进线；

Ⅱ.5：双电源（不同方向变电站）两路辐射公网供电进线；

Ⅱ.6：双电源（同一变电站不同母线）一路专线、一路辐射公网供电；

Ⅱ.7：双电源（同一变电站不同母线）两路辐射公网供电。

c）　双回路供电：模式Ⅲ

Ⅲ.1：双回路专线供电；

Ⅲ.2：双回路一路专线、一路环网公网进线供电；

Ⅲ.3：双回路一路专线、一路辐射公网进线供电；

Ⅲ.4：双回路两路辐射公网进线供电。

C.3　根据国家或行业对于重要电力用户的相关标准，重要电力用户应尽量避免采用单电源供电方式。

C.4　表C.1给出了典型供电模式的适用范围及其供电方式。

表 C.1　典型供电模式的适用范围及其供电方式

供电模式		电源	电源点	接入方式	适用重要电力用户类别	正常/故障下电源供电方式
三电源Ⅰ	Ⅰ.1	电源1	变电站1	专线	具有极高可靠性需求，中断供电将可能危害国家安全的特别重要的电力用户，如党中央、全国人大、全国政协、国务院、中央军委等最高首脑机关办公地点等	三路电源专线进线，两供一备，两路主供电源任一路失电后热备用电源自动投切；任一路电源在峰荷时应带满所有的一、二级负荷
		电源2	变电站2	专线		
		电源3	变电站3	专线		
	Ⅰ.2	电源1	变电站1	专线	具有极高可靠性需求涉及国家安全，但位于城区中心，电源出线资源非常有限且不易改造的特别重要电力用户，如党和国家领导人及来访外国首脑经常出席的活动场所等	三路电源两路专线进线，一路环网公网供电，两供一备，两路主供电源任一路失电后热备用电源自动投切；任一路电源在峰荷时应带满所有的一、二级负荷
		电源2	变电站2	专线		
		电源3	变电站2	环网公网		
	Ⅰ.3	电源1	变电站1	专线	具有极高可靠性需求涉及国家安全，但地理位置偏远的特别重要电力用户，如国家级的军事机构和军事基地	三路电源两路专线进线，一路辐射公网供电，两供一备，两路主供电源任一路失电后热备用电源自动投切；任一路电源在峰荷时应带满所有的一、二级负荷
		电源2	变电站2	专线		
		电源3	变电站2	辐射公网		
双电源Ⅱ	Ⅱ.1	电源1	变电站1	专线	具有很高可靠性需求，中断供电将可能造成重大政治影响或社会影响的重要电力用户，如省级政府机关、国际大型枢纽机场、重要铁路牵引站、三级甲等医院等	两路电源互供互备，任一路电源都能带满负荷，而且应尽量配置备用电源自动投切装置
		电源2	变电站2	专线		
	Ⅱ.2	电源1	变电站1	专线	具有很高可靠性需求，中断供电将可能危害造成人身伤亡或重大政治社会影响的重要电力用户，如国家级广播电台、电视台、国家级铁路干线枢纽站、国家级通信枢纽站、国家一级数据中心、国家级银行等	可采用专线主供、公网热备运行方式，主供电源失电后，公网热备电源自动投切，两路电源应装有可靠的电气、机械闭锁装置
		电源2	变电站2	环网公网		

表 C.1(续)

供电模式		电源	电源点	接入方式	适用重要电力用户类别	正常/故障下电源供电方式
双电源 Ⅱ	Ⅱ.3	电源 1	变电站 1	专线	具有很高可靠性需求,中断供电将可能造成重大政治社会影响的重要电力用户,如城市轨道交通牵引站、承担重大国事活动的国家级场所、国家级大型体育中心、承担国际或国家级大型展览的会展中心、地区性枢纽机场、各省级广播电台、电视台及传输发射台站等	可采用专线主供、公网热备运行方式,主供电源失电后,公网热备电源自动投切,两路电源应装有可靠的电气、机械闭锁装置
		电源 2	变电站 2	辐射公网		
	Ⅱ.4	电源 1	变电站 1	环网公网	具有很高可靠性需求,中断供电将可能造成重大社会影响的重要电力用户,如铁路大型客运站、城市轨道交通大型换乘站等	可采用双电源各带一台变压器,低压母线分段运行方式,双电源互供互备,要求每台变压器在峰荷时至少能够带满全部的一、二级负荷
		电源 2	变电站 2	环网公网		
	Ⅱ.5	电源 1	变电站 1	辐射公网	具有很高可靠性需求,中断供电将可能造成较大范围社会公共秩序混乱或重大政治影响的重要电力用户,如特别重要的定点涉外接待宾馆等、举办全国性和单项国际比赛的场馆等人员特别密集场所等	双电源可采用母线分段,互供互备运行方式;公网热备电源自动投切,两路电源应装有可靠的电气、机械闭锁装置
		电源 2	变电站 2	辐射公网		
	Ⅱ.6	电源 1	变电站 1(不同母线)	专线	不具备来自两个方向变电站条件,具有较高可靠性需求,中断供电将可能造成人身伤亡、重大经济损失或较大范围社会公共秩序混乱的重要电力用户,如石油输送首站和末站、天然气输气干线、6 万吨以上的大型井工煤矿、石化、冶金等高危企业、供水面积大的大型水厂、污水处理厂等	由于用户不具备来自两个方向变电站条件,但又具有较高可靠性需求,可采用专线主供、公网热备运行方式,主供电源失电后,公网热备电源自动投切,两路电源应装有可靠的电气、机械闭锁装置
		电源 2	变电站 1(不同母线)	辐射公网		
	Ⅱ.7	电源 1	变电站 1(不同母线)	辐射公网	不具备来自两个方向变电站条件,有较高可靠性需求,中断供电将可能造成重大经济损失或较大范围社会公共秩序混乱的重要电力用户,如天然气输气支线、6 万吨的中型井工煤矿、石化、冶金等高危企业、中型水厂、污水处理厂等	由于涉及一些地点偏远的高危该类用户,进线电源可采用母线分段,互供互备运行方式;要求公网热备电源自动投切,两路电源应装有可靠的电气、机械闭锁装置
		电源 2	变电站 1(不同母线)	辐射公网		

表 C.1（续）

供电模式		电源	电源点	接入方式	适用重要电力用户类别	正常/故障下电源供电方式
双回路 Ⅲ	Ⅲ.1	电源 1	变电站 1	专线	不具备来自两个方向变电站条件，具有较高可靠性需求，中断供电将可能造成较大社会影响的重要电力用户，如市政府部门、普通机场等	两路电源互供互备，任一路电源都能带满负荷，而且应尽量配置备用电源自动投切装置
		电源 2	变电站 1	专线		
	Ⅲ.2	电源 1	变电站 1	专线	不具备来自两个方向变电站条件，具有较高可靠性需求，中断供电将可能造成较大社会影响的重要电力用户，如国家二级通信枢纽站、国家二级数据中心、二级医院等重要电力用户	两路电源互供互备，任一路电源都能带满负荷，而且应尽量配置备用电源自动投切装置
		电源 2	变电站 1	环网公网		
	Ⅲ.3	电源 1	变电站 1	专线	不具备来自两个方向变电站条件，具有较高可靠性需求，中断供电将可能造成重大经济损失或一定范围社会公共秩序混乱的重要电力用户，如汽车、造船、飞行器、发电机、锅炉、汽轮机、机车、机床加工等机械制造企业、达到一定供水面积的中型水厂、污水处理厂等	由于部分是工业类重要电力用户，采用专线主供、公网热备运行方式，主供电源失电后，公网热备电源自动投切，两路电源应装有可靠的电气、机械闭锁装置
		电源 2	变电站 1	辐射公网		
	Ⅲ.4	电源 1	变电站 1	辐射公网	不具备来自两个方向变电站条件，具有较高可靠性需求中断供电将可能造成较大经济损失或一定范围社会公共秩序混乱的重要电力用户，如一定规模的重点工业企业、各地市级广播电视台及传输发射台、高度超过 100 米的特别重要的商业办公楼等	由于该类用户一般容量不大，可采用两路电源互供互备，任一路电源都能带满负荷，且应尽量配置备用电源自动投切装置
		电源 2	变电站 1	辐射公网		

附 录 D
（资料性附录）
自备应急电源配置典型模式

为了引导重要电力用户的自备应急电源配置，表 D.1 列出了不同类型自备应急电源及自备应急电源组合的技术指标及适用范围，为重要电力用户的自备应急电源选型提供参考；表 D.2 提供了自备应急电源的选择方法；表 D.3 针对不同类型的工业类重要电力用户给出了自备应急电源典型配置方案；表 D.4 针对不同类型的社会业类重要电力用户给出了自备应急电源典型配置方案。

表 D.1 不同类型自备应急电源及自备应急电源组合的技术指标及适用范围

序号	自备应急电源种类	容量	工作方式	持续供电时间	切换时间	切换方式	使用寿命	成本	节能与环保	适用范围
1	UPS	<800 kW	在线、热备	10 min～30 min	<10 ms	在线或STS	寿命较短，一般5～8年	造价高	电源自身发热（效率90%），同时也造成了电能的损耗	计算机房，实验室等，一般适合电阻、电容性等负载
2	动态 UPS	<1 700 kW	热备	标准条件12 h	0.03 s～2 s	ATS	使用寿命较长	成本及维护费用高	热备用工作方式，噪音大，有震动，有污染	对大容量且电能质量要求高的负荷，如整条生产线
3	EPS	0.5 kW～800 kW	冷备、热备	60 min、90 min、120 min 等	0.1 s～2 s	ATS	使用寿命在20年左右	约为 UPS 价格的 60%	离线式工作，耗电 0.1% 左右（效率 85%～95%），节能，噪声小，无震动，无公害	消防、建筑场所，适用于电阻性照明负载、电感性电机、电容性负载以及混合负载，带载能力强
4	HEPS	0.5 kW～800 kW	热备	60 min、90 min、120 min	<10 ms	STS	使用寿命在20年左右	略高于 EPS，低于 UPS	节能，噪声小，无震动，无公害	高强气体发电灯、医疗抢救设备、通信设备等
5	燃气发电机组	500 kW～2 000 kW	冷备、热备	标准条件12 h	0.6 s～1.5 s	ATS或手动	使用寿命长	土建复杂，设备成本较高	平时不耗电；工作时，噪声低，振动小，污染小，节能	大型建筑物、大型电信局等
6	柴油发电机组	2.5 kW～2 500 kW	冷备、热备	标准条件12 h	5 s～30 s	ATS或手动	寿命较长，一般10年以上	成本低、辅助设施、运行费用高	平时不耗电，工作时噪声大，有震动，排烟，有污染	大型建筑物内专用发电机组
7	UPS+发电机	>800 kW	在线、冷备、热备	标准条件12 h	<10 ms	在线或STS	同 UPS	同 UPS	同 UPS	同 UPS

表 D.1（续）

序号	自备应急电源种类	容量	工作方式	持续供电时间	切换时间	切换方式	使用寿命	成本	节能与环保	适用范围
8	EPS+发电机	2.5 kW～800 kW	冷备、热备	标准条件12 h	0.1 s～2 s	ATS或手动	同 EPS	同 EPS	同 EPS	同 EPS
9	汽轮发电供热机组	＞50 MW	旋转备用	标准条件12 h	30 s	ATS或手动	使用寿命在 30 年左右	高	节能	大型石化企业电网电力缺额运行，对外联络线故障跳闸

表 D.2　自备应急电源选择

	应急条件需求		自备应急电源推荐结果	
	允许停电时间	容量/kW	推荐自备应急电源	理　由
重要负荷	零秒	0～400	UPS	在线运行方式的 UPS 能够满足零秒的切换，其他自备应急电源均很难满足
		400～2 000	动态 UPS	大容量零秒切换的应急发电机目前最优的是动态 UPS，将 UPS 与发电机组合的方式价格贵且性能低
	毫秒	0～10	UPS	毫秒级切换的自备应急电源主要有 UPS、HEPS 和动态 UPS 三种，其中 HEPS 和动态 UPS 容量普遍较大，因此在 10 kW 内首选 UPS
		10～300	UPS/HEPS	在 10 kW～300 kW 间，自备应急电源可选 UPS 和 HEPS，HEPS 的价格约为 UPS 的 70%～80%，但 UPS 技术相对成熟，用户可根据自身需要在二者之间选择
		300～800	HEPS	UPS 随着容量增加价格迅速增加，因此在应急负荷在 300 kW 以上，宜使用大容量的 HEPS
	秒级（10 秒内）	0～600	EPS	秒级的切换可不必高价格的毫秒级切换的自备应急电源，而符合毫秒级切换的自备应急电源主要有 EPS 和燃气发电机，在小容量应急负荷 EPS 明显具有优势，价格约为燃气发电机的 1/4，因此首选 EPS
		500～2 000	燃气发电机	EPS 很难做到大容量，否则价格会突增，因此大容量秒级的应急负荷首选燃气发电机
	分钟级	0～800	EPS/柴油发电机	EPS 与柴油发电机均符合要求，EPS 比柴油发电机贵大约 40%，但 EPS 比柴油发电机节能、省电，因此用户可根据自身需求对二者进行选择
		800～2 500	柴油发电机	EPS 很难做到大容量，因此首选柴油发电机，其性价比最高
		＞2 500	汽轮发电供热机组（包括热电联产）	企业电网有功电力缺额超过柴油发电机的容量，只有保有旋转备用的自备热电站的汽轮发电供热机组，才能避免重要负荷被甩掉

说明：

1. 表 D.1、表 D.2 所推荐的自备应急电源，只是根据重要负荷的应急需求条件，给出性价比较好的推荐结果，并不是标准的唯一结果。

2. 用户可根据自身的需求考虑，来对自备应急电源进行选择。例如，可将具有毫秒级切换能力的自备应急电源应用于秒级切换需求的应急负荷，或者将具有秒级切换能力的自备应急电源应用于分钟级切换需求的应急负荷等。

3. 自备应急电源技术本身在不断的发展，在表 D.1、表 D.2 中所使用的数据以及边界条件等，主要是根据目前主流的自备应急电源技术条件所确定的，未含盖所有自备应急电源类型，随着自备应急电源技术条件的提高，上表所列的技术条件也应进行相应的调整。

表 D.3 工业类重要电力用户自备应急电源典型配置

重要电力用户类别		保安负荷名称	允许停电时间	配置用户自备应急电源种类	工作方式	后备时间	切换时间	切换方式
[A1]煤矿及非煤矿山		应急照明	≤1 min	蓄电池/UPS/EPS	在线/热备	>30 min	<5 s	STS/ATS
		消防用电	≤1 min	EPS/柴油发电机	冷备/热备	>60 min	<30 s	ATS
		通风设备	≤1 min	柴油发电机	冷备/热备	30 min～120 min	<30 s	ATS
		制氮设备	≤1 min	柴油发电机	冷备/热备	30 min～120 min	<30 s	ATS
		立井提升设备	≤1 min	柴油发电机	冷备/热备	30 min～120 min	<30 s	ATS
		矿井监测监控系统	≤200 ms	UPS	在线/热备	30 min～120 min	几个周波	在线/STS
		排水设备	≤10 min	柴油发电机	冷备/热备	120 min～240 min	<10 min	ATS 或手动
		井下消防洒水给水系统	≤1 min	柴油发电机	冷备/热备	30 min～120 min	<30 s	ATS
[A2]危险化学品	[A2.1]石油化工	应急照明	≤1 min	蓄电池/UPS/EPS	在线/热备	>30 min	<5 s	STS/ATS
		消防用电	≤1 min	EPS/柴油发电机	冷备/热备	>60 min	<30 s	ATS
		紧急停车及安全连锁系统	≤200 ms	UPS	在线/热备	30 min～120 min	≤200 ms	在线/STS
		DCS 设备	≤200 ms	UPS	在线/热备	30 min～120 min	≤200 ms	在线/STS
		监视设备	≤1 min	UPS	在线/热备	30 min～120 min	<30 s	在线/STS
		空气分离装置	≤200 ms	带旋转备用的汽轮发电机组	在线	长期	<30 s	在线
		压缩空气站、仪用压缩空气站、循环水场、低硅水车间、工业水车间、泵房、污水处理厂、火炬系统、生产调度系统、信息系统、供电调度系统、供热调度系统、自备电厂厂用电系统	≤1 min	带旋转备用的汽轮发电机组	在线	长期	<30 s	在线

表 D.3（续）

重要电力用户类别		保安负荷名称	允许停电时间	配置用户自备应急电源种类	工作方式	后备时间	切换时间	切换方式
[A2]危险化学品	[A2.2]盐化工	应急照明	≤1 min	蓄电池/UPS/EPS	在线/热备	>30 min	<5 s	STS/ATS
		消防用电	≤1 min	EPS/柴油发电机	冷备/热备	>60 min	<30 s	ATS
		紧急停车及安全连锁系统	≤200 ms	UPS	在线/热备	30 min～120 min	≤200 ms	在线/STS
		DCS设备	≤200 ms	UPS	在线/热备	30 min～120 min	≤200 ms	在线/STS
		监视设备	≤1 min	UPS	在线/热备	30 min～120 min	≤1 min	在线/STS
		氯处理环节	≤1 min	柴油发电机	冷备/热备	30 min～120 min	<30 s	ATS
		化学品库	≤10 min	柴油发电机	冷备/热备	30 min～120 min	<30 s	ATS
	[A2.3]煤化工	应急照明及疏散照明	≤1 min	蓄电池/UPS/EPS	在线/热备	>30 min	<5 s	STS/ATS
		消防用电	≤1 min	EPS/柴油发电机	冷备/热备	>60 min	<30 s	ATS
		DCS系统	≤200 ms	UPS	在线/热备	30 min～120 min	≤200 ms	在线/STS
		车间监控设备	≤1 min	UPS	在线/热备	30 min～120 min	≤200 ms	在线/STS
		紧急停车系统	≤200 ms	UPS	在线/热备	30 min～120 min	≤200 ms	在线/STS
		循环泵	≤1 min	柴油发电机	冷备/热备	30 min～120 min	<30 s	ATS
	[A2.4]精细化工	应急照明及疏散照明	≤1 min	蓄电池/UPS/EPS	在线/热备	>30 min	<5 s	STS/ATS
		消防设施	≤1 min	EPS/柴油发电机	冷备/热备	>60 min	<30 s	ATS
		纯净水制备系统	≤10 min	柴油发电机	冷备/热备	30 min～120 min	≤10 min	ATS/手动
		车间监控设备	≤1 min	UPS	在线/热备	30 min～120 min	≤200 ms	在线/STS
		空气净化设备	≤10 min	柴油发电机	冷备/热备	30 min～120 min	≤10 min	ATS/手动
		反应釜	≤200 ms	UPS	在线/热备	30 min～120 min	≤200 ms	在线/STS

表 D.3（续）

重要电力用户类别		保安负荷名称	允许停电时间	配置用户自备应急电源种类	工作方式	后备时间	切换时间	切换方式
[A3]冶金		应急照明	≤1 min	蓄电池/UPS/EPS	在线/热备	>30 min	<5 s	STS/ATS
		冷却水泵	≤1 min	柴油发电机	冷备/热备	30 min～120 min	≤10 min	ATS或手动
		风机	≤10 min	柴油发电机	冷备/热备	30 min～120 min	≤10 min	ATS或手动
		消防设施	≤1 min	EPS/柴油发电机	冷备/热备	>60 min	<30 s	ATS
		紧急停车系统	≤1 s	UPS	在线/热备	30 min～120 min	≤200 ms	在线/STS
[A4]电子及制造业	[A4.1]芯片制造	应急照明及疏散照明	≤1 min	蓄电池/UPS/EPS	在线/热备	>30 min	<5 s	STS/ATS
		消防设施	≤1 min	EPS/柴油发电机	冷备/热备	>60 min	<30 s	ATS
		IT CIM设备	≤200 ms	动态UPS	热备	持续供电	≤200 ms	ATS
		自动送板机	≤200 ms					
		刮锡机	≤200 ms					
		焊膏印刷机	≤200 ms					
		高速贴片机	≤200 ms					
		波峰焊炉	≤200 ms					
	[A4.2]显示器制造	应急照明及疏散照明	≤1 min	蓄电池/UPS/EPS	在线/热备	>30 min	<5 s	STS/ATS
		消防设施	≤1 min	EPS/柴油发电机	冷备/热备	>60 min	<30 s	ATS
		光刻工艺(涂布机曝光机)	≤200 ms	动态UPS	热备	持续供电	≤200 ms	ATS
		取向排列工艺(摩擦机)	≤200 ms					
		丝印制盒工艺(丝网印刷机、喷粉机、贴合机、热压机)	≤200 ms					
		切割工艺(切割机和裂片机)	≤200 ms					
		液晶灌注及封口工艺(液晶灌注机和整平封口机)	≤200 ms					

表 D.3（续）

重要电力用户类别		保安负荷名称	允许停电时间	配置用户自备应急电源种类	工作方式	后备时间	切换时间	切换方式
[A4]电子及制造业	[A4.2]显示器制造	贴片工艺(切片机、贴片机、偏光片除泡机)	≤200 ms	动态 UPS	热备	持续供电	≤200 ms	ATS
		净化系统的空调(冷冻机、冷却泵、热水泵、空气处理)	≤10 min	柴油发电机	冷备/热备	30 min～120 min	≤10 min	ATS/手动
	[4.3]机械制造	应急照明及疏散照明	≤1 min	蓄电池/UPS/EPS	在线/热备	>30 min	<5 s	STS/ATS
		消防设施	≤1 min	EPS/柴油发电机	冷备/热备	>60 min	<30 s	ATS
		测试台	≤200 ms	UPS	在线/热备	30 min～120 min	≤200 ms	在线/STS
		高频炉	≤10 min	柴油发电机	冷备/热备	30 min～120 min	<30 s	ATS

表 D.4　社会类重要电力用户自备应急电源典型配置

重要电力用户类别	保安负荷名称	允许停电时间	配置用户自备应急电源种类	工作方式	后备时间	切换时间	切换方式
[B2]通信	开关电源、传输设备、上网数据设备、上网用交换机设备、语音交换数据设备、计算机系统、机房空调	≤800 ms	UPS/UPS+发电机	在线/热备	30 min～120 min	≤800 ms	在线/STS
	空调	≤1 min	EPS/柴油发电机组	热备/冷备	30 min～120 min	<30 s	ATS
	服务器、传输设备、交换机	≤800 ms	UPS	在线/热备	30 min～120 min	<200 ms	在线
[B3]广播电视	消防用电机	≤1 min	EPS/柴油发电机组	热备/冷备	>60 min	<30 s	ATS
	应急照明	≤1 min	蓄电池/UPS/EPS	热备/冷备	>30 min	<5 s	ATS
	演播室、直播机房、制播系统、总控机房、监测机房、节目集成平台、节目传输系统等	≤800 ms	UPS+发电机	在线/热备	30 min～120 min	≤800 ms	在线/STS

表 D.4（续）

重要电力用户类别		保安负荷名称	允许停电时间	配置用户自备应急电源种类	工作方式	后备时间	切换时间	切换方式
[B4]信息安全	[B4.1] 证券数据中心	微波传输设备、程控交换机、移动集群通讯、调度中心、卫星通讯设施	≤800 ms	UPS	在线/热备	30 min～120 min	≤800 ms	在线/STS
	[B4.2] 银行	服务器、交换机、磁盘阵列、通讯终端、一般银行的防盗照明、大型银行营业厅及门厅照明、应急照明、机房的精密空调	≤800 ms	UPS/UPS+发电机	在线/热备	30 min～120 min	≤800 ms	在线/STS
[B5]公用事业	[B5.2] 污水处理	应急照明	≤1 min	蓄电池/UPS/EPS	热备/冷备	>30 min	<5 s	ATS
		消防设施	≤1 min	EPS/柴油发电机组	热备/冷备	>60 min	<30 s	ATS
		计算机系统中央监控站、PLC 控制站	≤1 min	UPS	在线/热备	30 min～120 min	≤800 ms	在线/STS
	[B5.3]供气	SCADA 控制系统，一氧化碳报警器电动阀门	≤1 min	UPS/EPS	热备/冷备	30 min～120 min	≤1 min	在线/STS
[B6]交通运输	[B6.1]民用运输机场	指挥调度、安保监控	≤800 ms	UPS	在线/热备	>60 min	<200 ms	在线
		助航灯光	1 s	UPS	在线/热备	>60 min	<200 ms	在线
		航站楼、空中交通管制、导航、通信、气象、助航灯光系统设施和台站电源、站坪照明；边防、海关的安全检查设备的电源；航班预报设备的电源；三级以上油库的电源；为飞行及旅客服务的办公用房及旅客活动场所的应急照明	≤1 min	UPS/EPS	热备/冷备	>30 min	<5 s	ATS
	[B6.2] 铁路	铁路牵引负荷、自用变、通讯终端、信号、控制系统、电动岔道	≤800 ms	UPS	在线/热备	30 min～120 min	<200 ms	在线

表 D.4（续）

重要电力用户类别		保安负荷名称	允许停电时间	配置用户自备应急电源种类	工作方式	后备时间	切换时间	切换方式
[B6]交通运输	[B6.3] 地铁	应急照明	≤1 min	蓄电池/UPS/EPS	热备/冷备	>30 min	<5 s	ATS
		消防设施	≤1 min	EPS/柴油发电机组	热备/冷备	>60 min	<30 s	ATS
		牵引	≤1 min	—	—	—	—	—
		信号系统、售票系统	ms	UPS	在线/热备	30 min～120 min	<200 ms	在线
[B7] 医疗卫生		应急照明、疏散照明	≤1 min	蓄电池/UPS/EPS	热备/冷备	>30 min	<5 s	ATS
		消防设施	≤1 min	EPS/柴油发电机组	热备/冷备	>60 min	<30 s	ATS
		手术部的手术室、术前准备、术后复苏、麻醉、急诊抢救、血液病房净化室、产房、早产儿室、重症监护、血液透析、心血管 DSA，上述环境的照明及生命支持系统	≤0.5 s	UPS+发电机	在线/热备	持续到恢复供电	<0.5 s	在线
		上条所述环境及急诊诊室、急诊观察处置、手术部的护士站、麻醉办、石膏室、冰冻切片、辅料制作消毒辅料、功能检查、内窥镜检查、泌尿科、影像科大型设备、放射治疗设备、核医学设备及试剂储存、分装、计量等、高压氧仓、输血科贮血、病理科取材、制片、镜检、医用气体供应系统	≤15 s	发电机	冷备	持续到恢复供电	<15 s	ATS
		大型生化仪器	≤0.5 s	UPS+发电机	在线/热备	持续到恢复供电	<0.5 s	在线
		计算机系统（开药、挂号、处方），机房交换机	≤1 min	UPS	在线/热备	30 min～120 min	≤800 ms	在线/STS
		太平柜、焚烧炉、锅炉房、药剂科贵重冷库、中心（消毒）供应、空气净化机组、电梯等动力负荷	≤30 s	发电机	冷备	持续到恢复供电	<30 s	ATS

表 D.4（续）

重要电力用户类别	保安负荷名称	允许停电时间	配置用户自备应急电源种类	工作方式	后备时间	切换时间	切换方式
[B8] 人员密集场所	消防设施	≤1 min	EPS/柴油发电机组	热备/冷备	>60 min	<30 s	ATS
	应急照明	≤1 min	蓄电池/UPS/EPS	热备、冷备	>30 min	<5 s	ATS
	红外线探测、电视监视、经营管理用计算机系统电源、高级客房、水泵房、弱电设备、部份电梯、门厅、主要通道及营业厅部分照明	≤1 min	蓄电池/UPS/EPS	热备/冷备	30 min～120 min	<5 s	ATS

说明：本配置模式未含及全部保安负荷，其他保安负荷的应急电源配置可参考本模式。

参 考 文 献

[1] GB 2820.1 往复式内燃机驱动的交流发电机组 第1部分:用途、定额和性能

[2] GB/T 12325—2008 电能质量 供电电压偏差

[3] GB/T 12326—2008 电能质量 电压波动和闪变

[4] GB/T 14549—1993 电能质量 公用电网谐波

[5] GB/T 15543—2008 电能质量 三相电压不平衡

[6] GB/T 15945—2008 电能质量 电力系统频率偏差

[7] GB/T 18481—2001 电能质量 暂时过电压和瞬态过电压

[8] GB 18918—2002 城镇污水处理厂污染物排放标准

[9] GB 50045—2005 高层民用建筑设计防火规范

[10] GB/T 50054—1995 低压配电设计规范

[11] GB 50055—1994 通用用电设备配电设计规范

[12] GB/T 50060—1992 3～110 kV 高压配电装置设计规范

[13] GB 50215—2005 煤炭工业矿井设计规范

[14] GB 50417—2007 煤矿井下供配电设计规范

[15] GB/T 50060—1992 3～110 kV 高压配电装置设计规范

[16] CBJ 16—1987 建筑设计防火规范

[17] HG/T 20664—1999 化工企业供电设计技术规定

[18] SH 3038—2000 石油化工企业生产装置电力设计技术规范

[19] SH 3060—1994 石油化工企业工厂电力系统设计规范

[20] TB 10008—1999 铁路电力设计规范

[21] TB 100010—2005 铁路牵引供配电设计规范

[22] MH 5001—2006 民用机场飞行区技术标准

[23] YD 5040—2005 通信电源设备安装设计规范

[24] JGJ 16—2008 民用建筑电气设计规范

[25] IEEE Std 446-1995 IEEE Recommended Practice for Emergency and Standby Power Systems for Industrial and Commercial Applications

[26] NFPA 70-1996 National Electrical Code,NEC

[27] NFPA110 Standard for Emergency and Standby Power Systems

[28] ANSI/NFPA111 Stored Electrical Energy Emergency and Standby Power Systems

[29] 中华人民共和国主席第六十号令 1995.12 《中华人民共和国电力法》

[30] 中华人民共和国电力工业部第8号令 1996 《供电营业规则》

[31] 国家电监会[2009]27号令 《供电监管办法》

[32] 电监安全[2008]43号文 《关于加强重要电力用户供电电源及自备应急电源配置监督管理的意见》

[33] 中华人民共和国煤炭部 1994.5.25 《煤炭工业设计规范》

[34] 中华人民共和国建设部公告第451号文件 《城镇燃气设计规范》《煤矿安全规程(2005)》《城市污水处理厂运行维护及其安全技术规程》

[35] 冶金工业出版社,第1版 1996年1月1日 《钢铁企业电力设计手册》

ICS 13.030.01
Z 04

中华人民共和国国家标准

GB/T 29329—2012

废弃化学品术语

Terminology of chemical waste

2012-12-31 发布　　2013-08-01 实施

中华人民共和国国家质量监督检验检疫总局
中国国家标准化管理委员会　发布

前　言

本标准按照GB/T 1.1—2009给出的规则起草。

本标准由中国石油和化学工业联合会提出。

本标准由全国废弃化学品处置标准化技术委员会(SAC/TC 294)归口。

本标准主要起草单位:深圳市格林美高新技术股份有限公司、深圳市危险废物处理站有限公司、河南佰利联化学股份有限公司、中海油天津化工研究设计院、渤海公司环保技术服务分公司、国家氟材料工程技术研究中心(巨化集团)。

本标准主要起草人:闫梨、温炎燊、陈建立、弓创周、刘键、钟军、许开华、夏俊玲、丁灵。

废弃化学品术语

1 范围

本标准规定了废弃化学品术语。

本标准适用于废弃化学品的收集、贮存、运输、回收、处理和处置等。

2 规范性引用文件

下列文件对于本文件的应用是必不可少的。凡是注日期的引用文件，仅注日期的版本适用于本文件。凡是不注日期的引用文件，其最新版本(包括所有的修改单)适用于本文件。

GB 5085.1—2007 危险废物鉴别标准 腐蚀性鉴别

GB 5085.6—2007 危险废物鉴别标准 毒性物质含量鉴别

GB 20577—2006 化学品分类、警示标签和警示性说明 安全规范 易燃气体

GB 20581—2006 化学品分类、警示标签和警示性说明 安全规范 易燃液体

3 术语和定义

下列术语和定义适用于本文件。

3.1 一般术语

3.1.1

废弃物 waste

在生产、生活和其他活动中产生的丧失原有利用价值或者虽未丧失利用价值但被抛弃或者放弃的物品、物质以及法律、行政法规规定纳入废物管理的物品、物质。

3.1.2

工业废弃物 industrial waste

在工业生产丢弃或由工业生产或制造过程产生的丧失原有利用价值或者虽未丧失利用价值但被抛弃或者放弃的物品、物质以及法律、行政法规规定纳入废物管理的物品、物质。

3.1.3

废弃危险物 disused danger waste

列入国家危险废物名录或者根据国家规定的危险废物鉴别标准和鉴别方法认定具有危险特性的废弃物。

3.1.4

废弃化学品 disused chemical

丢弃的、废弃不用的、不合格的、过期失效的化学品，也包括包装化学品的容器，即包装袋、包装桶、试剂瓶、气体钢瓶等。

3.1.5

泄漏 spill

一般指工业中不应该流出或漏出的物质或流体，流出或漏出机械设备以外，造成损失。

3.1.6

泄漏源 spill point

一般指工业中不应该流出或漏出的物质或流体。

3.1.7

处理 treatment

通过一种或多种物理、化学、生物手段，将废弃物中对人体或环境有害的物质转化为无害成分，或转化为毒性较小的物质的过程。

3.1.8

处置 disposal

将废物焚烧和用其他改变废弃物的物理、化学、生物特性的方法，达到减少已产生的废弃物数量、缩小废弃物体积、减少或者消除其危险成分的活动，或者将废弃物最终置于符合环境保护规定要求的场所或者设施的活动。

3.1.9

处理处置技术 treatment and disposal technology

一个完整的废弃物处理处置技术体系，为达到处理处置活动的目的而采取的各种手段、方法和技能。包括合理利用技术、资源化/减量化技术、焚烧技术、稳定化/固化技术、填埋处置技术等对废弃物进行处理处置。

3.2 废弃危险化学品术语

3.2.1

废弃危险化学品 disused hazardous chemical

被抛弃或者放弃使用的，列入国家危险废物管理及放射性废物管理的危险化学品，包括不合格的、过期失效的、伪劣的危险化学品及其包装。

3.2.2

废弃爆炸品 disused explosive

被抛弃或者放弃使用的爆炸品，包括包装容器。废弃爆炸品是指在外界作用下(如受热、受压、撞击等)，能发生剧烈的化学反应，瞬时产生大量的气体和热量，使周围压力急骤上升，发生爆炸，对周围环境造成破坏的物品，包括无整体爆炸危险，但具有燃烧、抛射及较小爆炸危险的废弃物品。

3.2.3

废弃压缩气体和液化气体 disused compressed gas and liquefied gas

被抛弃或者放弃使用的压缩气体和液化气体，并应符合下述情况之一者：

a) 临界温度低于 50 ℃。或在 50 ℃时，其蒸气压力大于 294 kPa 的压缩或液化气体；

b) 温度在 21.1 ℃时，气体的绝对压力大于 275 kPa，或在 54.4 ℃时，气体的绝对压力大于 715 kPa的压缩气体；或在 37.8 ℃时，雷德蒸气压力大于 275 kPa 的液化气体或加压溶解的气体；

c) 包装容器。

3.2.4

废弃易燃性气态化学品 inflammable gas of disused chemical

被抛弃或者放弃使用的易燃性气态化学品，包括包装容器。

注：易燃气体化学品见 GB 20577—2006 中规定。

3.2.5

废弃易燃性液态化学品 inflammable liquid of disused chemical

被抛弃或者放弃使用易燃性液态化学品，包括包装容器。

注：易燃液体化学品见 GB 20581—2006 中规定。

3.2.6

废弃易燃性固态化学品　inflammable solid of disused chemical

被抛弃或者放弃使用的易燃性固态化学品，包括包装容器。易燃性固态化学品是指在标准温度和压力（即 25 ℃，101.3 kPa）下因摩擦、或自发性燃烧而起火，当点燃后能剧烈而持续燃烧并产生危害的固态化学品。

3.2.7

废弃氧化性化学品　disused oxidising chemical

被抛弃或者放弃使用的氧化性化学品及有机过氧化物，包括包装容器。氧化性化学品是指本身未必燃烧，但通常因放出氧可能引起或促使其他物质燃烧的物质。

3.2.8

废弃自反应性化学品　disused self-reactive chemical

被抛弃或者放弃使用的自反应性化学品，包括包装容器。自反应性化学品是指热不稳定液体、固体或混合物，即使没有氧气（空气），也易发生强烈放热反应的化学品。

3.2.9

废弃毒性化学品　disused toxic chemical

被抛弃或者放弃使用的毒性化学品，包括包装容器。毒性化学品能与体液和器官组织发生生物化学作用或生物物理学作用，扰乱或破坏肌体的正常生理功能，引起某些器官和系统暂时性或持久性的病理改变，甚至危及生命的特性。

3.2.10

废弃放射性化学品　disused radioactive chemical

被抛弃或者放弃使用的放射性化学品，包括包装容器。放射性化学品是指放射性比活度大于 7.4×10^{4} Bq/kg的废弃化学品。

3.2.11

废弃腐蚀性化学品　disused corrosive chemical

被抛弃或者放弃使用的腐蚀性化学品，包括包装容器。

3.3　废弃危险化学品鉴别术语

3.3.1

危险性　risk

某一系统、产品、设备或操作的内部和外部的一种潜在的状态，其发生可能造成人员伤害、职业病、财产损失、作业环境破坏的状态。危险性的特征在于其危险可能性的大小与安全条件和概率有关。

3.3.2

腐蚀性　corrosivity

使物体的表面与周围介质发生化学或电化学作用而使其受到损坏的特性。

注：腐蚀性鉴别见 GB 5085.1—2007 中的规定。

3.3.3

毒性　toxicity

能与体液和器官组织发生生物化学作用或生物物理学作用，扰乱或破坏肌体的正常生理功能，引起某些器官和系统暂时性或持久性的病理改变，甚至危及生命的特性。

3.3.4

急性毒性　acute toxicity

单剂量或在 24 h 内多剂量口服或皮肤接触一种物质，或吸入接触 4 h 之后出现的有害效应。

经口摄取：固体 $LD_{50} \leqslant 200$ mg/kg，液体 $LD_{50} \leqslant 500$ mg/kg；

经皮肤接触：$LD_{50} \leqslant 1\,000$ mg/kg；

蒸汽、烟雾或粉尘吸入：$LC_{50} \leqslant 10$ mg/L。

3.3.5

慢性毒性　chronic toxicity

污染物在生物大部分或整个生命周期内持续损害机体的过程，可能通过遗传作用造成对下一代生物的不良效应。

3.3.6

生殖毒性　genotoxicity

由于接触环境中的化学因素对生殖系统造成的有害效应，可表现为生殖器官及内分泌系统的变化。

3.3.7

浸出毒性　extraction toxicity

固体废物在固定的浸出方法下浸出的浸出液中，有害物质浓度超过规定值，从而可能会造成环境污染的特性。

3.3.8

毒性物质　toxic substance

浸出液所含有的毒性成分含量超出规定值的物质。

注：毒性物质见 GB 5085.6—2007 中规定，包括剧毒物质(39 种)、有毒物质(143 种)、致癌性物质(63 种)、致突变性物质(7 种)、生殖毒性物质(11 种)、持久性有机污染物(11 种)。

3.3.9

反应性　reactivity

在通常情况下不稳定，极易发生剧烈的化学反应，与水反应猛烈，或形成可爆炸性的混合物，或产生有毒气体。

3.4　废弃化学品处理处置术语

3.4.1

提纯　purification

把混合物中的杂质除去，以得到纯物质的过程。在提纯中如果杂质发生化学变化，不必恢复为原来的物质。

3.4.2

回收　recovery

从废弃物中分离出来的有用物质经过物理或机械加工成为再利用的制品的过程。

3.4.3

利用　use

为借助外物以达到某种目的，用手段使人或事物为自己服务。为了实现废物资源化，许多国家采取了一系列鼓励利用废物的政策和措施，如建立专业化的废物交换和回收机构，从事废物的直接有效应用。

3.4.4

转化　conversion

通过化学、生物化学方法加工成为再利用制品的过程。

3.4.5

物化处理　physico-chemical treatment

用活性炭吸附、化学沉淀、密度分离、化学氧化、化学还原、离子交换、膜渗析、气提及湿式氧化法等方法对废弃物无害化处理的过程。

3.4.6

固化处理　curing treatment

用水泥固化、石灰固化、热塑性固化、熔融固化、自胶结固化、化学药剂稳定化等方法对固体废物无害化处理的过程。

3.4.7

稳定化　stabilization

选用某种适当的添加剂与危险废物混合,发生某种物理或化学变化,将其转变为低溶解性、低迁移性及低毒性物质的过程。

3.4.8

焚烧　burn

一种高温分解和高热氧化的过程,可燃性固体废物在充分供氧的条件下,发生燃烧反应,使其氧化分解,转化为气态物和不可燃的固态残渣,从而达到减容、去除毒性和回收能源的目的。

3.4.9

填埋　landfill

不妨碍公众健康与安全的,将城市垃圾与土壤在陆地上交替分层铺开的一种废物处理方式。

3.4.10

生化处理　biochemical treatment

利用微生物将污水中有机物降解、被吸附而去除的过程,生物处理工艺主要包括:厌氧工艺和好氧工艺。

3.4.11

分解　decomposition

利用物理、化学、生物过程将废弃物转化为二氧化碳、水和无害物质的过程。

3.4.12

洗消　decontamination

对染有毒剂、生物战剂、放射性物质的人员、装备、物资、工事、道路等进行消毒和消除沾染的措施,是消除危险化学品灾害事故污染的最有效的方法,主要包括对人员的洗消和对事故现场及染毒设备的洗消。

3.4.13

倒罐　transfer

将液态化学品从事故储运装置通过输转设备和管道倒入安全装置或容器内的操作过程。

中文索引

英文索引

A

B

C

D

E

G

I

ICS 71.080.99
G 15

中华人民共和国国家标准

GB/T 29330—2012

模内装饰(IMD)用薄膜油墨粘接性能测定方法

Films used in IMD—Test method of ink adhesion properties

2012-12-31 发布　　2013-08-01 实施

中华人民共和国国家质量监督检验检疫总局
中国国家标准化管理委员会　发布

前　言

本标准按照 GB/T 1.1—2009 给出的规则起草。

本标准由中国石油和化学工业联合会提出。

本标准由全国光学功能薄膜材料标准化技术委员会(SAC/TC 431)归口。

本标准起草单位:合肥乐凯科技产业有限公司、中国乐凯胶片集团公司。

本标准主要起草人:于佩强、王志坚、刘玉磊、许丽丽、李宇航、王旭亮、王金凤。

模内装饰(IMD)用薄膜油墨粘接性能测定方法

1 范围

本标准规定了模内装饰(In Mold Decoration,简称 IMD)用薄膜油墨粘接性能测定方法。

本标准适用于模内装饰(IMD)用薄膜,包括经过表面硬化处理和未经表面硬化处理的薄膜。

2 规范性引用文件

下列文件对于本文件的应用是必不可少的。凡是注日期的引用文件,仅注日期的版本适用于本文件。凡是不注日期的引用文件,其最新版本(包括所有的修改单)适用于本文件。

GB/T 2918 塑料试样状态调节和试验的标准环境(GB/T 2918—1998,idt ISO 291:1997)

3 术语和定义

GB/T 2918 界定的以及下列术语和定义适用于本文件。为了便于使用,以下重复列出了 GB/T 2918 中的某些术语和定义。

3.1

标准环境 standard atmosphere

标准环境是指优先选用的、规定了空气温度和湿度且限制了大气压强和空气循环速度范围的恒定环境,该空气中不含明显的外加成分,且环境未受到任何明显的外加辐射影响。

[GB/T 2918—1998,定义 2.1]

3.2

试验环境 test atmosphere

在整个试验期间样品或试样所处的恒定环境。

[GB/T 2918—1998,定义 2.3]

3.3

状态调节 conditioning

为使样品或试样达到温度和湿度的平衡状态所进行的一种或多种操作。

[GB/T 2918—1998,定义 2.4]

3.4

硬涂层 hard coating

在 IMD 用薄膜的一个预涂层面,通过湿法涂布加工一热固化或紫外光固化形成的硬涂层,对薄膜表面起到抗划伤的保护作用,主要有两类硬涂层,其一是雾度为 20%~70%不等的雾面硬涂层,其二是雾度 1.5%以下的透明硬涂层。

3.5

预涂层面 primer side

在 PET 薄膜的表面,通过在线或离线方式涂布厚度为 0.1 μm~0.2 μm 的聚酯、聚氨酯或丙烯酸树脂等预涂层,用于提高硬涂层和油墨层与薄膜之间的粘结牢度。

3.6

塑胶层　plastic resin

把经过成型机成型后的薄膜放置到注塑模腔内，用注塑机向其腔体内射入注塑材料与薄膜紧密结合，该注塑材料层即为塑胶层，塑胶层多为 PC、PMMA、PBT 等。

3.7

IMD 塑件　imd plastic parts

选用经过印刷后的薄膜，经过裁切及成型，然后放入注塑模腔内，同注塑材料一起完成的注塑装饰件。

4　测试原理

4.1　在 IMD 用薄膜的预涂层面进行油墨印刷，干燥固化后在油墨层印刷胶黏剂，用该薄膜制成一定尺寸的模内装饰塑件。IMD 塑件产品切面示意图如图 1、图 2 所示。

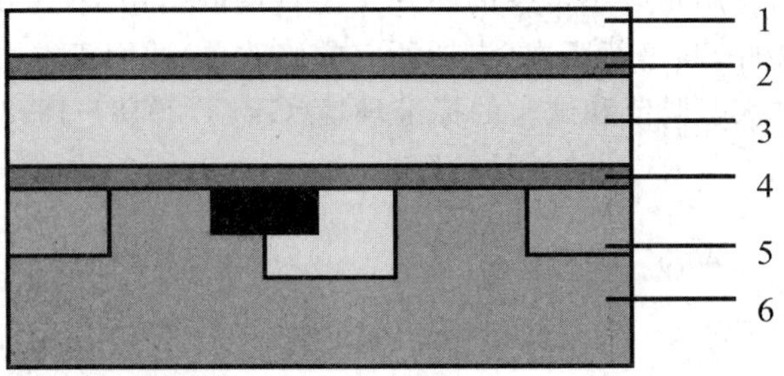

说明：

1——硬涂层 hard coating；

2——预涂层面 primer side；

3——PET 薄膜 PET film；

4——预涂层面 primer side；

5——油墨层 ink layer；

6——塑胶层 plastic resin。

图 1　硬化型 IMD 塑件产品切面示意图

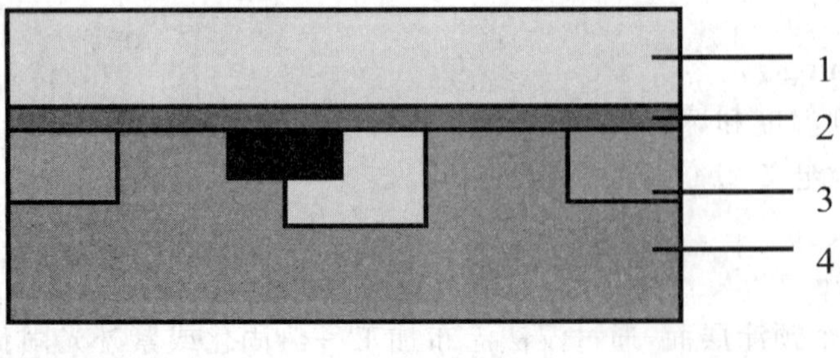

说明：

1——PET 薄膜 PET film；

2——预涂层面 primer side；

3——油墨层 ink layer；

4——塑胶层 plastic resin。

图 2　非硬化型 IMD 塑件产品切面示意图

4.2　在模内装饰塑件的薄膜表面划出顶角为 30°，腰长为 3 cm 的等腰三角形规定形状，用镊子夹住翘起的顶角手动使薄膜剥离塑胶层。

4.3　通过判断剥离处薄膜预涂层面上油墨的粘接情况判定薄膜的油墨粘接性能。

5　设备

5.1　网版印刷机

满足 20 μm～30 μm 厚度的油墨印刷要求。

5.2　空气循环干燥箱

满足 80 ℃以上的空气循环干燥箱，温度精度：±1.0 ℃。

5.3　UV 固化机

可提供能量密度 200 mJ/cm^2～300 mJ/cm^2 的 UV 固化机。

5.4　冲压成型机

满足 IMD 用各种成型角度及拉伸成型高度的热压型和抽真空型成型试验机均可。

5.5　注塑机

满足加工 IMD 塑件产品的成型注塑机。

5.6　美工刀

有锋利刀口的普通美工刀均可。

5.7　划线模具

顶角为 30°，腰长为 3 cm 的等腰三角形划线模具。

5.8　镊子

普通镊子均可。

6　试样

6.1　所选的每种 IMD 用薄膜至少做三个平行试样，除非另有规定或用户另有要求。

6.2　试样的制作方法应与其在预期应用中的相同。

6.3　所有试验样均应同一批次。

6.4　试样尺寸：目标塑件所需尺寸大小。

7　试验环境

按 GB/T 2918 规定，试验环境为 2 级标准环境(23/50)：温度(23±2)℃和相对湿度(50±10)%。

8 试验步骤

8.1 将3张目标塑件大小、同一批次的试样，在其预涂层面用网版印刷机(5.1)整版印刷所需测试型号的油墨，涂布厚度按照所用油墨要求的厚度，制得印刷试样A。

8.2 若油墨为热固化型，将印刷试样A放入空气循环干燥箱(5.2)，根据所选用油墨厂商建议的温度、时间条件进行干燥固化，制得印刷试样B。若油墨为UV固化型，将印刷试样A放入空气循环干燥箱(5.2)中干燥，然后经过UV固化机(5.3)进行固化，制得试样B。

8.3 在印刷试样B的油墨层表面上再次用网版印刷机(5.1)印刷胶黏剂，涂布厚度按照所用胶黏剂要求的厚度，放入空气循环干燥箱(5.2)中，并根据所选用的胶黏剂厂商提供的温度、时间条件进行干燥固化，制得印刷固化试样C。

8.4 将印刷固化试样C裁切成目标塑件大小的尺寸后，放入目标塑件大小尺寸的冲压成型机(5.4)的模具中，并将薄膜的油墨层面朝向阳模，用热压或抽真空的方式将印刷固化试样C冲压成目标形状，制得试样D。

8.5 将试样D放入目标塑件大小的尺寸一致的注塑机(5.5)模具中，合模进行注塑，将成型样和熔融成型树脂成型制成IMD塑件。

8.6 将所制备的IMD塑件按GB/T 2918规定的标准环境(23/50)状态调节至少24 h。

8.7 将划线模具(5.7)放置在第7章中平衡好的3份IMD塑件表面，用美工刀(5.6)沿着划线模具的腰边划破外层薄膜，用美工刀翘起顶角位置，用镊子(5.8)夹住翘起的顶角手动使薄膜剥离塑胶层。

8.8 通过判定剥离处薄膜预涂层面上油墨的粘接情况进行评价。

9 结果表述

自然光下目视检验。

观察所测试样薄膜与塑件主体剥离处薄膜预涂层面上油墨附着情况，进行结果判定。

10 试验报告

试验报告应包括下列内容：

a) 本标准号；
b) 完整识别试验样品必要详情；
c) 试验温度；
d) 试验湿度；
e) 是否合格的判断；
f) 问题详细描述。

ICS 37.040.20
G 80

中华人民共和国国家标准

GB/T 29331—2012/ISO 1009:2000

摄影 相纸尺寸 印片机用卷筒相纸

Photography—Paper dimensions—Rolls for printers

(ISO 1009:2000,IDT)

2012-12-31 发布 2013-08-01 实施

中华人民共和国国家质量监督检验检疫总局
中国国家标准化管理委员会 发布

前　言

本标准按照 GB/T 1.1—2009 给出的规则起草。

本标准使用翻译法等同采用 ISO 1009:2000《摄影　相纸尺寸　印片机用卷筒相纸》。

本标准做了下列编辑性修改:

——本标准 7.4 图 1 中文字说明部分增加了字母 E,ISO 1009:2000 的 7.4 图 1 中标明了 E 及 E 的尺寸要求,而在文字叙述中漏掉了 E,经过分析研究认为 E 不可缺少;

——ISO 1009:2000 附录 A 中的 ISO 6221 已经作废,被 ISO 18903:2002 代替,本标准附录 A 中使用的是 ISO 18903。

本标准由中国石油和化学工业联合会提出。

本标准由全国感光材料标准化技术委员会(SAC/TC 102)归口。

本标准起草单位:中国乐凯胶片集团公司、乐凯胶片股份有限公司。

本标准主要起草人:贾玉来、赵燕燕、许丽丽。

摄影　相纸尺寸　印片机用卷筒相纸

1　范围

本标准规定了应用于接触式印片机和投影式印片机上的黑白和彩色卷筒相纸标称宽度的目标尺寸及裁切公差。

本标准也规定了接头要求、轴芯尺寸、缠卷的要求和包装标志。

2　规范性引用文件

下列文件对于本文件的应用是必不可少的。凡是注日期的引用文件，仅注日期的版本适用于本文件。凡是不注日期的引用文件，其最新版本（包括所有的修改单）适用于本文件。

ISO 1:1975　工业长度测量标准基准温度（Standard reference temperature for industrial length measurements）

ISO 554:1976　状态调节和/或试验的标准大气　规范（Standard atmospheres for conditioning and/or testing—Specifications）

3　术语和定义

下列术语和定义适用于本文件。

3.1

目标尺寸　aim dimension

生产过程中应做为目标或设计的推荐尺寸。

3.2

轴芯　core

两端没有凸缘、通常为圆柱形，能当作卷筒相纸的中心部分的物体。

3.3

标称尺寸　nominal size

在产品标签或目录中出现的参考尺寸。

3.4

推荐尺寸　preferred sizes

工业标准尺寸，即用户需要量最大（单位数量）和产品数量大（m^2）的尺寸。

注：鼓励新设备的设计者在任何可能的情况下用推荐尺寸。

3.5

认可尺寸　recognized sizes

生产上重要的尺寸，但并不常用，没有选为推荐尺寸。

注：这种分类帮助读者理解对某些尺寸的需求使从前的推荐尺寸变的不常用，或一些新尺寸变的更常用。

3.6

接头　splice

将两片材料连接成为一片的连结部。

4 尺寸测量条件

本标准规定的尺寸和公差适用于相纸制造时，按 ISO 554:1976 的规定（见附录 A），在温度(23±2)℃和相对湿度(50±5)%的大气条件下测量。

所有检测仪器的校准应在 20 ℃（按 ISO 1:1975 的规定）和相对湿度 50%条件下进行。

5 相纸宽度

5.1 推荐宽度

卷筒相纸推荐宽度的目标宽度和公差应符合表 1 的规定，新设备应设计成只能接受表 1 中规定的推荐宽度。

表 1 推荐宽度

公称宽度/cm	目标宽度/mm	公差/mm
8.9	88.7	$^{+0.2}_{-0.4}$ [a]
10.2	101.4	±0.2
12.7	126.6	±0.4
15.2	151.6	±0.4
20.3	202.8[b]	±0.4
25.4	253.6	±0.4
27.9	278.6[b]	±0.8

[a] 此公差与表 3 中给出的规则不一致。

[b] 此目标宽度与表 3 中给出的规则不一致。

5.2 认可宽度

卷筒相纸临时认可宽度的目标宽度和公差应符合表 2 的规定。

表 2 认可宽度

标称宽度/cm	目标宽度/mm	公差/mm
8.2	82.3	±0.2
9.5	95.0	±0.2

5.3 裁切和公差规则

表 1 和表 2 中未提供的卷筒相纸目标宽度和公差应符合表 3 的规定。

表3　在表1和表2中未列出的宽度裁切和公差规则

标称宽度/cm	目标宽度/mm	公差/mm
小于或等于12	标称宽度－0.2	±0.2
大于12,小于或等于26	标称宽度－0.4	±0.4
大于26,小于或等于65	标称宽度－0.8	±0.8
大于65	标称宽度－1.2	±1.2
注：因最初的标称宽度是英寸单位,下列值可以使用(表示为0.1 mm单位):(标称值为英寸单位)×25.4。		

6　相纸长度

卷筒相纸可使用的长度不能低于其标称长度;然而,本标准对标称长度不做规定。

7　接头

7.1　接头数量

不考虑长度,每卷相纸最好最多只有一个接头;然而,对长度大于100 m的卷最多可有2个接头,对长度大于250 m的卷最多可有3个接头,对长度大于350 m的卷最多可有4个接头也是认可的。

7.2　接片材料要求

接片材料对照相加工溶液应是化学惰性的,并且不受冲洗加工及机械和手工操作期间加于其上的压力的物理损害。

7.3　接头厚度

用胶带的接头厚度应不超过相纸厚度的两倍。然而,对重叠搭接的接头厚度可比相纸两倍厚度多最多至0.10 mm。

厚度应使用具有直径大于5 mm最好是10 mm探头的厚度仪测量。

重叠搭接长度不应超过13 mm,并且应覆盖整个相纸宽度,并没有翘边。

7.4　接头探测

为使自动接头探测成为可能,在每个接头前应提供一个狭长的孔或缝。图1中规定了这个孔的位置和尺寸。

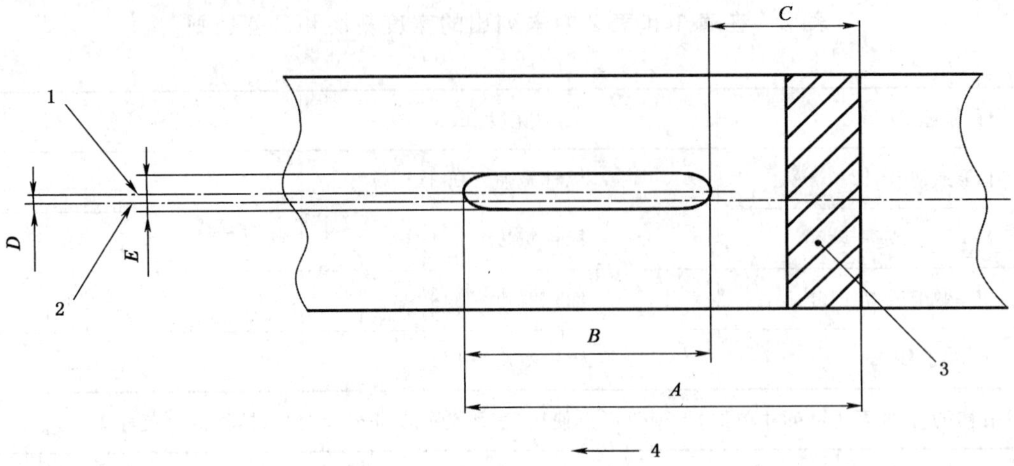

图例：

1 ——缝的中心线；

2 ——纸的中心线；

3 ——接头；

4 ——纸的运行方向。

尺寸 A、B、C、D 和 E 满足下列条件：

A：55 mm～185 mm

B：55 mm～95 mm

C：最大 100 mm（C 可反向 40 mm）

D：纸中心线两边最大 3 mm

E：16 mm±1 mm

图 1 接头预警孔

7.5 长度接头补偿

对每个接头，每卷相纸的长度应增加不少于（A+300）mm。

8 轴芯

轴芯的长度应小于相应的卷筒相纸的宽度。

在一些应用中，需要轴芯的长度比相纸的宽度长一点，但其任一边凸出部分应不超过 1 mm。

轴芯的内径尺寸应为（$76.1^{+0.6}_{-0.3}$）mm。

9 缠卷

相纸卷宽度不足 50.8 cm 时，缠卷方向推荐感光面向外。卷宽度超过 50.8 cm 时，建议缠卷方向是感光面向内。

相纸不应粘合在轴芯上。

有效的卷宽，包括任何相纸的伸缩和纸管凸出，不能超过最大允许裁切宽度 1 mm。

10 包装标志

10.1 信息

产品的包装上应提供充足的信息告知用户正确使用和操作。

产品包装上应标注以下内容：

a) 产品名称和规格；

b) 使用条件(如安全灯)；

c) 运输和存储条件。

完成这些后，组成产品包装的每个包装单元应标识以下一项或多项内容[1]：

——产品名称或商品名：单位包装上此项目应能在推荐的安全灯下清晰可见；

——制造者的名称或商标；

——制造者的产品目录识别码；

——条形码资料；

——帮助重复利用包装废弃物的资料；

——包装内包装单元的数量；

——感光材料的产品名称或商品名；

——产品的标称尺寸，以米制单位，较小尺寸在前；

——批号和/或原始的轴号；

——产品有效期或"在…之前加工"日期或库存控制码；

——制造者推荐的安全灯条件[2]；

——制造者推荐的贮存条件[2]；

——如可应用，卷绕方式标志[2]。

10.2 执行标准

如果需要标明产品执行的是本标准，应用以下内容：

执行 GB/T 29331—2012。

1) 在一些国家的法律中可能还规定一些其他的内容标识在包装上。

2) 可标识为文字或代码。

附 录 A
（资料性附录）
尺寸稳定性

本标准规定的尺寸和偏差适用于相纸裁切时按 ISO 554:1976 中规定的标准大气条件下即温度(23±2)℃，相对湿度(50±5)%下平衡后测量。

这些尺寸可能变化，如因相纸老化而永久收缩，或随大气相对湿度和温度的变化而暂时性收缩或膨胀。(照相胶片和相纸对相对湿度有不同的反应，这是把相对湿度而不是绝对湿度列入标准的原因)

然而，在相纸的保证期内打开包装时，在温度(23±2)℃，相对湿度(50±5)%大气条件下测量的尺寸不应超过制造时尺寸的±0.2%。

按 ISO 18903[3] 的规定，从大卷相纸裁切的双倍重非树脂涂层相纸样品最少需要平衡 24 h，树脂涂层相纸样品最小需要平衡 7 天。

3) ISO 18903《摄影 胶片和相纸 尺寸变化的测定》。

附 录 B
（资料性附录）
相纸厚度

本标准中不规定相纸的厚度。通常使用中等重量的相纸(厚度为0.21 mm～0.28 mm)。

ICS 31.080.01;31.080.30
L 42

中华人民共和国国家标准

GB/T 29332—2012/IEC 60747-9:2007

半导体器件　分立器件
第9部分:绝缘栅双极晶体管(IGBT)

Semiconductor devices—Discrete devices—
Part 9:Insulated-gate bipolar transistors (IGBT)

(IEC 60747-9:2007,IDT)

2012-12-31 发布　　　　2013-06-01 实施

中华人民共和国国家质量监督检验检疫总局
中国国家标准化管理委员会　发布

前　言

《半导体器件　分立器件》系列国家标准的预计结构如下：

——第 1 部分：总则(GB/T 17573—1998,idt IEC 60747-1:1983)；

——第 2 部分：整流二极管(GB/T 4023—1997,eqv IEC 60747-2:1983 及其修正案 1:1992 和修正案 2:1993)；

——第 3 部分：信号(包括开关)和调整二极管(GB/T 6571—1995,idt IEC 60747-3:1985)；

——第 4 部分：微波器件(GB/T 20516—2006,IEC 60747-4:2001,IDT)；

——第 5-1 部分：光电子器件　总则(IEC 60747-5-1:2002)；

——第 6 部分：晶闸管(GB/T 15291—1994,eqv IEC 60747-6:1983 及其修正案 1:1991)；

——第 7 部分：双极型晶体管(GB/T 4587—1994,idt IEC 60747-7:1988)；

——第 8 部分：场效应晶体管(GB/T 4586—1994,idt IEC 60747-8:1984)；

——第 9 部分：绝缘栅双极晶体管(IEC 60747-9:2007)；

——第 10 部分：分立器件和集成电路总规范(GB/T 4589.1—2006,IEC 60747-10:1991,IDT)；

——第 11 部分：分立器件分规范(GB/T 12560—1999,idt IEC 60747-11:1985)；

——第 14-1 部分：半导体传感器　总则和分类(GB/T 20521—2006,IEC 60747-14-1:2000,IDT)；

——第 15 部分：绝缘功率半导体器件(IEC 60747-15:2010)；

——第 17 部分：基本绝缘和加强绝缘的磁性和电容性耦合(IEC/PAS 60747-17:2011)。

本标准为《半导体器件　分立器件》系列国家标准的第 9 部分。

本标准按照 GB/T 1.1—2009 给出的规则起草。

本标准使用翻译法等同采用 IEC 60747-9:2007《半导体器件　分立器件　第 9 部分：绝缘栅双极晶体管》。

与本标准中规范性引用的国际文件有一致性对应关系的我国文件如下：

——GB/T 4023—1997　半导体器件　分立器件和集成电路　第 2 部分：整流二极管(eqv IEC 60747-2:1983及其修正案 1:1992 和修正案 2:1993)

——GB/T 15291—1994　半导体器件　第 6 部分：晶闸管(eqv IEC 60747-6:1983 及其修正案 1:1991)

——GB/T 17573—1998　半导体器件　第 1 部分：总则(idt IEC 60747-1:1983)

本标准做了下列编辑性修改和勘误：

——3.2.5、3.2.6 和 3.2.7 三条术语的定义中，在文字"……端"后面增加"(电极)"二字；

——结温的文字符号 T_{vj} 统一为 T_j；

——栅极-发射极电压的第二个下标统一为"$_E$"；

——"规定条件"中，温度条件的位置统一为列项 1；

——为突出被测(受试)器件，相应的 IGBT 用被测(受试)器件的英文缩略语 DUT 代替；

——6.3.1.7 中，补充了遗漏的电压文字符号 V_{CEXsus}；

——在 6.3.6.3 中增加如下说明：

"其中，y_{ie}——小信号共发射极短路输入导纳；

y_{oe}——小信号共发射极短路输出导纳"；

——6.3.6.5、6.3.7.5 和 6.3.8.5 中，补充了测量频率的文字符号 f；

——6.3.10.3 中，"$|y_{ie}|\gg\omega C_1$"更正为"$\omega C_1\gg|y_{ie}|$"，"$|y_{os}|\gg\omega C_2$"更正为"$\omega C_2\gg|y_{oe}|$"；

——图30图题中的“I_{C2}”更正为“I_{C1}”；

——A.4中，列项2下面的三个列项按二级列项处理。

本标准由中华人民共和国工业和信息化部提出。

本标准由全国半导体器件标准化技术委员会(SAC/TC 78)归口。

本标准起草单位：西安电力电子技术研究所、西安爱帕克电力电子有限公司、英飞凌科技(中国)有限公司、威海新佳电子有限公司、江苏宏微科技有限公司。

本标准主要起草人：蔚红旗、张立、陈子颖、乜连波、王晓宝、秦贤满。

半导体器件 分立器件
第9部分:绝缘栅双极晶体管(IGBT)

1 范围

本标准给出了绝缘栅双极晶体管(IGBT)的术语、文字符号、基本额定值和特性以及测试方法等产品特定要求。

2 规范性引用文件

下列文件对于本文件的应用是必不可少的。凡是注日期的引用文件,仅注日期的版本适用于本文件。凡是不注日期的引用文件,其最新版本(包括所有的修改单)适用于本文件。

IEC 60747-1:2006 半导体器件 第1部分:总则(Semiconductor devices—Part 1:General)

IEC 60747-2 半导体器件 分立器件和集成电路 第2部分:整流二极管(Semiconductor devices—Discrete devices and integrated circuits—Part 2:Rectifier diodes)

IEC 60747-6 半导体器件 第6部分:晶闸管(Semiconductor devices—Part 6:Thyristors)

IEC 61340(所有部分) 静电(Electrostatics)

3 术语和定义

下列术语和定义适用于本文件。

3.1 IGBT的图形符号

本标准采用如下图形符号:

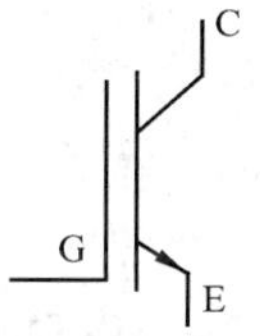

注:本标准仅使用N沟道IGBT的图形符号。本标准也适用于P沟道器件,但必须使极性适宜。

3.2 一般术语

3.2.1

绝缘栅双极晶体管 insulated-gate bipolar transistor;IGBT

具有导电沟道和PN结,且流过沟道和结的电流由施加在栅极端和发射极端之间的电压产生的电场控制的晶体管。

注:施加集电极-发射极电压时,PN结为正向偏置。

3.2.2

N 沟道 IGBT　N-channel IGBT

具有一个或多个 N 型导电沟道的 IGBT。

3.2.3

P 沟道 IGBT　P-channel IGBT

具有一个或多个 P 型导电沟道的 IGBT。

3.2.4

(IGBT 的)集电极电流　collector current (of an IGBT)

I_C

由 IGBT 开关(控制)的直流电流。

3.2.5

(IGBT 的)集电极端　collector terminal (of an IGBT)

(IGBT 的)集电极　collector (of an IGBT)

C

对于 N 沟道 IGBT,集电极电流从外部电路流入的那个端(电极);对于 P 沟道 IGBT,集电极电流由其流出至外部电路的那个端(电极)。

3.2.6

(IGBT 的)发射极端　emitter terminal (of an IGBT)

(IGBT 的)发射极　emitter (of an IGBT)

E

对于 N 沟道 IGBT,集电极电流由其流出至外部电路的那个端(电极);对于 P 沟道 IGBT,集电极电流从外部电路流入的那个端(电极)。

3.2.7

(IGBT 的)栅极端　gate terminal (of an IGBT)

(IGBT 的)栅极　gate (of an IGBT)

G

为控制集电极电流,相对于发射极端(电极)施加电压的那个端(电极)。

3.3　额定值和特性的术语　电压和电流

3.3.1

集电极-发射极(直流)电压　collector-emitter (d. c.) voltage

集电极与发射极间的直流电压。

3.3.2

栅极-发射极短路时的集电极-发射极电压　collector-emitter voltage with gate-emitter short-circuited

V_{CES}

栅极-发射极短路和集电极电流为规定的低值(绝对值)时的集电极-发射极电压。

3.3.3

集电极-发射极维持电压　collector-emitter sustaining voltage

$V_{CE^* sus}$

对于栅极端和发射极端间的规定接法,在相对较大的集电极电流下的集电极-发射极击穿电压。在该集电极电流下，击穿电压对集电极电流的变化相对较不敏感。

注1：栅极端和发射极端间的规定接法以文字符号的第三个下标标示(参见 IEC 60747-7:2000 中的 4.1.2)。

注2：需要时，为标示栅极端和发射极端间的特定接法，在基本术语中增加经认可的合适的术语。例如，栅极-发射极短路时的集电极-发射极维持电压 V_{CESsus}。

注3：如果所用的文字符号意思明确，基本术语可缩短。例如，集电极-发射极维持电压 V_{CERsus}。

注4：此术语对于高压器件(例如 4 kV 以上)是重要的。

3.3.4

集电极-发射极击穿电压　collector-emitter breakdown voltage

$V_{(BR)CES}$

栅极-发射极短路时，集电极与发射极间的电压。超过此电压，集电极电流急剧增加。

3.3.5

集电极-发射极饱和电压　collector-emitter saturation voltage

V_{CEsat}

在集电极电流与栅极-发射极电压基本无关的栅极-发射极电压条件下的集电极-发射极电压。

3.3.6

栅极-发射极(直流)电压　gate-emitter (d.c.) voltage

栅极与发射极间的直流电压。

3.3.7

栅极-集电极(直流)电压　gate-collector (d.c.) voltage

栅极与集射极间的直流电压。

3.3.8

栅极-发射极阈值电压　gate-emitter threshold voltage

$V_{GE(th)}$

集电极电流为规定的低值(绝对值)时的栅极-发射极电压。

3.3.9

静电放电电压　electrostatic discharge voltage

施加到栅极端而不破坏绝缘层的电压。

3.3.10

集电极截止电流　collector cut-off current

栅极断态和规定的集电极-发射极电压(低于击穿区)时的集电极电流。

3.3.11

集电极电流　collector current

流过集电极的电流。

3.3.12

尾部电流　tail current

I_{CZ}

在尾部时间期间的集电极电流。

3.3.13

栅极漏电流　gate leakage current

I_{GES}

集电极端与发射极端短路时和规定的栅极-发射极电压条件下，流入栅极端的漏电流。

3.3.14

安全工作区 safe operating area

SOA

集电极电流与集电极-发射极电压构成的、IGBT 在其中能开通和关断而不失效的区域。

3.3.15

正偏安全工作区 forward bias safe operating area

FBSOA

集电极电流与集电极-发射极电压构成的、IGBT 在其中能开通并处于通态而不失效的区域。

3.3.16

反偏安全工作区 reverse bias safe operating area

RBSOA

集电极电流与集电极-发射极电压构成的、IGBT 在其中能关断而不失效的区域。

3.3.17

短路安全工作区 short circuit safe operating area

SCSOA

短路持续时间与集电极-发射极电压构成的、IGBT 在其中能开通和关断而不失效的区域。

3.4 额定值和特性的术语 其他特性

3.4.1

输入电容 input capacitance

C_{ies}

集电极端对发射极端交流短路时，栅极端和发射极端之间的电容。

3.4.2

输出电容 output capacitance

C_{oes}

栅极端对发射极端交流短路时，集电极端和发射极端之间的电容。

3.4.3

反向传输电容 reverse transfer capacitance

C_{res}

集电极端和栅极端之间的电容。

3.4.4

栅极电荷 gate charge

Q_G

栅极-发射极电压从规定的低值上升到规定的高值所需要的电荷。

3.4.5

栅极内阻 internal gate resistance

r_g

栅极内部串联电阻。

3.4.6

（单脉冲）开通能量 turn-on energy (per pulse)

E_{on}

单脉冲集电极电流开通期间，IGBT 内部耗散的能量。

注：周期性脉冲条件下对应的开通耗散功率由 E_{on} 与脉冲频率相乘得到。

3.4.7

(单脉冲)关断能量　turn-off energy (per pulse)

E_{off}

单脉冲集电极电流关断时间和尾部时间期间，IGBT 内部耗散的能量。

注：周期性脉冲条件下对应的关断耗散功率由 E_{off} 与脉冲频率相乘得到。

3.4.8

开通延迟时间　turn-on delay time

$t_{d(on)}$；t_d

IGBT 从断态向通态转换期间，输入端电压脉冲起始点与集电极电流上升起始点之间的时间间隔。

注：通常，在输入脉冲幅值的 10％和输出脉冲幅值的 10％两点测定该时间。

3.4.9

上升时间　rise time

t_r

IGBT 从断态向通态转换期间，集电极电流上升分别达到规定的下限值瞬间和上限值瞬间之间的时间间隔。

注：通常，下限值和上限值分别为脉冲幅值的 10％和 90％。

3.4.10

开通时间　turn-on time

t_{on}

开通延迟时间与上升时间之和。

3.4.11

关断延迟时间　turn-off delay time

$t_{d(off)}$；t_s

IGBT 从通态向断态转换时，维持 IGBT 处于通态的输入端电压脉冲终点与集电极电流下降起始点之间的时间间隔。

注：通常，在输入脉冲幅值的 90％和输出脉冲幅值的 90％两点测定该时间。

3.4.12

下降时间　fall time

t_f

IGBT 从通态向断态转换期间，集电极电流下降分别达到规定的上限值瞬间和下限值瞬间之间的时间间隔。

注：通常，上限值和下限值分别为脉冲幅值的 90％和 10％。

3.4.13

关断时间　turn-off time

t_{off}

关断延迟时间与下降时间之和。

3.4.14

尾部时间　tail time

t_z

从关断时间终点到集电极电流已经下降至其 2％或较低的规定值瞬间的时间间隔。

4 文字符号

4.1 通则

IEC 60747-1:2006 的第 4 章适用。

4.2 补充的通用下标

C,c	集电极
E,e	发射极
G,g	栅极
sat	饱和
th	阈值
Z,z	尾部
S	端子短路
R	端子接电阻
X	端子接规定的栅极-发射极电压
sus	维持

4.3 文字符号

名　　称	文字符号
4.3.1 电压	
集电极-发射极电压	V_{CE}
栅极-发射极短路时,集电极-发射极电压	V_{CES}
集电极-发射极维持电压	$V_{CE^{*}sus}$
栅极-发射极短路时,集电极-发射极击穿电压	$V_{(BR)CES}$
集电极-发射极饱和电压	V_{CEsat}
栅极-发射极电压	V_{GE}
集电极-发射极短路时,栅极-发射极电压	V_{GES}
栅极-发射极阈值电压	$V_{GE(th)}$
规定栅极-发射极电阻时,集电极-栅极电压	V_{CGR}
4.3.2 电流	
集电极电流	I_{C}
集电极峰值电流	I_{CM}
集电极重复峰值电流	I_{CRM}
栅极-发射极短路时,集电极截止电流	I_{CES}
尾部电流	I_{CZ}

续表

名　　称	文字符号
栅极电流	I_G
集电极-发射极短路时,栅极漏电流	I_{GES}
4.3.3　其他电物理量	
输入电容	C_{ies}
输出电容	C_{oes}
反向传输电容	C_{res}
栅极电荷	Q_G
栅极内阻	r_g
开通耗散功率	P_{on}
开通能量	E_{on}
关断耗散功率	P_{off}
关断能量	E_{off}
通态耗散功率	P_{cond}
通态能量	E_{cond}
总耗散功率	P_{tot}
4.3.4　时间	
尾部时间	t_z
4.3.5　热物理量	
结-壳热阻	$R_{th(j-c)}$
结-壳瞬态热阻抗	$Z_{th(j-c)}$

5　基本额定值和特性

5.1　额定值(极限值)

额定值应如所述对特定器件的整个工作条件范围有效,并给出规范的曲线(适用时)。

5.1.1　环境温度 T_a、管壳温度 T_c 或结温 T_j

最大值和最小值。

5.1.2　贮存温度　T_{stg}

最大值和最小值。

5.1.3　栅极-发射极短路时的集电极-发射极电压　V_{CES}

最大值。

注:此额定值不宜低于 $V_{(BR)CES}$(见 5.2.1)。

5.1.4 集电极-发射极短路时的栅极-发射极电压 V_{GES}

正、负极性的最大值。

5.1.5 集电极连续电流 I_C

最大值。

5.1.6 集电极重复峰值电流 I_{CRM}

在规定的脉冲持续时间和占空比条件下，多个矩形脉冲的最大值。

5.1.7 集电极不重复峰值电流 I_{CSM}

在规定的脉冲持续时间条件下，一个矩形脉冲的最大值。

5.1.8 总耗散功率 P_{tot}

最大值。适用时，给出降额曲线。

5.1.9 最大安全工作区

表示在管壳温度 25 ℃、直流电流和各种脉冲持续时间条件下，开通后的最大额定集电极电流 I_C 与开通前和开通期间集电极-发射极电压 V_{CE}关系的区域的图。即使在最佳冷却条件下，也不应超过最大额定集电极电流 I_C。

5.1.10 最大反偏安全工作区 RBSOA

表示在规定条件下，IGBT 在关断期间的短时间内能同时承受集电极电流 I_C 和集电极-发射极电压 V_{CE}而不失效的区域的图。

5.1.11 最大短路安全工作区 SCSOA

由短路持续时间 t_{psc}和负载短路条件下不可超过的集电极-发射极电压 V_{CE}一对量值给出的区域的图。短路电压源，器件可再次开通和关断而不失效。

5.1.12 最大端子电流(适用时) I_{tRMS}

流过主端子电流的最大方均根值。

5.1.13 安装力 F

适用时，最大值和最小值。

5.1.14 安装力矩 M

适用时，最大值和最小值。

5.2 特性

特性应在 $T_j=25$ ℃(另有规定除外)和另一规定温度下给出。

5.2.1 集电极-发射极击穿电压 $V_{(BR)CES}$

在栅极-发射极短路时和规定的集电极电流条件下的最小值。

5.2.2 集电极-发射极维持电压 $V_{CE^{*}sus}$

如适用，在规定的集电极电流和栅极条件下的最小值。

5.2.3 集电极-发射极饱和电压 V_{CEsat}

在规定的栅极电压和集电极电流条件下的最大值。

5.2.4 栅极-发射极阈值电压 $V_{GE(th)}$

在规定的集电极-发射极电压和集电极电流条件下的最小值和最大值。

5.2.5 集电极截止电流 $I_{CE^{*}}$

在栅极端和发射极端间的规定接法和规定的集电极-发射极电压条件下的最大值。

5.2.6 栅极漏电流 I_{GES}

在最高额定栅极-发射极电压条件下的最大值。

5.2.7 电容

在规定的集电极-发射极电压和测量频率下的下述典型值。

5.2.7.1 输入电容 C_{ies}

在规定的偏置条件和规定的测量频率下，且输出交流短路，共发射极小信号下的输入电容典型值。

5.2.7.2 输出电容 C_{oes}

在规定的偏置条件和规定的测量频率下，且输入交流短路，共发射极小信号下的输出电容典型值。

5.2.7.3 反向传输电容 C_{res}

在规定的偏置条件和规定的测量频率下，共发射极小信号下的反向传输电容典型值。

5.2.8 栅极电荷 Q_G

在规定的栅极-发射极电压、开通前集电极-发射极电压和开通后集电极电流条件下的典型值。

5.2.9 栅极内阻 r_g

在规定的栅极-发射极电压、集电极-发射极电压和频率下，集电极端对发射极端交流短路时的最大值和(或)典型值。

5.2.10 开通能量 E_{on}

在下列规定条件下的单脉冲最大值：
——开通前的集电极-发射极电压；
——开通后的集电极电流；
——负载条件；
——栅极-发射极电压；
——栅极-发射极电路中的电阻；
——环境温度、管壳温度或结温。

5.2.11 关断能量 E_{off}

在下列规定条件下的单脉冲最大值：
——关断前的集电极电流；
——关断后的集电极-发射极电压；
——负载条件；
——栅极-发射极电压；
——栅极-发射极电路中的电阻；
——环境温度、管壳温度或结温。

5.2.12 开关时间

5.2.12.1 开通延迟时间 $t_{d(on)}$ 和上升时间 t_r

在下列规定条件下的最大值：
——开通前的集电极-发射极电压；
——开通后的集电极电流；
——负载条件；
——栅极-发射极电压；
——栅极-发射极电路中的电阻。

5.2.12.2 关断延迟时间 $t_{d(off)}$、下降时间 t_f 和尾部时间 t_z

在具有续流二极管和下列规定条件下的最大值：
——关断后的集电极-发射极电压；
——关断前的集电极电流；
——负载条件；
——栅极-发射极电压；
——栅极-发射极电路中的电阻。

5.2.13 结-壳热阻 $R_{th(j-c)}$

IGBT 管壳额定时，最大值。

5.2.14 结-环境热阻 $R_{th(j-a)}$

IGBT 环境额定时，最大值。

5.2.15 结-壳瞬态热阻抗 $Z_{th(j-c)}$

IGBT 管壳额定时，表示瞬态热阻抗最大值与耗散功率阶跃变化后的时间的曲线图或解析式。

5.2.16 结-环境瞬态热阻抗 $Z_{th(j-a)}$

IGBT 环境额定时，表示瞬态热阻抗最大值与耗散功率阶跃变化后的时间的曲线图。

6 测试方法

6.1 通则

以下电路图中给出的极性适用于 N 沟道器件。通过改变仪表、发生器和电源的极性，则能适用于

P 沟道器件。IEC 61340 给出的操作注意事项和 IEC 60747-1:2006 给出的测量方法程序适用。

6.2 额定值(极限值)试验

经下列试验后,按表 1 规定确认 IGBT 特性。

表 1 接收判定特性

特 性	接收判据
I_{CES}	$I_{CES}<USL$
I_{GES}	$I_{GES}<USL$
V_{CEsat}	$V_{CEsat}<USL$
$V_{GE(th)}$	$LSL<V_{GE(th)}<USL$
注:USL——规范上限值;LSL——规范下限值。	

6.2.1 集电极-发射极电压 V_{CES}、V_{CER}、V_{CEX}

6.2.1.1 目的

在规定条件下,检验 IGBT 承受额定集电极-发射极电压 V_{CES}、V_{CER} 或 V_{CEX}。

6.2.1.2 电路图

电路图如图 1 所示。

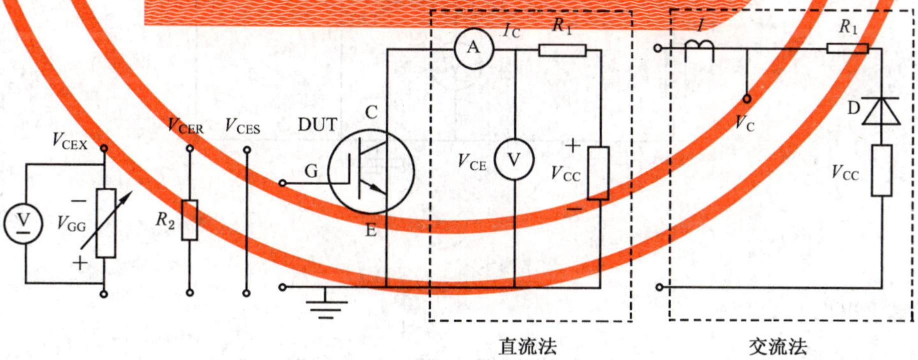

图中:

DUT——受试 IGBT。

图 1 集电极-发射极电压 V_{CES}、V_{CER}、V_{CEX} 试验电路

6.2.1.3 电路说明

V_{CC} 和 V_{GG} 是电压源。R_1 是电路保护电阻器。

6.2.1.4 试验程序

按图1电路,有两种测试方法,即直流法和交流法。

栅极-发射极间应设置为规定条件。设定集电极-发射极电压为规定值。

6.2.1.5 规定条件

——环境温度 T_a、管壳温度 T_c 或结温 T_j;

——集电极-发射极电压 V_{CE};

——对于 V_{CEX}:栅极-发射极电压 $-V_{GE}$;

——对于 V_{CER}:连接在栅极端和发射极端间的电阻器;

——对于 V_{CES}:栅极端和发射极端间短路。

6.2.2 集电极-发射极短路时的栅极-发射极电压 $\pm V_{GES}$

6.2.2.1 目的

在规定条件下,检验IGBT承受额定栅极-发射极电压 $\pm V_{GE}$。

6.2.2.2 电路图

电路图如图2所示。

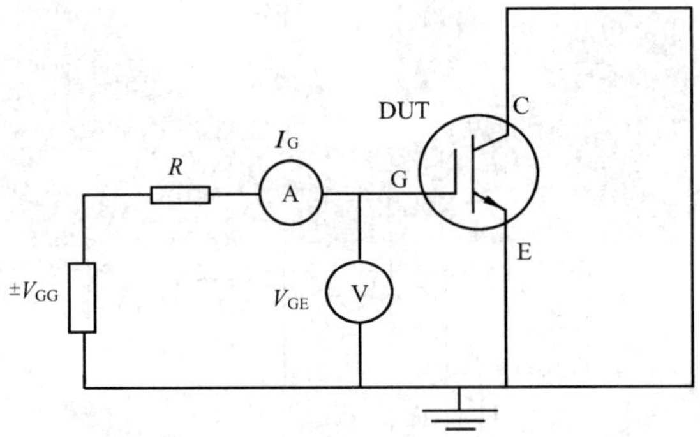

图中:

DUT——受试IGBT。

图2 栅极-发射极电压 $\pm V_{GES}$ 试验电路

6.2.2.3 电路说明

V_{GG} 是电压源。R 是电路保护用低值电阻器。

6.2.2.4 试验程序

设定栅极-发射极电压 V_{GE} 为规定值。

6.2.2.5 规定条件

——环境温度 T_a、管壳温度 T_c 或结温 T_j；
——栅极-发射极漏电流 I_{GES}；
——集电极端和发射极端间短路。

6.2.3 最大集电极电流 I_C

6.2.3.1 目的

在规定条件下，检验 IGBT 的集电极电流能力不低于最大额定值 I_C。

6.2.3.2 电路图

电路图如图 3 所示。

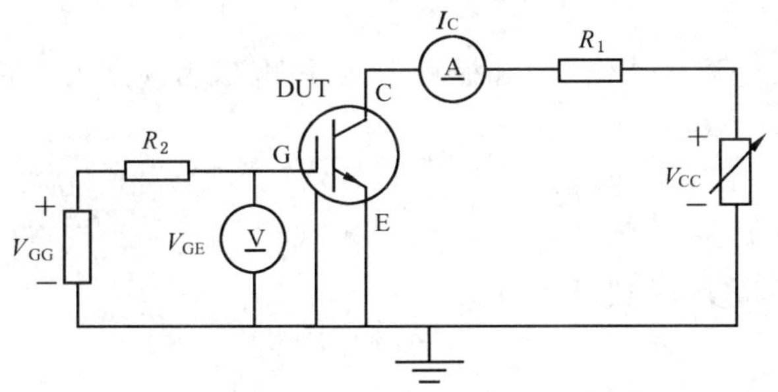

图 3 集电极电流试验电路

6.2.3.3 电路说明

V_{CC}和 V_{GG}是电压源。R_1 是电路保护电阻器。

6.2.3.4 试验程序

设定温度（环境温度或管壳温度）和栅极-发射极电压为规定值并保持在该值。增加电源电压 V_{CC} 至 I_C 达到规定值，并达到热平衡。

6.2.3.5 规定条件

——环境温度 T_a、管壳温度 T_c；
——集电极电流 I_C；
——栅极-发射极电压 V_{GE}。

6.2.4 最大集电极峰值电流 I_{CM}

6.2.4.1 目的

在规定条件下，检验 IGBT 的集电极电流能力不低于最大额定值 I_{CM}。

6.2.4.2　**电路图**

电路图如图 4 所示。

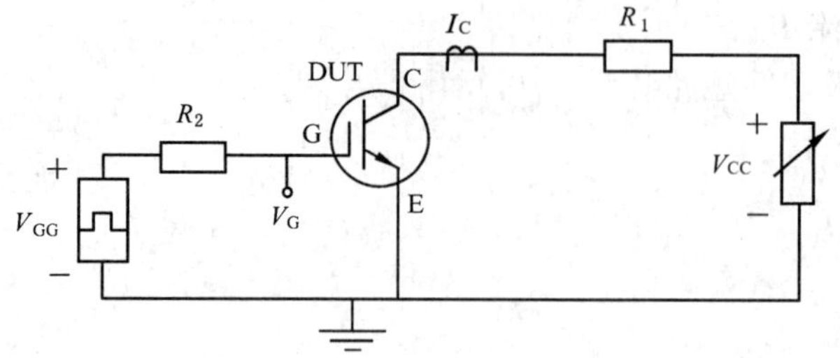

图 4　集电极峰值电流试验电路

6.2.4.3　**电路说明**

V_{CC}是电压源。V_{GG}是栅极脉冲发生器。R_1 是电路保护电阻器。

6.2.4.4　**试验程序**

设定温度(环境温度、管壳温度或结温)和栅极-发射极电压为规定值并保持在该值。增加电源电压V_{CC}至 I_C 达到规定值。

6.2.4.5　**规定条件**

——环境温度 T_a、管壳温度 T_c 或结温 T_j；
——集电极电流 I_{CM}；
——栅极-发射极电压(脉冲宽度和占空比)。

6.2.5　**最大反偏安全工作区　RBSOA**

6.2.5.1　**目的**

检验 IGBT 在 RBSOA 中可靠工作而不失效。

6.2.5.2　**电路图和波形**

电路图和波形分别如图 5 和图 6 所示。

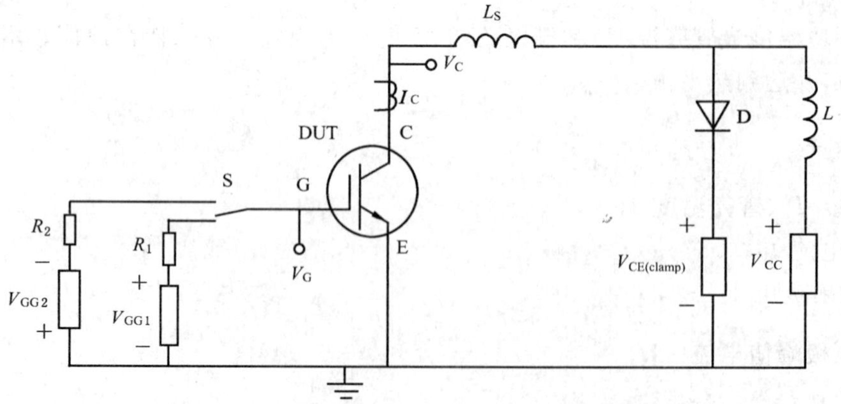

图 5　反偏安全工作区(RBSOA)试验电路

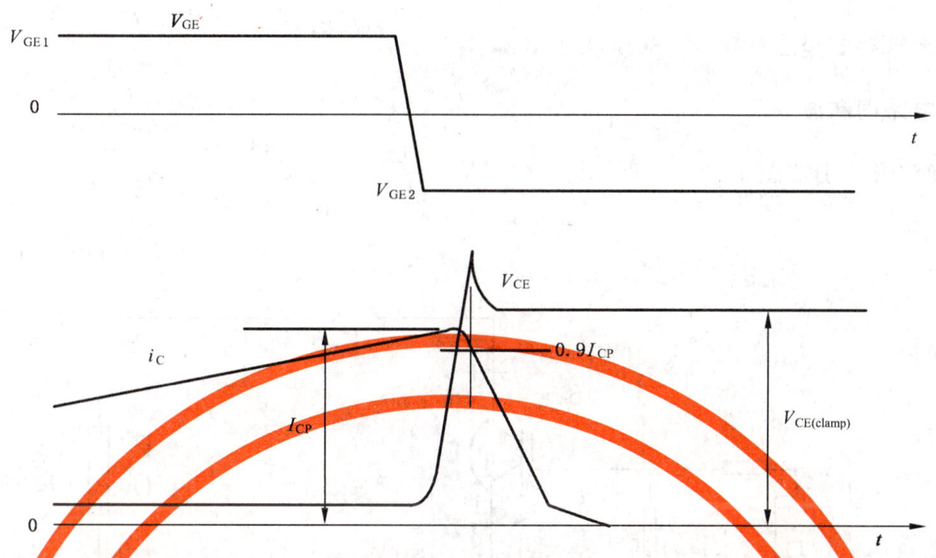

图 6 关断期间的栅极-发射极电压 V_{GE} 和集电极电流 I_C 波形

6.2.5.3 电路说明和要求

负载电感 L 应足够大，以保持规定的 I_C 和 $V_{CE(clamp)}$ 施加于受试器件 DUT（至少在整个下降时间 t_f 和尾部时间 t_Z）。V_{CC} 是提供通态集电极电流 I_C 的低压电源。$V_{CE(clamp)}$ 应能承载等于 I_C 的反向电流且保持在规定值。因而，可采用在规定的 V_{CE} 时能提供特定 I_C 且带有与电感器 L 并联的续流二极管 D 的单独电源。R_1 和 R_2 是电路保护电阻器。L_s 是表征允许的最大无钳位杂散电感的电感器。

6.2.5.4 试验程序

受试器件 DUT 在规定的 I_C 关断。监测 V_{CE} 和 I_C。DUT 必须关断 I_C 并承受 $V_{CE}=V_{CE(clamp)}$。

注：集电极-发射极峰值电压 $V_{CEM}<V_{(BR)CE*}$。

6.2.5.5 规定条件

——环境温度 T_a、管壳温度 T_c 或结温 T_j；

——集电极电流 I_C；

——栅极-发射极电压 V_{GE1} 和 V_{GE2}；

——集电极-发射极电压 $V_{CE(clamp)}$；

——单脉冲或脉冲重复率；

——电感 L；

——无钳位的杂散电感 L_s；

——栅极电阻器 R_1 和 R_2。

6.2.6 最大短路安全工作区 SCSOA

6.2.6.1 目的

检验 IGBT 在负载短路条件下可靠运行而不失效。

可能有两种负载短路情况：一种是负载短路时开通 IGBT，另一种是 IGBT 处于通态（$V_{CE}=V_{CEsat}$）

时负载短路。应对两种负载短路进行试验。

6.2.6.2 最大短路安全工作区1 SCSOA 1

6.2.6.2.1 电路图和波形

电路图和波形分别如图7和图8所示。

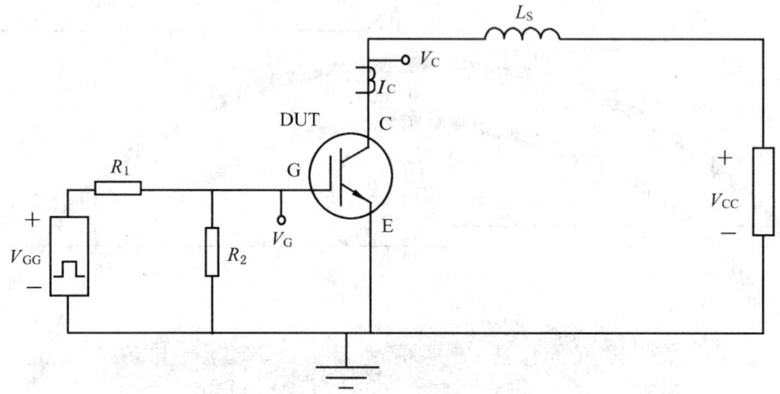

图7 负载短路(SCSOA 1)时,安全工作脉冲宽度试验电路

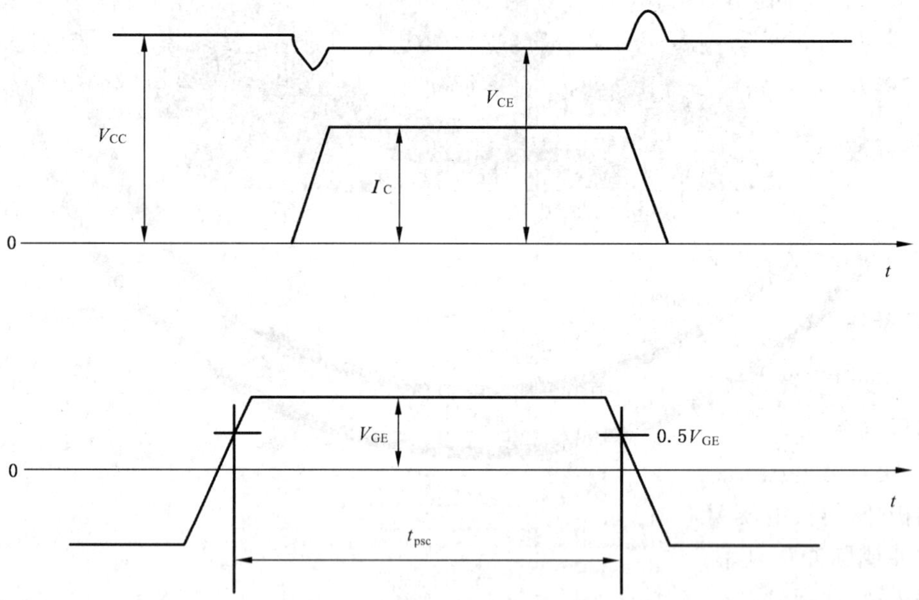

图8 负载短路(SCSOA 1)期间的栅极-发射极电压 V_{GE}、集电极电流 I_C 和集电极电压 V_{CE} 波形

6.2.6.2.2 电路说明

L_s 表征允许的最大杂散电感。它应足够低,以使在栅极脉冲宽度 t_{psc} 的第一个25%内即达到最大短路电流。

6.2.6.2.3 试验程序

设定温度为规定值。施加规定的断态栅极-发射极电压。设定集电极-发射极电压为规定值。施加规定的栅极-发射极通态脉冲。

监测 I_C、V_{CE}和 V_{GE}，以观察受试器件 DUT 是否正确地开通和关断。

6.2.6.2.4 规定条件

——环境温度 T_a、管壳温度 T_c 或结温 T_j；
——集电极-发射极电压 $V_{CE}=V_{CC}$；
——通态和断态时的栅极-发射极电压 V_{GE}；
——栅极脉冲宽度 t_{psc}；
——栅极电阻器 R_1 和 R_2；
——无钳位的杂散电感 L_s。

6.2.6.3 最大短路安全工作区 2 SCSOA 2

6.2.6.3.1 工作特点

由于集电极-发射极电压 V_{CE}的变化率 dV_{CE}/dt，栅极电压从栅极-发射极电压 V_{GE}增加。这引起集电极电流的快速增加和高峰值能量，如图 10 所示。

6.2.6.3.2 电路图和波形

电路图和波形分别如图 9 和图 10 所示。

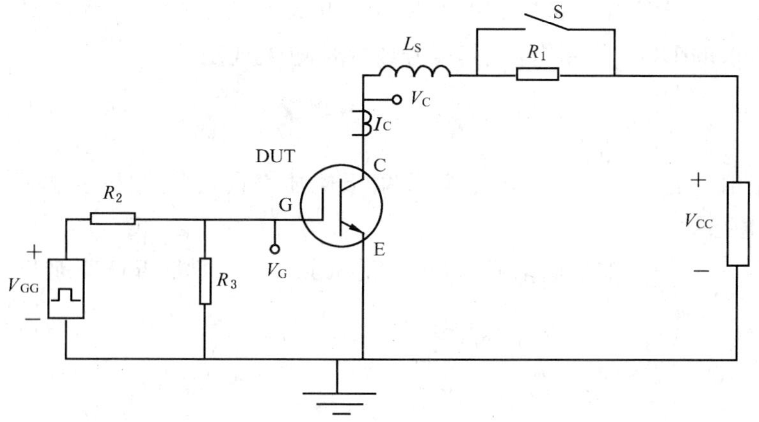

图 9 短路安全工作区 2(SCSOA 2)试验电路

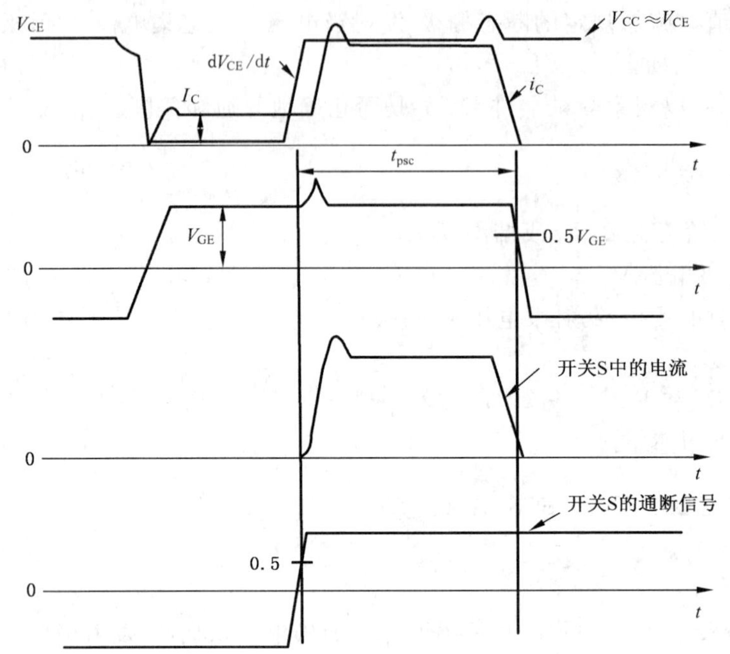

图 10 **SCSOA 2 期间的波形**

6.2.6.3.3 电路说明

L_s 是表征允许的最大无钳位杂散电感的电感器。开关 S 的阻抗应比受试器件 DUT 低得多，且载流能力应显著大于要求的 DUT 短路电流，其型号或特性应予规定。

6.2.6.3.4 试验程序

设定温度为规定值。施加规定的断态栅极-发射极电压。设定集电极-发射极电压为规定值。施加规定的栅极-发射极通态脉冲。

监测 I_C、V_{CE}、V_{GE}和开关 S 的通断信号，以观察受试器件 DUT 是否正确地开通和关断。

6.2.6.3.5 规定条件

——环境温度 T_a、管壳温度 T_c 或结温 T_j；

——短路前的集电极电流 $I_C(= V_{CC}/R_1)$；

——集电极-发射极电压 $V_{CE} \approx V_{CC}$；

——通态和断态时的栅极-发射极电压 V_{GE}；

——栅极脉冲宽度 t_{psc}；

——栅极电阻器 R_2 和 R_3；

——无钳位的杂散电感 L_s；

——如有限制，开关 S 的型号或特性。

6.3 测量方法

6.3.1 集电极-发射极维持电压 V_{CE^*sus}

6.3.1.1 目的

在规定条件下，通过测量确保 IGBT 的集电极-发射极维持电压不低于最大规定值 V_{CE^*sus}。

6.3.1.2 电路图

电路图如图 11 所示。

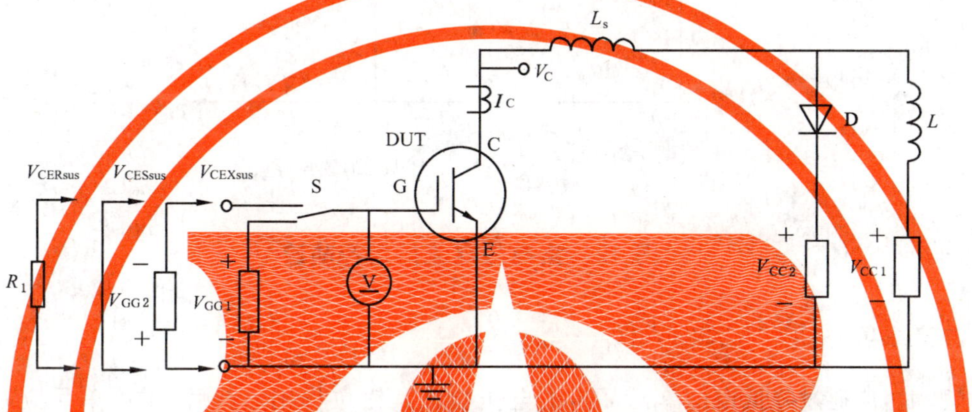

图 11 集电极-发射极维持电压 V_{CE^*sus} 测量电路

6.3.1.3 电路说明和要求

被测器件 DUT 在脉冲条件下工作在饱和状态。

由于电感器 L，关断栅极电压使 DUT 经过一个电流-电压周期的扫描。

电源 V_{CC1} 是可调的，以使集电极电流设定为规定值。

图 11 中，可调电压源 V_{CC2} 与串联二极管构成电压钳位单元用以限制电压 V_{CE}。V_{CC2} 设定为期望的 V_{CE^*sus}。

负载电感 L 的最小值可在详细规范中给出，也可由式(1)计算：

$$L_{min}=(V_{CC2}-V_{CC1})\times t_{off}/0.1I_C \qquad \cdots\cdots(1)$$

这保证 I_C 在 t_{off} 期间的减少量不超过 10%。

6.3.1.4 测量程序

调整钳位单元工作在规定的最小值 V_{CE^*sus}。当电压 V_{CC1} 设定为零时，调整 V_{GE}，使电流 I_C 在 V_{CE} 饱和的条件下能达到规定值(图 12 中的 A 点)。

逐渐增加 V_{CC1} 至电流 I_C 达到对应于期望的 V_{CE^*sus}(图 12 中的 B 点)。因此，周期开始时的电流可达到略高于规定电流 I_C 的值 I_0(图 12 中的 A′点)。

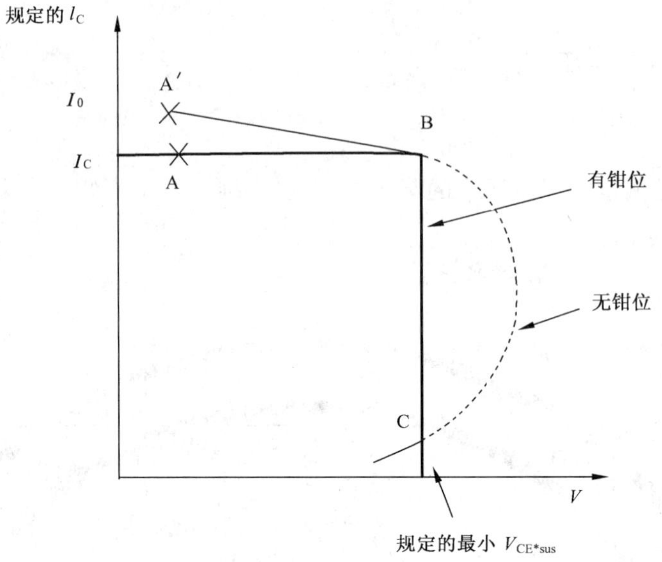

图 12　集电极电流的运行轨迹

6.3.1.5　注意事项

初步试验时，应通过降低钳位单元 V_{CC2} 的电压验证其钳位作用。然后，钳位单元应调整到对应于电流 I_C 规定值的 V_{CE} 期望值(图 12 中的 B 点)。

6.3.1.6　要求

——轨迹由 B 点向 C 点移动而不越过直线 BC 的左侧时，被测器件 DUT 符合要求；

——未使用钳位单元时，如轨迹在 B 点附近有效地改变走向(如图 12 所示)，被测器件 DUT 符合要求。

6.3.1.7　规定条件

——环境温度 T_a、管壳温度 T_c 或结温 T_j；

——集电极电流 I_C；

——最低维持电压 V_{CERsus}、V_{CESsus}、V_{CEXsus}；

——负载电感 L(适用时)；

——无钳位的杂散电感 L_s；

——栅极电压脉冲发生器 V_G 的频率(如不是 50 Hz)；

——栅极电阻器 R_1(如有)；

——栅极-发射极电压 V_{GE1} 和 V_{GE2}。

6.3.2　集电极-发射极饱和电压　V_{CEsat}

6.3.2.1　目的

在规定条件下，测量 IGBT 的集电极-发射极饱和电压。

6.3.2.2　电路图

电路图如图 13 所示。

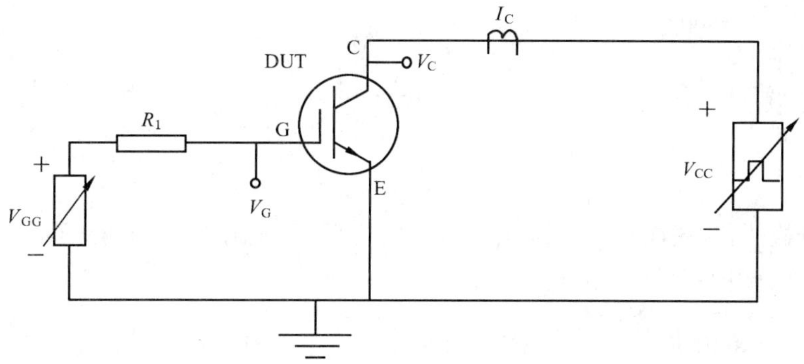

图 13 集电极-发射极饱和电压 V_{CEsat} 测量电路

6.3.2.3 电路说明

V_{GG}是电压源。V_{CC}提供不产生显著热量的窄脉冲集电极电流。

6.3.2.4 注意事项

测量期间,被测器件 DUT 中不应产生显著的热耗散。

6.3.2.5 测量程序

设定温度为规定值,该值与栅极-发射极电压和集电极电流规定值适应。测量集电极-发射极饱和电压 $V_{CE}=V_{CEsat}$。

6.3.2.6 规定条件

——环境温度 T_a、管壳温度 T_c 或结温 T_j;
——栅极-发射极电压 V_{GE};
——集电极电流 I_C。

6.3.3 栅极-发射极阈值电压 $V_{GE(th)}$

6.3.3.1 目的

在规定条件下,测量 IGBT 的栅极-发射极阈值电压。

6.3.3.2 电路图

电路图如图 14 所示。

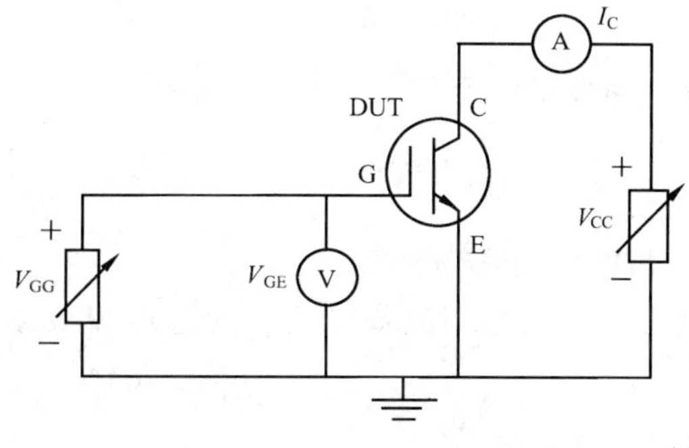

图 14 栅极-发射极阈值电压基本测量电路

6.3.3.3 电路说明

V_{CC}和V_{GG}是电压源。

6.3.3.4 测量程序

设定温度和集电极-发射极电压V_{CE}为规定值。增加栅极-发射极电压V_{GE}至集电极电流I_C达到规定值。测量该电流下的栅极-发射极电压。

6.3.3.5 规定条件

——环境温度T_a、管壳温度T_c或结温T_j；
——集电极-发射极电压V_{CE}；
——集电极电流I_C。

6.3.4 集电极截止电流 I_{CES}、I_{CER}、I_{CEX}

6.3.4.1 目的

在规定条件下，测量IGBT的集电极截止电流。

6.3.4.2 电路图

电路图如图15所示。

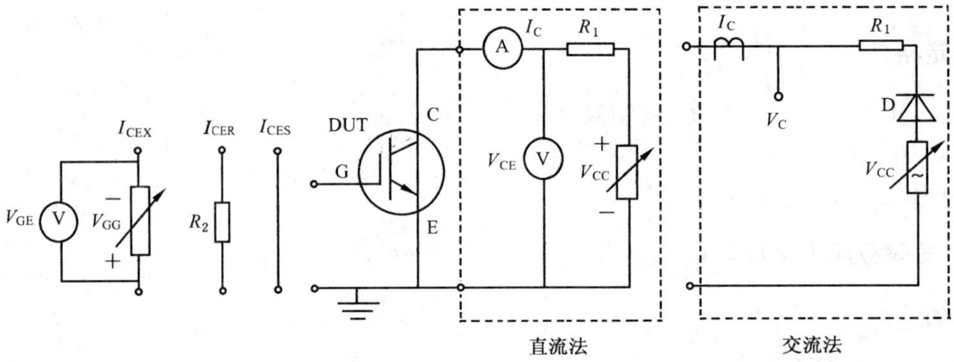

图 15 集电极截止电流测量电路

6.3.4.3 电路说明

V_{CC}和V_{GG}是电压源。R_1是电路保护电阻器。

6.3.4.4 测量程序

如图15所示，有两种方法，即直流法和交流法。

设定温度为规定值。增加电压V_{CE}至达到其规定值。通过电流表或电流探头读出截止电流I_{CES}、I_{CER}或I_{CEX}。

6.3.4.5 规定条件

——环境温度T_a、管壳温度T_c或结温T_j；

——对于交流法:50 Hz 或 60 Hz(另有规定除外)电压源 V_{CC};
——集电极-发射极电压 V_{CE};
——对于 I_{CER}:连接在栅极端与发射极端间的电阻器 R_2;
——对于 I_{CES}:栅极端与发射极端间短路;
——对于 I_{CEX}:栅极-发射极电压 V_{GE}。

6.3.5 栅极漏电流 I_{GES}

6.3.5.1 目的

在集电极-发射极短路条件下,测量 IGBT 的栅极-发射极漏电流。

6.3.5.2 电路图

电路图如图 16 所示。

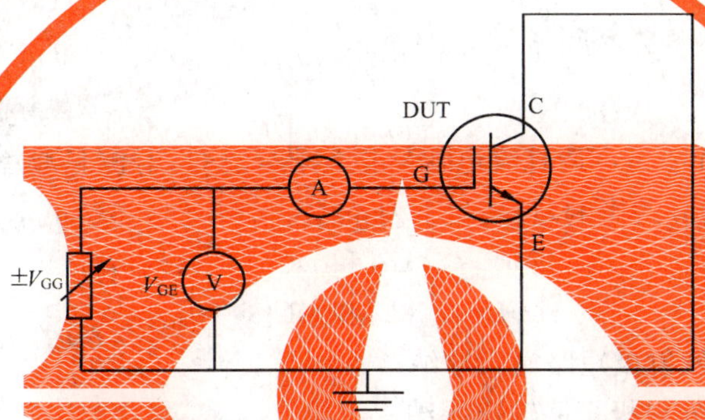

图 16 栅极漏电流测量电路

6.3.5.3 电路说明

V_{GG}是电压源。

6.3.5.4 测量程序

将集电极端与发射极端短路。设定栅极-发射极电压为规定值。测量栅极-发射极漏电流。

6.3.5.5 规定条件

——环境温度 T_a、管壳温度 T_c 或结温 T_j;
——栅极-发射极电压 V_{GE}。

6.3.6 输入电容 C_{ies}

6.3.6.1 目的

在规定条件下,测量 IGBT 的输入电容。

6.3.6.2 电路图

电路图如图 17 所示。

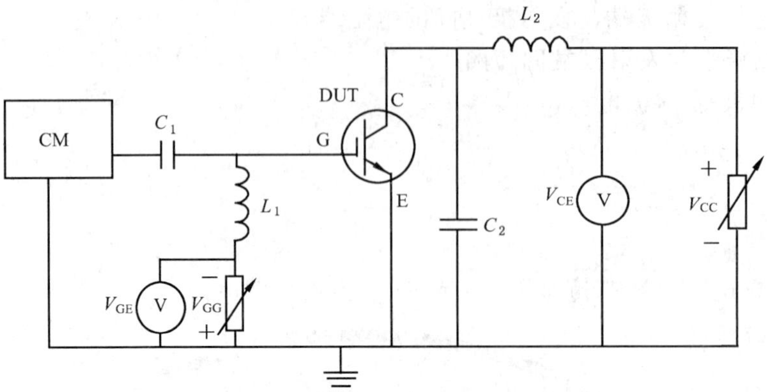

图 17　输入电容测量电路

6.3.6.3　电路说明和要求

CM 是电容表。V_{CC}和 V_{GG}是可调直流电源。电容器 C_1、C_2 对测量频率呈现短路。电感器 L_1、L_2 用于消除直流电源对测量信号的影响，且满足下列条件：

$$1/\omega L_1 \ll |y_{ie}| \text{和} \ \omega C_1 \gg |y_{ie}|$$

$$1/\omega L_2 \ll |y_{oe}| \text{和} \ \omega C_2 \gg |y_{oe}|$$

其中，y_{ie}——小信号共发射极短路输入导纳；

y_{oe}——小信号共发射极短路输出导纳。

6.3.6.4　测量程序

未接入被测器件 DUT 时，将电容表设定为规定的频率。然后，接入 DUT。分别设定温度、栅极-发射极电压 V_{GE}和集电极-发射极电压 V_{CE}为规定值。电容 C_{ies}能在电容表上读出。

6.3.6.5　规定条件

——环境温度 T_a、管壳温度 T_c 或结温 T_j；

——集电极-发射极电压 V_{CE}；

——栅极-发射极电压 V_{GE}；

——测量频率 f。

6.3.7　输出电容　C_{oes}

6.3.7.1　目的

在规定条件下，测量 IGBT 的输出电容。

6.3.7.2　电路图

电路图如图 18 所示。

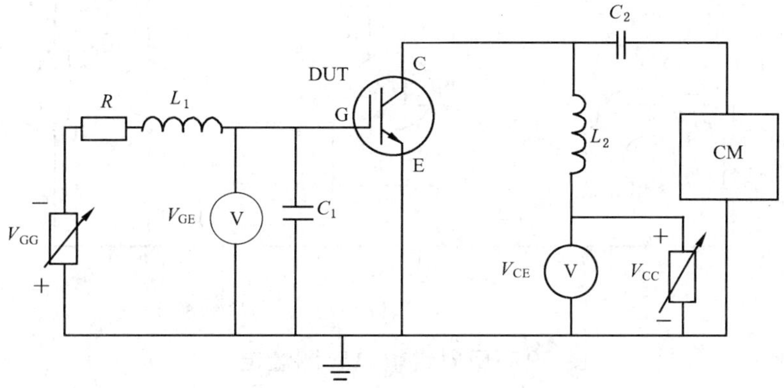

图 18 输出电容测量电路

6.3.7.3 电路说明和要求

CM 是电容表。V_{CC}和 V_{GG}是可调直流电源。电容器 C_1、C_2 对测量频率呈现短路。电感器 L_1、L_2 用于消除直流电源对测量信号的影响，且满足下列条件：

$$1/\omega L_1 \ll |y_{ie}| \text{和 } \omega C_1 \gg |y_{ie}|$$

$$1/\omega L_2 \ll |y_{oe}| \text{ 和 } \omega C_2 \gg |y_{oe}|$$

6.3.7.4 测量程序

未接入被测器件 DUT 时，将电容表设定为规定的频率。然后，接入 DUT。分别设定温度、栅极-发射极电压 V_{GE}和集电极-发射极电压 V_{CE}为规定值。电容 C_{oes}能在电容表上读出。

6.3.7.5 规定条件

——环境温度 T_a、管壳温度 T_c 或结温 T_j；

——集电极-发射极电压 V_{CE}；

——栅极-发射极电压 V_{GE}；

——测量频率 f。

6.3.8 反向传输电容 C_{res}

6.3.8.1 目的

在规定条件下，测量 IGBT 的反向传输电容。

6.3.8.2 电路图

电路图如图 19 所示。

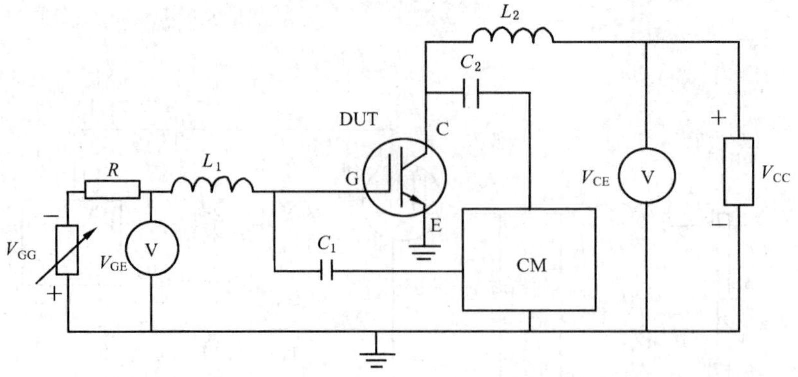

图 19 反向传输电容测量电路

6.3.8.3 电路说明和要求

CM 是电容表。V_{CC}和V_{GG}是可调直流电源。电容器 C_1、C_2 对测量频率构成充分的短路。电阻器 R 的值不应太大。电感器 L_1 和 L_2 用于消除直流电源对测量信号的影响。

6.3.8.4 测量程序

未接入被测器件 DUT 时，将电容表设定为规定的频率。然后，接入 DUT。分别设定温度、栅极-发射极电压 V_{GE}和集电极-发射极电压 V_{CE}为规定值。电容 C_{res}能在电容表上读出。

6.3.8.5 规定条件

——环境温度 T_a、管壳温度 T_c 或结温 T_j；
——集电极-发射极电压 V_{CE}；
——栅极-发射极电压 V_{GE}；
——测量频率 f。

6.3.9 栅极电荷 Q_G

6.3.9.1 目的

在规定条件下，测量 IGBT 的栅极电荷。

6.3.9.2 电路图和波形

电路图和波形分别如图 20 和图 21 所示。

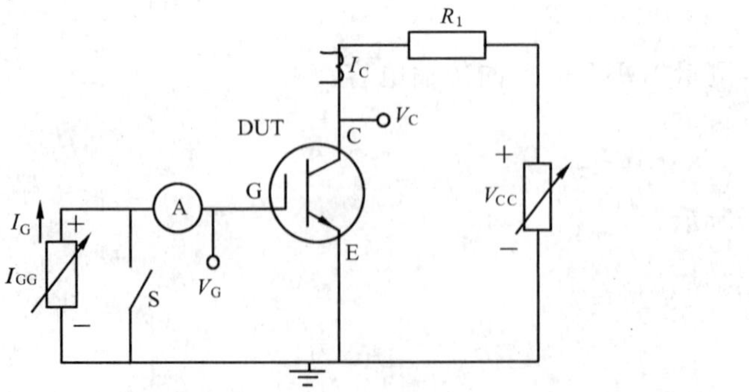

图 20 栅极电荷测量电路

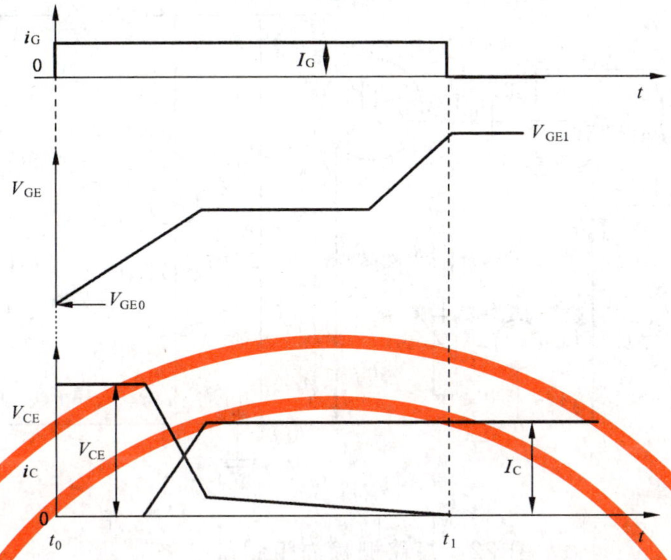

图 21 栅极电荷基本波形

6.3.9.3 电路说明

V_{CC}是电压源。R_1 是电路保护电阻器。

6.3.9.4 测量程序

在栅极施加恒定电流 I_G 至栅极-发射极电压 V_{GE} 达到其规定值。监测零点 t_0 至 t_1 时的集电极-发射极电压 V_{CE} 和栅极-发射极电压 V_{GE}。栅极总电荷由式(2)计算：

$$Q_G = \int_{t_0}^{t_1} i_G(t)\mathrm{d}t = I_G(t_1 - t_0) \qquad (2)$$

6.3.9.5 规定条件

——环境温度 T_a、管壳温度 T_c 或结温 T_j；

——集电极电流 I_C；

——集电极-发射极电压 V_{CE}；

——t_0 时的栅极-发射极电压 V_{GE0} 和 t_1 时的 V_{GE1}。

6.3.10 栅极内阻 r_g

6.3.10.1 目的

在规定条件下，测量 IGBT 的栅极内阻。

6.3.10.2 电路图

电路图如图 22 所示。

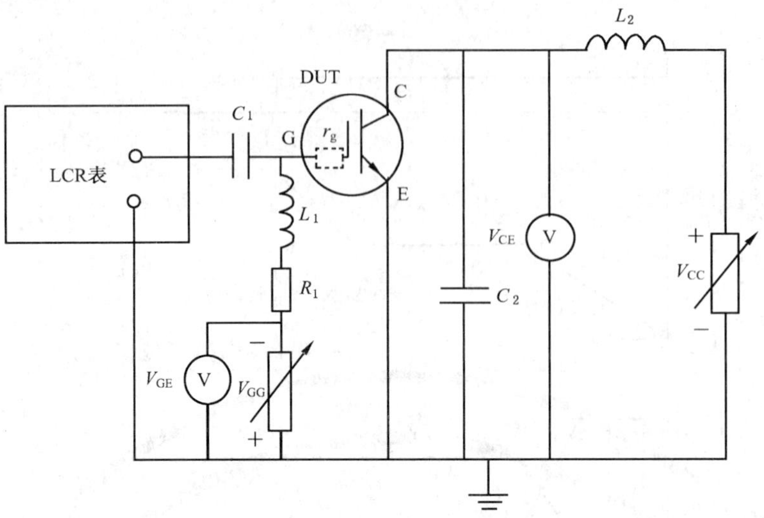

图 22 短路栅极内阻测量电路

6.3.10.3 电路说明和要求

为实现零位法，使用 LCR 表。在测量频率下，C_2 应远大于 C_{oes}，ωC_1 远大于 $|y_{ie}|$。电感器 L_1、L_2 的阻抗应足够高，以便调整电桥进行补偿。

$$1/\omega L_1 \ll |y_{ie}| \text{ 和 } \omega C_1 \gg |y_{ie}|$$

$$1/\omega L_2 \ll |y_{oe}| \text{ 和 } \omega C_2 \gg |y_{oe}|$$

6.3.10.4 测量程序

设定集电极-发射极电压 V_{CE} 和栅极-发射极电压 V_{GE} 为规定值。用 LCR 表的串联电容/电阻模式测量栅极内阻 r_g。

6.3.10.5 规定条件

——环境温度 T_a、管壳温度 T_c 或结温 T_j；

——集电极-发射极电压 V_{CE}；

——栅极-发射极电压 V_{GE}；

——测量频率 f。

6.3.11 开通期间的各时间间隔（$t_{d(on)}$、t_r、t_{on}）和开通能量 E_{on}

6.3.11.1 目的

在电感性负载和规定条件下，测量 IGBT 的开通期间的各时间间隔 $t_{d(on)}$、t_r、t_{on} 和开通能量 E_{on}。

6.3.11.2 电路图和波形

电路图和波形分别如图 23 和图 24 所示。

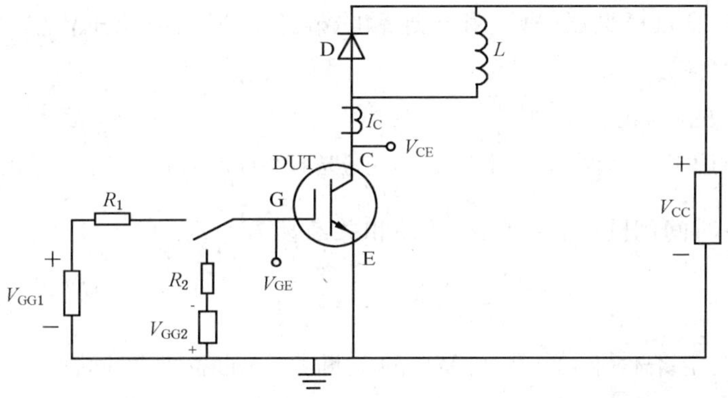

图 23　开通期间的各时间间隔和开通能量测量电路

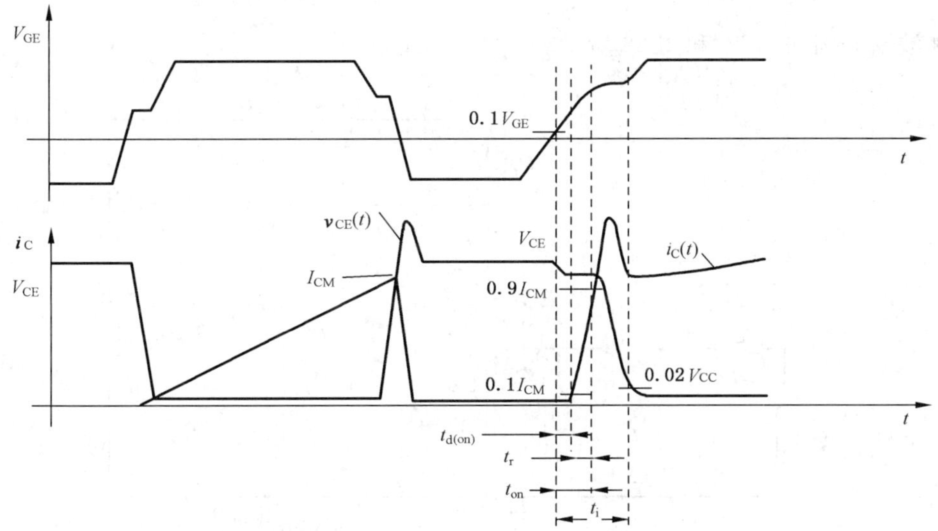

图 24　开通期间的电流、电压波形

6.3.11.3　电路说明和要求

D 是电感器 L 的续流二极管。

6.3.11.4　测量程序

设定电源 V_{GG1}、V_{GG2} 和 V_{CC} 为规定值。

开通和关断被测器件 DUT 两次，观测其第二次开通。在第一个脉冲期间，集电极电流 I_C 达到其规定值。电感 L 应足够大，以保证集电极电流 I_C 在续流期间保持恒定。同时监测集电极电流 I_C、栅极-发射极电压 V_{GE} 和集电极-发射极电压 V_{CE}。

开通能量 E_{on} 为 $V_{CE}\times I_C\times dt$ 的积分。积分时间 t_i 自栅极-发射极电压 V_{GE} 上升至其 10% 的时刻起，至规定的集电极-发射极电压 V_{CE} 低值（电源电压 V_{CC} 的 2%）的时刻止。

开通耗散功率为开关频率与由积分确定的单脉冲开通能量的乘积。

6.3.11.5　规定条件

——被测器件 DUT 和续流二极管 D 的环境温度 T_a、管壳温度 T_c 或结温 T_j；

——电源电压 V_{CC}；

——临近第一次关断前的集电极电流 I_{CM}；

——开通前的栅极-发射极电压$-V_{GE}$和开通后的栅极-发射极电压$+V_{GE}$；

——栅极电阻器$R_1(R_{G(on)})$；

——续流二极管D的特性。

注：如果续流二极管与IGBT封装在同一个外壳中，则应选择相同的续流二极管用于测量电路。

6.3.12 关断期间的各时间间隔（$t_{d(off)}$、t_f、t_{off}、t_Z）和关断能量 E_{off}

6.3.12.1 目的

在电感性负载和规定条件下，测量IGBT的关断期间的各时间间隔（$t_{d(off)}$、t_f、t_{off}、t_Z）和关断能量E_{off}。

6.3.12.2 电路图和波形

电路图和波形分别如图25和图26所示。

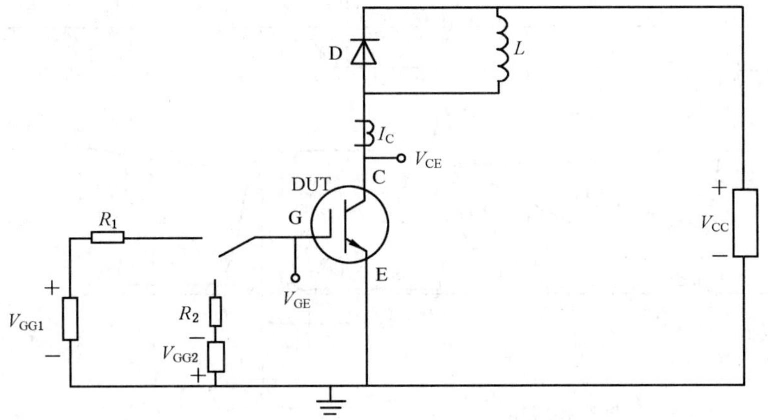

图25　关断期间的各时间间隔和关断能量测量电路

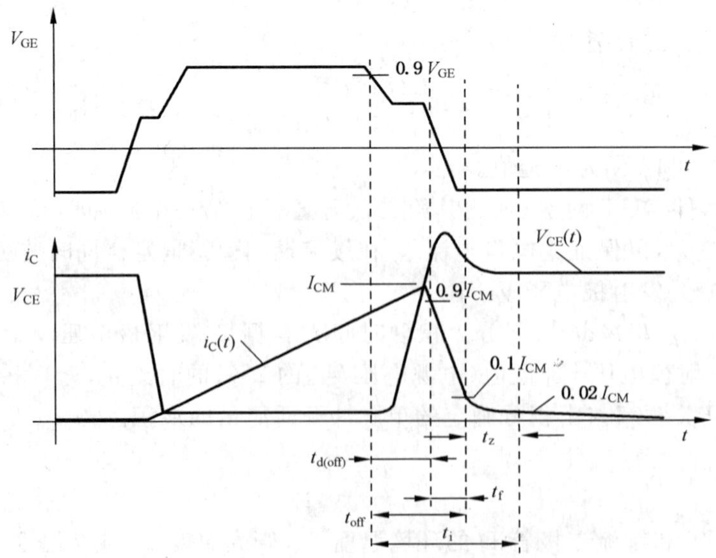

图26　关断期间的电流、电压波形

6.3.12.3 电路说明和要求

D是电感器L的续流二极管。

6.3.12.4 测量程序

设定电源V_{GG1}、V_{GG2}和V_{CC}为规定值。

被测器件DUT最短开通脉冲持续时间必须保证DUT完全饱和。同时监测集电极电流I_C、栅极-发射极电压V_{GE}和集电极-发射极电压V_{CE}。

关断能量E_{off}为$V_{CE}\times I_C\times dt$的积分。积分时间$t_i$自栅极-发射极电压$V_{GE}$下降至其90%的时刻起，至规定的集电极电流$I_C$低值(关断前$I_C$的2%)的时刻止。

关断耗散功率为开关频率与由积分确定的单脉冲关断能量的乘积。

6.3.12.5 规定条件

——被测器件DUT和续流二极管D的环境温度T_a、管壳温度T_c或结温T_j；

——电源电压V_{CC}；

——关断前的集电极电流I_{CM}；

——关断前的栅极-发射极电压$+V_{GE}$和关断后的栅极-发射极电压$-V_{GE}$；

——栅极电阻器R_2($R_{G(off)}$)。

6.3.13 结-壳热阻$R_{th(j\text{-}c)}$和结-壳瞬态热阻抗$Z_{th(j\text{-}c)}$

6.3.13.1 方法1(采用小电流的集电极-发射极电压作为热敏参数)

6.3.13.1.1 目的

测量IGBT的结-壳热阻和(或)结-壳瞬态热阻抗。

测量分两步进行：

a) 确定小测量电流下的集电极-发射极电压温度系数；

b) 测量被测器件DUT对内部耗散功率阶跃变化的响应特性。

6.3.13.1.2 电路图

电路图如图27所示。

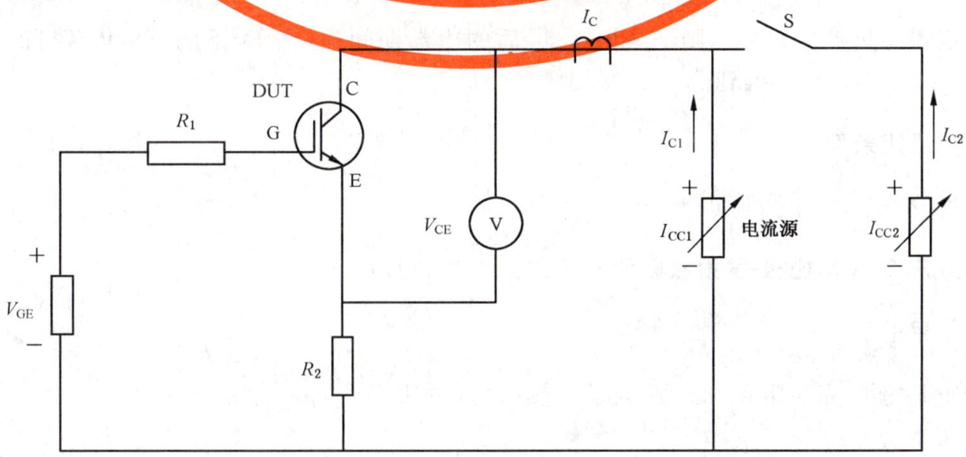

图27 小测量电流I_{C1}下V_{CE}随温度变化和大电流I_{C2}加热被测器件DUT的测量电路

6.3.13.1.3 电路说明和要求

电流源 I_{CC1} 提供集电极直流小电流 I_{C1}，I_{C1} 恰好足以使集电极-发射极电压 V_{CE} 超过其饱和值。电子功率开关 S 提供叠加在 I_{C1} 之上的高值集电极电流 I_{C2}。切断 I_{C2} 后，被测器件 DUT 返回到 I_{C1} 流通状态。

R_2 是测量电流的电阻器，可采用其他任何适当的电流探头替代。

6.3.13.1.4 测量程序

a) 确定小测量电流 I_{C1} 下的集电极-发射极电压 V_{CE} 温度系数 α_{VCE}（见图 28）

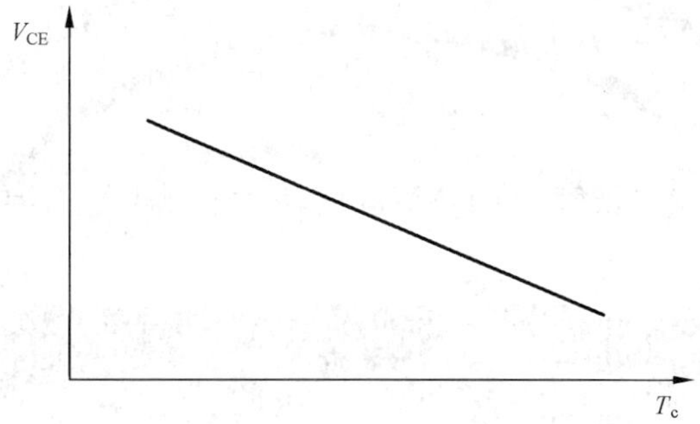

图 28 小测量电流 I_{C1} 下 V_{CE} 随管壳温度 T_c（外加热，即 $T_c = T_j$ 时）的典型变化

将被测器件 DUT 置于加热箱或惰性液体中，依次加热至温度 T_1 和 T_2。测量前必须达到热平衡。在温度 T_1，对应测量电流 I_{C1} 的集电极-发射极电压为 V_{CE1}。在较高温度 T_2，则为 V_{CE2}。温度系数 α_{VCE} 由式(3)计算：

$$\alpha_{VCE} = (V_{CE1} - V_{CE2})/(T_2 - T_1) \qquad \cdots\cdots(3)$$

b) 测量被测器件 DUT 对内部耗散功率阶跃变化的响应特性

将被测器件 DUT 固定在适当的散热器上。测量管壳温度 T_{c1}。在温度 T_{c1}，测量电流 I_{C1} 产生的集电极-发射极电压 V_{CE3}。接通功率开关 S，高值集电极电流 I_{C2} 流通。当建立起热平衡时，测量 T_c = 恒定值 = T_{c2} 和 $V_{CE} = V_{CE4}$。这时，切断 I_{C2}，且紧接着测量对应 I_{C1} 的集电极-发射极电压 V_{CE5}。则在该瞬间有式(4)和式(5)：

$$T_j = T_{c1} + (V_{CE3} - V_{CE5})/\alpha_{VCE} \qquad \cdots\cdots(4)$$

$$R_{th(j\text{-}c)} = (T_j - T_{c2})/(V_{CE4} \times I_{C2}) \qquad \cdots\cdots(5)$$

如要测定瞬态热阻抗 $Z_{th(j\text{-}c)}$，则记录切断 I_{C2} 后的冷却期间内，在 I_{C1} 下的 V_{CE} 和 T_c 随时间的变化。$Z_{th(j\text{-}c)}$ 的值由式(5)逐点计算得到。

6.3.13.1.5 规定条件

——测量管壳温度的基准点。

6.3.13.2 方法 2（采用栅极-发射极阈值电压作为热敏参数）

6.3.13.2.1 目的

测量 IGBT 的结-壳热阻和(或)结-壳瞬态热阻抗（方法 2）。

测量分两步进行：

a) 确定小测量电流下的栅极-发射极电压温度系数 C_T；

b) 测量被测器件 DUT 对内部耗散功率阶跃变化的响应特性。

6.3.13.2.2 **电路图**

电路图如图 29 所示。

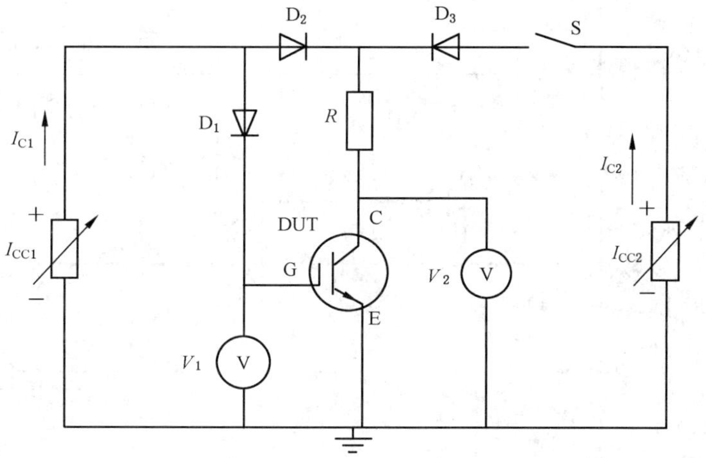

图 29 热阻和瞬态热阻抗测量电路(方法 2)

6.3.13.2.3 **电路说明和要求**

S 是电子功率开关。I_{CC1} 是可调电流源,它在开关 S 断开时提供使栅极-发射极电压达到阈值电压 $V_{GE(th)}$ 的集电极直流小电流 I_{C1}。I_{CC2} 是在开关 S 接通时提供高值集电极电流 I_{C2} 的可调电流源。电流 I_{C2} 应足够大,以使 $I_C = I_{C1} + I_{C2}$ 达到其额定值。D_1、D_2 和 D_3 是隔离二极管。V_1 和 V_2 是直流电压表。R 是测量电流的电阻器,可采用其他任何适当的电流探头替代。

6.3.13.2.4 **测量程序**

a) 确定小测量电流 I_{C1} 下的栅极-发射极电压 $V_{GE(th)}$ 温度系数 C_T(见图 30)

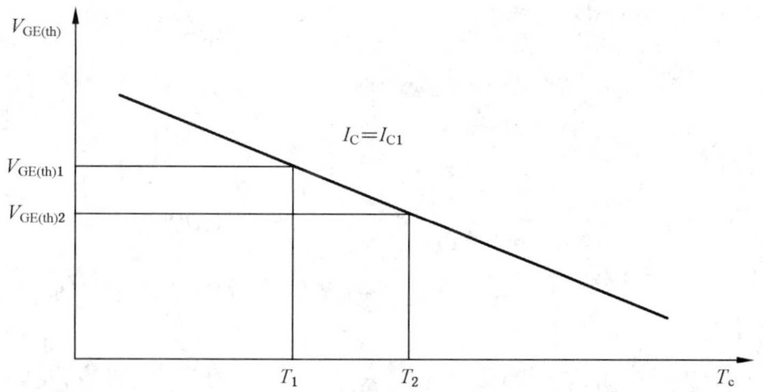

图 30 小测量电流 I_{C1} 下 $V_{GE(th)}$ 随管壳温度 T_c(外加热,即 $T_c = T_j$ 时)的典型变化

将被测器件 DUT 置于加热箱或惰性液体中,依次加热至温度 T_1 和 T_2($T_2 > T_1$)。测量前必须达到热平衡。在温度 T_1,测量电流 I_{C1} 下的栅极-发射极阈值电压 $V_{GE(th)1}$。在温度 T_2,则为 $V_{GE(th)2}$。温度系数 C_T 由式(6)计算:

$$C_T = |(V_{GE(th)1} - V_{GE(th)2})/(T_2 - T_1)| \quad (V/K) \qquad \cdots\cdots (6)$$

b) 测量被测器件 DUT 对内部耗散功率阶跃变化的响应特性(见图 31)

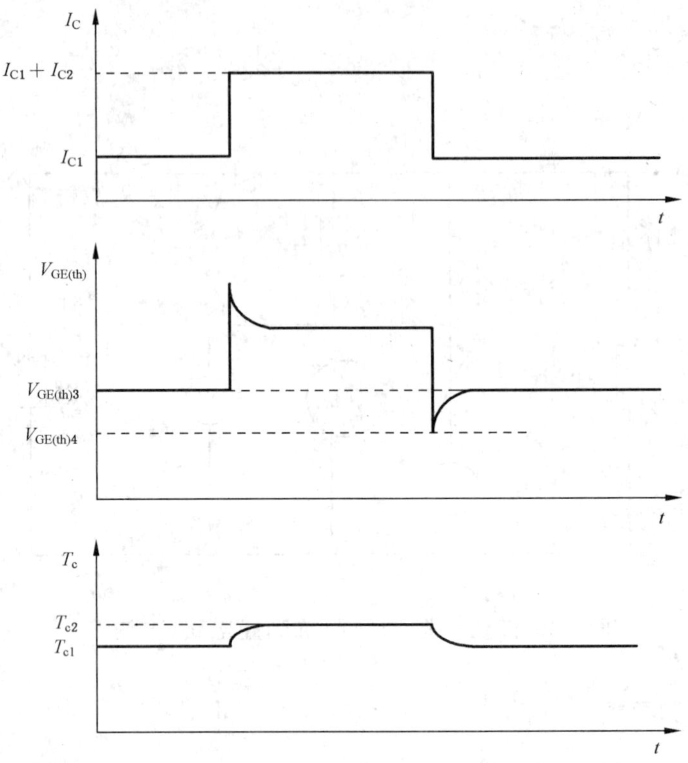

图 31 I_C、V_{GE}和 T_c 与时间的关系

将被测器件 DUT 固定在适当的散热器上。测量管壳温度 T_{c1}。在温度 T_{c1}，测量电流 I_{C1}产生的栅极-发射极阈值电压 $V_{GE(th)3}$。接通开关 S，高值集电极电流 I_{C2}流通。当建立起热平衡时，测量 T_c＝恒定值＝T_{c2}和 V_{CE}。这时，切断 I_{C2}，且紧接着测量对应 I_{C1}的栅极-发射极阈值电压 $V_{GE(th)4}$。则有式(7)和式(8)：

$$T_j = T_{c1} + (V_{GE(th)3} - V_{GE(th)4})/C_T \qquad (7)$$

$$R_{th(j-c)} = (T_j - T_{c2})/(V_{CE} \times I_{C2}) \qquad (8)$$

如要测定瞬态热阻抗 $Z_{th(j-c)}$，则记录切断 I_{C2}后的冷却期间内，在 I_{C1}下的 V_{CE}和 T_c 随时间的变化。$Z_{th(j-c)}$的值用以上公式逐点计算得到。

6.3.13.2.5 规定条件

——测量管壳温度的基准点。

7 接收和可靠性

7.1 一般要求

IEC 60747-1:2006 的 7.2 适用。

耐久性试验的试验时间应在详细规范中给出。

7.2 特殊要求

7.2.1 耐久性和可靠性试验

耐久性试验从图 32～图 34 中选择。

评估极限值的一些试验方法见附录 A～附录 D。

7.2.2 耐久性和可靠性试验条件

试验条件和试验电路如图32～图34所述。详细规范将给出适用的试验。

7.2.3 耐久性和可靠性试验的接收判定特性和接收判据

接收判定特性、接收判据和测量条件列于表2。

注：由于某些失效机理引起的特性变化可完全或部分地被其他测量的影响掩盖，宜以表1列出的顺序测量特性。这些特性通常在公开的详细规范中给出。它们可能超出初始产品试验规定值。

表2 耐久性和可靠性试验接收判定特性

特　　性	接收判据	测量条件
I_{CES}	＜USL	规定的 V_{CE}
I_{GES}	＜USL	规定的 V_{GE}
$V_{GE(th)}$	＞LSL ＜USL	规定的 V_{CE} 和 I_C
V_{CEsat}	＜USL	规定的 I_C
R_{th}	＜USL	规定的 I_C
注：USL——规范上限值；LSL——规范下限值。		

7.2.4 试验出现差错时的处理

使用不准确的或故障试验设备得到的试验结果不应用于器件的评估。

7.2.5 耐久性和可靠性试验及其试验方法

7.2.5.1 高温阻断(HTRB)

7.2.5.1.1 工作条件

电压：优先采用 $80\%V_{CESmax}$ 或 $80\%V_{CEXmax}$；

温度：规定值，优先采用最高结温 $T_{j(max)}$ 或 $T_c=T_{stg(max)}-5$ ℃。

7.2.5.1.2 试验电路

电路图如图32所示。

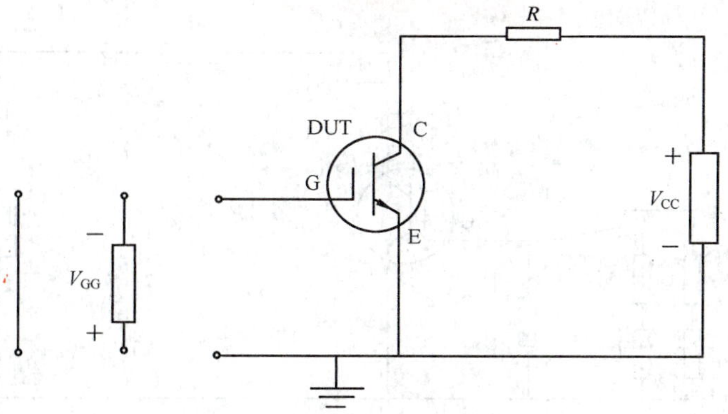

图32 高温阻断试验电路

7.2.5.2 高温栅极偏置

7.2.5.2.1 工作条件

电压：优先采用直流 V_{GESmax} 规定值的 80%；

温度：优先采用最高结温 $T_{j(max)}$ 或 $T_c = T_{stg(max)} - 5$ ℃。

7.2.5.2.2 试验电路

电路图如图 33 所示。

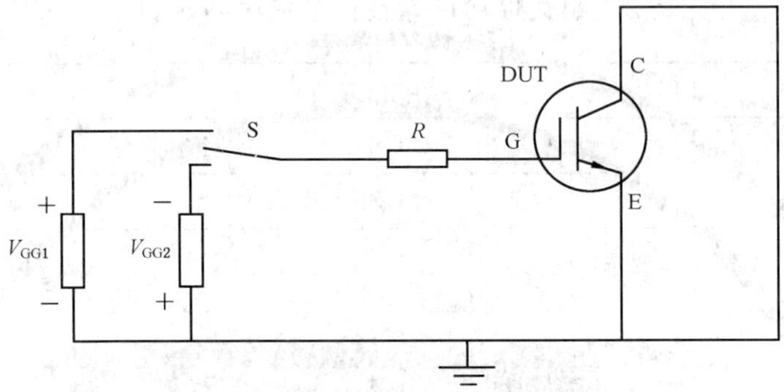

图 33 高温栅极偏置试验电路

7.2.5.3 间歇工作寿命（负载循环）

7.2.5.3.1 工作条件

电流：规定值；

温升：ΔT_j，按规定；

栅极-发射极电压 V_{GE}：规定值；

管壳温度：方法 1：T_c = 常数；

方法 2：T_c 随 T_j 变化；

通电时间 t_p 和断电时间 $(t_c - t_p)$：按规定。

注：方法 1 对受试器件产生的机械应力集中在模块型器件管芯的引线焊接发射极部分。方法 2 对受试器件产生的机械应力主要集中在器件管芯的焊接材料或压力接触部分。

7.2.5.3.2 试验电路

电路图如图 34 所示。期望循环次数与温升 ΔT_j 的关系见图 35。

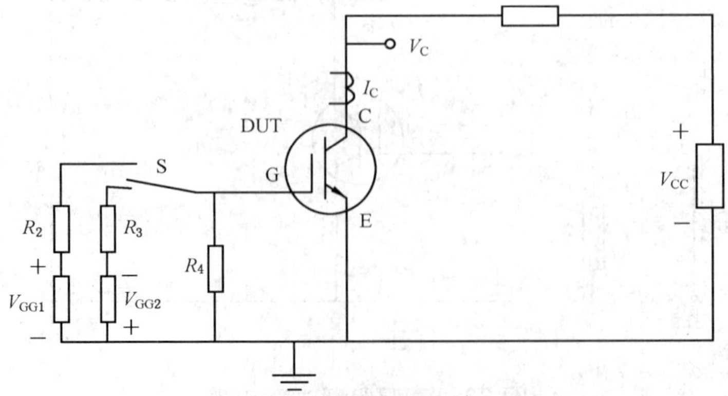

图 34 间歇工作寿命试验电路

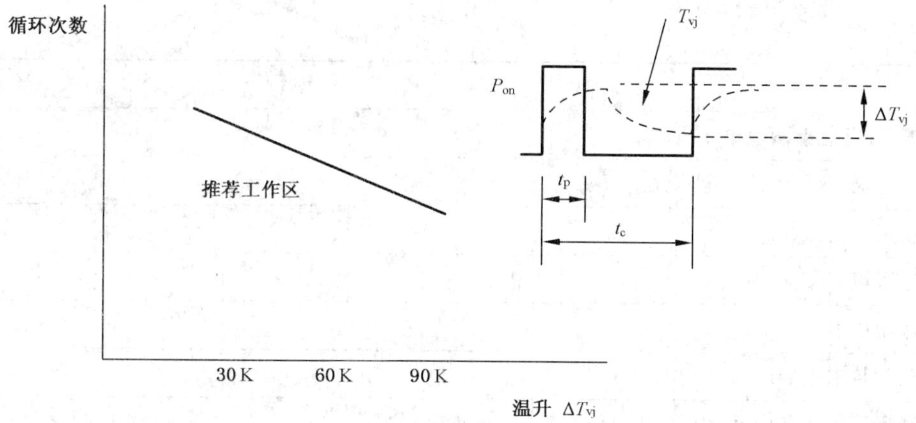

图 35 期望循环次数与温升 ΔT_j 的关系

7.3 型式试验和例行试验

7.3.1 型式试验

型式试验基于抽样对新产品进行,以确定在器件参数表中给出的电、热额定值(极限值)和特性,并作为以后的例行试验试验范围的参考。

全部或部分型式试验有时可从现行生产或交付的产品中抽样重复进行,以确认产品质量持续满足规定要求。

应进行的最少的型式试验项目列于表 3。其中,某些项目是破坏性的。

7.3.2 例行试验

通常对现行生产或交付的产品进行 100% 例行试验,以验证每一样品满足器件参数表中规定的额定值(极限值)和特性。

例行试验可分为几个器件试验组进行。

应进行的最少的例行试验项目列于表 3,除非供货商与采购商另有协议。

表 3 最少的型式试验和例行试验项目(适用时)

条号	项 目	型式试验	例行试验
额定值试验			
6.2.1	集电极-发射极电压 V_{CES}、V_{CER}、V_{CEX}	×	×
6.2.2	栅极-发射极电压 $\pm V_{GES}$	×	
6.2.3	集电极电流 I_C	×	
6.2.4	集电极峰值电流 I_{CM}	×	
6.2.5	反偏安全工作区 RBSOA	×	
6.2.6	短路安全工作区 SCSOA	×	
特性测量			
6.3.1	集电极-发射极维持电压 V_{CE*sus}	×	
6.3.2	集电极-发射极饱和电压 V_{CEsat}	×	×

表3(续)

条号	项　　目	型式试验	例行试验
6.3.3	栅极-发射极阈值电压 $V_{GE(th)}$	×	×
6.3.4	集电极-发射极截止电流 I_{CES}、I_{CER}、I_{CEX}	×	×
6.3.5	栅极漏电流 I_{GES}	×	×
6.3.6	输入电容 C_{ies}	×	
6.3.7	输出电容 C_{oes}	×	
6.3.8	反向传输电容 C_{res}	×	
6.3.11	开通期间的各时间间隔($t_{d(on)}$、t_r、t_{on})和开通能量 E_{on}	×	
6.3.12	关断期间的各时间间隔($t_{d(off)}$、t_f、t_{off}、t_Z)和关断能量 E_{off}	×	
6.3.13	结-壳热阻 $R_{th(j-c)}$ 和结-壳瞬态热阻抗 $Z_{th(j-c)}$	×	
耐久性和可靠性试验			
7.2.5.1	高温阻断 HTRB	×	
7.2.5.2	高温栅极偏置	×	
7.2.5.3	间歇工作寿命(负载循环)	×	

附　录　A
（规范性附录）
集电极-发射极击穿电压试验方法

A.0　引言

以下试验或测量可能超过规定的额定值，受试 IGBT 可能出现特性变化或损坏。然而，为评估极限值，本附录给出这些试验或测量。以数据形式给出特性的信息时，测量应在规定的限制条件下进行。

A.1　目的

检验用于评估耐久性试验期间 IGBT 特性变化或降额的集电极-发射极击穿电压。

A.2　电路图

电路图如图 A.1 所示。

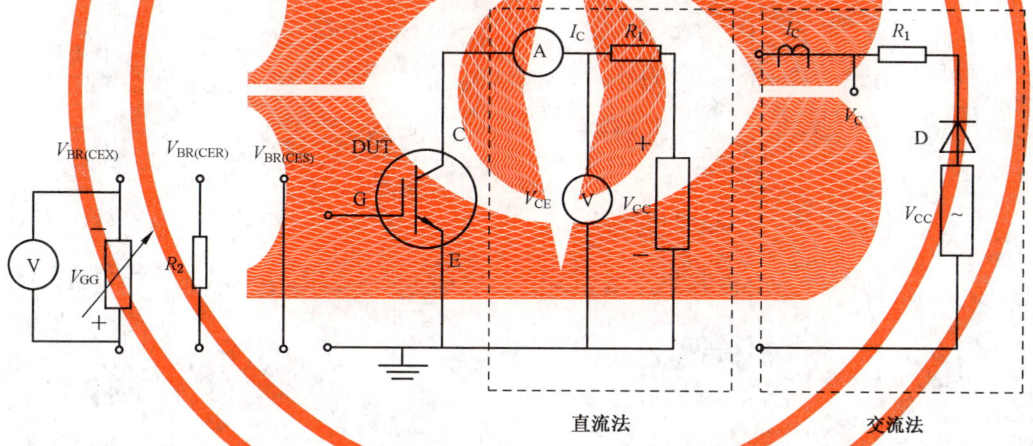

图 A.1　集电极-发射极击穿电压试验电路

A.3　试验程序

按图 A.1，有两种方法，即直流法和交流法。

设定温度为规定值。在规定的 T_a、T_c 或 T_j 和栅极-发射极条件下，增加电压 V_{CE} 至集电极电流急剧上升。试验后，确认表 1 给出的受试器件 DUT 接收判据。

A.4　规定条件

——环境温度 T_a、管壳温度 T_c 或结温 T_j；

——栅极-发射极偏置；

- 对于 $V_{(BR)CEX}$：栅极-发射极电压 V_{GE}；
- 对于 $V_{(BR)CER}$：栅极端和发射极端间连接的电阻器 R_2；
- 对于 $V_{(BR)CES}$：栅极端和发射极端间短路。

附　录　B
（规范性附录）
在规定条件下，电感性负载关断电流试验方法

B.0　引言

以下试验或测量可能超过规定的额定值，受试 IGBT 可能出现特性变化或损坏。然而，为评估极限值，本附录给出这些试验或测量。以数据形式给出特性的信息时，测量应在规定的限制条件下进行。

B.1　目的

在规定条件下，检验 IGBT 电感性负载关断电流。

B.2　电路图和波形

电路图和波形分别如图 B.1 和图 B.2 所示。

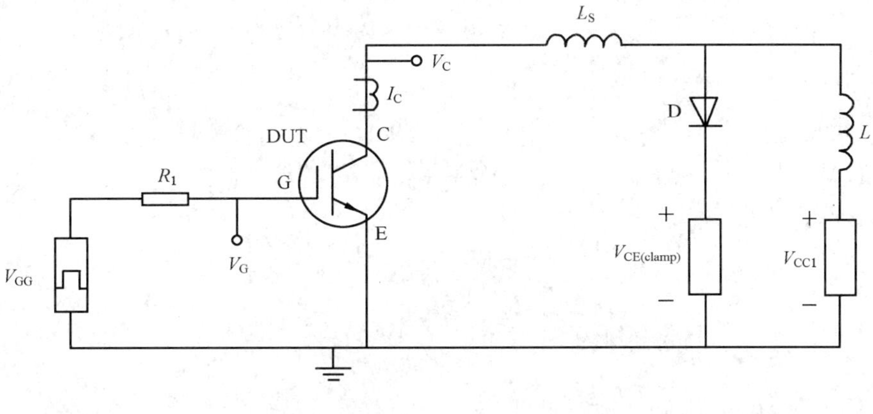

图 B.1　电感性负载关断电流试验电路

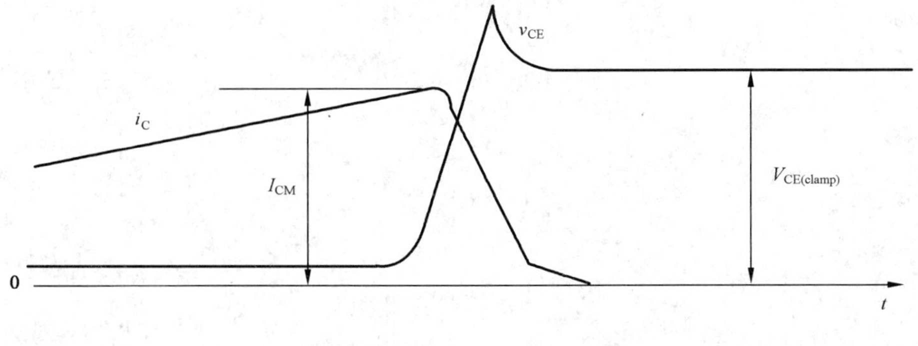

图 B.2　关断期间，集电极电流 I_C 和集电极电压 V_{CE} 波形

B.3 电路说明和要求

负载电感 L 应足够大，以使在下降时间 t_f 以及尾部时间 t_z 开始前对受试器件 DUT 施加 $V_{CE(clamp)}$。

B.4 试验程序

增加 I_C 至在规定的 V_{CE} 下出现关断失败。监测 V_{CE} 和 I_C。

B.5 规定条件

——环境温度 T_a、管壳温度 T_c 或结温 T_j；
——栅极-发射极反向电压 $-V_{GE}$；
——集电极-发射极电压 $V_{CE(clamp)}$；
——单脉冲或脉冲重复率；
——电感 L；
——栅极电阻器 R_1；
——无钳位的杂散电感 L_s。

注：对于大尺寸器件，应考虑其封装的杂散电感量。

附　录　C
（规范性附录）
正偏安全工作区 FBSOA

C.0　引言

以下试验或测量可能超过规定的额定值，受试 IGBT 可能出现特性变化或损坏。然而，为评估极限值，本附录给出这些试验或测量。以数据形式给出特性的信息时，测量应在规定的限制条件下进行。

C.1　目的

检验线性应用时，IGBT 在 FBSOA 中可靠工作而不失效。仅当器件能用于线性模式时才规定 FB-SOA。开关应用时，对 IGBT 的 FBSOA 不要求。

C.2　方法 1

方法 1 是通过测量热阻确定 FBSOA（从窄脉冲至直流工作方式），与双极晶体管的方法相同。

C.2.1　电路图

电路图如图 C.1 所示。

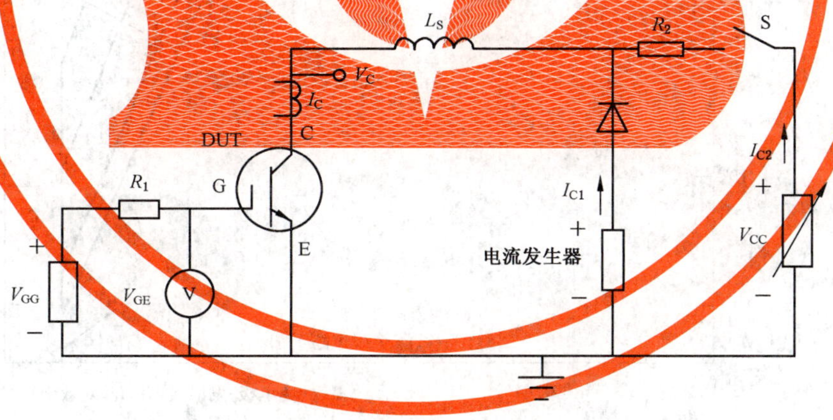

图 C.1　FBSOA 试验电路（方法 1）

C.2.2　试验程序

对于给定的 I_{C2} 和 t_p，增加集电极-发射极电压 V_{CE} 时，其变化量 ΔV_{CE} 也增加。在某一 V_{CE} 值时，ΔV_{CE} 快速增加，这就是二次击穿开始的迹象。进一步增加 ΔV_{CE} 可使受试器件 DUT 发生二次击穿并可使其损坏。这些现象示于图 C.2。FBSOA 按低于 ΔV_{CE} 上升点条件的值规定。

试验后，确认表 1 给出的 DUT 接收判据。

对于给定的 V_{CE}，改变高值电流 I_{C2} 的大小也会得到相同结果。

图 C.3 表示在规定的 I_C 和 V_{CE} 最大值范围内，不同 t_p 的典型 FBSOA。

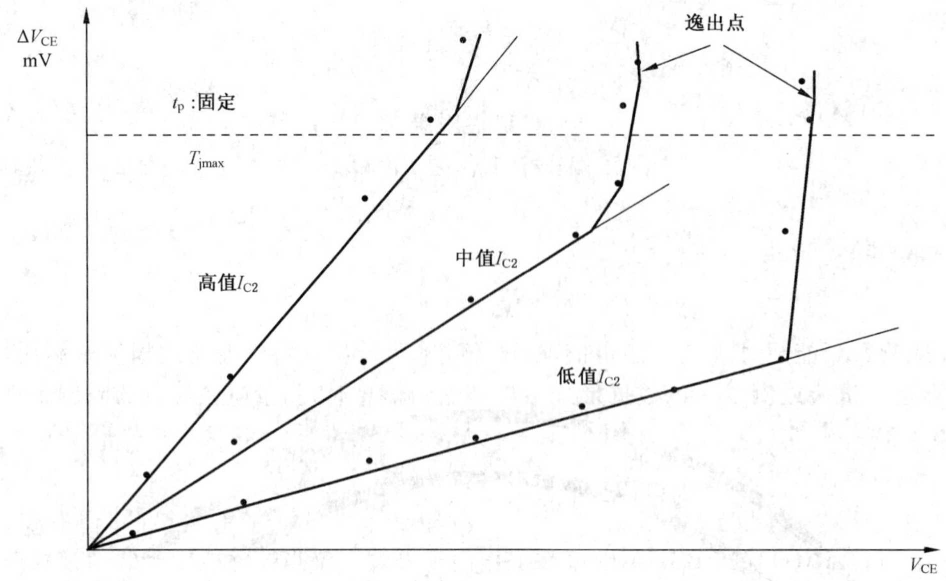

图 C.2 ΔV_{CE}与集电极-发射极电压 V_{CE}的典型特性

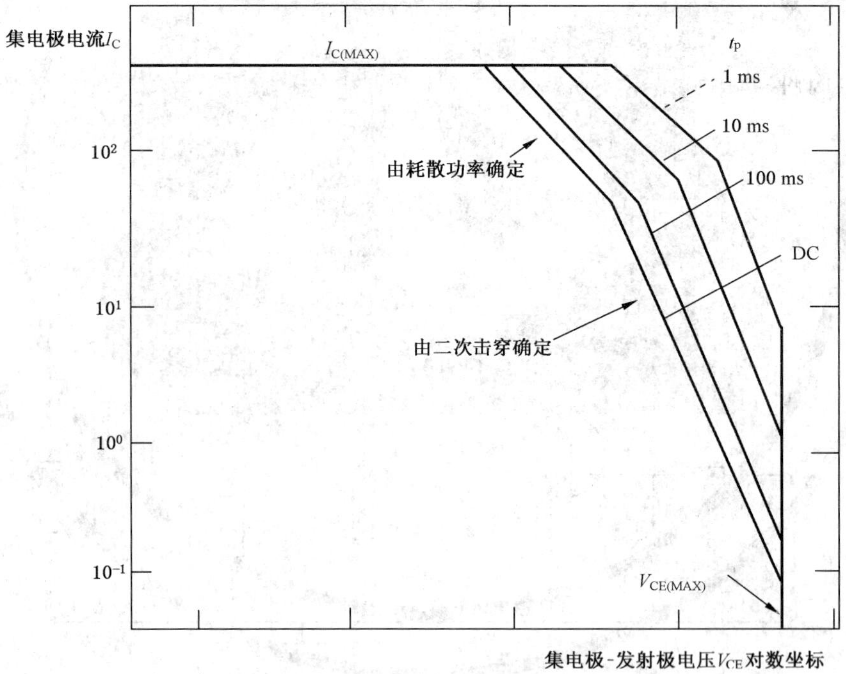

图 C.3 典型 FBSOA

C.2.3 规定条件

——环境温度 T_a、管壳温度 T_c 或结温 T_j；
——集电极电流 I_C；
——集电极-发射极电压 V_{CE}；
——脉冲宽度 t_p；
——单脉冲或重复率；
——无钳位的杂散电感 L_s。

C.3 方法 2

方法 2 是检验刚好低于闭锁模式工作的工作点。

C.3.1 电路图

图 C.4 给出了方法 2 的试验电路。

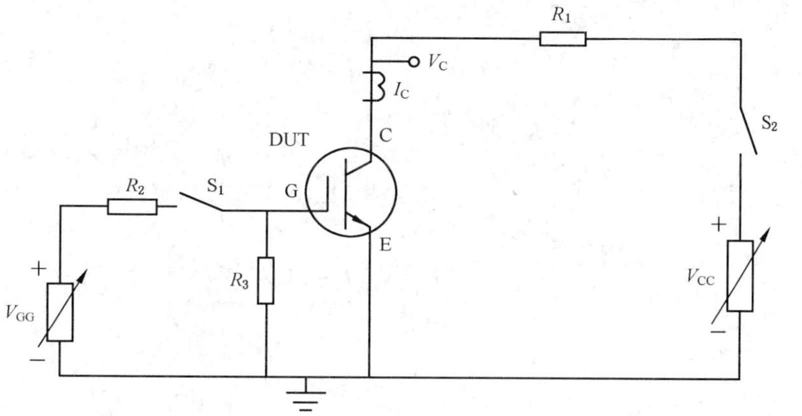

图 C.4 FBSOA 试验电路(方法 2)

C.3.2 试验程序和注意事项

增加 V_{GG} 的值至达到规定的集电极电流。V_{CC} 的值应保持在不出现闭锁模式的区域内(见图 C.5)。闭锁模式示于图 C.6。通过增加 V_{CC} 的值,工作点从 P_1 移向 P_m。经过 P_m 后,出现闭锁的起始点 P_s。在规定的 I_C、V_{CE} 和脉冲宽度 t_p 条件下试验 FBSOA。

受试器件 DUT 在闭锁模式中工作可能损坏。

试验后,确认表 1 给出的接收判据。

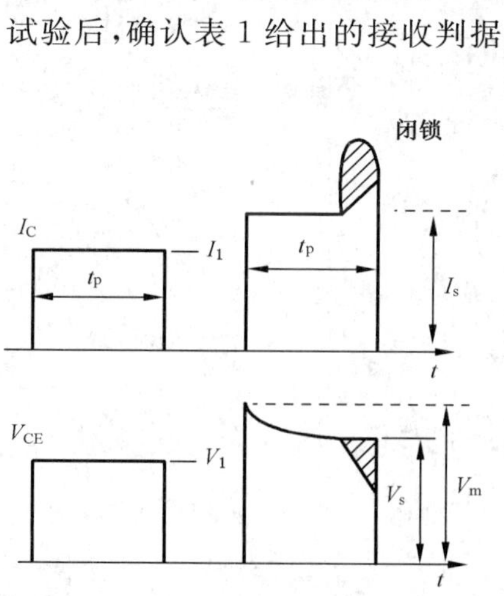

图 C.5 闭锁模式运行波形

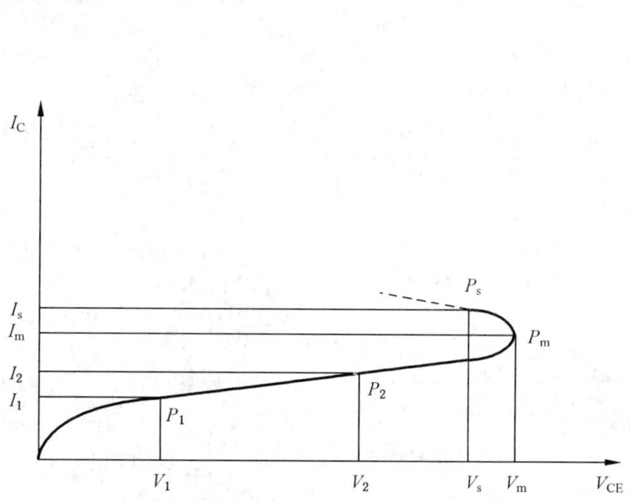

图 C.6 闭锁模式伏安特性

C.3.3 规定条件

——环境温度 T_a、管壳温度 T_c 或结温 T_j；
——集电极电流 I_C；
——集电极-发射极电压 V_{CE}；
——脉冲宽度 t_p；
——单脉冲或脉冲重复率。

附 录 D
（规范性附录）
管壳不破裂

以下试验或测量可能超过规定的额定值，受试 IGBT 可能出现特性变化或损坏。然而，为评估极限值，本附录给出这些试验或测量。以数据形式给出特性的信息时，测量应在规定的限制条件下进行。

IEC 60747-2 和 IEC 60747-6 定义了整流二极管和晶闸管的管壳不破裂电流 I_{RSMC}。

大电流施加于保持阻断能力的器件或焊接引线器件而导致失效的机理在考虑中。

参 考 文 献

[1] GB/T 2900.66—2004 电工术语 半导体器件和集成电路(IEC 60050-521:2002,IDT)

[2] IEC 60747-7:2000 半导体分立器件和集成电路 第7部分:双极晶体管

ICS 71.080.99
G 15

中华人民共和国国家标准

GB/T 29333—2012

模内装饰(IMD)用硬化薄膜耐湿热老化性能测定方法

Hardening films of IMD—Test method of damp heat aging

2012-12-31 发布　　2013-08-01 实施

中华人民共和国国家质量监督检验检疫总局
中国国家标准化管理委员会　发布

前　言

本标准按照 GB/T 1.1—2009 给出的规则起草。

本标准由中国石油和化学工业联合会提出。

本标准由全国光学功能薄膜材料标准化技术委员会(SAC/TC 431)归口。

本标准起草单位:合肥乐凯科技产业有限公司、中国乐凯胶片集团公司。

本标准主要起草人:王志坚、刘玉磊、于佩强、许丽丽、李宇航、王旭亮、郑文耀。

模内装饰(IMD)用硬化薄膜耐湿热老化性能测定方法

1 范围

本标准规定了模内装饰(In-Mold Decoration,简称 IMD)用硬化薄膜及塑件的耐湿热老化性能的测定方法。

本标准适用于各种不同硬度与厚度要求的 IMD 用聚酯硬化薄膜。IMD 用聚酯硬化薄膜指在聚对苯二甲酸乙二醇酯(Polyethylene Terephthalate,简称 PET)薄膜上进行涂层加工得到的硬化薄膜。

2 规范性引用文件

下列文件对于本文件的应用是必不可少的。凡是注日期的引用文件,仅注日期的版本适用于本文件。凡是不注日期的引用文件,其最新版本(包括所有的修改单)适用于本文件。

GB/T 2918 塑料试样状态调节和试验的标准环境(GB/T 2918—1998,idt ISO 291:1997)

3 术语和定义

GB/T 2918 界定的以及下列术语和定义适用于本文件。为了便于使用,以下重复列出了 GB/T 2918 中的某些术语和定义。

3.1

标准环境 standard atmosphere

标准环境是指优先选用的、规定了空气温度和湿度且限制了大气压强和空气循环速度范围的恒定环境,该空气中不含明显的外加成分,且环境未受到任何明显的外加辐射影响。

[GB/T 2918—1998,定义 2.1]

3.2

试验环境 test atmosphere

在整个试验期间样品或试样所处的恒定环境。

[GB/T 2918—1998,定义 2.3]

3.3

状态调节 conditioning

为使样品或试样达到温度和湿度的平衡状态所进行的一种或多种操作。

[GB/T 2918—1998,定义 2.4]

3.4

硬涂层 hard coating

在 IMD 用薄膜的其中一预涂层面,通过湿法涂布加工(热固化或紫外光固化)形成的硬质涂层,对薄膜表面起到抗划伤的保护作用,主要有两类硬涂层,其一是雾度为 20%～70%不等的雾面硬涂层,其二是雾度 1.5%以下的透明硬涂层。

3.5

预涂层面　primer side

在 PET 薄膜的两侧，通过在线或离线方式涂布厚度为 0.1 μm～0.2 μm 的聚酯、聚氨酯或丙烯酸树脂等预涂层，用于提高硬涂层或印刷油墨与薄膜之间的粘结牢度，满足上述条件的薄膜预处理粘结层。

3.6

模内装饰(IMD)塑件　IMD plastic parts

选用经过印刷好的 IMD 用硬化薄膜，经过下料及成型方式放入注塑模腔内，同注塑料一起完成的注塑装饰件。IMD 塑件产品结构切面示意图见图 1。

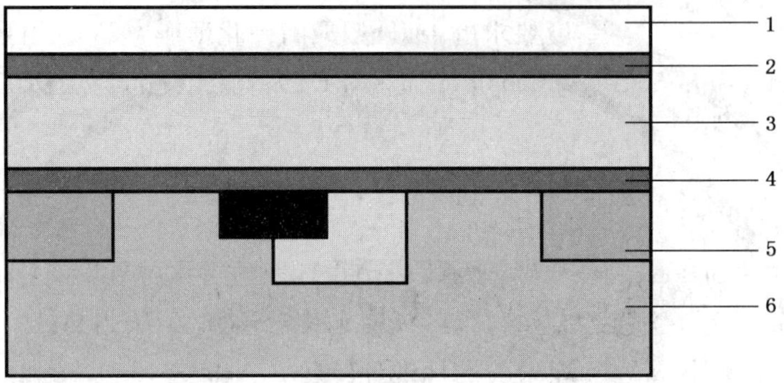

说明：

1——硬涂层　hard coating；

2——预涂层面　primer side；

3——PET 薄膜　PET film；

4——预涂层面　primer side；

5——油墨层　ink layer；

6——塑胶层　plastic resin。

图 1　IMD 塑件产品结构切面示意图

4　设备

4.1　恒温恒湿老化箱

满足最高湿度≥95%、最高温度≥65 ℃，并且连续运转 96 h 以上。

温度精度：±0.5 ℃。

湿度精度：±2.5%。

4.2　网版印刷机

满足所需油墨厚度印刷要求的网版印刷机。

4.3　空气循环干燥箱

满足 80 ℃以上的空气循环干燥箱，温度精度：±1.0 ℃。

4.4　UV 固化机

可提供 UV-A 波段能量密度为 200 mJ/cm^2～300 mJ/cm^2 的 UV 固化机。

4.5 冲压成型机

满足 IMD 塑件用热压型或抽真空型的冲压成型机。

4.6 注塑机

满足加工 IMD 塑件产品的成型注塑机。

5 试样

5.1 在所选的每个周期、温度和湿度下每种被测 IMD 用硬化薄膜至少做四个平行试样,除非另有规定或用户另有商定。
5.2 试样的制作方法应与其在预期应用中的相同。
5.3 所有试验样均应同一批次。
5.4 在试样制备和测量前,试样按 GB/T 2918 第 5 章规定、试验环境为 2 级标准环境(23/50)状态调节至少 24 h。
5.5 试样尺寸:目标塑件所需大小尺寸。

6 试验环境

按 GB/T 2918 第 5 章规定,试验环境为 2 级标准环境(23/50):温度(23±2)℃和相对湿度(50±10)%。

7 试验步骤

7.1 油墨印刷和干燥

7.1.1 将 4 份目标塑件大小尺寸、同一批次的试样,在其非硬化侧的预涂层面用网版印刷机(4.2)进行整面印刷所需测试型号的热固化或 UV 油墨,印刷油墨厚度按产品要求进行。
7.1.2 将印刷好的印刷样放入空气循环干燥箱(4.3)或 UV 固化机(4.4)中进行热固化或 UV 固化,根据所选用油墨厂商建议的温度、时间条件进行热固化或 UV 固化。

7.2 黏合剂印刷和干燥

7.2.1 按照 7.1.1 和 7.1.2 所得到的印刷样的油墨层表面上再通过网版印刷黏合剂,黏合剂厚度按产品要求进行。
7.2.2 将印刷黏合剂后的印刷样放入空气循环干燥箱(4.3)中,并根据所选用的黏合剂厂商提供的温度、时间条件进行干燥固化。

7.3 成型和注塑

7.3.1 按照 7.2.1 和 7.2.2 所得到印刷固化样裁切成目标塑件大小的尺寸后,按硬化膜的硬涂层一侧朝向阴模、预涂层面朝向阳模的方式放入目标塑件大小尺寸的冲压成型机(4.4)的模具中,并通过热压或抽真空方式冲压成目标形状。
7.3.2 按照 7.3.1 所得到的成型样放入目标塑件大小的尺寸对应的注塑机(4.5)模具中,合模完成注塑,将注塑成型样和熔融成型树脂成型制成 IMD 塑件。
7.3.3 将 7.3.1 所制备的 IMD 塑件按 GB/T 2918 规定的标准环境(23/50)状态调节至少 24 h,得到 IMD 塑件 A。

7.3.4 将7.3.3中平衡好的IMD塑件A其中3份样，通过夹子悬空放置在恒温恒湿老化箱(4.1)中，按照恒温 t=65 ℃、恒湿 RH=95%条件，进行96 h的老化试验。另一份IMD塑件A待用。

7.3.5 将7.3.4经老化试验完成的3份IMD塑件按GB/T 2918规定的标准环境(23/50)状态调节至少24 h，制得IMD塑件B。

7.3.6 将7.3.5完成的IMD塑件B与预先留下的一份IMD塑件A作比较，进行评定IMD硬化薄膜的耐湿热老化性能。

8 结果表述

按照预先留下的一份IMD塑件A作比较，自然光下目视，检查老化后的3份IMD塑件B不同部位有无起层、皱起、鼓泡、开裂、变色等影响使用的表观弊病，进行结果判断。

9 试验报告

试验报告应包括下列内容：

a) 本标准号；
b) 完整识别试验样品必要详情；
c) 试验温度；
d) 试验湿度；
e) 老化时间；
f) 结果描述；
g) 试验时间。

ICS 83.140.50;43.040.40
G 43

中华人民共和国国家标准

GB 29334—2012

用于非石油基液压制动液的汽车液压制动缸用的弹性体皮碗和密封圈

Elastomeric cups and seals for cylinders for hydraulic braking systems using a non-petroleum base hydraulic brake fluid

[ISO 4928:2006,Road vehicles—Elastomeric cups and seals for cylinders for hydraulic braking systems using a non-petroleum base hydraulic brake fluid(service temperature 120 ℃max),MOD
ISO 6118:2006,Road vehicles—Elastomeric cups and seals for cylinders for hydraulic braking systems using a non-petroleum base hydraulic brake fluid(service temperature 70 ℃max),MOD]

2012-12-31 发布 2013-10-01 实施

中华人民共和国国家质量监督检验检疫总局
中国国家标准化管理委员会 发布

前　言

本标准的第5章为强制性的，其余为推荐性的。

本标准按照GB/T 1.1—2009给出的规则起草。

本标准使用重新起草法修改采用ISO 4928:2006《道路车辆　用于非石油基液压制动液的液压制动系统缸体的弹性体皮碗和密封件(最高工作温度120 ℃)》和ISO 6118:2006《道路车辆　用于非石油基液压制动液的液压制动系统缸体的弹性体皮碗和密封件(最高工作温度70 ℃)》。

本标准与ISO 4928:2006和ISO 6118:2006的主要技术差异及原因如下：

——关于规范性引用文件，本标准做了具有技术性差异的调整，以适应我国的技术条件，调整的情况集中反映在第2章"规范性引用文件"中，具体调整如下：

- 用等效采用国际标准的GB/T 3512代替了ISO 188:1998(见6.1.1.4、6.2.1.3、6.3.1.1、6.4.1.1、6.6.1、6.8.1.1)；
- 用等同采用国际标准的GB/T 6031代替了ISO 48(见6.7.1、6.7.2)；
- 用修改采用国际标准的GB 12981代替了ISO 4925(见6.1.3.5、6.2.3.1、6.3.3.5、6.4.3.4、6.5.1.3.1、6.8.3.3、6.9.3.2)；
- 删除了ISO 4926；
- 增加引用了GB/T 528(见表1)、GB/T 531.1(见表1和6.7.2)、GB/T 1690(见表1)、GB/T 2828.1(见7.1.2.2)、GB/T 3672.1(见4.3)、GB/T 5721(见8.3)、GB/T 7758(见表1)、GB/T 7759(见表1)、QC/T 311—2008(见6.10)；

——为了区分最高使用温度不同的密封件，增加分类，并增加了最高工作温度为150 ℃的密封件材料(见4.1)；

——为了便于密封件生产过程中的质量控制，增加胶料的物理性能要求(见4.2)；

——为了适应我国的标准体系，试验用的制动液由符合ISO 4926的要求改为符合GB 12981的要求(见6.1.3.5、6.2.3.1、6.3.3.5、6.4.3.4、6.5.1.3.1、6.8.3.3、6.9.3.2)；

——为了更为全面的表征密封件性能，增加工作耐久性要求(见5.9)和工作耐久性试验程序(见6.10)；

——为了区分最高使用温度不同的密封件，6.1.3.5"容器放入120 ℃±2 ℃老化箱中70 h±2 h"(见ISO 4928:2006)和"容器放入70 ℃±2 ℃老化箱120 h±2 h"(见ISO 6118:2006)，改为"装有A类材料的容器放入70 ℃±2 ℃老化箱(6.1.1.4)中120 h±2 h;装有B类材料的容器放入120 ℃±2 ℃老化箱中70 h±2 h;装有C类材料的容器放入150 ℃±2 ℃老化箱中70 h±2 h"；

——为了表述的更为清晰，尺寸变化的结果表示由文字叙述改为公式表示(见6.1.4.2)；

——为了便于理解和区分最高使用温度不同的密封件，沉淀试验的仪器中增加离心机转速公式(见6.2.1.4)；沉淀试验的试验程序的叙述不同，且不同材料的老化温度和时间不同(见6.2.3)，增加沉淀比的计算公式(见6.2.4)；

——为了区分最高使用温度不同的密封件，6.3.3.6"将冲程装置总成放入老化箱内，在120 ℃±2 ℃下启动70 h±2 h"(ISO 4928:2006)和"将冲程装置总成放入老化箱内，在70 ℃±2 ℃下启动120 h±2 h"(ISO 6118:2006)，改为"将冲程装置总成放入老化箱内，对于A类材料，老化箱温度为70 ℃±2 ℃，时间为120 h±2 h；对于B类材料，老化箱温度为120 ℃±2 ℃，时间为70 h±2 h；对于C类材料，老化箱温度为150 ℃±2 ℃，时间为70 h±2 h"；

——为了区分最高使用温度不同的密封件，6.4.3的第5段"主缸中蓄积的液体温度应保持在120 ℃±2 ℃"(ISO 4928:2006)，"主缸中蓄积的液体温度应保持在70 ℃±2 ℃"(ISO 6118:

2006)改为 6.4.3.5,“对于 A 类材料,主缸中蓄积的液体温度应保持在 70 ℃±2 ℃,对于 B 类材料,液体温度应保持在 120 ℃±2 ℃,对于 C 类材料,液体温度应保持在 150 ℃±2 ℃”;

——为了区分最高使用温度不同的密封件,6.4.3 的第 6 段“主缸总成在 120 ℃±2 ℃的温度下以(0.28±0.03)冲程/s[(1 000±100)冲程/h]的速率运行 70 h±2 h”(ISO 4928:2006)和“主缸总成在 70 ℃±2 ℃的温度下以(0.28±0.03)冲程/s[(1 000±100)冲程/h]的速率运行 120 h±2 h”(ISO 6118:2006),改为 6.4.3.6“对于 A 类材料的主缸总成在 70 ℃±2 ℃下,以(0.28±0.03)冲程/s[(1 000±100)冲程/h]的速率运行 120 h±2 h。B 类材料的主缸总成在 120 ℃±2 ℃下,以(0.28±0.03)冲程/s[(1 000±100)冲程/h]的速率运行 70 h±2 h。C 类材料的主缸总成在 150 ℃±2 ℃下,以(0.28±0.03)冲程/s[(1 000±100)冲程/h]的速率运行 70 h±2 h”;

——为了区分最高使用温度不同的密封件,6.4.3 的第 6 段“并在冲程最后的 1.6 mm～3.2 mm 期间逐步增压到 3.5 MPa±0.3 MPa,使整个冲程达到平衡。”(ISO 4928:2006)和“并在冲程最后的 1.6 mm～3.2 mm 期间逐步增压到 7 MPa±0.3 MPa,使整个冲程达到平衡。”(ISO 6118:2006),改为 6.4.3.6“并在冲程最后的 1.6 mm～3.2 mm 期间逐步增压,A 类材料增压至 3.5 MPa±0.3 MPa,B 类和 C 类材料增压至 7 MPa±0.3 MPa,使整个冲程达到平衡”;

——为了区分最高使用温度不同的密封件,6.6.3 的第 3 段“在 120 ℃±2 ℃下经热空气老化 70 h±2 h”(见 ISO 4928:2006)和“在 70 ℃±2 ℃下经热空气老化 120 h±2 h”(ISO 6118:2006),改为 6.6.3.3“对于 A 类材料,老化箱温度为 70 ℃±2 ℃,时间为 120 h±2 h;对于 B 类材料,老化箱温度为 120 ℃±2 ℃,时间为 70 h±2 h;对于 C 类材料,老化箱温度为 150 ℃±2 ℃,时间为 70 h±2 h;

——由于 ISO 4928:2006 和 ISO 6118:2006 中的 6.7 的表述不清,可操作性差,对 6.7 重新表述,并增加引用了邵尔 A 硬度的测量方法 GB/T 531.1;

——为了区分最高使用温度不同的密封件,6.8.3 的第 4 段“将容器放入 100 ℃±2 ℃的老化箱内保持 120 h±2 h”(ISO 4928:2006)和“将容器放入 70 ℃±2 ℃的老化箱内保持 120 h±2 h”(ISO 6118:2006),改为 6.8.3.4“对于 A 类材料,将玻璃容器放入 70 ℃±2 ℃的老化箱内老化 120 h±2 h;对于 B 类和 C 类材料,将玻璃容器放入在 100 ℃±2 ℃的老化箱内老化 120 h±2 h”;

——为了便于理解,金属腐蚀的试验程序中增加了图示,见 6.8.3.2 中的图 4 和 6.8.3.3 中图 5;

——考虑到我国的实际情况,对 ISO 4928:2006 和 ISO 6118:2006 中的 4.4 进行了调整和修改,增加了出厂检验和型式检验的具体的规定,并调整为第 7 章“检验规则”;

——考虑到我国的实际情况,增加了 8.3 运输和贮存。

ISO 4928:2006 和 ISO 6118:2006 在文本结构上完全相同,本标准与 ISO 4928:2006 和 ISO 6118:2006 的结构调整为:

将 ISO 4928:2006 和 ISO 6118:2006 中的 4.1,调整为本标准的 4.3;

将 ISO 4928:2006 和 ISO 6118:2006 中的 4.2,调整为本标准的 8.1;

将 ISO 4928:2006 和 ISO 6118:2006 中的 4.3,调整为本标准的 8.2;

将 ISO 4928:2006 和 ISO 6118:2006 中的 4.4,调整为本标准的第 7 章;

本标准还做了以下编辑性修改:用“本标准”代替“本国际标准”。

本标准由中国石油和化学工业联合会提出。

本标准由全国橡胶与橡胶制品标准化技术委员会密封制品分技术委员会(SAC/TC 35/SC 3)归口。

本标准起草单位:贵州大众橡胶有限公司、安徽中鼎密封件股份有限公司、西北橡胶塑料研究设计院、株洲时代新材料科技股份有限公司。

本标准主要起草人:马宁、严江威、蔡佩亮、高静茹、王进、詹炜、徐治中、袁玉虎。

用于非石油基液压制动液的汽车液压制动缸用的弹性体皮碗和密封圈

1 范围

本标准规定了用于非石油基液压制动液的汽车液压制动缸用弹性体皮碗和双唇密封圈(以下统称为密封件)的术语和定义、一般要求、成品的要求、试验程序、检验规则、标志、包装、运输和贮存。

本标准适用于鼓式制动器制动缸用直径不大于 60 mm 的橡胶模制密封件。

本标准不适用于盘式制动器用弹性体密封件。

2 规范性引用文件

下列文件对于本文件的应用是必不可少的。凡是注日期的引用文件,仅注日期的版本适用于本文件。凡是不注日期的引用文件,其最新版本(包括所有的修改单)适用于本文件。

GB/T 528　硫化橡胶或热塑性橡胶　拉伸应力应变性能的测定(GB/T 528—2009,ISO 37:2005,IDT)

GB/T 531.1　硫化橡胶或热塑性橡胶　压入硬度试验方法　第1部分　邵氏硬度计法(邵尔硬度)(GB/T 531.1—2008,ISO 7619-1:2004,IDT)

GB/T 1690　硫化橡胶或热塑性橡胶耐液体试验方法(GB/T 1690—2006,ISO 1817:2005,MOD)

GB/T 2828.1　计数抽样检验程序　第1部分:按接收质量限(AQL)检索的逐批检验抽样计划(GB/T 2828.1—2012,ISO 2859-1:1999,IDT)

GB/T 3512　硫化橡胶或热塑性橡胶　热空气加速老化和耐热试验(GB/T 3512—2001,eqv ISO 188:1998)

GB/T 3672.1　橡胶制品的公差　第1部分:尺寸公差(GB/T 3672.1—2002,ISO 3302-1:1996,IDT)

GB/T 5721　橡胶密封制品标志、包装、运输、贮存的一般规定

GB/T 6031　硫化橡胶或热塑性橡胶硬度的测定(10～100 IRHD)(GB/T 6031—1998,idt ISO 48:1994)

GB/T 7758　硫化橡胶　低温性能的测定　温度回缩法(TR 试验)(GB/T 7758—2002,ISO 2921:1997,IDT)

GB/T 7759　硫化橡胶、热塑性橡胶　常温、高温和低温下压缩永久变形测定(GB/T 7759—1996,eqv ISO 815:1991)

GB 12981　机动车辆制动液(GB 12981—2003,ISO 4925:1978,MOD)

QC/T 311—2008　汽车液压制动主缸性能要求及台架试验方法

3 术语和定义

下列术语和定义适用于本文件。

3.1

脱皮　sloughing

炭黑释放到了橡胶表面上。

3.2

划痕 scoring

在橡胶上形成的平行于活塞或密封件运行方向上的凹槽。

3.3

磨蚀 scuffing

橡胶外表面的明显的磨损。

4 一般要求

4.1 分类

密封件按工作温度范围分为三类：

A类：−40 ℃～70 ℃；

B类：−40 ℃～120 ℃；

C类：−40 ℃～150 ℃。

4.2 胶料的物理性能要求

胶料的物理性能要求和试验方法见表1。

表1 胶料的物理性能要求

序号	项 目	要 求			试验方法
1	硬度，邵尔A或IRHD	60±5	70±5	80±5	GB/T 531.1、GB/T 6031，仲裁时按GB/T 6031
2	拉伸强度/MPa，最小	10	10	10	GB/T 528
3	拉断伸长率/%，最小	300	200	130	GB/T 528
4	压缩永久变形[a]/%，最大	30	30	30	GB/T 7759，A型试样
5	热空气老化[b] 硬度变化，邵尔A或IRHD 拉伸强度变化率/%，最大 拉断伸长率变化率/%，最大	 −5～+5 −30 −30	 −0～+10 −40 −40	 −0～+10 −40 −40	GB/T 3512
6	耐液体[c] 硬度变化，邵尔A或IRHD 拉伸强度变化率/%，最大 拉断伸长率变化率/%，最大 体积变化率/%	 −10～0 −25 −25 0～+15	 −15～0 −40 −40 0～+20	 −15～0 −40 −40 0～+20	GB/T 1690
7	低温性能，TR10/℃，最高	−45	−45	−45	GB/T 7758

[a] 对于A类材料，试验温度为(70±2)℃，试验时间为(24±1)h；对于B类材料，试验温度为(120±2)℃；试验时间为(24±1)h；对于C类材料，试验温度为(150±2)℃，试验时间为(24±1)h。

[b] 对于A类材料，试验温度为(70±2)℃，试验时间为(96±1)h；对于B类材料，试验温度为(120±2)℃；试验时间为(72±1)h；对于C类材料，试验温度为(150±2)℃，试验时间为(72±1)h。

[c] 对于A类材料，试验温度为(70±2)℃，试验时间为(120±1)h；对于B类材料，试验温度为(120±2)℃；试验时间为(72±1)h；对于C类材料，试验温度为(150±2)℃，试验时间为(72±1)h。

4.3 成品的外观质量和尺寸

密封件应没有气泡、针孔、裂纹、凸起、嵌入的外来杂质或其他能检验出来的物理缺陷,并应符合图纸规定的尺寸要求,未注公差应符合 GB/T 3672.1 中 M3 级的要求。

5 成品的要求

5.1 高温下的耐液体

按 6.1 的规定进行试验,密封件的性能应符合表 2 的要求,且不应有气泡或脱皮。

表 2 在高温下的耐液体试验要求

性　　能	允许的变化
体积变化率/%	0～+20.0
唇径变化率/%	0～+5.75
端径变化率/%	
硬度变化,邵尔 A 或 IRHD	−15～0

5.2 沉淀

按 6.2 的规定进行试验,密封件在离心分离试管中形成的沉淀物以体积计不应超过 0.3%。

5.3 轮缸密封件的热压冲程试验

5.3.1 总则

按 6.3 的规定进行试验,轮缸密封件应符合 5.3.2～5.3.6 规定的要求。

5.3.2 唇径变化

经冲程试验以后,轮缸密封件的唇径应比轮缸腔体大,其唇径大于轮缸内腔的最小尺寸不应超过表 3规定。

表 3 轮缸密封件的唇径变化

单位为毫米

轮缸腔体内径	大于轮缸内腔的最小尺寸
≤19.05	0.40
>19.05～≤25.4	0.50
>25.4～≤38.1	0.65
>38.1～≤60	0.75

5.3.3 泄漏

无连续不断的液体从密封件漏出，应至少检查两次，滤纸上不应出现因吸收液体而产生的变色。

5.3.4 腐蚀

活塞和缸体的内腔不应出现腐蚀，例如肉眼可见的蚀损斑，但允许有轻微发暗或变色。

5.3.5 硬度变化

按 6.7 的规定进行试验，密封件的硬度下降不应超过 15 邵尔 A 或 IRHD。

5.3.6 试验密封件的状态

密封件不应有过度的损坏，如划痕、磨蚀、起泡、裂纹、缺角(跟部磨损)或变形。

5.4 主缸密封件的热压冲程试验

5.4.1 总则

按 6.4 的规定进行试验，主缸密封件应符合 5.4.2～5.4.6 规定的要求。

5.4.2 唇径变化

经冲程试验以后，主缸密封件的最小唇径应比主缸腔体大，其唇径大于轮缸内腔的最小尺寸不应超过表 4 规定。

表 4 主缸密封件的唇径变化

单位为毫米

主缸腔体内径	大于主缸内腔的最小尺寸
≤19.05	0.30
>19.05～≤25.4	0.40
>25.4～≤38.1	0.50
>38.1～≤60	0.65

5.4.3 泄漏

与轮缸密封件的要求相同(见 5.3.3)。

5.4.4 腐蚀

与轮缸密封件的要求相同(见 5.3.4)。

5.4.5 硬度变化

与轮缸密封件的要求相同(见 5.3.5)。

5.4.6 试验密封件状态

与轮缸密封件的要求相同(见 5.3.6)。

5.5 低温性能

5.5.1 泄漏

按6.5.1的规定进行试验，不应出现液体泄漏。

5.5.2 弯曲试验

按6.5.2的规定进行试验，密封件不应有裂纹，并应接近初始的形状。

5.6 热空气老化

5.6.1 总则

按6.6的规定进行试验，应符合5.6.2和5.6.3规定的要求。

5.6.2 硬度变化

硬度变化应在±5邵尔A和IRHD的范围内。

5.6.3 试验密封件的状态

密封件不应有损坏的迹象或形状的改变。

5.7 金属腐蚀

5.7.1 总则

按6.8的规定进行试验，应符合5.7.2和5.7.3规定的要求。

5.7.2 金属条变化

试验后，金属条的质量变化不应超出表5规定的范围。金属条接触区域以外，不应有肉眼可见的凹痕或粗糙表面，但允许有发暗或变色。

表5 腐蚀试验用金属条允许的质量变化

试验金属条	允许的质量的变化/(mg/cm²)
镀锡铁皮	±0.2
钢	±0.2
铝	±0.1
铸铁	±0.2
黄铜	±0.4
铜	±0.4
锌	±0.4

5.7.3 混合液体变化

试验后，在 23 ℃±5 ℃下的制动液与水的混合液体应无胶凝。在玻璃壁或金属条表面上不应形成任何结晶型的沉淀。混合液体所含的沉淀物不应超过体积的 0.2%。

5.8 贮存腐蚀

按 6.9 的规定进行试验，在恒湿箱中经过 12 个循环后，接触试验密封件的缸体内腔的腔壁上不应有粘连或渗透的腐蚀迹象。允许有轻微的变色(发暗)或是在远离试验密封件的接触表面上有腐蚀和斑点。

5.9 工作耐久性

试验过程中，密封件的密封部位无泄漏。

6 试验程序

6.1 高温下的耐液体试验

6.1.1 仪器和材料

6.1.1.1 测微计、投影仪或其他适当的仪器，测量精度为 0.02 mm。

6.1.1.2 玻璃容器，容量大约为 250 mL、直径 50 mm，可紧密密封。

6.1.1.3 分析天平，称量精度至 1 mg。

6.1.1.4 老化箱，符合 GB/T 3512 要求的热空气老化箱。

6.1.1.5 有两个玻璃塞的称重瓶，瓶口尺寸足以放入试验密封件。

6.1.1.6 异丙醇或乙醇，试剂级 95%(体积分数)的清洗用溶剂。

6.1.2 试样

为两个密封件。

6.1.3 试验程序

6.1.3.1 在醇(6.1.1.6)中清洗密封件，用干净、不起毛的布擦干以除去灰尘和包装碎渣。密封件在醇中清洗的时间不应超过 30 s。

6.1.3.2 清洗后，测量密封件的唇径及底部直径，精确到 0.02 mm，取彼此呈直角的两个读数的平均值。注意在老化前和老化后进行测量时，应用同样的方法并在相同的部位进行。

6.1.3.3 测量并记录试验密封件的初始邵尔 A 或 IRHD 硬度(见 6.7 和图 3)。

6.1.3.4 用以下的方法确定每个密封件的体积：在空气中称量密封件的质量(m_1)，精确到 0.001 g，然后测量在室温下密封件浸泡在蒸馏水中的质量(m_2)。立即将每个试样浸入醇中，然后用不起毛和不含其他材料的滤纸吸干 。

6.1.3.5 在玻璃容器(6.1.1.2)中，将两个密封件完全浸泡在 75 mL±1 mL、符合 GB 12981 的制动液中，然后将玻璃容器密封以防蒸气损失。装有 A 类材料的容器放入 70 ℃±2 ℃老化箱(6.1.1.4)中 120 h±2 h；装有 B 类材料的容器放入 120 ℃±2 ℃老化箱中 70 h±2 h；装有 C 类材料的容器放入 150 ℃±2 ℃老化箱中 70 h±2 h。老化后，从老化箱中取出容器，装有密封件的容器在 23 ℃±5 ℃下冷却 60 min～90 min 后，从容器中取出密封件，用醇清洗，用干净、不起毛的布擦干。密封件在醇中清洗的时间不应超过 30 s。

6.1.3.6　擦干后的密封件分别放在涂油的堵塞称重瓶(6.1.1.5)中称量(m_3)。将每个密封件从各自的称重瓶中取出,称量浸没在蒸馏水中的质量(m_4)以测定经热的液体浸泡后的排水量。所有的称量都精确到0.001 g。

6.1.3.7　醇清洗后60 min内,测量每个密封件最终的体积、尺寸和硬度。

6.1.4　结果的表示

6.1.4.1　体积变化

应报告初始体积的体积变化率ΔV,体积变化率由式(1)给出:

$$\Delta V=\frac{(m_3-m_4)-(m_1-m_2)}{(m_1-m_2)}\times 100\% \qquad \cdots\cdots(1)$$

式中:

m_1——空气中的初始质量,单位为克(g);

m_2——在水中的初始表观质量,单位为克(g);

m_3——在试验液体浸泡后,在空气中的质量,单位为克(g);

m_4——在试验液体浸泡后,在水中的初始表观质量,单位为克(g)。

6.1.4.2　尺寸变化

密封件唇径和端径的尺寸变化率由式(2)计算:

$$唇径或端径变化率=\frac{D_2-D_1}{D_1}\times 100\% \qquad \cdots\cdots(2)$$

式中:

D_1——试验浸泡前弹性体皮碗的唇径或端径,单位为毫米(mm);

D_2——试验浸泡后弹性体皮碗的唇径或端径,单位为毫米(mm)。

6.1.4.3　硬度

应测量和报告硬度变化。

6.1.4.4　外观

应检验密封件是否有气泡和脱皮,看有无分解。

6.2　沉淀试验

6.2.1　仪器

6.2.1.1　玻璃容器,容量大约为250 mL、直径50 mm,可紧密密封。

6.2.1.2　锥形离心试管,容量为100 mL。

6.2.1.3　老化箱,符合GB/T 3512要求的热空气老化箱。

6.2.1.4　电动离心机——能连续调速,并能使离心管重心处达到600 mm～700 mm倍动力加速度;离心机转速可按式(3)确定:

$$N\approx 30\sqrt{\frac{n}{r}} \qquad \cdots\cdots(3)$$

式中:

N——离心机转速,单位为转每分(r/min);

n——重力加速度倍数;

r ——离心管重心至转轴中心线的垂直距离，单位为毫米(mm)。

6.2.2 试样

从两个或两个以上试验用密封件上取得质量为 4.0 g±0.5 g 样品。由于密封件的尺寸不同，为了达到这一质量要求，可以从密封件上先切取小样块。用最小样块制得质量为 4.0 g±0.5 g 的样品。

6.2.3 试验程序

6.2.3.1 使用的制动液应符合 GB 12981 的规定。将试样(6.2.2)放入一个装有 75 mL 制动液的玻璃容器(6.2.1.1)中(一个放试样，另一个进行空白试验)，盖严瓶塞，放入老化箱中。对于 A 类材料，老化箱温度为 70 ℃±2 ℃，时间为 120 h±2 h；对于 B 类材料，老化箱温度为 120 ℃±2 ℃，时间为 70 h±2 h；对于 C 类材料，老化箱温度为 150 ℃±2 ℃，时间为 70 h±2 h。经过规定的时间后，从老化箱取出试样瓶，在室温中冷却 24 h，用镊子夹住试样，充分摇动后取出试样。剧烈摇匀试验瓶中的制动液，立即注入两支离心试管至 20 mL 刻度处，对称放入离心机中，开动离心机，达到规定的转速，经 10 min 后停机，让离心机惯性停转，取出离心管，读出沉淀量。再置于离心机中转动 10 min，检查前后两次沉淀量有无可判断的差别。如有差别，应再置于机中转 10 min，并以末次沉淀量作为计算的数值。如沉淀量大于 0.3%，应再取一支离心试管，从剩余的制动液中取 20 mL 注入此管，配一支盛水的离心试管，按上述离心沉淀操作，得出沉淀量，以三支离心试管的沉淀体积比的算术平均值，作为试验结果。

6.2.3.2 空白试验程序同上。

6.2.4 沉淀体积比的计算

按式(4)确定：

$$沉淀体积比=\frac{V_1-V_2}{20}\times 100\% \qquad \cdots\cdots(4)$$

式中：

V_1——放试样液体的沉淀体积，单位为毫升(mL)；

V_2——空白试样沉淀体积，单位为毫升(mL)。

6.3 轮缸密封件的热压冲程试验

6.3.1 仪器

6.3.1.1 老化箱，符合 GB/T 3512 要求的热空气老化箱。

6.3.1.2 轮缸密封件的冲程装置，每个活塞提供 3.8 mm±1.7 mm 的位移。

6.3.2 试样

为两个轮缸密封件。

6.3.3 试验程序

6.3.3.1 用醇(6.1.1.6)清洗密封件，并用清洁、不起毛的布擦干以除去灰尘和包装碎渣。密封圈在醇中清洗的时间不应超过 30 s。

6.3.3.2 测量唇直径，精确到 0.02 mm，取彼此呈直角的两个读数的平均值。

6.3.3.3 对于双唇的密封圈，在密封圈安装到活塞上以后再测量唇径。按 6.7 的要求测量并记录试验密封圈的初始邵尔 A 或 IRHD 硬度。

6.3.3.4 安装内部部件。内部还可能包括其他密封件、活塞弹簧等，在已知直径的轮缸中采用符合 GB 12981 的制动液作为润滑剂。

6.3.3.5 将轮缸总成(每次试验都应采用新的轮缸总成)安装到冲程装置(6.3.1.2)上,注入符合 GB 12981 的制动液。从系统中排出空气。在每个轮缸端部的下面放一张滤纸来收集和测定泄漏。

6.3.3.6 将冲程装置总成放入老化箱内,对于A类材料,老化箱温度为70 ℃±2 ℃,时间为120 h±2 h;对于B类材料,老化箱温度为120 ℃±2 ℃,时间为70 h±2 h;对于C类材料,老化箱温度为150 ℃±2 ℃,时间为70 h±2 h。在整个活塞的运动过程中,压力应增加到3.5 MPa±0.3 MPa。以(0.28±0.03)冲程/s[(1 000±100)冲程/h]的运行速度作均匀往复运动。图1用图示说明了直径为12.7 mm~60 mm的轮缸的压力相对于轮缸活塞运动的曲线。然后,关闭启动装置和老化箱的加热器,同时为了释放保留在系统中的压力,让主缸的活塞处在"关闭"的位置。打开老化箱的门,并开启通风扇冷却1 h后,断开在轮缸入口处的液体管路。从老化箱中取出包括试验轮缸在内的整个冲程试验装置。并在室温下冷却22 h±2 h。冷却之后立即仔细检验通过弹性体皮碗的液体的泄漏并记录结果。

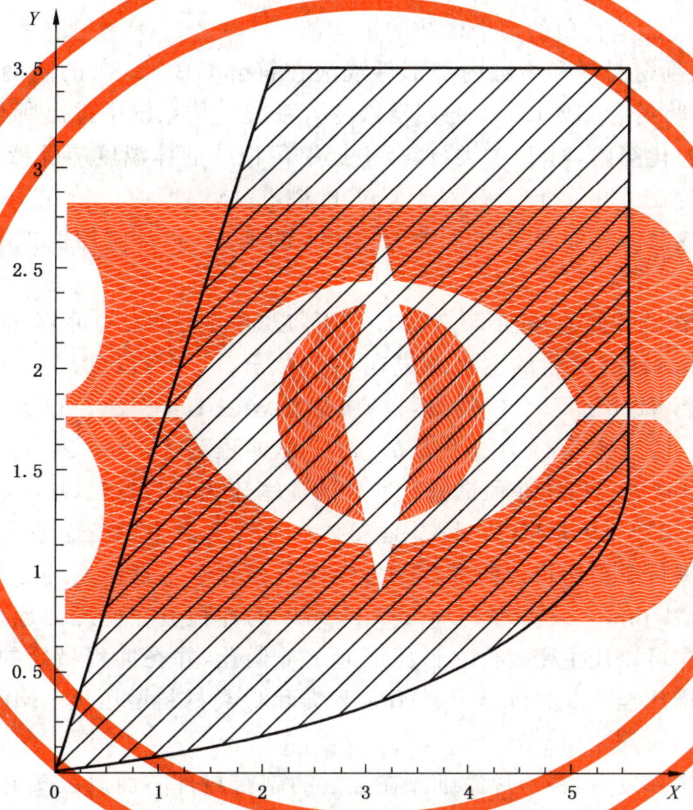

X——冲程,单位为毫米(mm);
Y——压力,单位为兆帕(MPa)。

图1 典型的轮缸密封件的冲程与压力的关系曲线(直径为12.7 mm~60 mm)

6.3.3.7 从系统中排出液体,并从轮缸上卸下密封件。对双唇密封圈,在从活塞上卸下来以前先测量唇径。用醇清洗密封件并用压缩空气干燥。密封件在醇中清洗的时间不应超过30 s。

6.3.3.8 检查密封件有无划痕、磨蚀、起泡、裂纹、碎片(跟部的磨损)或变形。检验缸体部件,记录活塞和缸壁上的任何蚀损斑。按6.7的要求测量并记录邵尔A或IRHD硬度的变化。密封件从轮缸上卸下来后的30 min~60 min内测量唇径并记录实际的缸体内孔与试验后的唇径之差(允许的唇径变化见表3)。

6.4 主缸密封件的热压冲程试验

6.4.1 仪器

6.4.1.1 老化箱,符合GB/T 3512要求的热空气老化箱。

6.4.1.2　主缸弹性体密封件的冲程装置，由能够以(0.28±0.03)冲程/s[(1 000±100)冲程/h]的速率启动包括试样在内的主缸的适当装置。整个活塞的行程应该为整个有效冲程的大约90%。

6.4.2　试样

为一个主缸主密封件和一个主缸副密封件。

6.4.3　试验程序

6.4.3.1　在醇(6.1.1.6)中清洗密封件，并用清洁、不起毛的布擦干以除去灰尘和包装碎渣。密封件放在醇中清洗的时间不应超过30 s。

6.4.3.2　按6.7的要求测量并记录试验密封件的初始邵尔A或IRHD硬度。

6.4.3.3　测量主密封件和副密封件的唇径，对于副密封件，应在安装到活塞上以后再测量其唇径，记录时精确到0.02 mm，取彼此呈直角的两个读数的平均值。

6.4.3.4　将主密封件、副密封件和主缸内部部件浸泡在符合GB 12981的制动液中，并在组装之前用同样的液体涂抹缸壁。将符合GB 12981的制动液注入系统。从系统中排出所有的空气。

6.4.3.5　将主缸放入老化箱内，对于A类材料，主缸中蓄积的液体温度应保持在70 ℃±2 ℃，对于B类材料，液体温度应保持在120 ℃±2 ℃，对于C类材料，液体温度应保持在150 ℃±2 ℃。当使用电热器加热时，试验中加热器应放在离主缸至少150 mm的地方，并且应加保护罩以防止对主缸的直接辐射。

6.4.3.6　对于A类材料的主缸总成在70 ℃±2 ℃下，以(0.28±0.03)冲程/s[(1 000±100)冲程/h]的速率运行120 h±2 h。B类材料的主缸总成在120 ℃±2 ℃下，以(0.28±0.03)冲程/s[(1 000±100)冲程/h]的速率运行70 h±2 h。C类材料的主缸总成在150 ℃±2 ℃下，以(0.28±0.03)冲程/s[(1 000±100)冲程/h]的速率运行70 h±2 h。对于总冲程为63 mm或63 mm以上的主缸，应在57 mm(即冲程的90%)时进行热压冲程试验。冲程的速率应为(0.22±0.02)冲程/s[(800±80)冲程/h]。满压力应达到3.5 MPa±0.3 MPa。图2是安装在冲程夹具上的三个直径约为22 mm的轮缸被直径为25 mm的主缸进行驱动所得到的推荐压力(MPa)相对于主缸活塞的运动曲线。这种主缸的总冲程应为25.0 mm±0.4 mm。最初约14 mm～15 mm的冲程应在使压力逐渐增加且不超过1 MPa的运动速率下进行，这样可以让主密封件在低压下通过补偿孔，并在冲程最后的1.6 mm～3.2 mm期间逐步增压，A类材料增压至3.5 MPa±0.3 MPa，B类和C类材料增压至7 MPa±0.3 MPa，使整个冲程达到平衡。

6.4.3.7　让多余的液体挥发后，将一片滤纸放在主缸的副密封件下面以收集并测定副密封件的泄漏。冲程结束后，关闭加热及驱动装置，主缸的活塞置于在“关闭”的位置，以便于释放主缸内的残余压力。

6.4.3.8　打开老化箱的门并开启通风扇冷却1 h后，切断在主缸入口处的液体管路。从老化箱中取出主缸并在室温下冷却22 h±2 h。冷却之后立即仔细检验主缸副密封件的液体泄漏并记录结果。

6.4.3.9　从主缸中排出液体，并从缸体上卸下主密封件，用醇(6.1.1.6)清洗，并用压缩空气干燥。用醇(6.1.1.6)清洗活塞上的副密封件并用压缩空气干燥。从缸体上卸下来30 min～60 min内并在副密封件从活塞上卸下前测量唇径。在醇中清洗的时间不应超过30 s。

6.4.3.10　检查密封件有无划痕、磨蚀、起泡、裂纹、碎片(跟部的磨损)或变形。检验缸体部件，记录活塞和缸壁上的任何蚀损斑。在从缸体上卸下来后的30 min～60 min内测量主密封件的唇径并测量实际的缸体内孔与试验后的唇径之差，对主密封件和副密封件都要记录该差值。

6.4.3.11　按照6.7的要求测定并记录邵尔A或IRHD硬度的变化。

6.4.3.12　每次试验都应采用新的主缸。在进行主缸冲程试验时，主缸活塞和主缸内孔之间允许的间隙至少在0.05 mm～0.13 mm之间。

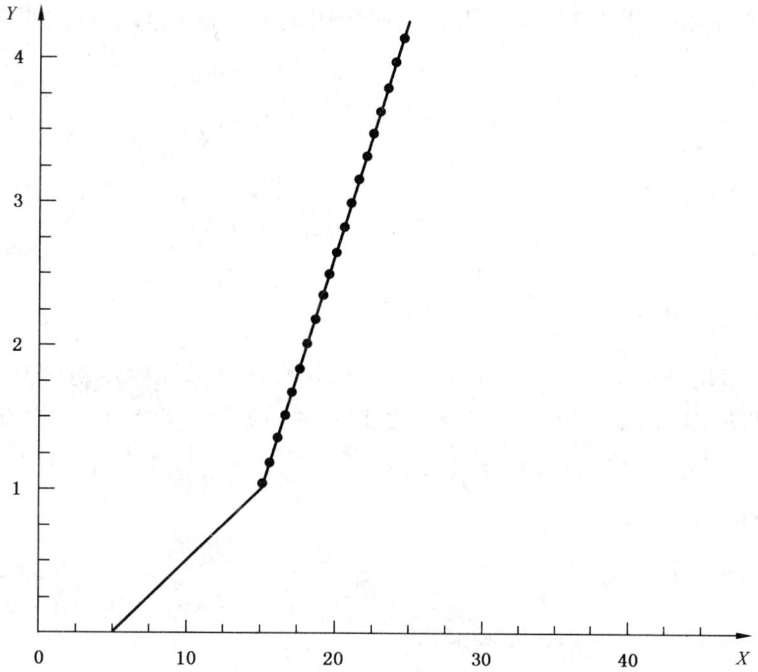

X——冲程，单位为毫米(mm)；

Y——压力，单位为兆帕(MPa)。

图2 典型的主缸密封件冲程与压力的关系曲线(直径为25 mm)

6.5 低温性能试验

6.5.1 泄漏

6.5.1.1 仪器

6.5.1.1.1 低温箱，低温箱要足够大，能容纳试验装置，且实验员不用将试验装置从低温箱中取出就能检查和操作。

6.5.1.1.2 主缸和轮缸，主缸和轮缸的联接应使其操作接近于实际工作时的制动系统。装有密封件的缸体内孔应满足制造商规定的尺寸公差和内孔的粗糙度要求。

6.5.1.1.3 回位弹簧，在室温下完成一个完整的冲程时要求管路压力不超过0.35 MPa。

6.5.1.2 试样

为两个轮缸密封件，一个主缸主密封件和一个主缸副密封件。

6.5.1.3 试验程序

6.5.1.3.1 在醇(6.1.1.6)中清洗密封件并用清洁、不起毛的布擦干。密封件在醇中清洗的时间不应超过30 s。将试验密封件安装在试验缸体内。在缸体的安装过程中，用符合GB 12981的制动液涂抹缸壁，用同样的相容性液体将缸内的密封件和内部零件浸湿。

6.5.1.3.2 在低温箱(6.5.1.1.1)中安装主缸和轮缸总成(6.5.1.1.2)，包括在试验装置上安装试验密封件。用试验液体注满系统并排出系统内的空气。不用护罩。在主缸和轮缸的下面放一张滤纸来收集并测量泄漏。

6.5.1.3.3 将整个驱动系统封闭在低温箱中并在−40 ℃～−43 ℃经120 h±2 h。试验开始的72 h内保持活塞和密封件在静止的位置，然后，每隔24 h(即在72 h、96 h、120 h之后)分别在液压为0.7 MPa

和 3.5 MPa 下，各驱动主缸活塞 6 次。每次驱动的时间间隔约 1 min，且在每次驱动之后活塞应回到原始静止位置。

6.5.2 弯曲试验

6.5.2.1 试样

为一个密封件。

6.5.2.2 试验程序

在 −40 ℃～−43 ℃下放置 22 h±1 h 后，用拇指和食指弯曲弹性体皮碗达到将近 90°的角度并立即松开(为了防止体热加温，在低温箱中弯曲冷冻密封件时，应带手套操作)。检查密封件有无龟裂及变形。

6.6 热空气老化试验

6.6.1 仪器

老化箱，符合 GB/T 3512 要求的热空气老化箱。

6.6.2 试样

为两个密封件。

6.6.3 试验程序

6.6.3.1 在醇(6.1.1.6)中清洗密封件，并用清洁、不起毛的布擦干以除去灰尘和包装碎渣。密封件在醇中清洗的时间不应超过 30 s。

6.6.3.2 按照 6.7 的要求测量并记录试验密封件的初始邵尔 A 或 IRHD 硬度。

6.6.3.3 将两个试验密封件放在老化箱(6.6.1)内，对于 A 类材料，老化箱温度为 70 ℃±2 ℃，时间为 120 h±2 h；对于 B 类材料，老化箱温度为 120 ℃±2 ℃，时间为 70 h±2 h；对于 C 类材料，老化箱温度为 150 ℃±2 ℃，时间为 70 h±2 h。经热空气老化后，从老化箱中取出密封件并在室温下冷却 16 h～96 h。

6.6.3.4 检验密封件有无气泡和变形。测定并记录老化后的硬度。

6.7 硬度的测定

6.7.1 按 GB/T 6031 的规定测量，如采用其中的微型试验法，直接用密封件进行测量；如采用其中的常规试验法，则还应使用图 3 所示的测量底座，且在测量时，应确保密封件与支撑的测量底座的的上表面之间完全接触。

6.7.2 如不能按 GB/T 6031，也可按 GB/T 531.1 测量邵尔硬度，但测量时还应使用橡胶底座或橡胶圆柱体，橡胶底座或橡胶圆柱体的硬度应在被测密封件硬度的±5 邵尔 A 或 IRHD 以内。底座示意图参见图 3。其他形状的密封件也可使用其他的底座。底座的厚度应足以满足 GB/T 531.1 的要求。如果不便于在密封件上测量，也可测量胶料试片的邵尔硬度来代替，测量时应采用与制造密封件的同一批胶料，并在相同的硫化条件下制备的试片。

a） 主密封件　　　　b） 副密封件

图 3　测量硬度的测量底座

6.8　金属腐蚀试验

6.8.1　仪器和材料

6.8.1.1　老化箱，符合 GB/T 3512 要求的热空气老化箱。

6.8.1.2　锥形离心试管，容量为 100 mL。

6.8.1.3　分析天平，精确到 0.1 mg。

6.8.1.4　玻璃容器，容量大约为 475 mL、内径 100 mm，高度 75 mm 的直壁圆形容器，容器的盖子应是锡铁盖并有直径为 0.8 mm±0.1 mm 的孔。

6.8.1.5　干燥器，含干燥剂。

6.8.1.6　试验金属条，见表 5，每一金属条的表面积为 25 cm^2 ± 5 cm^2（大约 8.0 cm 长、1.3 cm 宽、厚度不超过 0.6 cm）。

6.8.2　试样

为两个密封件。

6.8.3　试验程序

6.8.3.1　按表 5 制备两组试验金属条(6.8.1.6)。在距每个试验条的一端大约 6 mm 处钻一个直径在 4 mm～5 mm 的孔。除镀锡铁皮以外，其他试验条的所有表面都要用 P120 耐水砂纸打磨，并用石油溶剂或乙醇清洗直至除去试验条上所有的表面划痕、切口和疤痕，然后用 P320 耐水砂纸擦拭抛光，对每一种不同类型的金属都要用一张新的 P120 和 P320 耐水砂纸。用 95%的乙醇清洗包括镀锡铁条在内的所有金属条，用干净不起毛的布擦干并在 23 ℃±5 ℃下放入有干燥剂的干燥器(6.8.1.5)中至少 1 h。为了避免手指的污染，擦拭后要用干净的镊子来夹取金属条。

6.8.3.2　称量每个金属条，精确到 0.1 mg。为了使得试验条处于电解接触状态，按锡铁、钢、铝、铸铁、黄铜、铜和锌的顺序，用无镀层的钢制开口销或螺栓将每一组试验金属条安装到一起。弯曲除铸铁以外的其他金属条，使得相邻试验条的自由端之间有大约 10 mm 的间隔，见图 4。在每个玻璃容器(6.8.1.4)中放置一个密封件，密封件的唇口向上。

单位为毫米

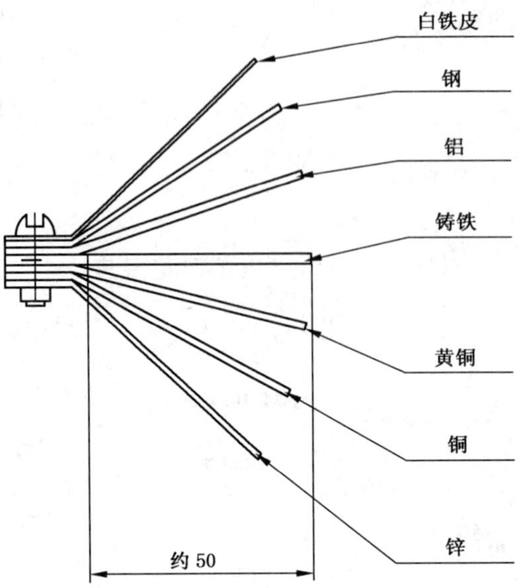

图 4　金属条的安装示意图

6.8.3.3　将安装好的金属条放进每个玻璃容器中，使得销钉端与密封件接触（即放在密封件的上面）并且其自由端在容器内向上伸展，见图 5。将符合 GB 12981 的制动液 1 140 mL 与 60 mL 的蒸馏水混合，制成混合液体。

单位为毫米

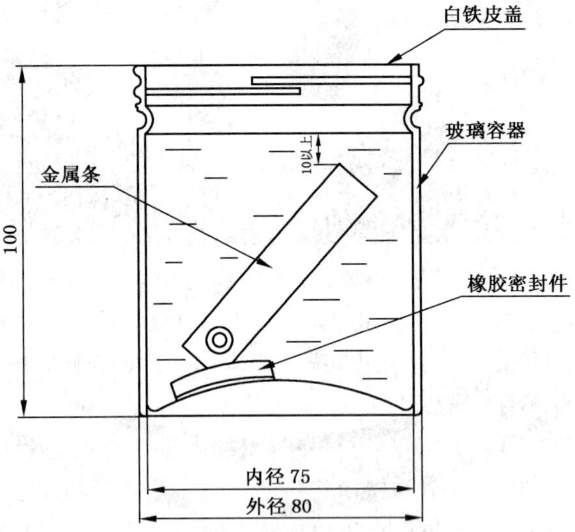

图 5　金属试验示意图

6.8.3.4　在每个玻璃容器内加入足量的混合液体，混合液体应浸没安装好的金属条，液面高出金属条的顶端约 10 mm 处。盖紧盖子，对于 A 类材料，将玻璃容器放入 70 ℃±2 ℃的老化箱内老化 120 h±2 h；对于 B 类和 C 类材料，将玻璃容器放入 100 ℃±2 ℃的老化箱内老化 120 h±2 h。然后取出玻璃容器在 23 ℃±5 ℃下冷却 60 min～90 min。冷却后立即用镊子夹住金属条，在玻璃容器中搅动几下以除去金属条沾上去的疏松沉淀物，从玻璃容器中取出金属条。

6.8.3.5　检验金属条和玻璃容器是否沾有结晶的沉淀物，卸下金属条，用水冲洗并用 95%乙醇浸湿的布将每一个单独的金属条擦干净以除去粘附上的液体。检验金属条有无腐蚀的痕迹和蚀损斑。将金属条放在温度保持在 23 ℃±5 ℃的有干燥剂的干燥器中至少 1 h。称量每个金属条的质量，精确到0.1 mg。

6.8.3.6 测定每个金属条的质量之差，然后除以金属条的总表面积(以平方分米测得)，对每一种金属条取平均值。

6.8.3.7 检验玻璃容器中的制动液与水的混合液体。将液体搅拌至悬浮并使沉淀物均匀分散，取100 mL这部分液体倒入锥形离心试管(6.8.1.2)中，按6.2.3测定沉淀体积比的百分率。

6.9 贮存腐蚀试验

6.9.1 仪器

6.9.1.1 恒温恒湿箱，湿度为95%±2%，温度为21 ℃±2 ℃和46 ℃±2 ℃。

6.9.1.2 三个轮缸总成，三个轮缸总成的尺寸应适合被试验的密封件。

6.9.2 试样

为六个轮缸密封件。

6.9.3 试验程序

6.9.3.1 拆下三个轮缸总成，并用干净不起毛的布擦干缸体、活塞、护罩和弹簧上的所有液体。丢弃有轻微污点和腐蚀的缸体和部件。

6.9.3.2 贮存腐蚀试验用的制动液应符合GB 12981的要求或由用户指定制动液，使用时先在缸壁、密封件、弹簧、活塞上涂覆一层薄薄制动液，将6个试验密封件组装到轮缸上。为了保持活塞的位置，应在缸体上安装护罩。留下一个打开的进口孔，其余的孔用适当的橡胶塞或金属塞封闭。

6.9.3.3 将恒温恒湿箱调节到温度为46 ℃±2 ℃、湿度为95%±2%。将缸体放入恒温恒湿箱中，没用塞子塞上的进口孔面向下。在该温度和湿度条件下保持16 h±1 h；重新调节恒温恒湿箱，使其温度为21 ℃±2 ℃、湿度为95%±2%，并在该新的条件下保持8 h±1 h，为一个循环。

6.9.3.4 重复以上的循环12次(12 d)。当由于一个或多个非工作日的插入而中断时，保持缸体总成在恒温恒湿箱中，控制恒温恒湿箱固定在温度为21 ℃±2 ℃、湿度为95%±2%，直至恢复循环。

6.9.3.5 完成12个完整的循环后，从恒温恒湿箱中取出缸体总成进行检验。如果是非工作日，则在接下来的工作日进行检验。按照以下程序检验轮缸总成：

——轮缸总成在从恒温恒湿箱中取出以及随后的拆卸的过程中，为了避免缸体内部的液体污染，要保持缸体位置与其在恒温恒湿箱中的相同。

——卸下护罩后，将活塞和密封件从其各自的端部拉出来，取下活塞和密封件。如有必要，还可以向缸体内部施加一点空气(干空气)压力，以便于活塞和密封件取出。

——用干净、不起毛的布擦干缸体内腔的液体。在强光下检查缸体内腔的密封唇口下面或唇口相邻部位是否有腐蚀、变色或斑点，尤其要注意在恒温恒湿箱的暴露过程中，密封件唇口接触的环状区域。对于弹性体皮碗接触表面以外的腐蚀和斑点可以忽略不计。

6.10 工作耐久性试验

应按QC/T 311—2008的7.2.9的规定进行试验。

7 检验规则

7.1 出厂检验

7.1.1 胶料

7.1.1.1 应逐辊进行硬度、拉伸强度和拉断伸长率检验；每月进行一次热空气老化和耐液体试验，低温性能试验每季一次。

7.1.1.2 当硬度、拉伸强度和拉断伸长率检验结果出现不合格时，应取双倍试样对不合格项目进行复试，若复试不合格，则该辊胶料为不合格品。

7.1.2 成品

7.1.2.1 密封件的外观应逐件进行检验。

7.1.2.2 密封件尺寸检验以不超过 10 000 件为一批，按 GB/T 2828.1 中的特殊检验水平 S-2，接收质量限(AQL)为 4 进行抽样和判断。

7.1.2.3 密封件高温下的耐液体(5.1)和热空气老化(5.6)每三个月不少于一次。

7.2 型式检验

当有下列情况之一时，应对本标准规定的全部要求进行型式试验：

——新产品定型或产品转厂生产时；

——正式生产后，如材料、工艺有较大改变可能影响产品性能时；

——出厂检验结果与上次型式检验有较大差异时；

——国家质量监督机构或用户提出型式检验要求时；

——正常生产时，每年进行一次。

8 标志、包装、运输和贮存

8.1 标志

制造商的商标标记和图纸规定的其他说明应模压在每个密封件上。每个符合本标准的密封件也可以有下面的标志“GB 29334”。

8.2 包装

密封件包装应满足用户规定的要求。

8.3 运输和贮存

应按 GB/T 5721 的有关规定进行，密封件的保质期为 2 年。

ICS 67.250
A 82

GB

中华人民共和国国家标准

GB/T 29335—2012

爪式旋开盖

Twist-off caps

2012-12-31 发布　　2013-09-01 实施

中华人民共和国国家质量监督检验检疫总局
中国国家标准化管理委员会　发布

前　言

本标准按照 GB/T 1.1—2009 给出的规则起草。

本标准由中国轻工业联合会提出。

本标准由全国食品工业标准化技术委员会罐头分技术委员会(SAC/TC 64/SC 2)归口。

本标准起草单位:杭州中粮包装有限公司、中国食品发酵工业研究院、中国罐头工业协会、无锡华鹏瓶盖有限公司、山东环球印铁制罐有限公司。

本标准主要起草人:虞建卫、张蔚、葛双林、季长春、仇凯、周德民。

爪 式 旋 开 盖

1 范围

本标准规定了爪式旋开盖的术语和定义，产品规格、型号及分类，要求，试验方法，检验规则，标志、包装、运输和贮存等要求。

本标准适用于用镀锡薄钢板制成的，用于杀菌或不杀菌的瓶装食品密封包装的爪式旋开盖。

2 规范性引用文件

下列文件对于本文件的应用是必不可少的。凡是注日期的引用文件，仅注日期的版本适用于本文件。凡是不注日期的引用文件，其最新版本（包括所有的修改单）适用于本文件。

GB/T 2520 冷轧电镀锡薄板及钢带

GB/T 2828.1 计数抽样检验程序 第1部分：按接收质量限（AQL）检索的逐批检验抽样计划

GB/T 5009.67 食品包装用聚氯乙烯成型品卫生标准的分析方法

GB/T 5009.69 食品罐头内壁环氧酚醛涂料卫生标准的分析方法

GB/T 6682 分析实验室用水规格和试验方法

GB/T 21928 食品塑料包装材料中邻苯二甲酸酯的测定

QB/T 1877 包装装潢镀锡（铬）薄钢板印刷品

QB/T 2763 涂覆镀锡（或铬）薄钢板

3 术语和定义

下列术语和定义适用于本文件。

3.1

突环型爪式旋开盖 regular twist-step caps

密封垫圈注胶槽顶面成环形台阶状的盖。

3.2

高盖型爪式旋开盖 deep twist-off caps

盖高为中等程度以上的高型盖。

3.3

安全钮型爪式旋开盖 regular twist-off caps with safty button

盖中央带有圆形真空安全突钮的盖。

3.4

加压杀菌爪式旋开盖 twist-off caps for sterilization

适用于杀菌温度高于100 ℃的盖。

3.5

常压杀菌爪式旋开盖 regular twist-off caps for pasteurism

适用于沸水杀菌的盖。

3.6

热灌装爪式旋开盖　twist-off caps for hot filling

适用于灌装物料温度高于 80 ℃,密封后不再杀菌的盖。

3.7

实心密封垫片　solid gasket

采用聚氯乙烯树脂及其他辅料制成的胶,经注胶、烘烤、塑化制成粘结于瓶盖内壁的实心状的密封垫圈。

3.8

发泡密封垫片　foaming gasket

采用聚氯乙烯树脂并加入发泡剂及其他辅料制成的胶,经注胶、烘烤、塑化制成粘结于瓶盖内壁的有微型气孔的密封垫片。

4　产品规格、盖型及分类

4.1　产品规格

产品规格包括公称直径为 30 mm、38 mm、43 mm、48 mm、53 mm、58 mm、63 mm、66 mm、70 mm、77 mm、82 mm、100 mm 的爪式旋开盖。

4.2　产品盖型

产品盖型见表 1。

表 1　产品盖型

产品名称	产品盖型
常规型爪式旋开盖	RTO
安全钮常规型爪式旋开盖	RTB
突环型爪式旋开盖	RTS
安全钮突环型爪式旋开盖	RSB
中高盖型爪式旋开盖	MTO
安全钮中高型爪式旋开盖	MTB
高盖型爪式旋开盖	DWO
安全钮高盖型爪式旋开盖	DWB

4.3　产品分类

根据灌装食品杀菌方式不同分为加压杀菌爪式旋开盖、常压杀菌爪式旋开盖和热灌装爪式旋开盖。

5　要求

5.1　原辅材料

5.1.1　镀锡薄钢板

5.1.1.1　电镀锡薄钢板应符合 GB/T 2520 规定。即经在线检查的、在正常贮存条件下适合整张印涂的电镀锡薄钢板，且不得有下列缺陷：

a） 穿透钢板厚度的针孔；

b） 对使用有影响的伤痕、凹坑、折皱、锈迹等表面缺陷；

c） 对使用有影响的形状缺陷。

5.1.1.2 电镀锡薄钢板的镀锡量、耐冲击性能、厚度、调质度及厚度和调质度的允许偏差均应符合相关要求。带安全钮的爪式旋开盖应采用二次冷轧铁，相应的规格、参数及特殊质量要求应由供需双方商定。

5.1.2 内壁涂料

内壁涂膜的性能应符合 QB/T 2763 的规定，内壁涂料应能满足罐装内容物对涂膜抗性的要求，内涂膜厚度等质量应符合相关要求。

5.1.3 密封垫片

密封垫片类型应满足供需双方确认的杀菌工艺要求。

5.1.4 外壁涂料

应选用耐高温烘烤、耐冲压、耐蒸煮的印铁油墨和涂料。

5.1.5 其他原辅材料

其他原辅材料应符合相应的食品安全国家标准的规定。

5.2 产品的基本结构、尺寸和规格尺寸

5.2.1 产品的基本结构参见附录 A。

5.2.2 规格尺寸应符合表 2 规定。

表 2 规格尺寸

<table>
<tr><th rowspan="3">规格</th><th colspan="2" rowspan="2">盖外径 O. D/mm</th><th rowspan="2">盖内径 C. D/mm</th><th colspan="2" rowspan="2">爪直径距 L. D/mm</th><th colspan="2" rowspan="2">盖高 H/mm</th><th colspan="2" rowspan="2">爪高 S/mm</th><th colspan="4">密封垫片厚度 D/mm</th><th rowspan="3">爪数/只</th></tr>
<tr><th colspan="2">实心</th><th colspan="2">发泡</th></tr>
<tr><th>基本尺寸</th><th>偏差</th><th>最小值</th><th>基本尺寸</th><th>偏差</th><th>基本尺寸</th><th>偏差</th><th>基本尺寸</th><th>偏差</th><th>最小值</th><th>最大值</th><th>最小值</th><th>最大值</th></tr>
<tr><td>30</td><td>33.55</td><td rowspan="13">±0.15</td><td>29.10</td><td>26.75</td><td rowspan="13">±0.20</td><td>12.65</td><td rowspan="13">±0.30</td><td>11.50</td><td rowspan="13">±0.25</td><td rowspan="13">0.75</td><td rowspan="10">1.4</td><td rowspan="13">0.75</td><td rowspan="13">1.55</td><td>3</td></tr>
<tr><td>38</td><td>42.05</td><td>37.60</td><td>35.20</td><td>9.65</td><td>8.60</td><td>3</td></tr>
<tr><td>43</td><td>44.75</td><td>40.90</td><td>38.60</td><td rowspan="2">8.60</td><td rowspan="2">7.45</td><td>4</td></tr>
<tr><td>48</td><td>49.85</td><td>46.00</td><td>43.70</td><td>4</td></tr>
<tr><td>53</td><td>56.25</td><td>52.40</td><td>49.35</td><td rowspan="5">9.70</td><td rowspan="5">8.50</td><td>4</td></tr>
<tr><td>58</td><td>60.15</td><td>56.30</td><td>53.25</td><td>4</td></tr>
<tr><td>63</td><td>66.35</td><td>62.55</td><td>59.50</td><td>4</td></tr>
<tr><td>66</td><td>69.25</td><td>65.45</td><td>62.40</td><td>4</td></tr>
<tr><td>70</td><td>73.25</td><td>69.45</td><td>66.40</td><td>4</td></tr>
<tr><td>77</td><td>80.03</td><td>76.23</td><td>73.10</td><td>9.80</td><td>8.65</td><td>6</td></tr>
<tr><td>82</td><td>85.05</td><td>81.25</td><td>78.20</td><td>10.90</td><td>9.70</td><td rowspan="3">1.55</td><td>6</td></tr>
<tr><td>100</td><td>103.25</td><td>99.45</td><td>96.95</td><td>13.65</td><td>12.30</td><td>6</td></tr>
<tr><td>63 高盖</td><td>66.35</td><td>62.55</td><td>59.50</td><td>14.50</td><td>13.30</td><td>6</td></tr>
</table>

5.2.3 密封垫片宽度

规格30的爪式旋开盖应不小于5.5 mm;规格38～82的爪式旋开盖应不小于7 mm。

5.2.4 密封垫片厚度偏差

5.2.4.1 实心密封垫片:每只盖同一圆周上的厚度偏差应不大于0.4 mm。

5.2.4.2 发泡密封垫片:每只盖同一圆周上的厚度偏差应不大于0.45 mm。

5.3 爪式旋开盖的外观质量

5.3.1 盖形状完整,无明显碰凹皱褶,不应沾有污物。

5.3.2 盖的爪应平整,大小基本一致,双层铁皮应卷紧。

5.3.3 印刷图案清晰,商标文字正确,其他外观指标应符合QB/T 1877的相应要求。

5.3.4 图案位置:印刷图案中心点与盖中心点的偏差不大于1.2 mm。

5.3.5 内壁涂膜不应有暴露镀层的划伤。

5.3.6 密封垫片表面平整,色泽均匀,无缺损。

5.4 爪式旋开盖的外壁涂膜质量

5.4.1 耐杀菌性

经试验后,涂膜应不褪色、不渗色、不起泡、不脱落、无明显失光。

5.4.2 耐腐蚀性

经试验后,应无连续点状腐蚀。

5.5 爪式旋开盖的内壁涂膜质量

5.5.1 耐腐蚀性

经试验后,应无连续点状腐蚀。

5.5.2 抗酸性

经试验后,应无气泡、无脱落、无变色、无泛白。无抗酸要求的旋开盖,此项指标不作要求。

5.5.3 抗硫性

经试验后,应无明显硫斑、不脱落。无抗硫要求的旋开盖,此项指标不作要求。

5.5.4 抗油性

经试验后,应不变色、不脱落。

5.6 爪式旋开盖的密封垫片质量

5.6.1 塑化程度

塑化良好,垫片不断裂。

5.6.2 附着力

垫片与盖内涂膜及内涂膜与镀锡薄钢板均应粘接牢固，不移位。

5.6.3 抗油性

耐油性良好，密封后应不渗油、不漏油。

5.7 爪式旋开盖的开启性

徒手较易开启，开启扭力矩参见附录B。

5.8 爪式旋开盖的真空安全钮

技术要求参见附录B。

6 试验方法

本试验方法中所用的水，在未注明其他要求时，均指符合GB/T 6682规定的三级以上的水。

本试验方法中所用的试剂，在未注明规格时，均指分析纯(AR)。若有特殊要求须另作明确规定。

本试验所用溶液在未注明用何种溶剂配制时，均指水溶液。

6.1 原辅材料

6.1.1 内壁涂料试验

卫生指标按GB/T 5009.69的规定试验。

6.1.2 密封垫片试验

选用瓶盖配套的标准玻璃瓶作为检测容器，根据瓶盖密封垫片与罐装内容物接触面积计算浸泡溶液量，按GB/T 5009.67的规定试验，邻苯二甲酸酯类按GB/T 21928的规定试验。

6.2 规格尺寸的测定

6.2.1 仲裁法

盖外径、盖内径、爪直径距、盖高用通规、止规专用量具测量。

6.2.2 常规法

用精度为0.02 mm的量具或专用量具测量。

6.2.3 爪高的测定

采用百分表测定。将百分表测杆上的专用测头钩入盖爪底部，用瓶盖顶面作为基准面放在测量平台上，测量盖顶面至爪底部的最高距离S。测试方法见图1。

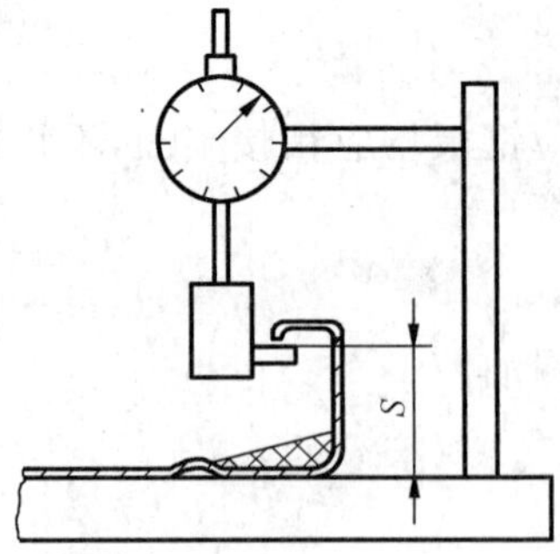

图1 爪高的测定

6.2.4 密封垫片厚度的测定

用瓶盖顶面作为基准面放在测量平台上用百分表测量。测点至盖外壁的径向距离 d 按表3规定，测试方法见图2，瓶盖应紧贴V型定位块旋转一周记下百分表的最大最小读数，密封垫片厚度(D)按式(1)计算，密封垫片同圆周厚度偏差(Δ)按式(2)计算。

$$D = T_{max}(\text{或 } T_{min}) - t \qquad \cdots\cdots(1)$$

式中：

D ——密封垫片厚度，单位为毫米(mm)；

T_{max}——盖顶面至垫片的最大尺寸，单位为毫米(mm)；

T_{min}——盖顶面至垫片的最小尺寸，单位为毫米(mm)；

t ——涂料铁厚度，单位为毫米(mm)。

$$\Delta = T_{max} - T_{min} \qquad \cdots\cdots(2)$$

式中：

Δ——密封垫片同圆周厚度偏差，单位为毫米(mm)。

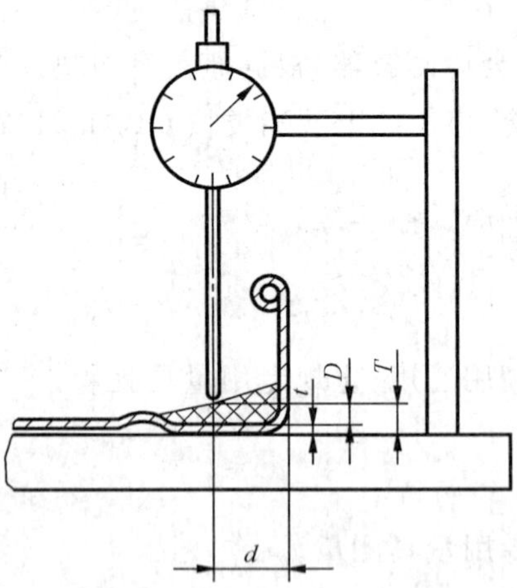

说明：

t——涂料铁厚度；

D——密封垫片厚度；

T——盖顶面至垫片的尺寸；

d——测点到盖外壁的径向距离。

图2 密封垫片厚度的测定

表 3 测点至盖外壁的径向距离

规　　格	d/mm
30	4.80
43、48	5.40
38、53、58、63、66、70、77、82、100	5.00

6.2.5 密封垫片宽度测定

用游标卡尺测量盖外壁至垫片内圆周边的最小距离 W，即密封垫片宽度，见图 3。

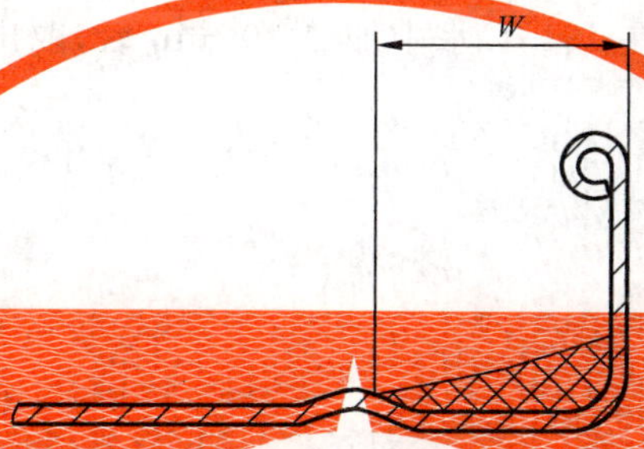

图 3 密封垫片宽度的测定

6.3 爪式旋开盖的外观质量

6.3.1 目测检查

在正常光照和视力下，采用目测检查。

6.3.2 图案位置的测定

测量试样左、右(上、下)任一对称部位的空白宽度 b_{max}、b_{min} 见图 4(精确到 0.1 mm)，测量结果按式(3)计算。

$$a=(b_{max}-b_{min})/2 \qquad (3)$$

式中：

a ——图案位置偏差，单位为毫米(mm)；

b_{max}——最大空白宽度，单位为毫米(mm)；

b_{min}——最小空白宽度，单位为毫米(mm)。

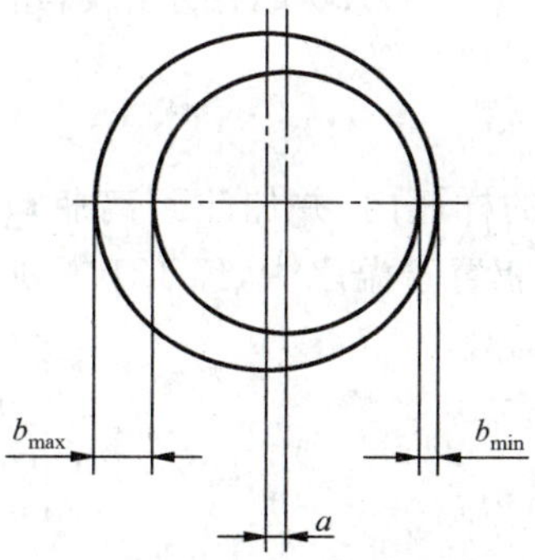

图 4 图案位置测定

6.4 爪式旋开盖的外壁涂膜质量

6.4.1 耐杀菌性试验

6.4.1.1 热灌装爪式旋开盖

瓶盖封在匹配的玻璃瓶口上，在 85 ℃热水中保温 30 min 后，取出冷却至室温，观察外壁涂膜。

6.4.1.2 常压杀菌爪式旋开盖

瓶盖封在匹配的玻璃瓶口上，在沸水中加热 30 min 后，取出冷却至室温，观察外壁涂膜。

6.4.1.3 加压杀菌爪式旋开盖

瓶盖封在匹配的玻璃瓶口上，在 121 ℃水中加热 30 min 后，取出冷却至室温，观察外壁涂膜。

6.4.2 耐腐蚀性试验

6.4.2.1 试剂和溶液

6.4.2.1.1 分析用水：二级水。
6.4.2.1.2 浓盐酸：密度 1.19 g/cm^3。
6.4.2.1.3 蒸馏水。
6.4.2.1.4 硫酸铜 $CuSO_4 \cdot 5H_2O$。
6.4.2.1.5 硫酸铜盐酸溶液：将 84 mL 浓盐酸（密度 1.19 g/cm^3）边搅拌边加入到 700 mL 蒸馏水中，然后将硫酸铜 200 g 溶解于上述酸溶液中。

6.4.2.2 试验步骤

将瓶盖放入硫酸铜盐酸溶液中浸泡 2 min 后取出用水冲洗干净，观察内壁。

6.5 爪式旋开盖的内壁涂膜质量

6.5.1 耐腐蚀性试验

同 6.4.2。

6.5.2 抗酸性试验

6.5.2.1 试剂和溶液

柠檬酸溶液：称取柠檬酸（$C_6H_8O_7 \cdot H_2O$）20 g，用水溶解并稀释至 1 000 mL。

6.5.2.2 试验步骤

将柠檬酸溶液倒入与瓶盖相匹配的样瓶内，并加注到离瓶口 5 mm～10 mm 处。瓶盖在沸水中加热 30 s 后，立即与样瓶密封，然后将样瓶置于温水中，经 121 ℃加热 30 min 后，冷却至室温，开盖检查盖内壁。

6.5.3 抗硫性试验

6.5.3.1 试剂和溶液

L 型半胱氨酸盐酸盐（0.5 g/L）、磷酸二氢钾（3.6 g/L）和磷酸氢二钠（7.2 g/L）的混合溶液：称取

L型半胱氨酸盐酸盐 0.5 g、磷酸二氢钾 3.6 g、磷酸氢二钠 7.2 g，分别用水溶解后，混合稀释至 1 000 mL。混合溶液应在配置后 4 h 内使用。

6.5.3.2 试验步骤

将试验溶液倒入与瓶盖相匹配的样瓶内，并加注到离瓶口 5 mm～10 mm 处。瓶盖在沸水中加热 30 s 后，立即与样瓶密封，然后将样瓶置于温水中，经 121 ℃加热 30 min 后，冷却至室温，开盖检查盖内壁。

6.5.4 抗油性试验

6.5.4.1 试剂和溶液

食用植物油(色拉油)。

6.5.4.2 试验步骤

将 70 ℃～80 ℃的植物油倒入预热好的样瓶内，加注到离瓶口 5 mm～10 mm 处，瓶盖在沸水中加热 30 s 后，立即与样瓶密封。封盖后将样瓶直立置于卧式加压杀菌釜进行高压水杀菌，应确保杀菌釜内水位高于最上层样瓶的瓶盖表面 15 cm，杀菌时保持 121 ℃恒温 30 min，恒温时杀菌釜压力表保持在 0.18 MPa。杀菌后冷却样瓶中心温度至 40 ℃出水，冷却时保持杀菌釜压力表保持在 0.18 MPa。样瓶冷却至室温后，开盖检查盖内壁。

6.6 爪式旋开盖的密封垫片质量

6.6.1 塑化程度试验

6.6.1.1 热灌装盖

将 70 ℃～80 ℃的热水倒入预热好的与盖相匹配的样瓶内，加注到离瓶口 5 mm～10 mm 处，盖在沸水中加热 30 s 后，立即与样瓶密封，冷却至室温，开盖观察垫片。

6.6.1.2 常压杀菌盖

将 70 ℃～80 ℃的热水倒入预热好的与盖相匹配的样瓶内，加注到离瓶口 5 mm～10 mm 处，盖在沸水中加热 30 s 后，立即与样瓶密封，然后将样瓶放入温水中，加热煮沸 30 min 后，冷却至室温，开盖观察垫片。

6.6.1.3 加压杀菌盖

将 70 ℃～80 ℃的热水倒入预热好的与盖相匹配的样瓶内，加注到离瓶口 5 mm～10 mm 处，盖在沸水中加热 30 s 后，立即与样瓶密封。封盖后将样瓶直立置于卧式加压杀菌釜进行高压水杀菌，确保杀菌釜内水位高于最上层样瓶瓶盖表面 15 cm，杀菌时保持 121 ℃恒温 30 min，恒温时杀菌釜压力表保持在 0.18 MPa。杀菌后冷却样瓶内植物油的中心温度至 40 ℃出水，冷却时，杀菌釜压力表应在 0.18 MPa。样瓶冷却至室温后，开盖观察垫片。

6.6.2 附着力试验

6.6.2.1 热灌装盖

按 6.6.1.1 方法试验后，观察垫片。

6.6.2.2 常压杀菌盖

按6.6.1.2方法试验后,观察垫片。

6.6.2.3 加压杀菌盖

按6.6.1.3方法试验后,观察垫片。

6.6.3 抗油性试验

6.6.3.1 试剂和溶液

食用植物油(色拉油)。

6.6.3.2 试验步骤

6.6.3.2.1 热灌装盖抗油性试验

将85 ℃以上的植物油倒入预热好的样瓶内,并加注到离瓶口5 mm～10 mm处,瓶盖在沸水中加热30 s后,立即与样瓶密封,冷却至室温,倒置于滤纸上24 h后观察。

6.6.3.2.2 常压杀菌盖抗油性试验

将70 ℃～80 ℃的植物油倒入预热好的样瓶内,并加注到离瓶口5 mm～10 mm处,瓶盖在沸水中加热30 s后,立即与样瓶密封,然后将样瓶放入温水中,加热煮沸30 min后,冷却至室温,倒置于滤纸上24 h后观察是否有渗油、漏油。

6.6.3.2.3 加压杀菌盖抗油性试验

将70 ℃～80 ℃的植物油倒入预热好的样瓶内,并加注到离瓶口5 mm～10 mm处,瓶盖在沸水中加热30 s后,立即与样瓶密封。封盖后将玻璃瓶直立置于卧式加压杀菌釜进行高压水杀菌,确保杀菌釜内水位高于最上层样瓶瓶盖表面15 cm,杀菌时保持121℃恒温30 min,恒温时杀菌釜压力表应在0.18 MPa。杀菌后冷却至样瓶内植物油的中心温度至40℃时出水,冷却时杀菌釜压力表应在0.18 MPa不变。冷却至室温,倒置于滤纸上24 h后观察是否有渗油、漏油。

6.7 爪式旋开盖开启性的测定

6.7.1 仪器和设备

扭力矩测试仪。

6.7.2 试验步骤

6.7.2.1 热灌装盖

按6.6.1.1方法试验后,用扭力矩测试仪徒手开启瓶盖,并观察开启扭力矩的数值。

6.7.2.2 常压杀菌盖

按6.6.1.2方法试验后,用扭力矩测试仪徒手开启瓶盖,并观察开启扭力矩的数值。

6.7.2.3 加压杀菌盖

按6.6.1.3方法试验后,用扭力矩测试仪徒手开启瓶盖,并观察开启扭力矩的数值。

7 检验规则

7.1 基本要求

7.1.1 产品出厂前由制造单位的检验部门按标准规定逐批进行检验，符合标准要求并附有产品合格证方可出厂。

7.1.2 以相同材料、相同工艺、相同规格、同一条生产线连续生产的产品为一批。

7.1.3 产品检验按 GB/T 2828.1 正常检验二次抽样方案。

7.2 出厂检验

7.2.1 出厂检验项目

出厂检验项目为表 4 中第 3 项～第 11 项和第 13 项～第 15 项。

表 4 抽样检验表

序号	项目名称	技术要求	试验方法	不合格分类	检验水平 IL	接收质量限 AQL
1	内壁涂料	5.1.2	6.1.1	A	—	全部合格
2	密封垫片	5.1.3	6.1.2			
3	塑化程度	5.6.1	6.6.1	B	S-3	1.0
4	附着力	5.6.2	6.6.2			
5	抗油性	5.6.3	6.6.3			
6	内壁耐腐蚀性	5.5.1	6.5.1			
7	抗酸性	5.5.2	6.5.2			
8	抗硫性	5.5.3	6.5.3			
9	爪式旋开盖的规格尺寸	5.2	6.2		S-4	2.5
10	爪式旋开盖的外观质量	5.3.1 5.3.2 5.3.5 5.3.6	6.3.1			4.0
11	爪式旋开盖的外壁涂膜质量	5.4	6.4			
12	镀锡薄钢板	5.1.1	6.3.1	C		6.5
13	印刷图案	5.3.3	6.3.1			
14	图案位置	5.3.4	6.3.2			
15	爪式旋开盖的开启性	5.7	6.7		S-3	

7.2.2 判定规则

7.2.2.1 判为 A 类不合格的产品不得出厂，制造单位应对该批产品作全数检验或返工处理，然后再次提交检验，合格后方可出厂。

7.2.2.2 判为B类、C类不合格的批产品，原则上不得出厂，具体处理办法可由供需双方协商解决。

7.3 型式检验

7.3.1 每种盖型一般每年进行一次型式检验。有下列情况之一，亦应进行型式检验：

a) 主要原辅材料或关键工艺改变，可能影响产品性能时；

b) 停产六个月以上，恢复生产时；

c) 出厂检验结果与上次型式检验有较大差异时；

d) 国家质量监督机构提出进行型式检验的要求时。

7.3.2 型式检验项目为抽样检验表(见表4)中全部项目。

7.3.3 型式检验用的试样，应从出厂检验合格货批中抽取。

7.3.4 型式检验的判定规则按7.3.2规定，并应改进生产至新的型式检验合格后，方可恢复生产。

7.4 转移规则

在连续生产过程中，可使用符合GB/T 2828.1规定的转移规则。

8 标志、包装、运输、贮存

8.1 标志

产品包装箱应有制造单位、产品名称、规格、数量、采用标准号、生产日期，并附有检验合格标签。

8.2 包装

产品应先用清洁无毒塑料薄膜袋包装，外层用运输包装箱包装，包装箱应紧固。

8.3 运输

运输工具应清洁干燥，运输时应轻装轻卸，防止潮湿、雨雪侵淋和包装污染、破损。

8.4 贮存

产品应贮存在干燥、清洁的库房内，防止受潮、污染、锈蚀，不得与有毒、有害物品存放一起。

8.5 保质期

符合8.3、8.4规定时，产品自生产之日起，产品保质期为两年。

附　录　A
（资料性附录）
爪式旋开盖的基本结构示意图

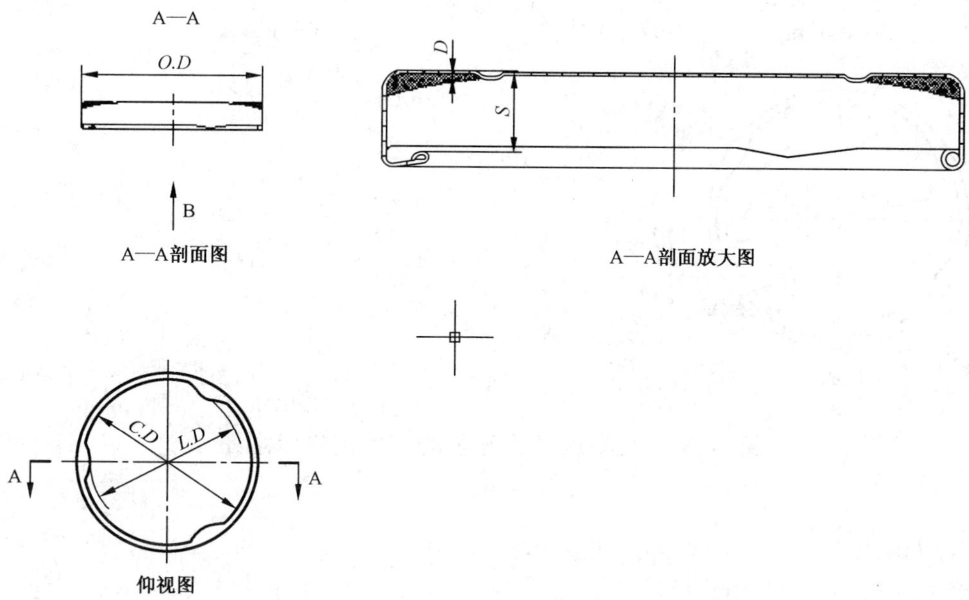

图 A.1　三爪-爪式旋开盖的基本结构示意图

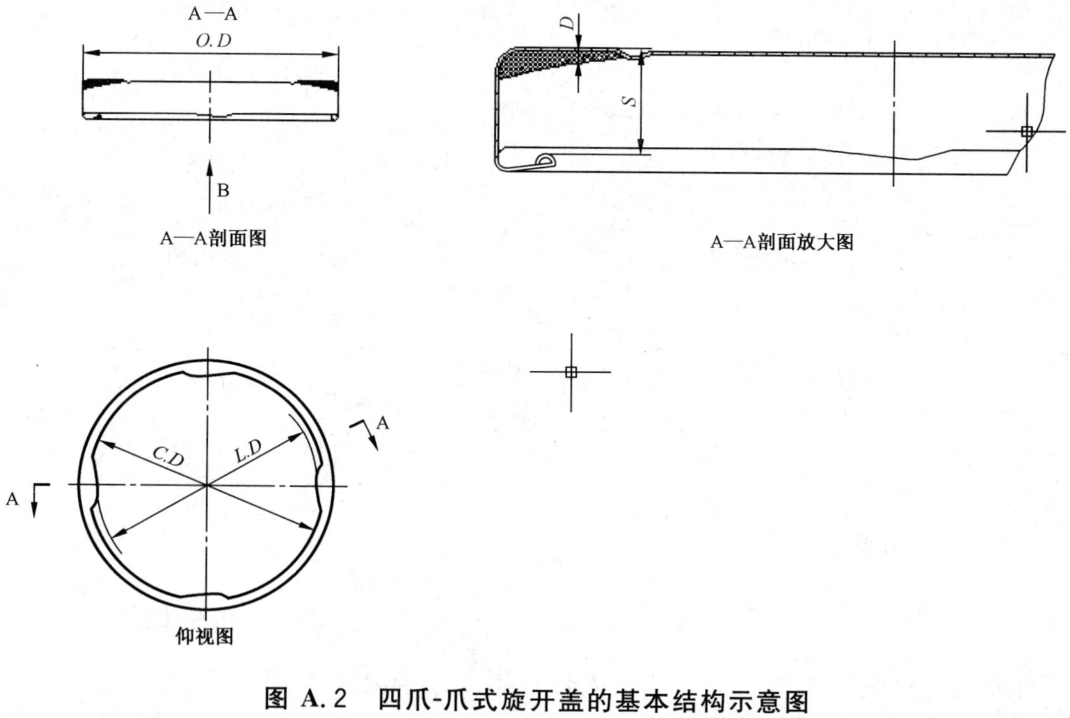

图 A.2　四爪-爪式旋开盖的基本结构示意图

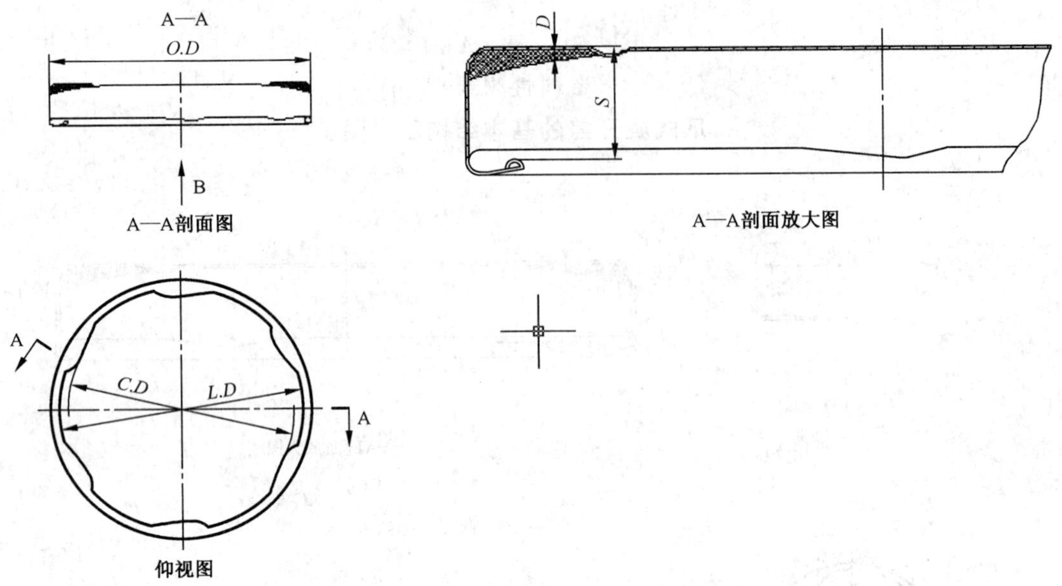

图 A.3 六爪-爪式旋开盖的基本结构示意图

附 录 B
（资料性附录）
开启扭力矩和真空安全钮的技术要求

B.1 开启扭力矩技术要求

按 6.7 试验后，用扭力矩测试仪徒手较易开启。开启扭力矩在 0.024 MPa～0.064 MPa 真空度下参考指标见表 B.1。

表 B.1 开启扭力矩要求

规格	开启扭力矩/N·m
30	0.50～2.60
38	1.00～3.28
43	1.75～3.50
48	1.95～3.90
53	2.20～4.40
58	2.35～4.70
63	2.60～5.20
66	2.70～5.40
70	2.85～5.70
77	3.30～6.60
82	3.50～7.00
100	6.00～12.00
63 高盖	2.60～5.20

B.2 真空安全钮的技术要求

B.2.1 真空安全钮吸下、弹起真空度的参考限定值见表 B.2。

表 B.2 弹起真空度的参考限定值

<table>
<tr><th rowspan="2">规格</th><th colspan="2">真空度</th><th rowspan="2">吸下和弹起值之差最小值/MPa</th></tr>
<tr><th>吸下最大值/MPa</th><th>弹起最小值/MPa</th></tr>
<tr><td>30</td><td>0.051</td><td rowspan="3">0.007</td><td rowspan="3">0.007</td></tr>
<tr><td>38、43、48</td><td>0.044</td></tr>
<tr><td>53～100</td><td>0.040</td></tr>
</table>

B.2.2 检验方法

用口径相适应的钢制圆形测量杯测量。将瓶盖朝下盖在杯口上，开动真空泵缓慢抽出杯内空气，当瓶盖的安全钮被完全吸下时，此时读取压力表上的数值，即为吸下真空度值。然后缓慢释放真空，当安全钮被弹起时，此时压力表上的读数值即为弹起真空度值。

ICS 71.100.40
Y 43

中华人民共和国国家标准

GB 29337—2012

口腔清洁护理用品通用标签

General labeling for oral care and cleansing products

2012-12-31 发布 2014-05-01 实施

中华人民共和国国家质量监督检验检疫总局
中国国家标准化管理委员会 发布

前　言

本标准6.8、6.9条款为推荐性条款，其余为强制性条款。

本标准按照GB/T 1.1—2009给出的规则起草。

本标准由中国轻工业联合会提出。

本标准由全国牙膏蜡制品标准化中心归口。

本标准主要起草单位：上海白猫股份有限公司（上海牙膏厂）、重庆登康口腔护理用品股份有限公司、柳州两面针股份有限公司、云南白药集团股份有限公司、江西诚志股份有限公司草珊瑚分公司、广西奥奇丽股份有限公司、天津蓝天集团股份有限公司、美晨集团股份有限公司、纳爱斯集团有限公司、国家轻工业牙膏蜡制品质量监督检测中心。

本标准主要起草人：孙东方、蒋玮、陈健芬、姜宜凡、李显波、覃青云、高鹰、许海燕、田嘉松、黄强、李毅苹、张民欣。

口腔清洁护理用品通用标签

1 范围

本标准规定了口腔清洁护理用品术语和定义，通用标签的形式、基本要求、标注内容和标注要求。

本标准适用于在中华人民共和国境内销售的口腔清洁护理用品。

2 规范性引用文件

下列文件对于本文件的应用是必不可少的。凡是注日期的引用文件，仅注日期的版本适用于本文件。凡是不注日期的引用文件，其最新版本(包括所有的修改单)适用于本文件。

定量包装商品计量监督管理办法(国家质量监督检验检疫总局令第75号)

中华人民共和国工业产品生产许可证管理条例实施办法(国家质量监督检验检疫总局令第130号)

国际化妆品原料标准中文名称目录(国家食品药品监督管理局)

3 术语和定义

下列术语和定义适用于本文件。

3.1

口腔清洁护理用品 oral care and cleansing products

以洗刷、含漱、涂擦、喷洒、贴或者其他类似的方法，作用于人的牙齿或口腔黏膜，以达到清洁、减轻不良气味、修饰、维护，使之保持良好状态的日用化学工业产品。本标准规定的口腔清洁护理用品包括：牙膏、口腔清洁护理液、牙粉、口腔用啫喱。具体产品定义可参照相关产品标准。

3.2

内装物 contents

包装容器(盒、袋)内所装的产品。

3.3

销售包装 sales packaging

销售时与内装物一起交付给消费者的包装整体。

3.4

标签 labelling

粘贴、连接或印在口腔清洁护理用品销售包装上的文字、数字、符号、图案和置于销售包装内的说明书。

3.5

展示面 display panels

口腔清洁护理用品在陈列时，能被消费者看到的任何面。

3.6

可视面 visible panels

口腔清洁护理用品在不破坏销售包装的情况下，消费者能够看到的任何面。如打开后能够复原的情况，可视为不破坏销售包装。

3.7

净含量　net content

去除包装容器和其他包装材料后，内装物的实际质量或体积。

3.8

保质期　shelf life

在口腔清洁护理用品产品标准和标签规定的条件下，保持产品品质的期限。在此期限内，产品应符合产品标准和标签中所规定的品质。

4　通用标签的形式

按口腔清洁护理用品的包装形状和(或)体积，可以选择以下标签形式：

a)　印或粘贴在销售包装上；

b)　印在与销售包装外面相连的小册子或纸带或卡片上；

c)　印在销售包装内放置的说明书上。

5　基本要求

5.1　标签所标注的内容应真实。所有文字、数字、符号、图案应正确。

5.2　标签所标注的内容应符合现行国家法律和法规的要求。

5.3　口腔清洁护理用品标签的文字清晰易辨，应保证消费者在购买时醒目、易于辨认和阅读。

5.4　口腔清洁护理用品标识中，除注册商标外，其内容应使用规范中文。使用拼音、少数民族文字、繁体字或者外文的，应当与汉字有对应关系。同一可视面上其字体不应大于相应的汉字。对包装物(容器)最大表面面积大于 20 cm^2 的，标识中强制标注内容字体高度不应小于 1.8 mm。

5.5　包装物(容器)最大表面面积的测算方法见附录 A。

6　标注内容和标注要求

6.1　口腔清洁护理用品的名称

6.1.1　口腔清洁护理用品的名称应反映口腔清洁护理用品的真实属性，简明易懂。

6.1.2　口腔清洁护理用品的名称应标注在销售包装展示面的显著位置。如因包装的形状和(或)体积的原因，无法标注在展示面上时，可标注在其可视面上。

6.1.3　同一名称的口腔清洁护理用品，适用于不同人群的，不同香型的，应当在名称中或明显位置予以标明。

6.2　生产者的名称和地址

6.2.1　应标注经依法登记注册并承担质量责任的生产者名称和地址。

6.2.2　委托生产或加工口腔清洁护理用品的生产者名称和地址的标注按国家质量监督检验检疫总局令第 130 号规定执行。

6.2.3　进口产品应以中文标注原产国或地区(指香港、澳门、台湾)的名称和在中国依法登记注册的代理商、进口商或经销商的名称和地址。可以不标注生产者的名称和地址。

6.2.4　生产者、代理商、进口商或经销商的名称和地址应标注在销售包装的可视面上。

6.3 净含量

6.3.1 定量包装的产品应按国家质量监督检验检疫总局令第75号规定标注净含量。

6.3.2 净含量应标注在销售包装的展示面上。如因包装的形状和(或)体积的原因,无法标注在展示面上时,可标注在其可视面上。

6.4 口腔清洁护理用品成分表

6.4.1 标注要求

6.4.1.1 在销售包装的可视面上应真实地标注口腔清洁护理用品全部添加成分的名称。

6.4.1.2 某些成分虽然加入后与其他成分发生了反应,但应标注反应前的成分。

6.4.1.3 原料中所含的带入成分,在产品中的含量极小,远小于能发挥其效果所必须的量且安全时,不必标注。如:为保护原料而添加的适量防腐剂、抗氧化剂等成分;混在原料中的微量杂质(在目前的技术条件下不可避免);存在于反应生成物中的微量未反应物或反应副产物。

6.4.1.4 成分表应以"成分:"的引导语引出。

6.4.2 成分名称的标注顺序

6.4.2.1 成分表中成分名称应按加入量的降序列出。如果成分表中标注两种或两种以上的成分名称时,在各个成分名称之间用"、"予以分开。

6.4.2.2 如果成分的加入量小于和等于1%时,可以在加入量大于1%的成分后面按任意顺序排列成分名称。

6.4.3 标注的成分名称

标注的成分名称应采用《国际化妆品原料标准中文名称目录》中的成分名称。如果该成分为《国际化妆品原料标准中文名称目录》中没有覆盖的名称,可依次采用中华人民共和国药典的名称、化学名称或植物学名称。不能采用上述方式命名时,也可参考《国际化妆品原料标准中文名称目录》的有关命名规则自行命名。

当《国际化妆品原料标准中文名称目录》内收载的名称发生变更时,或自主命名的成分名称与该文件发布名称不同时,应该在更换包装材料时及时更改该成分的标注名称。

6.5 保质期

6.5.1 保质期应按下列两种方式之一标注:

a) 生产日期和保质期;

b) 生产批号和限期使用日期。

6.5.2 标注方法如下:

a) 生产日期的标注:采用"生产日期"或"生产日期见包装"等引导语,日期按4位数年份和2位数月份及2位数日的顺序。如:标注"生产日期 20100112"或"生产日期见包装"和包装上"20100112",表示2010年1月12日生产;

b) 保质期的标注:"保质期×年"或"保质期××月";

c) 生产批号的标注:由生产企业自定;

d) 限期使用日期的标注:采用"请在标注日期前使用"或"限期使用日期见包装"等引导语,日期按4位数年份和2位数月份和2位数日的顺序。如:标注"20130105",表示在2013年1月5日前使用。日期也可以按4位数年份和2位数月份的顺序。如:标注"201301",表示在2013年1

月1日前使用。

6.5.3 除生产批号外，限期使用日期或生产日期和保质期应直接标注在销售包装的可视面上。

6.6 标准号

国内生产的产品应标注产品标准号，其中产品标准号可不标注年代号。标准号可标注在可视面上，也可标注在产品说明书上。

6.7 警示用语

6.7.1 凡国家有关法律和法规有要求或根据口腔清洁护理用品特点需要时，应在销售包装的可视面上标注安全警示用语。

6.7.2 添加氟化物的防龋口腔清洁护理用品应标明氟添加量，含氟口腔清洁护理用品应有针对儿童使用的警示性用语。

6.8 宜标注的内容

6.8.1 必要时，应在销售包装的可视面或产品说明书上标注满足保质期或限期使用日期的储存条件。

6.8.2 必要时，应在销售包装的可视面或产品说明书上标注产品的使用指南。

6.9 其他

6.9.1 对包装物(容器)的最大表面的面积小于10 cm^2 且净含量不大于15 g或者15 mL的可以仅标注：品名、生产者名称和地址、净含量、生产日期和保质期或者生产批号和限期使用日期。产品如有其他相关说明性资料的，其他应当标注的内容可以标注在说明性资料上。

6.9.2 供消费者免费使用并有相应标识(如赠品、非卖品等)的口腔清洁护理用品，可以免除标注以下内容：净含量、全成分表及标准号。

附 录 A
（规范性附录）
包装物（容器）最大表面面积的计算方法

A.1 长方体包装物或长方体形包装容器最大表面面积计算方法：最大一个侧面的高度（cm）乘以宽度（cm）。

A.2 圆柱形包装物、圆柱形包装容器或近似圆柱形包装物、近似圆柱形包装容器最大表面面积计算方法：包装物或包装容器的高度（cm）乘以圆周长（cm）的40%。

A.3 其他形状的包装物或包装容器最大表面面积计算方法：包装物或包装容器总表面积的40%。

A.4 如果包装物或包装容器有明显的主要展示版面，应以主要展示版面的面积为最大表面面积。

A.5 如果包装物或包装容器是瓶形或罐形，计算最大表面面积时不包括肩部、颈部、顶部或底部的凸缘。

ICS 71.020
G 10

中华人民共和国国家标准

GB/T 29338—2012

磷酸(湿法)生产技术规范

Production technical regulation for phosphoric acid (wet-process)

2012-12-31 发布 2013-08-01 实施

中华人民共和国国家质量监督检验检疫总局
中国国家标准化管理委员会 发布

前　言

本标准按照 GB/T 1.1—2009 给出的规则起草。

本标准的附录 A 为资料性附录。

本标准由中国石油和化工协会提出。

本标准由全国化学标准化技术委员会无机技术委员会(SAC/TC 63/SC 1)归口。

本标准负责起草单位:贵州开磷(集团)有限责任公司。

本标准参加起草单位:中海油天津化工研究设计院、瓮福(集团)有限责任公司。

本标准主要起草人:屈庆麟、周俊生、洪霞、陆思伟、万林、石秀明、刘海、姜庆泉。

磷酸(湿法)生产技术规范

1 范围

1.1 本标准规定了磷酸(湿法)生产企业的基本要求、磷酸(湿法)生产原理、生产过程控制、生产设备维护和保养、产品品质要求、安全生产操作注意事项、污染物排放限值、数据采集与监测采样和污染物测定方法。

本标准适用于现有、新建、扩建、改建和实施技改工程的磷酸(湿法)生产企业。

1.2 磷酸(湿法)工程建设,除应符合本标准外,还应符合国家有关工程质量、安全、职业卫生、消防等方面的强制性标准条文的规定。

2 规范性引用文件

下列文件对于本文件的应用是必不可少的。凡是注日期的引用文件,仅注日期的版本适用于本文件。凡是不注日期的引用文件,其最新版本(包括所有修改单)适用于本文件。

GB/T 2589 综合能耗计算通则
GB 3095 环境空气质量标准
GB 15580 磷肥工业水污染物排放标准
GB/T 16157 固定污染源排气中颗粒物测定与气态污染物采样方法
GB 16297 大气污染物综合排放标准
GB 18599 一般工业固体废物储存、处置场污染物控制标准
HG/T 4068 工业湿法粗磷酸
HG/T 4069 工业湿法净化磷酸
HJ/T 397 固定源废气监测技术规范

3 术语

下列术语和定义适用于本文件。

3.1

磷酸(湿法) phosphoric acid (wet-process)

通常指用硫酸直接与磷矿反应制成的磷酸。

3.2

二水法 dihydrate Act

用硫酸与磷矿反应,生成磷酸和二水硫酸钙结晶的生产方法。

3.3

半水法 water-half Act

用硫酸与磷矿反应,生成磷酸和半水硫酸钙结晶的生产方法。

3.4

半水-二水法 semi-water-dihydrate Act

用硫酸与磷矿反应,先生成磷酸和半水硫酸钙结晶, 再水合成二水硫酸钙结晶的生产方法。

3.5

二水-半水法 dihydrate-half water Act

用硫酸与磷矿反应，先生成磷酸和二水硫酸钙结晶，再脱水成半水硫酸钙结晶的生产方法。

3.6

磷石膏 phosphogypsum

磷酸生产过程中生成的硫酸钙结晶石膏，即为磷石膏。

3.7

装置可用率 device availability

生产装置每年正常运行时间与生产装置每年设计运行时间的百分比，按式(1)计算：

$$\text{装置可用率} = \frac{t_1 - t_2}{t_1} \times 100\% \quad \cdots\cdots(1)$$

式中：

t_1——生产装置每年设计运行时间，单位为小时(h)；

t_2——生产装置每年系统故障导致的停运时间，单位为小时(h)。

3.8

磷回收率 phosphorus recovery

获得的总磷量与进萃取槽总磷量的质量百分比，按式(2)计算：

$$\text{磷回收率} = \frac{m_1 \times w_1}{m_2 \times w_2} \times 100\% \quad \cdots\cdots(2)$$

式中：

m_1——输出成品磷酸的质量的数值，单位为吨(t)；

w_1——输出成品磷酸含量以五氧化二磷(P_2O_5)的质量分数计，数值以%表示；

m_2——进入磷酸生产系统中干基磷矿石(以干基计)的质量的数值，单位为吨(t)；

w_2——进入磷酸生产系统的磷矿石中五氧化二磷(P_2O_5)的质量分数，数值以%表示。

4 基本要求

4.1 总图布置要求

4.1.1 厂区布置

4.1.1.1 总平面布置，应在总体规划的基础上，根据规模、生产流程、交通运输、环境保护，以及安全、卫生、施工及检修等要求，结合场地自然条件，经技术经济比较后择优确定。

4.1.1.2 总平面布置，应符合下列要求：

a) 在符合生产流程、操作要求和使用功能的前提下，建筑物、构筑物等设施，应联合多层布置；

b) 按功能分区，合理地确定通道宽度；

c) 厂区、功能分区及建筑物、构筑物的外形宜规整；

d) 功能分区内各项设施的布置，应紧凑、合理。

4.1.1.3 散发含尘含氟气体的装置应布置在厂区常年最小频率风向的上风的边缘地带。

4.1.2 厂房建筑

4.1.2.1 生产车间地面应平整，易于清扫。

4.1.2.2 多层厂房应有防止含氟气串流和扩散的相应隔离措施。

4.1.2.3 厂房建筑应具有足够使用的高度和面积，以利于通风。

4.2 工艺设计要求

4.2.1 劳动安全卫生防护设施、环境保护设施应做到与主体工程同时设计、同时施工、同时投产使用，凡不符合劳动安全卫生标准、环境保护标准的，不得施工和投产。

4.2.2 磷酸（湿法）生产工艺流程应包括萃取系统、过滤系统、浓缩系统、储存系统、氟回收系统和水处理系统、磷石膏储存系统。

4.2.3 应采用先进的工艺和设备，使生产过程密闭化、机械化和自动化。

4.2.4 磷酸（湿法）装置的主体设备设计使用寿命不低于15年，装置的可用率应保证在95%以上。

4.2.5 同一性质的生产工艺设备，宜集中布置，为劳动安全卫生防护及环境保护设施留出足够的检修空间。

4.2.6 工艺设计应优化工艺流程，减少中转环节，缩短运输距离，最大程度地达到节能效果。

4.3 磷石膏储存与处置

4.3.1 磷石膏渣场建设应远离人口稠密区、水源区。

4.3.2 磷石膏储存与处置符合GB 18599的要求。

4.4 工艺装置要求

装置规模应符合国家和有关部门产业结构的相关规定。

4.5 工艺装备

4.5.1 新建装置

4.5.1.1 应同步建设原料加工系统，含氟气体回收利用系统，污水处理系统，磷石膏合理堆存，并逐步实现综合利用。

4.5.1.2 原料加工流程应做到粉尘回收。

4.5.1.3 含氟气体易泄漏、逸出的岗位，应有工业电视监控。

4.5.1.4 尾气排放应实现在线监测。

4.6 环境保护

4.6.1 生产线应有含氟气处理装置，大气污染物的源排放应满足GB 16297的规定。

4.6.2 应有磷石膏综合利用措施，磷石膏的排放应满足GB 18599的规定，不污染周边环境。

4.6.3 应有水循环利用系统，废水的排放应满足GB 15580的规定。

4.7 经济技术评价指标

经济技术评价指标应符合相关部门的规定。在国家没有相关规定时，企业参见附录A自行评价。

5 磷酸（湿法）生产原理

5.1 磷矿的酸分解（酸解）

用硫酸分解磷矿，生成磷酸和硫酸钙结晶的混合料浆。控制混合料浆磷酸溶液中的磷酸浓度、温度以及游离硫酸浓度得到三种不同的硫酸钙晶体，即二水硫酸钙（$CaSO_4 \cdot 2H_2O$）、半水硫酸钙（$CaSO_4 \cdot \frac{1}{2}H_2O$）、无水硫酸钙（$CaSO_4$）。其总反应表示如下：

$$Ca_5F(PO_4)_3 + 5H_2SO_4 + 5nH_2O = 3H_3PO_4 + 5CaSO_4 \cdot nH_2O \downarrow + HF \uparrow$$

在实际生产中，反应是分两步进行。

（1） 磷矿颗粒首先被稀磷酸分解，生成磷酸一钙：

$$Ca_5F(PO_4)_3 + 7H_3PO_4 = 5Ca(H_2PO_4)_2 + HF \uparrow$$

（2） 磷酸一钙继续与硫酸反应生成磷酸和二水硫酸钙结晶：

$$5Ca(H_2PO_4)_2 + 5H_2SO_4 + 5nH_2O = 10H_3PO_4 + 5CaSO_4 \cdot nH_2O \downarrow$$

注：目前磷酸（湿法）生产中主要有二水法、半水法及其混合法，n 为 2、$\frac{1}{2}$ 或 0。

（3） 其他物质发生的副反应如下：

磷矿中的 SiO_2 将与主反应生成 HF 发生下述反应：

$$6HF + SiO_2 = H_2SiF_6 + 2H_2O$$

$$H_2SiF_6 = SiF_4 \uparrow + 2HF \uparrow$$

四氟化硅气体从反应槽逸出，在洗涤装置中用水吸收生成氟硅酸，同时析出易堵塞设备及管道的硅胶（$SiO_2 \cdot nH_2O$）。

$$3SiF_4 + (n+2)H_2O = 2H_2SiF_6 + SiO_2 \cdot nH_2O \downarrow$$

磷矿中的铁、铝、钠、钾等杂质与磷酸、氟硅酸发生下述反应：

$$(Fe,Al)_2O_3 + 2H_3PO_4 = 2((Fe,Al)PO_4 \downarrow + 3H_2O$$

$$(Na,K)_2O + H_2SiF_6 = (Na,K)_2SiF_6 \downarrow + H_2O$$

磷矿中镁主要存在于碳酸盐中，与硫酸发生下述反应：

$$CaCO_3 \cdot MgCO_3 + 2H_2SO_4 = CaSO_4 + MgSO_4 + 2H_2O + 2CO_2 \uparrow$$

$$CaCO_3 + H_2SO_4 = CaSO_4 + H_2O + CO_2 \uparrow$$

生成的镁盐全部进入磷酸溶液中，对后工序生产将带来不利的影响。

5.2 磷酸与磷石膏的过滤分离（过滤）

磷酸（湿法）生产中将反应得到的磷酸和硫酸钙晶体（磷石膏）的混合料浆送到过滤机上，采用真空过滤的方法进行液固分离，分别得到稀酸和磷石膏。并对过滤后的磷石膏滤饼进行逆流洗涤，充分回收磷酸。

6 磷酸（湿法）生产过程控制

6.1 生产工艺过程原料质量要求

6.1.1 磷矿质量要求：见表 1。

表 1

项目	$w(P_2O_5)$	$w(CaO)/w(P_2O_5)$	$w(R_2O_3)/w(P_2O_5)$	$w(MgO)/w(P_2O_5)$	细度 （0.15 mm）
基本要求	≥30%	≤1.45	≤10%	≤5%	≥80%
最低要求	≥27%	≤1.61	≤11%	≤10%	≥80%

6.1.2 硫酸质量要求：

硫酸浓度≥93（%）。

6.2 主要设备性能

6.2.1 反应槽

a) 料浆在反应槽中停留时间 2 h～6 h,反应槽容积应满足料浆停留时间的要求;

b) 工作压力:微负压;

c) 槽体材质:混凝土或碳钢上衬胶再衬碳砖。

6.2.2 过滤机

单台过滤机过滤面积≥80 m^2,过滤(P_2O_5)强度≥4.0 t/(m^2·d)。

6.3 湿法磷酸生产任务

6.3.1 用硫酸分解磷矿生成磷酸与硫酸钙结晶混合料浆,控制适宜的反应条件,以获得均匀、粗大、易于过滤洗涤的硫酸钙结晶。

6.3.2 用强制循环低位真空蒸发冷却料浆或用鼓风冷却料浆,移出反应余热,并将含氟尾气送到洗涤系统,经处理达标后排放。

6.3.3 采用真空抽吸过滤、逆流洗涤工艺,对磷酸与硫酸钙结晶混合料浆进行液固分离和洗涤,控制适宜操作指标,尽可能提高过滤强度和洗涤率,达到最高的磷回收率,并将成品磷酸送到成品磷酸贮槽。

6.3.4 采用湿法冲渣,将经过滤洗涤后的磷石膏,送入磷石膏再浆槽,由排渣泵送至磷石膏渣场。采用干法排渣,则将经过滤洗涤后的磷石膏通过皮带输送磷石膏渣场。

6.3.5 将稀磷酸输入浓缩系统进行浓缩,获得需要浓度的浓磷酸,将浓缩后的成品酸送到磷酸贮槽储存。

6.4 操作程序

6.4.1 开车准备

a) 磷酸生产作业人员上岗前应进行相应的培训,掌握生产原料、成品及中间产物特性及相应的安全知识,磷酸生产过程相关控制技术,并考试合格后才准予上岗作业;

b) 工序设备应经过专业专职人员对其进行联合检查,确认流程畅通,设备正常,并验收合格;

c) 确认电气、仪表正常;

d) 准备足够的原料。

6.4.2 开车程序

6.4.2.1 原始开车操作程序

a) 向反应萃取槽加水至规定液位,启动其搅拌桨,并调节料浆 SO_3 浓度至正常指标;

b) 在初次开车期间,应严格控制反应萃取槽的升温速率≤10 ℃/h;

c) 启动搅拌桨,根据反应槽中硫酸钙的结晶情况,作好过滤准备;

d) 启动过滤系统及排渣系统的所有设备,将滤液全部返回反应萃取槽,当其槽位过高时适当将一部分滤液送到稀磷酸贮槽,待各项指标达到要求后,转入正常生产;

e) 根据料浆液相 P_2O_5 浓度,调节滤液返回量,剩余滤液送到稀磷酸贮槽。

6.4.2.2 短期停车后的开车程序

a) 启动过滤系统及排渣系统的所有设备;

b) 向过滤机送料浆，调节反应萃取槽磷酸浓度，并向稀磷酸贮槽送磷酸；

c) 按比例投入硫酸、磷矿至反应萃取槽，调节工艺指标到控制范围内；

d) 将过滤机卸下的磷石膏送到磷石膏堆场堆放。

6.4.3 停车程序

6.4.3.1 正常停车

a) 关闭硫酸调节阀，并停止输送磷矿粉；

b) 用回磷酸将料浆管内料浆置换完毕后停料浆泵；

c) 加料停止后，用热水对过滤系统进行清洗；

d) 清洗结束后，停止除搅拌桨以外的其他设备。

6.4.3.2 紧急停车

a) 立即关闭各泵、槽的进、出口阀门，参照正常停车程序 a)、b)项操作；

b) 系统突然停电时，需对系统所有的搅拌桨进行盘车，待供电正常后，按开车操作程序开车。

6.4.3.3 长期停车(反应槽的放槽清理)

a) 检查并确认放出阀完好；

b) 停止加料时，调节工艺指标在正常范围，将贮槽内的磷矿消耗尽；

c) 将反应萃取槽内的料浆放尽后进行清理。

6.4.4 过滤系统清洗

6.4.4.1 清洗流程开车程序

a) 将清洗水升温至 60 ℃～75 ℃；

b) 关闭至稀酸贮槽的阀门，将系统切换至清洗状态；

c) 按正常操作程序启动过滤系统设备；

d) 将清洗水送到过滤系统循环清洗。

6.4.4.2 清洗流程停车程序

a) 关闭洗涤水槽的出口阀门，停洗涤水泵；

b) 停过滤系统设备，把洗水回收至洗涤水槽；

c) 将过滤系统切换至正常过滤操作状态。

6.5 二水磷酸(湿法)生产过程控制

6.5.1 方法提要

用硫酸分解磷矿，控制适宜的工艺指标，以生成稀磷酸和二水硫酸钙($CaSO_4 \cdot 2H_2O$)结晶。其总反应表示如下：

$$Ca_5F(PO_4)_3 + 5H_2SO_4 + 10H_2O = 3H_3PO_4 + 5CaSO_4 \cdot 2H_2O \downarrow + HF \uparrow$$

6.5.2 生产工艺流程图

见图 1。

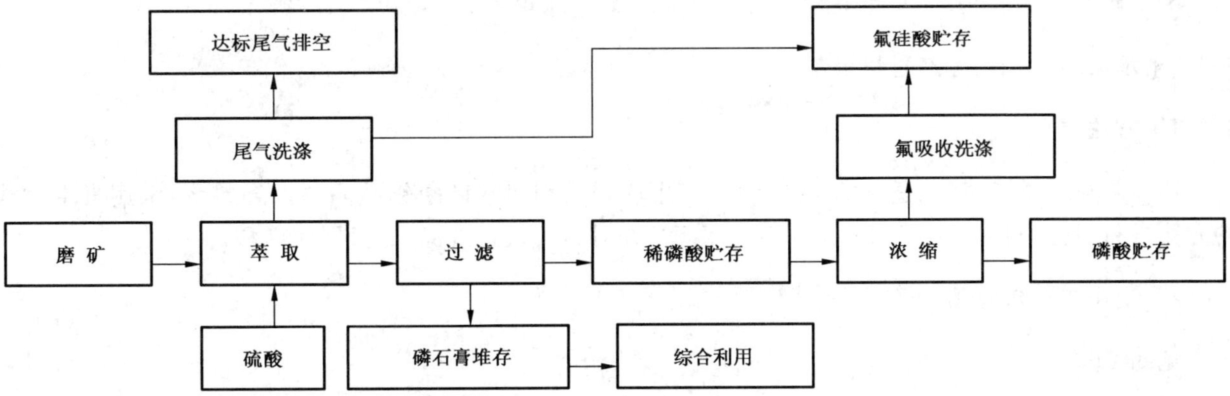

图 1

6.5.3 工艺流程说明

a) 硫酸和磨细的磷矿经计量后按一定比例加入反应萃取槽，控制适宜的反应条件，得到磷酸和二水硫酸钙结晶的混合料浆；

b) 采用低位闪冷或空气鼓风等冷却方式移走反应热；

c) 反应、过滤逸出的含氟气体经尾气洗涤后达标排放，洗涤水回收至氟硅酸贮罐；

d) 反应料浆养晶后泵送到过滤机，过滤得到稀磷酸用泵输送至稀磷酸贮罐进行贮存，供下工序生产，滤饼用水洗涤，洗液返回萃取槽，磷石膏送到磷石膏渣场合理堆存，并逐步综合利用；

e) 稀磷酸贮罐中稀磷酸经泵送自浓缩系统用蒸汽加热，将稀磷酸中的部分水分蒸发；

f) 真空浓缩所得磷酸送至磷酸贮罐进行贮存；

g) 浓缩蒸发的含氟二次蒸汽经氟吸收循环洗涤所得的氟硅酸产品送至氟硅酸贮罐进行贮存。

6.5.4 生产工艺控制

6.5.4.1 磷酸萃取工艺控制

a) 液相游离酸浓度(指萃取槽反应料浆中液相 H_2SO_4 浓度，以 SO_3 计)：20 g/L～40 g/L；

b) 萃取反应温度：75 ℃～82 ℃；

c) 稀磷酸(以 P_2O_5 计)浓度：24%～32%；

d) 转化率：≥96%。

6.5.4.2 磷酸过滤工艺控制

a) 滤液(以 P_2O_5 计)浓度≥24%；

b) 洗水温度：60 ℃～75 ℃；

c) 洗涤率≥98%。

6.5.4.3 磷酸浓缩工艺控制

a) 浓磷酸(以 P_2O_5 计)浓度≥46%；

b) 氟回收率≥30 kg/t 磷酸。

6.5.5 生产消耗定额(以 100% P_2O_5 计)

a) 硫酸(折 100%)消耗≤2.90 t；

b) 磷矿(折 30% P_2O_5 干基计)消耗≤3.52 t。

6.6 半水磷酸(湿法)生产过程控制

6.6.1 方法提要

用硫酸分解磷矿,控制适宜的反应条件,可生成磷酸和半水硫酸钙结晶的混合料浆,采用真空过滤的方法进行过滤,得到 40%~45% P_2O_5 浓磷酸,并对石膏进行洗涤,充分回收磷酸。

6.6.2 生产工艺流程图

见图 2。

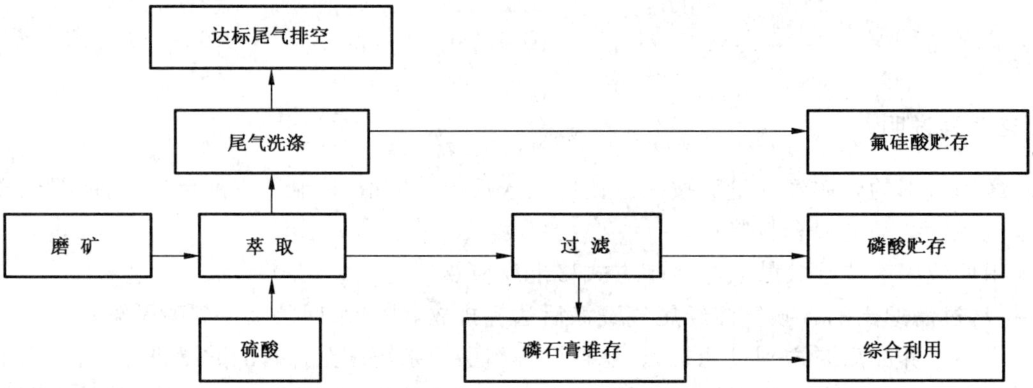

图 2

6.6.3 工艺流程图说明

a) 硫酸与磨细的磷矿经计量后按比例加入反应萃取槽,控制适宜的反应条件,得到磷酸和半水硫酸钙结晶的混合料浆;
b) 采用低位闪冷或空气鼓风等冷却方式移走反应热;
c) 反应、过滤逸出的含氟气体经尾气洗涤后达标排放,洗涤水回收至氟硅酸贮罐;
d) 反应料浆养晶后泵送到过滤机,过滤得到磷酸用泵输送至磷酸贮罐进行贮存供下工序生产,滤饼用水洗涤,洗液返回萃取槽,磷石膏送到磷石膏渣场合理堆存,并逐步综合利用。

6.6.4 生产工艺控制

6.6.4.1 磷酸酸解工艺控制

a) 液相游离酸浓度(指酸解槽反应料浆中液相 H_2SO_4 浓度,以 SO_3 计):
在溶解槽内为 0 g/L~16 g/L,在结晶槽内为 25 g/L~43 g/L;
b) 酸解反应温度:90 ℃~110 ℃;
c) 磷酸浓度:40%~45% P_2O_5。

6.6.4.2 磷酸过滤工艺控制

a) 滤液浓度:40%~45% P_2O_5;
b) 洗水温度:70℃~80℃;
c) 经过滤得到的滤液成品酸通过泵输送至成品酸贮罐进行贮存,用于下工序生产。

6.6.5 生产消耗定额(以 100% P_2O_5 计)

a) 硫酸(折 100%)消耗:≤3.03 t;

b) 磷矿(折 30% P_2O_5 干基计)消耗:≤3.58 t。

6.7 半水-二水磷酸(湿法)生产过程控制

6.7.1 方法提要

磷矿和硫酸在高温度条件下分解,生成半水物结晶(在此过程中,力求形成粗大,易过滤晶体颗粒);半水物结晶在控制的结晶条件下转化为粗大、均匀的二水物晶体。

6.7.2 生产工艺流程图

见图 3。

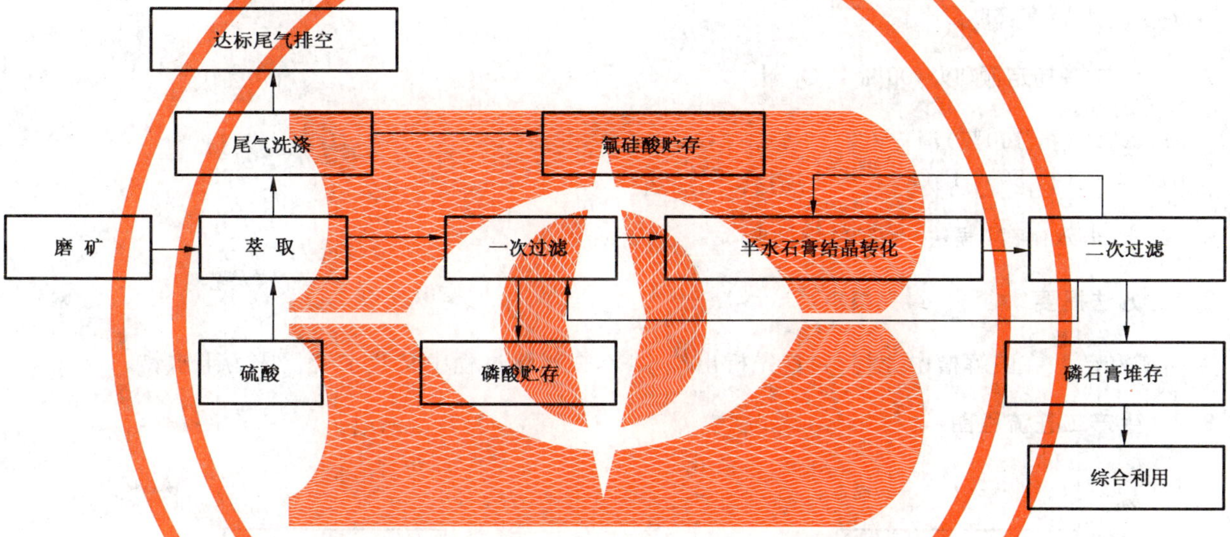

图 3

6.7.3 工艺流程图说明

a) 计量、冷却、含氟气体经尾气处理过程同 6.6.3 中的 a)、b)、c);

b) 反应料浆养晶后泵送到一次过滤机,过滤得到浓磷酸用泵输送至浓磷酸贮罐进行贮存供下工序生产,滤饼用二次过滤来的滤液洗涤,洗液部分返回萃取槽,其余洗液与一次过滤后的半水磷石膏一并送到结晶转化槽;

c) 在结晶转化槽内控制适宜的工艺指标, 得到稀磷酸和二水硫酸钙结晶的混合料浆,用泵送到二次过滤机,过滤得到稀磷酸用泵输送至一次过滤机作洗涤用,滤饼用水洗涤,洗液送到结晶转化槽,二水磷石膏送到渣场合理堆存,并逐步综合利用。

6.7.4 生产工艺控制

6.7.4.1 磷酸酸解工艺控制

a) 液相游离酸浓度(指酸解槽反应料浆中液相 H_2SO_4 浓度,以 SO_3 计):
在溶解槽内为 0 g/L~16 g/L,在结晶槽内为 25 g/L~43 g/L;

b) 酸解反应温度为 90 ℃~100 ℃;

c) 液相 P_2O_5 浓度(指以 P_2O_5 表示的磷酸浓度)为30%~45%。

6.7.4.2 一次过滤工艺控制

a) 滤液浓度为40%~45% P_2O_5;
b) 洗涤稀磷酸温度为60 ℃~65 ℃;
c) 经过滤得到的滤液成品酸通过泵输送至成品酸贮罐进行贮存,用于下工序生产。

6.7.4.3 半水结晶转化工艺控制

a) 液相游离酸 H_2SO_4 浓度(指再结晶槽料浆中液相 H_2SO_4 浓度)为10%~15%;
b) 结晶槽内温度为50 ℃~60 ℃。

6.7.4.4 二次过滤工艺控制区

a) 滤液浓度:15%~20% P_2O_5;
b) 洗水温度:65 ℃~75 ℃。

6.7.5 生产消耗定额(以100% P_2O_5 计)

a) 硫酸(折100%)消耗≤2.90 t;
b) 磷矿(折30% P_2O_5 干基计)消耗≤3.52 t。

6.8 二水-半水磷酸(湿法)生产过程控制

6.8.1 方法提要

磷矿和硫酸在酸解槽中分解,并首先析出二水物,在转化过程中又脱水转化成为半水物。

6.8.2 生产工艺流程图

见图4。

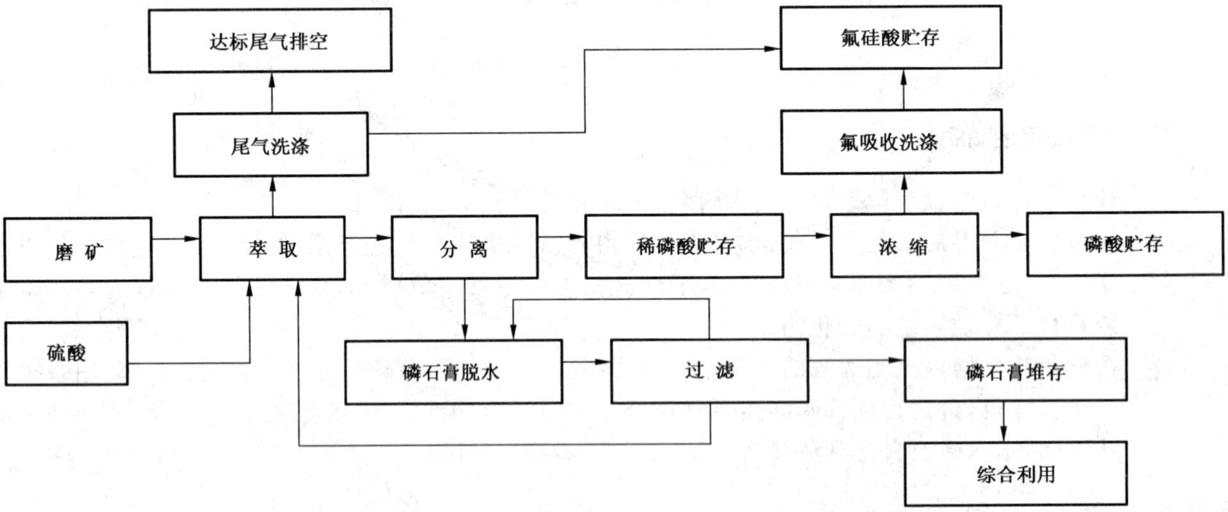

图4

6.8.3 工艺流程图说明

a) 计量、冷却、含氟气体经尾气处理过程同6.6.3中的a)、b)、c);

b) 反应料浆养晶后泵送到离心机，离心得到稀磷酸用泵输送至稀磷酸贮罐进行贮存，供下一工序生产，离心后的二水硫酸钙送到石膏脱水槽，控制适宜的工艺指标得到稀磷酸和半水硫酸钙结晶的混合料浆，用泵送到过滤机，过滤得到滤酸用泵输回萃取槽，滤饼用水洗涤，洗液送到石膏脱水槽，半水磷石膏送到渣场合理堆存，并逐步综合利用；
c) 磷酸贮罐中稀磷酸经泵送自浓缩系统用蒸汽加热，将稀磷酸中的部分水分蒸发；
d) 真空浓缩所得浓磷酸送至磷酸贮罐进行贮存；
e) 浓缩蒸发的含氟二次蒸汽经氟吸收循环洗涤所得的氟硅酸产品送至氟硅酸贮罐进行贮存。

6.8.4 生产工艺控制

6.8.4.1 磷酸酸解工艺控制

a) 液相游离酸 H_2SO_4 浓度(指酸解槽反应料浆中液相 H_2SO_4 浓度)为 1%～2%；
b) 酸解反应温度：75 ℃～82 ℃；
c) 液相 P_2O_5 浓度(指以 P_2O_5 表示的磷酸浓度)：33%～35%；
d) 经过滤得到的滤液成品酸通过泵输送至成品酸贮罐进行贮存，用于下工序生产。

6.8.4.2 二水石膏脱水工艺控制

a) 液相游离酸 H_2SO_4 浓度(指脱水槽料浆中液相 H_2SO_4 浓度)：1%～2%；
b) 结晶槽内温度：110 ℃～130 ℃。

6.8.4.3 过滤工艺控制

a) 滤液浓度：33%～35% P_2O_5；
b) 洗水温度：65℃～75℃。

6.8.5 生产消耗定额(以 100% P_2O_5 计)

a) 硫酸(折 100%)消耗≤2.90 t；
b) 磷矿(折 30% P_2O_5 干基计)消耗≤3.52 t。

7 生产设备维护和保养

a) 加强设备巡回检查，确保设备正常运行，设备润滑应做到定点、定质、定量、定人和定时和入库过滤、发放过滤、加油过滤；
b) 严格按照操作规程进行操作，不得违章操作，以免损坏设备、造成事故；
c) 对磷酸生产设备要定期维护和检修；
d) 设备及管道要防止跑、冒、滴、漏及堵塞现象，如有发现应及时处理；
e) 经常检查转动设备地脚螺栓和联接螺栓，有松动和振动现象时，应及时处理；
f) 正确使用各种电器设备和各种仪表。

8 产品品质要求

执行 HG/T 4068、HG/T 4069 的品质要求。

9 安全生产操作注意事项

a） 硫酸属强酸、磷酸属中强酸，具有腐蚀性、灼伤性，操作人员应按规定穿戴好防护用品；
b） 操作人员在未取得安全作业证前，不准上岗作业；
c） 系统电器设备停车超过 24 h，应检查电机绝缘，完好后方可启动；
d） 对启动高压电机设备时，应有专业人员现场监护，方可启动；
e） 不应湿手触摸电器开关或用湿布擦拭电器；
f） 检查运转设备的运行状况时，应脱去手套，女工上岗应将头发盘于帽内；
g） 设备的转动部位应保持防护罩完好，不得在防护罩上坐人和堆放任何杂物；
h） 低位闪蒸冷却系统真空度应达规定指标后，才能开启循环泵。

10 污染物排放限值

包括含氟气体、液体及固体限值。

10.1 废气排放限值

满足 GB 16297 的要求。

10.2 废水排放限值

排放满足 GB 15580 的要求，或无排放。

10.3 废渣排放限值

a） 排放限值：磷石膏中 F 含量小于 1%，水溶性 P_2O_5 含量小于 1%；
b） 磷石膏堆存满足 GB 18599 的要求。

10.4 生产线卫生设计及工作场所有害因素职业接触限值

工作场所设计应积极采取行之有效的综合防护措施，防止有害因素对工作场所的污染。对于生产过程中尚不能完全消除的有害因素，亦应采取综合预防、治理措施，并使设计的设施正常运行。确保工作场所空气中有毒物质低于最高容许浓度。

11 污染物控制

11.1 尾气洗涤吸收控制

a） 废气应经尾气洗涤系统洗涤后达标排放；
b） 吸收液循环使用，补充清水进行置换，置换部分洗液用泵返回系统。

11.2 磷石膏控制

磷石膏应充分洗涤后，达到排放限值要求。

12 污染物防治

12.1 废气污染防治

磷酸生产的主要废气为含氟气体，应设计有吸收处理装置，并正常运行。处理后的含氟气体排放应满足 GB 16297 的要求。

12.2 废水(液)污染防治

磷酸生产产生的废水(液)，应建立污水处理设施。处理后的废水排放应满足 GB 15580 的要求，并循环利用。

12.3 废渣污染防治

磷石膏的储存、处置应满足 GB 18599 的要求，并逐步实现磷石膏综合利用。

13 数据采集与监测采样

13.1 生产数据采集

日常生产过程中各工序的生产记录和根据需要测定的数据，是磷酸(湿法)生产的主要评定依据之一，数据应存档备查。

13.2 污染物监测采样

13.2.1 大气污染物的监测采样按 GB/T 16157 执行。
13.2.2 污水监测的取样方法按 GB 15580 中的有关规定执行。

14 污染物测定方法

14.1 大气污染物测定方法

有关颗粒物、氟化物等污染物的分析方法按 HJ/T 397 的有关规定进行。

14.2 污水测定方法

根据 GB 15580 中的有关规定进行。

附　录　A
（资料性附录）
企业自检经济技术评价指标

表A.1和表A.2给出了推荐的经济技术评价指标，供企业参考执行。

表A.1　磷矿中磷的回收率及水资源消耗量

序号	项目名称	限值/%		
		A	B	C
1	磷矿中磷回收率(以 P_2O_5 计)	≥96	≥95	≥94
2	水资源消耗量(吨消耗)	≤6.0 m^3	≤8.0 m^3	≤10.0 m^3
注：吨消耗是指每吨磷酸(以100% P_2O_5 计)消耗。				

表A.2　综合能耗(含磨矿工序)

序号	项目名称	限值/kg		
		A	B	C
1	稀酸综合能耗(吨消耗折标煤)	≤45	≤50	≤60
2	浓酸综合能耗(吨消耗折标煤)	≤200	≤250	≤300
注1：吨消耗指吨磷酸(以100% P_2O_5 计)。并按GB/T 2589《综合能耗计算通则》进行计算。 注2：稀磷酸指24%～35% P_2O_5；浓磷酸指≥46% P_2O_5。				

ICS 71.020
G 10

中华人民共和国国家标准

GB/T 29339—2012

高锰酸钾生产技术规范

Production technical regulation for potassium permanganate

2012-12-31 发布　　2013-08-01 实施

中华人民共和国国家质量监督检验检疫总局
中国国家标准化管理委员会　发布

前　言

本标准按照 GB/T 1.1—2009 给出的规则起草。

本标准的附录 A 为资料性附录。

本标准由中国石油和化学工业协会提出。

本标准由全国化学标准化技术委员会无机化工分会(SAC/TC 63 SC 1)归口。

本标准起草单位:重庆嘉陵化学制品有限公司、中海油天津化工研究设计院。

本标准主要起草人:万云生、刘幽若、张仁义、陆思伟、陈少全、蒋宪学。

本标准为首次发布。

高锰酸钾生产技术规范

1 范围

本标准规定了高锰酸钾生产企业的基本要求、高锰酸钾生产过程控制、生产设备维护和保养、产品质量要求、安全生产、保护环境操作注意事项、污染物控制、数据采集与监测采样、污染物监测方法等要求。

本标准适用于现有高锰酸钾生产企业。也适用于对我国新建、扩建、改建和实施技改工程的高锰酸钾生产企业。

2 规范性引用文件

下列文件对于本文件的应用是必不可少的。凡是注日期的引用文件，仅注日期的版本适用于本文件。凡是不注日期的引用文件，其最新版本(包括所有修改单)适用于本文件。

GB/T 1608 工业高锰酸钾
GB/T 5468 锅炉烟尘测试方法
GB/T 6920 水质 pH 值的测定 玻璃电极法
GB 8978 污水综合排放标准
GB 9078 工业炉窑大气污染物排放标准
GB/T 11901 水质 悬浮物的测定 重量法
GB/T 11903 水质 色度的测定
GB/T 11911 水质 铁、锰的测定 火焰原子吸收分光光度法
GB/T 11914 水质 化学需氧量的测定 重铬酸盐法
GB 12348 工厂企业厂界环境噪声排放标准
GB/T 15432 环境空气 总悬浮颗粒物的测定 重量法
GB/T 16157 固定污染源排气中颗粒物测定与气态污染物采样方法
GB 16297 大气污染物综合排放标准
GB 18599 一般工业固体废物储存、处置场污染控制标准
HJ/T 57 固定污染源排气中二氧化硫的测定 定电位电解法

3 术语和定义

下列术语和定义适用于本文件。

3.1

气动流化塔法 pneumatic fluidization tower

空气、锰粉、液体氢氧化钾在具有一定压力的反应塔内，在一定温度条件下，进行密闭式连续氧化反应而制取锰酸钾。是连续生产。是国内或国际的先进技术和先进设施。

3.2

平炉氧化法 open hearth oxidation

锰粉、液体氢氧化钾、固体氢氧化钾在一定面积的平炉面上，在一定温度条件下，进行敞开式断续氧

化反应而制取锰酸钾。是间歇生产。

4 基本要求

4.1 总图布置要求

4.1.1 散发气体的装置应布置在厂区常年最小频率风向的上风的边缘地带。

4.1.2 厂房的布置应根据工艺流程同时结合场地条件因地制宜，并有利于安全、节能、建筑物通风、采光以及管线布置等要求。

4.2 工艺设计要求

4.2.1 劳动安全、卫生防护措施、环境保护设施应做到与主体工程同时设计、同时施工、同时投产使用，凡不符合劳动安全卫生标准、环境保护标准的，不得施工和投产。

4.2.2 高锰酸钾生产工艺流程应包括：氧化反应、压滤、电解、重结晶、干燥包装、蒸发、苛化。

4.2.3 应采用先进的工艺和设备。

4.2.4 同一性质的生产设备，宜集中布置，为劳动安全、卫生防护及环境保护设施留出足够的检修空间。

4.2.5 电解厂房应为敞开式设计；干燥厂房应为密闭式设计；生产车间地面应平整。

4.2.6 工艺设计应优化工艺流程，减少中转环节，缩短运输距离。

4.3 生产线卫生设计及工作场所有害因素职业接触限值

工作场所设计应积极采取行之有效的综合防护措施，防止有害因素对工作场所的污染。对于生产过程中尚不能完全消除的有害因素，亦应采取综合预防、治理措施，并使设计的设施正常运行。确保工作场所空气中有毒物质低于最高容许浓度。

4.4 工艺装置要求

4.4.1 工艺装置

新建高锰酸钾项目采用的技术及设备，应是目前国内或国际的先进技术和先进设施。

4.4.2 装置规模

装置规模应符合国家和有关部门产业结构的相关规定。

4.5 环境保护

4.5.1 应有防止大气污染的除尘装置，大气污染物的源排放应满足 GB 16297 的要求；

4.5.2 应有固体废物综合利用设施，锰渣储存应满足 GB 18599 的要求；

4.5.3 应有水循环利用系统和工业废水处理系统，工业废水零排放；

4.5.4 噪声应满足 GB 12348 的要求。

4.6 经济技术指标

经济技术评价指标应符合相关部门的规定。在国家没有相关规定时，企业参见附录 A 自行评价。

5 高锰酸钾生产过程控制(气动流化塔法)

5.1 方法提要

将锰粉与氢氧化钾按一定比例混合,泵入气动流化塔中,在一定温度、压力条件下通入空气,反应制得符合要求的锰酸钾;经压滤配制成锰酸钾电解初始液;锰酸钾电解初始液在规定电流和电压作用下,电解制成高锰酸钾;经重结晶、洗涤、干燥、包装,制得成品高锰酸钾。

电解母液通过蒸发、苛化处理,回收的氢氧化钾继续用于工艺过程使用。

主要反应方程式如下:

$$2MnO_2+4KOH+O_2 \rightarrow 2K_2MnO_4+2H_2O$$

$$K_2MnO_4+H_2O \rightarrow KMnO_4+KOH+\frac{1}{2}H_2\uparrow$$

$$K_2CO_3+Ca(OH)_2 \rightarrow CaCO_3\downarrow+2KOH$$

5.2 原料质量要求

5.2.1 锰粉质量要求(见表1)

表1 锰粉质量要求

项目	$w(MnO_2)$	酸不溶物 w	水分 w	活性 w	细度
质量分数	65%	8%	5%	20%	≥125 μm

5.2.2 氢氧化钾质量要求(见表2)

表2 氢氧化钾质量要求

项目	$w(KOH)$(液体)			$w(KOH)$(固体)		
	$w(KOH)$	$w(K_2CO_3)$	$w(Cl^-)$	$w(KOH)$	$w(K_2CO_3)$	$w(Cl^-)$
质量分数	≥45.0%	≤1.5%	0.5%	88%	2.5%	1.0%

5.2.3 石灰质量要求:氧化钙质量分数≥60%。

5.3 主要设备

5.3.1 气动流化塔

气动流化塔属Ⅲ类压力容器,应符合压力容器的有关要求。

5.3.2 电解槽

电解槽外形为锥形钢制容器,内装电极。电极材料为:

5.3.2.1 阴极:圆钢;

5.3.2.2 阳极:钢板镀镍或不锈钢板;

5.3.2.3 阴极与阳极比例:1∶8~1∶10。

5.4 工艺流程(见图 1)

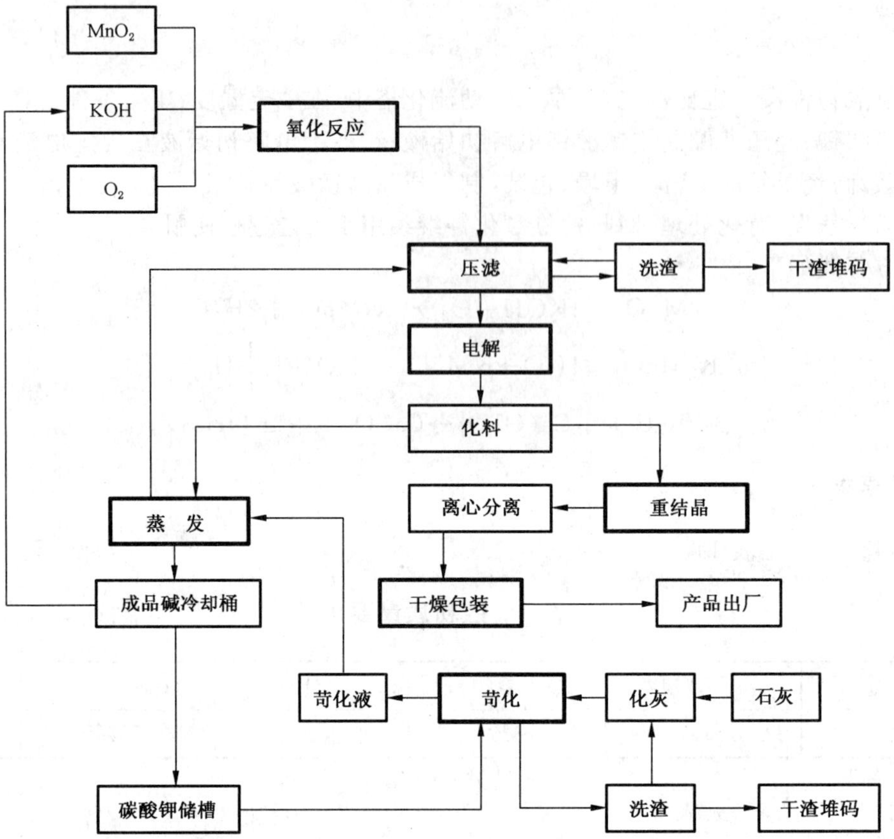

图 1　工艺流程图

5.5　操作程序

5.5.1　开车准备

5.5.1.1　氧化反应工序

检查确认塔体上的各类阀门完好(包括填料无泄漏),温度、压力、液位控制等仪器工作正常,垫片完好无泄漏;确保反应塔、碱锅装满碱,反应塔下电极灯亮。

5.5.1.2　压滤工序

5.5.1.2.1　检查确认机器设备、板框及滤布等,确保设备状况良好。
5.5.1.2.2　按压滤机的使用程序进行操作。

5.5.1.3　电解工序

5.5.1.3.1　检查确认电解槽槽与槽之间、槽与地之间、阳极与阴极之间绝缘符合要求。
5.5.1.3.2　检查确认变压器、整流器完好。

5.5.1.4　重结晶工序

5.5.1.4.1　检查确认真空泵、离心机完好。
5.5.1.4.2　检查确认各种容器是否符合开车使用的条件。

5.5.1.5 干燥包装工序

5.5.1.5.1 检查确认烘干机、筛分机设备完好。

5.5.1.5.2 检查确认台秤在校验周期以内和回零。

5.5.1.6 蒸发工序

5.5.1.6.1 检查确认蒸发设备完好无泄漏。

5.5.1.6.2 检查确认真空系统正常。

5.5.1.7 苛化工序

检查确认辅料已经准备好。

5.5.2 开车运行

5.5.2.1 氧化工序

5.5.2.1.1 关闭气动流化塔塔体排料阀、进气阀，开启塔体进料阀，开启各种指示仪表。

5.5.2.1.2 将碱温加热至≥225 ℃后，向气动流化塔塔内泵入液体氢氧化钾，启动空气压缩机向塔内送气，使反应塔顶压力保持在恒定值。当塔温在220 ℃时开始向反应塔内送锰粉。进料完成后，关闭气动流化塔塔体进料阀。

5.5.2.1.3 在温度为220 ℃～320 ℃、压力为0.22 MPa±0.02 MPa下反应2 h～4 h后出料，经沉降分离出液体氢氧化钾和锰酸钾。锰酸钾送至下工序配置电解初始液，液体氢氧化钾送至反应塔循环使用。

5.5.2.2 压滤工序

在配料锅中，用含碱≥5%的洗渣水，溶解锰酸钾物料，随时抽样检查，控制物料浓度在22°Bé～25°Bé范围内。不同的物料进入相应的压滤机，制得电解初始液。精制锰渣回收使用，二次锰渣经洗涤合格后，堆码到指定地点。

5.5.2.3 电解工序

将制得的电解初始液经保温沉降处理后泵入电解槽中，在一定电流、电压作用下，电解成高锰酸钾。检查槽中锰酸钾质量分数降低情况，锰酸钾质量分数≤30 g/L时，断电出槽。

5.5.2.4 重结晶工序

将电解出槽后的结晶进行重结晶，离心分离洗涤，得到符合要求的高锰酸钾半成品。

5.5.2.5 干燥包装工序

高锰酸钾半成品经给料机进入烘晶机内，经烘干、筛分、包装成不同规格的高锰酸钾成品。

5.5.2.6 蒸发工序

将电解母液、苛化液蒸发浓缩至45°Bé后沉降，分离锰酸钾、氯化钾等，再将45°Bé清液浓缩至52°Bé，冷却分离碳酸钾得到合格的回收碱。

5.5.2.7 苛化工序

将冷却合格的回收碱送至氧化工序，冷却结晶的碳酸钾经抽滤后送至苛化锅，加入一定量的石灰料浆进行苛化处理，苛化液送至蒸发器，苛化渣经洗涤合格后堆码到指定地点。

6 高锰酸钾生产过程控制(平炉氧化法)

6.1 方法提要

将锰粉与氢氧化钾按一定比例混合,通过粉碎,在平炉上、在一定温度条件下,氧化反应制得符合要求的锰酸钾。经压滤配制成锰酸钾电解初始液,锰酸钾电解初始液在规定电流和电压作用下,电解制成高锰酸钾,经重结晶、洗涤、干燥、包装,制得成品高锰酸钾。

电解母液通过蒸发、苛化处理,回收的氢氧化钾继续用于工艺过程使用。

6.2 原料质量要求

6.2.1 锰粉质量要求见表1;

6.2.2 氢氧化钾质量要求见表2;

6.2.3 石灰质量要求:氧化钙质量分数≥60%。

6.3 主要设备

6.3.1 氧化平炉

用耐火材料做成的以煤做燃料的工业窑炉,炉面规格一般要求为长15 m～25 m,宽3 m～4 m,也可根据实际生产情况进行确定。炉面要求平整。

6.3.2 电解槽

与5.3.2相同。

6.4 工艺流程

工艺流程见图1。

6.5 操作程序

6.5.1 开车准备

6.5.1.1 氧化工序

6.5.1.1.1 检查窑炉是否完好,平炉耐火砖及炉面轨道等是否平整,炉内火焰燃烧正常。

6.5.1.1.2 检查高位储碱槽是否装满碱。

6.5.1.1.3 检查翻料机械设备开动运行是否平稳正常,机器部件刮板及减速齿轮箱、轮轴等无异常响动,喷料嘴通畅、空压机运行正常,电器开动完好。

6.5.1.2 压滤工序、电解工序、重结晶工序、干燥包装工序、蒸发工序和苛化工序与气动流化塔法的相应工序相同。

6.5.2 开车运行

6.5.2.1 氧化工序

6.5.2.1.1 炒新锰粉

a) 将锰粉送至平炉上,用翻料机刮板将锰粉均匀地置于平炉上,进行加热;

b) 将卧式储碱槽泄压后装液体氢氧化钾至容积2/3液位计处。用空压机加压至0.15 MPa～0.2 MPa,停空压机。启动翻料机及储碱槽阀门,喷液体氢氧化钾至全部锰粉均匀润湿后停止喷碱。此时平炉物料温度控制在250 ℃～320 ℃左右。每隔20 min～30 min开动翻料机翻料，待锰粉水分较干后，再喷加液体氢氧化钾至锰粉湿润。反复操作使之氧化生成锰酸钾；

c) 将片状氢氧化钾送至平炉上，并均匀的抛撒在平炉各部位，使片状氢氧化钾与锰粉混匀，然后用翻料机翻炒。二氧化锰与氢氧化钾比例为1∶1.5～1∶1.6(以折质量分数计)；

d) 经氧化反应至物料逐步发泡、料层增厚、吐潮吸氧、物料逐渐全部转变为深棕色，则氧化反应完成。压火起炉。生产周期为60 h～70 h。锰酸钾质量分数≥55%；

e) 用翻料机刮板将氧化好的锰酸钾物料推到平炉尾部的储料槽内，待物料冷却8 h后送入下工序。

6.5.2.1.2 炒回收锰粉

a) 将回收锰粉送至平炉上，用人工或机械设备将其摊平。加热至半烘干水分时，启动翻料机逐步翻动平炉上物料，并将物料粉碎至不结块、不结炉；

b) 待回收锰粉炒干后，按照6.5.2.1.1中b)～e)相同步骤操作。生产周期40 h～45 h，锰酸钾质量分数≥40%；

c) 炒回收锰粉时二氧化锰与氢氧化钾比例为1∶1.1～1∶1.3(以折质量分数计)；

d) 压滤工序、苛化工序、电解工序、重结晶工序、干燥包装工序、蒸发工序和苛化工序与气动流化塔法的相应工序相同。

7 生产设备维护和保养

7.1 加强设备巡回检查，确保设备正常运转。

7.2 严格按照操作规程进行操作，操作人员应做到“懂结构、懂原理、懂性能、懂用途”、“会使用、会维护保养、会排除故障”以免损坏设备，造成事故。

7.3 应做到“定人、定点、定质、定量、定时” 进行设备润滑，确保设备长周期运行。

7.4 消除设备及管道跑、冒、滴、漏及堵塞现象，如有发现应及时处理。

7.5 坚持“维修为主、检修为辅”原则，做到周到地、有计划地维护保养及计划检修。

7.6 积极利用新工艺、新材料、新技术等替代落后的、能耗大的、效率低的设备和零部件。

7.7 正确使用各种电器设备和各种仪表。

7.8 保持设备、管道等的环境卫生，做到文明生产。

8 产品质量要求

产品质量符合GB/T 1608的要求。

9 安全生产、保护环境操作注意事项

9.1 操作人员在未取得操作证前，不准上岗作业。

9.2 安全装置不齐全的设备不准使用。

9.3 未取得安全作业证的职工，不准独立作业；特殊工种职工，未经取证，不准作业。

9.4 进入容器、设备应做到：

a) 申请、办证，并得到批准；

b) 进行安全隔绝；

c) 切断动力电，并使用安全灯具；

d) 进行置换、通风；

e) 按时间要求进行安全分析；

f) 佩戴规定的防护用具；

g) 有人在器外监护，并坚守岗位；

h) 有抢救后备措施。

9.5 系统电器设备停车超过 24 h，应进行电器设备绝缘测试，合格后方可启动。

9.6 启动功率超过 90 kW 电器设备时，应有专业人员现场监护，方可启动。

9.7 严禁湿手触摸电器开关或用湿布擦拭电器。

9.8 检查运转设备的运行状况时，应脱去手套，女工上岗需将长头发盘于帽内。

9.9 设备的转动部位应保持防护罩完好，不得在防护罩上坐人和堆放任何杂物。

9.10 大型机电设备的启动装置，应安装在金属等不可燃物体上。

9.11 非防爆式开启式启动设备不应安装在有爆炸或火灾危险的气体或粉尘环境里。

9.12 设备接地应牢固可靠。

9.13 加强城市污水处理系统的各项安全管理和安全生产动态监控工作，发现隐患及时整改，通过技术人员的谨慎确认后才能生产。

10 污染物控制

10.1 废水污染防治

高锰酸钾生产的主要废水为渣场渗出液，应将渣场渗出液回收使用或输送到生产废水处理系统处理。处理后的废水应符合 GB 8978 的要求。

10.2 废气污染防治

高锰酸钾生产的主要废气为烟道气，应设计有烟道气除尘处理装置，并正常运行。排气筒高度应不低于 30 m。处理后的烟道气应符合 GB 9078 的规定。

10.3 固体废弃物污染防治

高锰酸钾生产的主要固体废弃物为锰渣，锰渣应进行综合利用，其贮存应符合 GB 18599 的规定。

10.4 噪声污染防治

高锰酸钾生产过程中产生噪声的设备应采用隔音设备或安装消声器进行消声处理，经处理后的噪声应符合 GB 12348 的要求。

11 数据采集与监测采样

11.1 生产数据采集

日常生产过程中各工段的生产记录和根据需要测定的数据，是高锰酸钾生产的主要评定依据之一，数据应存档备查。

11.2 污染物监测采样

11.2.1 废水监测采样按 GB 8978 执行。

11.2.2 大气污染物的监测采样按 GB/T 16157 执行。

12 污染物监测方法

废水、废气监测方法见表3。

表3 污染物监测方法

监测项目		监测依据及监测方法
废水	COD	GB/T 11914《水质 化学需氧量的测定 重铬酸盐法》
	SS	GB/T 11901《水质 悬浮物的测定 重量法》
	pH	GB/T 6920《水质 pH值的测定 玻璃电极法》
	色度	GB/T 11903《水质 色度的测定》
	总锰	GB/T 11911《水质 铁、锰的测定 火焰原子吸收分光光度法》
废气	烟尘	GB/T 5468《锅炉烟尘测试方法》
	烟气黑度	GB/T 15432《环境空气 总悬浮颗粒物的测定 重量法》
	SO_2	HJ/T 57《固定污染源排气中二氧化硫的测定 定电位电解法》

附　录　A
（资料性附录）
企业自检经济技术评价指标

表 A.1 给出了推荐的经济技术评价指标，供企业参考执行。

表 A.1　经济技术指标

序号	项目名称		单位	限值
1	锰渣中锰（以 100% MnO_2 干基计）残留量	≤	%	15
2	综合能源消费量（以吨标准煤/吨 $KMnO_4$ 计）	≤	tce/t	4.0
3	实物劳动生产率（以 $KMnO_4$ 年生产量计）	≥	t/(a·人)	100

A.1　生产 1 t 高锰酸钾所的综合能源消费量按式(1)计算：

$$m = m_1 + m_2 \qquad \cdots\cdots(1)$$

式中：

m ——综合能源消费量；

m_1——企业消费的各种一次能源（标准煤的用量）；

m_2——企业消费的二次能源（标准煤的用量）。

注：1 t 高锰酸钾所消耗的能源量折算为标准煤的用量（标准煤发热量按照 7 000 kcal/kg 计）。

A.2　实物劳动生产率按式(2)计算：

实物劳动生产率(t/人)＝高锰酸钾年生产量(t)÷生产总人数(人)　　…………(2)

注：综合能源消费量是指生产总人数指参与从原料投入到产品包装出厂全过程的生产人员、维修人员和直接管理人员。

ICS 13.060.50、71.040.40
G 76

中华人民共和国国家标准

GB/T 29340—2012

锅炉用水和冷却水分析方法
氯化物的测定　硫氰化铵滴定法

**Analysis of water used in boil and cooling system—
Determination of chloride—Ammonium thiocyanate titration method**

2012-12-31 发布　　2013-08-01 实施

中华人民共和国国家质量监督检验检疫总局
中国国家标准化管理委员会　发布

前言

本标准按照GB/T 1.1—2009给出的规则起草。

本标准由中国石油和化学工业联合会提出。

本标准由全国化学标准化技术委员会水处理剂分会(SAC/TC 63/SC 5)归口。

本标准起草单位:广州市特种承压设备检测研究院、河南清水源科技股份有限公司、深圳市华测检测有限公司、中海油天津化工研究设计院、中国石油化工股份有限公司北京北化院燕山分院、嘉善海峡净水灵化工有限公司、重庆大学。

本标准主要起草人:杨麟、王志清、万峰、朱传俊、秦会敏、沈烈翔、杜玉辉、余芬、郑怀礼。

锅炉用水和冷却水分析方法
氯化物的测定　硫氰化铵滴定法

警告:本标准所使用的强酸、强碱具有腐蚀性,使用时应避免吸入或接触皮肤。溅到身上应立即用大量水冲洗,严重时应立即就医。

1　范围

本标准规定了锅炉用水和冷却水中氯化物的测定,硫氰化铵滴定法。

本标准适用于天然水、锅炉用水和循环冷却水中氯化物含量为5 mg/L～100 mg/L的测定,氯化物含量大于100 mg/L的水样应经稀释后测定。

2　规范性引用文件

下列文件对于本文件的应用是必不可少的。凡是注日期的引用文件,仅注日期的版本适用于本文件。凡是不注日期的引用文件,其最新版本(包括所有的修改单)适用于本文件。

GB/T 603　化学试剂　试验方法中所用制剂及制品的制备(GB/T 603—2002,ISO 6353-1:1982,NEQ)

GB/T 6682　分析实验室用水规格和试验方法(GB/T 6682—2008,ISO 3696:1987,MOD)

3　通则

本标准所用试剂,除非另有规定,应使用分析纯试剂和符合GB/T 6682中二级水的规定。

试验中所需制剂和制品,在没有特殊注明时,按GB/T 603的规定制备。

4　方法提要

被测水样用硝酸酸化后,再加入过量的硝酸银标准溶液,使Cl^-全部与Ag^+生成氯化银(AgCl)沉淀,过量的Ag^+用硫氰化铵(NH_4SCN)标准溶液返滴定,选择铁铵矾[$NH_4Fe(SO_4)_2$]作指示剂,当到达滴定终点时,SCN^-与Fe^{3+}生成红色络合物,使溶液变色,即为滴定终点。

$$Cl^- + Ag^+ \longrightarrow AgCl\downarrow \text{(白色)}$$

$$SCN^- + Ag^+ \longrightarrow AgSCN\downarrow \text{(白色)}$$

$$SCN^- + Fe^{3+} \longrightarrow FeSCN^{2+} \text{(红色络合物)}$$

在过量的硝酸银($AgNO_3$)标准溶液体积中,扣除等量消耗的SCN^-的量,即可计算出水中Cl^-的含量。

5　试剂和材料

5.1　硝酸。

5.2　硫酸溶液。

$c(1/2\ H_2SO_4)$约 0.1 mol/L。量取 3 mL 硫酸缓缓注入 1 000 mL 水中,冷却、摇匀。

5.3 氢氧化钠溶液。

$c(NaOH)$约 0.1 mol/L。取 5 mL 氢氧化钠饱和溶液,注入 1 000 mL 不含二氧化碳的水中,摇匀。

5.4 氯化物标准溶液。

1.0 mg/mL。准确称取 1.648 g 于 500 ℃～600 ℃灼烧至恒量的氯化钠,溶于水,移入 1 000 mL 容量瓶中,稀释至刻度。

5.5 硝酸银标准溶液。

约 5 mg/mL。

5.5.1 硝酸银标准溶液的配制:称取 5.0 g 硝酸银溶于 1 000 mL 水中,贮存于棕色瓶中。

5.5.2 硝酸银标准溶液的标定:移取 10.00 mL 氯化物标准溶液于 250 mL 锥形瓶中,加入 90 mL 水,加 2～3 滴酚酞指示液,若显红色,即用硫酸溶液中和至无色。若不显红色,则用氢氧化钠溶液中和至微红色,然后以硫酸溶液回滴至无色,加 1.0 mL 铬酸钾指示剂。用硝酸银标准溶液滴定至溶液呈淡砖红色,同时做空白试验。

硝酸银标准溶液的质量浓度 ρ,单位以毫克每毫升(mg/mL)计,按式(1)计算:

$$\rho=\frac{(10\times 1.0\times 10^{-3}/M_1)M_2\times 10^3}{V-V_0} \qquad \cdots\cdots(1)$$

式中:

V ——氯化物标准溶液消耗硝酸银标准溶液的体积的数值,单位为毫升(mL);

V_0 ——空白试验消耗硝酸银标准溶液的体积的数值,单位为毫升(mL);

10 ——移取氯化物标准溶液的体积的数值,单位为毫升(mL);

1.0——氯化物标准溶液的浓度的数值,单位为毫克每毫升(mg/mL);

M_1 ——氯的摩尔质量的数值,单位为克每摩尔(g/mol)($M_1=35.45$);

M_2 ——硝酸银的摩尔质量的数值,单位为克每摩尔(g/mol)($M_2=169.91$)。

5.6 硫氰化铵标准滴定溶液。

约 2.3 mg/mL。

5.6.1 硫氰化铵标准滴定溶液的配制:称取 2.3 g 硫氰化铵(NH_4SCN)溶于 1 000 mL 水中。

5.6.2 硫氰化铵标准滴定溶液的标定:移取 10.00 mL 硝酸银标准溶液于 250 mL 锥形瓶中,加 90 mL 水及 1.0 mL 铁铵矾指示剂,用硫氰化铵标准滴定溶液滴定至红色。同时作空白试验。

硫氰化铵标准滴定溶液的质量浓度 ρ_1,单位以毫克每毫升(mg/mL)计,按式(2)计算:

$$\rho_1=\frac{(10\rho\times 10^{-3}/M_2)M_3\times 10^3}{V-V_0} \qquad \cdots\cdots(2)$$

式中:

10 ——移取硝酸银标准溶液的体积的数值,单位为毫升(mL);

ρ ——硝酸银标准溶液的质量浓度,单位为毫克每毫升(mg/mL);

V ——硝酸银标准溶液消耗硫氰化铵标准溶液的体积的数值,单位为毫升(mL);

V_0 ——空白试验消耗硫氰化铵标准滴定溶液的体积的数值,单位为毫升(mL);

M_2 ——硝酸银的摩尔质量的数值,单位为克每摩尔(g/mol)($M_2=169.91$);

M_3 ——硫氰化铵的摩尔质量的数值,单位为克每摩尔(g/mol)($M_3=76.12$)。

5.7 铬酸钾指示液。

100 g/L。称取 10 g 铬酸钾,溶于水中,并稀释至 100 mL。

5.8 酚酞指示液。

10 g/L。

5.9 铁铵矾指示剂。

100 g/L。称取 10 g 铁铵矾，溶于水中，并稀释至 100 mL。

6 分析步骤

移取 100 mL 水样置于 250 mL 锥形瓶中，加 1 mL 硝酸，使水样 pH≤1。加入硝酸银标准溶液 15.00 mL，摇匀，加入 1.0 mL 铁铵矾指示剂，用硫氰化铵标准滴定溶液快速滴定至红色。同时作空白试验。

7 结果计算

水样中氯化物(以 Cl^- 计)的质量浓度 ρ_{Cl^-}，单位以毫克每升(mg/L)计，按式(3)计算：

$$\rho_{Cl^-}=\frac{[(V_0-V_1)\times 10^{-3}\rho_1/M_3]M_1}{V\times 10^{-3}}\times 10^3 \qquad (3)$$

式中：

V_0——空白试验消耗硫氰化铵标准滴定溶液的体积的数值，单位为毫升(mL)；

V_1——滴定水样时消耗硫氰化铵标准滴定溶液的体积的数值，单位为毫升(mL)；

ρ_1——硫氰化铵标准滴定溶液的质量浓度，单位为毫克每毫升(mg/mL)；

M_1——氯的摩尔质量的数值，单位为克每摩尔(g/mol)($M_1=35.45$)；

M_3——硫氰化铵的摩尔质量的数值，单位为克每摩尔(g/mol)($M_3=76.12$)；

V——所取水样的体积的数值，单位为毫升(mL)。

8 允许差

取平行测定结果的算术平均值作为测定结果，平行测定结果的绝对差值：$0<\rho_{Cl^-}\leqslant 10.0$ mg/L 时，不大于 0.5 mg/L；10.0 mg/L$<\rho_{Cl^-}\leqslant 100.0$ mg/L 时，不大于 2.0 mg/L。

ICS 71.100.99
G 77

中华人民共和国国家标准

GB/T 29341—2012

水处理剂用铝酸钙

Calcium aluminate for water treatment chemicals

2012-12-31 发布　　2013-08-01 实施

中华人民共和国国家质量监督检验检疫总局
中国国家标准化管理委员会　发布

前 言

本标准按照 GB/T 1.1—2009 给出的规则起草。

本标准由中国石油和化学工业联合会提出。

本标准由全国化学标准化技术委员会水处理剂分技术委员会(SAC/TC 63/SC 5)归口。

本标准起草单位:深圳市中润水工业技术发展公司、河南科泰净水材料有限公司、太仓市新星轻工助剂厂、新密北方耐火工业有限公司、凯里市鑫泰熔料有限公司、新密市开阳特种建材有限公司、中海油天津化工研究设计院、江门市慧信净水材料有限公司、广西绿石环保材料有限公司、宁波顺帆净水剂有限公司、同济大学、重庆大学。

本标准主要起草人:李润生、周秋涛、陶福棠、张佳丽、侯玉明、付永亮、朱传俊、谭铭卓、欧卫华、张德明。

水处理剂用铝酸钙

警告：本标准所使用的强酸、强碱具有腐蚀性，使用时应避免吸入或接触皮肤。溅到身上应立即用大量水冲洗，严重时应立即就医。

1 范围

本标准规定了水处理剂用铝酸钙的技术要求、试验方法、检验规则以及标志、标签和包装。

本标准适用于水处理剂用铝酸钙。该产品主要用于饮用水、工业用水和各种废水处理用聚氯化铝的生产原料。

2 规范性引用文件

下列文件对于本文件的应用是必不可少的。凡是注日期的引用文件，仅注日期的版本适用于本文件。凡是不注日期的引用文件，其最新版本(包括所有的修改单)适用于本文件。

GB/T 191 包装储运图示标志(GB/T 191—2008,ISO 780:1997,MOD)

GB/T 601 化学试剂 标准滴定溶液的制备

GB/T 602 化学试剂 杂质测定用标准溶液的制备(GB/T 602—2002,ISO 6353-1:1982,NEQ)

GB/T 603 化学试剂 试验方法中所用制剂及制品的制备(GB/T 603—2002,ISO 6353-1:1982,NEQ)

GB/T 610 化学试剂 砷测定通用方法(GB/T 610—2008,ISO 6353-1:1982,NEQ)

GB/T 1345—2005 水泥细度检验方法 筛析法

GB/T 6682 分析实验室用水规格和试验方法(GB/T 6682—2008,ISO 3696:1987,MOD)

GB/T 8170 数值修约规则与极限数值的表示和判定

GB 9774 水泥包装袋

GB/T 12573 水泥取样方法

3 产品分类

水处理剂用铝酸钙按用途分为两类：Ⅰ类：生活饮用水用聚氯化铝生产用原料；Ⅱ类：工业用水和各种废水用聚氯化铝生产用原料。

4 技术要求

4.1 外观：灰白色至褐红色粉末。

4.2 细度：铝酸钙细度按 GB/T 1345—2005 测定 0.080 mm 方孔筛筛余物在 15%～30%之间。

4.3 水处理剂用铝酸钙按相应的试验方法测定应符合表 1 规定。

表 1

指标名称		Ⅰ类		Ⅱ类		试验方法
		优等品	合格品	优等品	合格品	
氧化铝(以 Al_2O_3 计)质量分数/%	≥	54.0	52.0	54.0	52.0	5.2
氧化钙(CaO)质量分数/%		28.0～34.0				5.3
过滤时间/min	≤	3.0	5.0	3.0	5.0	5.4
酸不溶物质量分数/%	≤	12.0	15.0	12.0	15.0	5.5
可溶氧化铝(以 Al_2O_3 计)质量分数/%	≥	49.0	47.0	49.0	47.0	5.6
铅(Pb)质量分数/%	≤	0.003		0.005		5.7
铬(Cr)质量分数/%	≤	0.02		0.05		5.8
砷(As)质量分数/%	≤	0.000 3		0.000 5		5.9
镉(Cd)质量分数/%	≤	0.000 1		0.000 5		5.10

5 试验方法

5.1 通则

本标准所用试剂,除非另有规定,仅使用分析纯试剂。

试验中所需标准溶液、杂质标准溶液、制剂及制品,在没有注明其他要求时,均按 GB/T 601、GB/T 602、GB/T 603 的规定制备。

5.2 氧化铝(以 Al_2O_3 计)含量的测定

5.2.1 方法提要

在 pH 值 4.3 时使乙二胺四乙酸二钠(EDTA)与铝离子络合,以 PAN 为指示剂,用硫酸铜标准滴定溶液回滴过量的乙二胺四乙酸二钠(EDTA)标准滴定溶液。

5.2.2 试剂和材料

5.2.2.1 水,GB/T 6682,三级。

5.2.2.2 氢氧化钠。

5.2.2.3 盐酸溶液:1+1。

5.2.2.4 硝酸溶液:1+1。

5.2.2.5 氨水溶液:1+1。

5.2.2.6 缓冲溶液:将 42.3 g 无水乙酸钠溶于水中,加 80 mL 冰乙酸,用水稀释至 1 L,摇匀,此溶液 pH 值为 4.3。

5.2.2.7 乙二胺四乙酸二钠(EDTA)标准滴定溶液:c(EDTA)约 0.025 mol/L。

5.2.2.8 硫酸铜标准滴定溶液:$c(CuSO_4)$约 0.025 mol/L。

5.2.2.9 1-(2-吡啶偶氮)-2-萘酚(PAN)指示剂溶液:将 0.2 g PAN 溶于 100 mL 体积分数为 95%乙醇溶液中。

5.2.3 测定步骤

称取约0.5 g试样(m)，精确至0.2 mg，置于银坩埚中，加入约3 g～5 g氢氧化钠，在600 ℃～700 ℃的高温下熔融20 min～30 min后，取出冷却。将坩埚放入已盛有100 mL近沸腾水的烧杯中，盖上表面皿，在电炉上加热，待熔块完全浸出后，取出坩埚，用少量盐酸溶液洗净坩埚和盖后用水冲洗。在搅拌下加入20 mL～30 mL盐酸溶液和10滴硝酸溶液，将溶液加热至沸。冷却后，移入250 mL容量瓶，用水稀释至刻度，摇匀。此为试液A，供测定氧化铝和氧化钙。

移取25.00 mL试液A于250 mL锥形瓶中，加入乙二胺四乙酸二钠(EDTA)标准滴定溶液30.00 mL，加水至约100 mL，将溶液加热至70 ℃～80 ℃，用氨水溶液调节溶液pH值3.5～4.0，加15 mL缓冲溶液，煮沸2 min，取下稍冷，加五滴至六滴PAN指示剂，用硫酸铜标准滴定溶液滴定至亮紫色。

5.2.4 结果计算

氧化铝(Al_2O_3)含量以质量分数w_1计，按式(1)计算：

$$w_1=\frac{(V_1c_1/1\,000-Vc/1\,000)M/2}{m\times 25/250}\times 100\% \qquad \cdots\cdots(1)$$

式中：

V_1——移取乙二胺四乙酸二钠(EDTA)标准滴定溶液的体积的数值，单位为毫升(mL)；

c_1——乙二胺四乙酸二钠(EDTA)标准滴定溶液的浓度的准确数值，单位为摩尔每升(mol/L)；

V——滴定时试液消耗硫酸铜标准滴定溶液的体积的数值，单位为毫升(mL)；

c——硫酸铜标准滴定溶液的浓度的准确数值，单位为摩尔每升(mol/L)；

M——氧化铝摩尔质量的数值，单位为克每摩尔(g/mol)(M=101.96)；

m——试料的质量的数值，单位为克(g)。

5.2.5 允许差

取平行测定结果的算术平均值为测定结果。平行测定结果的绝对差值不大于0.35%。

5.3 氧化钙(CaO)含量的测定

5.3.1 方法提要

在酸性溶液中加入适量氟化钾，以抑制硅酸和硼的干扰，然后在pH值13以上的条件下，以三乙醇胺为掩蔽剂，用CMP混合指示剂或MTB指示剂，用乙二胺四乙酸二钠(EDTA)标准滴定溶液滴定。

5.3.2 试剂和材料

5.3.2.1 盐酸溶液：1+1。

5.3.2.2 氟化钾溶液：20 g/L。

5.3.2.3 三乙醇胺溶液：1+2。

5.3.2.4 氢氧化钾溶液：200 g/L。将200 g氢氧化钾(KOH)溶于水，稀释至1 L，贮存于塑料瓶中。

5.3.2.5 钙黄绿素-甲基百里香酚蓝-酚酞混合指示剂(简称CMP混合指示剂)：称取1.000 g钙黄绿素、1.000 g甲基百里香酚蓝、0.200 g酚酞与50 g在105 ℃烘干过的硝酸钾混合研磨，保存于磨口瓶中。

5.3.2.6 甲基百里香酚蓝指示剂(简称MTB指示剂)：将1 g甲基百里香酚蓝与20 g已于105 ℃～110 ℃烘干的硝酸钾混合研细，储存于磨口瓶中。

5.3.2.7 乙二胺四乙酸二钠(EDTA)标准滴定溶液：同5.2.2.7。

5.3.3 分析步骤

5.3.3.1 CMP 混合指示剂滴定法——仲裁法

移取 25.00 mL 试液 A 于 250 mL 锥形瓶中，加 5 mL 氟化钾溶液，搅拌并放置 2 min，用水稀释至约 150 mL。加 10 mL 三乙醇胺溶液和适量的 CMP 混合指示剂，在搅拌下加氢氧化钾溶液至出现绿色荧光后再过量 7 mL～8 mL，用乙二胺四乙酸二钠（EDTA）标准滴定溶液滴定至绿色荧光消失并呈红色。

5.3.3.2 MTB 指示剂滴定法

移取 25.00 mL 试液 A 于 250 mL 锥形瓶中，用水稀释至约 150 mL。加 5 mL 三乙醇胺溶液和适量的 MBT 指示剂，在搅拌下加氢氧化钾溶液，至出现稳定的蓝色后再过量 3 mL，用乙二胺四乙酸二钠（EDTA）标准液滴定至蓝色消失呈淡灰色。

5.3.4 结果计算

氧化钙（CaO）含量以质量分数 w_2 计，按式（2）计算：

$$w_2=\frac{Vc_1\times M_1/1\,000}{m\times 25/250}\times 100\% \qquad \cdots\cdots(2)$$

式中：

V ——滴定时消耗乙二胺四乙酸二钠（EDTA）标准溶液的体积的数值，单位为毫升（mL）；

c_1 ——乙二胺四乙酸二钠（EDTA）标准滴定溶液的浓度的准确数值，单位为摩尔每升（mol/L）；

M_1——氧化钙摩尔质量的数值，单位为克每摩尔（g/mol）（$M_1=56.08$）；

m ——试料的质量的数值，单位为克（g）。

5.3.5 允许差

取平行测定结果的算术平均值为测定结果。平行测定结果的绝对差值不大于 0.25%。

5.4 过滤时间的测定

5.4.1 方法提要

将试样放入氯化铝或盐酸溶液中，沸腾回流反应 60 min，冷却过滤，测定过滤时间。

5.4.2 试剂和材料

5.4.2.1 氯化铝溶液（以 Al_2O_3 计）：约 60.0 g/L。

5.4.2.1.1 配制：将 293 g 氯化铝（$AlCl_3\cdot 6H_2O$）溶于水，稀释至 1 000 mL。

5.4.2.1.2 标定：移取 10.00 mL 氯化铝溶液，置于 250 mL 容量瓶，加水至刻线，摇匀。移取 10.00 mL 此溶液于 250 mL 锥形瓶中，加入 30.00 mL 乙二胺四乙酸二钠（EDTA）标准滴定溶液，用水稀释至约 100 mL。将溶液加热至 70 ℃～80 ℃，用氨水溶液调节溶液 pH 值 3.5～4.0，加 15 mL 缓冲溶液，煮沸 2 min，取下稍冷，加 5～6 滴 PAN 指示剂，用硫酸铜标准滴定溶液滴定至亮紫色。

5.4.2.1.3 氯化铝溶液的质量浓度 ρ（以 Al_2O_3 计，g/L）按式（3）计算：

$$\rho=\frac{(V_1c_1-Vc)M/2\times 10^{-3}}{10/1\,000\times 10/250} \qquad \cdots\cdots(3)$$

式中：

V_1——移取乙二胺四乙酸二钠（EDTA）标准滴定溶液的体积的数值，单位为毫升（mL）；

c_1 ——乙二胺四乙酸二钠(EDTA)标准滴定溶液的浓度的准确数值,单位为摩尔每升(mol/L);

V ——滴定时氯化铝溶液消耗硫酸铜标准滴定溶液的体积的数值,单位为毫升(mL);

c ——硫酸铜标准滴定溶液的浓度的准确数值,单位为摩尔每升(mol/L);

M——氧化铝摩尔质量的数值,单位为克每摩尔(g/mol)(M=101.96)。

5.4.2.2 盐酸标准溶液:约 3.0 mol/L。

5.4.2.3 乙二胺四乙酸二钠(EDTA)标准滴定溶液:c(EDTA)约 0.025 mol/L。

同 5.2.2.7。

5.4.2.4 硫酸铜标准滴定溶液:$c(CuSO_4)$约 0.025 mol/L。

同 5.2.2.8。

5.4.3 仪器、设备

5.4.3.1 可控加热搅拌反应器:带 45 mm 橄榄型四氟搅拌子。

5.4.3.2 真空吸引器:带真空表。

5.4.3.3 玻璃冷凝回流装置:带 250 mL 磨口三角烧瓶和球型磨口冷凝管。

5.4.3.4 玻璃抽滤装置:带 250 mL 抽滤瓶和直径 80 mm 布氏漏斗。

5.4.3.5 秒表:分度值 0.1 s。

5.4.4 分析步骤

5.4.4.1 盐酸溶出法(适用于直接用盐酸与铝酸钙反应生产工艺)

移取 100 mL 盐酸溶液于 250 mL 磨口三角烧瓶中,放入四氟搅拌子。称取试料 16.0 g～17.0 g,精确至 0.01 g(m_1)。在快速搅拌下放入磨口三角烧瓶内,套上磨口球型冷凝管,加热回流反应,自沸腾开始计时,保持沸腾反应 60 min,取下,趁热过滤。

在布氏漏斗内垫上直径 70 mm 中速定量滤纸,在真空状态下倒入反应料液,调节并保持真空度至－0.035 MPa～－0.040 MPa,用秒表测量过滤时间,至滤液抽干为止的时间,即为过滤时间。

用水洗涤磨口三角烧瓶,并用水洗涤滤渣,反复洗滤,每次用水不超过 20 mL。滤液移入 250 mL 容量瓶中,用水稀释至刻度,摇匀,此为试液 B。

5.4.4.2 氯化铝溶出法

移取 100 mL 氯化铝溶液于 250 mL 磨口三角烧瓶中,放入四氟搅拌子,预热到 70 ℃。

根据铝酸钙中氧化钙含量称取适量的试料(m_1),当氧化钙含量为 30%～33%时,称取约 15.0 g;当氧化钙含量>33%时,称取约 14.0 g;当氧化钙含量<30%时,称取约 16.0 g。精确至 0.01 g。以下操作同 5.4.4.1。

5.4.5 允许差

取平行测定结果的算术平均值为测定结果。平行测定结果的绝对差值不大于 20 s。

5.5 酸不溶物含量的测定

5.5.1 仪器、设备

电热恒温干燥箱。

5.5.2 分析步骤

将 5.4.4.1 或 5.4.4.2 中滤纸连同滤渣于 100 ℃～105 ℃干燥至恒量。

5.5.3 结果计算

酸不溶物的含量以质量分数 w_3 计，按式(4)计算：

$$w_3=\frac{m-m_0}{m_1}\times 100\% \qquad \cdots\cdots(4)$$

式中：

m ——滤纸和滤渣的质量的数值，单位为克(g)；

m_0——滤纸的质量的数值，单位为克(g)；

m_1——试料的质量的数值，单位为克(g)。

5.5.4 允许差

取平行测定结果的算术平均值为测定结果。平行测定结果的绝对差值不大于1.0%。

5.6 可溶氧化铝含量的测定

5.6.1 方法提要

在pH值4.3时使乙二胺四乙酸二钠(EDTA)与铝离子络合，以PAN为指示剂，用硫酸铜标准滴定溶液回滴过量的乙二胺四乙酸二钠(EDTA)标准滴定溶液。

5.6.2 试剂和材料

5.6.2.1 水，GB/T 6682，三级。

5.6.2.2 盐酸溶液：1+1。

5.6.2.3 氨水溶液：1+1。

5.6.2.4 缓冲溶液：同5.2.2.6。

5.6.2.5 硫酸铜标准滴定溶液：同5.2.2.8。

5.6.2.6 乙二胺四乙酸二钠(EDTA)标准滴定溶液：同5.2.2.7。

5.6.2.7 1-(2-吡啶偶氮)-2-萘酚(PAN)指示液：同5.2.2.9。

5.6.3 分析步骤

移取10.00 mL试液B(见5.4.4)于250 mL容量瓶中，加水至刻度，摇匀。移取10.00 mL稀释液于250 mL锥形瓶中，加2 mL盐酸溶液、10 mL水，煮沸1 min，取下。加入乙二胺四乙酸二钠(EDTA)标准滴定溶液30.00 mL，用氨水溶液调节溶液pH值3.5～4.0，加15 mL缓冲溶液，煮沸2 min，取下稍冷，加5～6滴PAN指示液，用硫酸铜标准滴定溶液滴定至亮紫色。

5.6.4 结果计算

可溶氧化铝的含量以质量分数 w_4 计，按式(5)计算。

$$w_4=\left\{\frac{(V_1c_1/1\,000-Vc/1\,000)M/2}{10/250\times 10/250}-0.1\rho\right\}\times 100\%/m_1 \qquad \cdots\cdots(5)$$

式中：

V_1 ——移取乙二胺四乙酸二钠(EDTA)标准滴定溶液的体积的数值，单位为毫升(mL)；

c_1 ——乙二胺四乙酸二钠(EDTA)标准滴定溶液的浓度的准确数值，单位为摩尔每升(mol/L)；

V ——滴定时试样消耗硫酸铜标准滴定溶液的体积的数值，单位为毫升(mL)；

c ——硫酸铜标准滴定溶液的浓度的准确数值，单位为摩尔每升(mol/L)；

M ——氧化铝摩尔质量的数值，单位为克每摩尔(g/mol)(M=101.96)；
0.1——加入氯化铝溶液的体积的数值，单位为升(L)；
ρ ——氯化铝溶液的质量浓度(以 Al_2O_3 计)的数值，单位为克每升(g/L)；
m_1 ——试料的质量的数值，单位为克(g)。

5.6.5 允许差

取平行测定结果的算术平均值为测定结果。平行测定结果的绝对差值不大于0.35%。

5.7 铅含量的测定

5.7.1 方法提要

向试样中加入二乙基二硫代胺基甲酸钠溶液使铅螯合，用4-甲基-2戊酮萃取，用原子吸收光谱法在波长283.3 nm处测定吸光度，求出铅含量。

5.7.2 试剂和材料

5.7.2.1 水，GB/T 6682，二级。
5.7.2.2 4-甲基-2戊酮。
5.7.2.3 氨水溶液：1+5。
5.7.2.4 盐酸溶液：1+3。
5.7.2.5 柠檬酸铵溶液：500 g/L。
5.7.2.6 硫酸铵溶液：400 g/L。
5.7.2.7 二乙基二硫代胺基甲酸钠溶液：100 g/L。
5.7.2.8 铅标准贮备溶液：1 mL含0.1 mg Pb。
5.7.2.9 铅标准溶液：1 mL含0.05 mg Pb。移取25.00 mL铅标准贮备溶液于50 mL容量瓶中，用水稀释至刻度，摇匀。

5.7.3 仪器、设备

5.7.3.1 原子吸收光谱仪。
5.7.3.2 铅空心阴极灯。

5.7.4 分析步骤

5.7.4.1 分别移取0.00、0.50 mL、1.00 mL、2.00 mL铅标准溶液于100 mL烧杯中，加水至约25 mL。各加入3 mL柠檬酸铵溶液及15 mL硫酸铵溶液，用氨水溶液或盐酸溶液调整pH值至5.0～5.2(用pH计)。然后分别加入3 mL二乙基二硫代胺基甲酸钠溶液并混合均匀。
5.7.4.2 静置3 min后，移入分液漏斗中。依次加入25.00 mL 4-甲基-2戊酮，混摇2 min，再静置10 min后，弃去水层，将萃取液收集于干燥的容量瓶中。在仪器的最佳工作条件下，于波长283.3 nm处，以试剂空白调零，测其吸光度。以测定的吸光度为纵坐标，相对应的铅含量为横坐标，绘制校准曲线。
5.7.4.3 移取25 mL试液B于100 mL烧杯中，以下按5.7.4.1和5.7.4.2操作。

5.7.5 结果计算

铅的含量以质量分数 w_5 计，按式(6)计算：

$$w_5 = \frac{m \times 10^{-3}}{m_1 \times 25/250} \times 100\% \quad \cdots\cdots\cdots\cdots (6)$$

式中：

m ——试样中铅的质量的数值，单位为毫克(mg)；

m_1——试料的质量的数值，单位为克(g)。

5.7.6 允许差

取平行测定结果的算术平均值为测定结果，平行测定结果的绝对差值不大于0.000 3%。

5.8 铬含量的测定

5.8.1 方法提要

用原子吸收火焰光谱法，在波长357.9 nm处以空气-乙炔火焰测定铬原子的吸光度，求出铬含量。

5.8.2 试剂与材料

5.8.2.1 硝酸溶液：1+1。

5.8.2.2 铬标准贮备溶液：1 mL溶液含有0.1 mg Cr。

5.8.2.3 铬标准溶液：1 mL溶液含有0.05 mg Cr。移取50.00 mL铬标准贮备溶液于100 mL容量瓶中，加入20 mL硝酸溶液，用水稀释至刻度，摇匀。

5.8.3 仪器、设备

5.8.3.1 原子吸收分光光度计。

5.8.3.2 铬空心阴极灯。

5.8.4 分析步骤

5.8.4.1 校准曲线的绘制

移取0.00、1.00 mL、2.00 mL、3.00 mL、4.00 mL铬标准溶液置于50 mL容量瓶中，用水稀释至刻度，摇匀。此标准系列含铬量为0.00、0.05 mg、0.10 mg、0.15 mg、0.20 mg，在仪器的最佳工作条件下，于波长357.9 nm处，以空白调零，测其吸光度。以测定的吸光度为纵坐标，相对应的铬含量为横坐标，绘制校准曲线。

5.8.4.2 试样的测定

按校准曲线的同等仪器条件，以空白调零，测定试液B的吸光度，从校准曲线中求得相应的铬含量。

5.8.5 结果计算

铬的含量以质量分数 w_6 计，按式(7)计算：

$$w_6 = \frac{m \times 10^{-3}}{m_1} \times 100\% \quad \cdots\cdots\cdots\cdots (7)$$

式中：

m ——校准曲线中求得的铬的质量的数值，单位为毫克(mg)；

m_1——试料的质量的数值，单位为克(g)。

5.8.6 允许差

取平行测定结果的算术平均值为测定结果，平行测定结果的绝对差值不大于0.005%。

5.9 砷含量的测定(砷斑法)

5.9.1 方法提要

在酸性溶液中，用碘化钾和氯化亚锡把As(Ⅴ)还原为As(Ⅲ)，加锌粒与酸作用，产生新生态氢，使As(Ⅲ)进一步还原为砷化氢，砷化氢气体与溴化汞试纸作用，产生棕黄色斑点，与标准色斑目视比较。

5.9.2 试剂与材料

5.9.2.1 水，GB/T 6682，三级。

5.9.2.2 无砷锌粒。

5.9.2.3 碘化钾。

5.9.2.4 硫酸溶液：1+1。

5.9.2.5 氯化亚锡盐酸溶液：400 g/L。

5.9.2.6 砷标准溶液：1 mL溶液含0.001 mg As。将按GB/T 602配制的砷标准溶液稀释100倍。此溶液用时现配。

5.9.2.7 溴化汞试纸。

5.9.2.8 乙酸铅棉花。

5.9.3 仪器、设备

定砷器：见GB/T 610中图1。

5.9.4 分析步骤

移取$(250/m_1)$ mL试液B，置于定砷器的广口瓶中，加水至约50 mL。加入4 mL硫酸溶液、1 g碘化钾及2 mL氯化亚锡溶液，摇匀，放置15 min。加入3 g无砷锌，立即将已装好乙酸铅棉花及溴化汞试纸的玻璃管塞紧于广口瓶上，于暗处放置1 h。溴化汞试纸所呈黄色不得深于标准色。

标准色斑的制备：移取3 mL或5 mL砷标准溶液，置于定砷器的广口瓶中，与试料同时同样处理。

5.10 镉含量的测定

5.10.1 方法提要

向试样中加入二乙基二硫代胺基甲酸钠溶液使镉螯合，用4-甲基-2戊酮萃取，用原子吸收光谱法，在波长228.8 nm处以空气-乙炔火焰测定镉原子的吸光度，求出镉含量。

5.10.2 试剂和材料

5.10.2.1 水，GB/T 6682，三级。

5.10.2.2 4-甲基-2戊酮。

5.10.2.3 氨水溶液：1+5。

5.10.2.4 盐酸溶液：1+3。

5.10.2.5 硝酸溶液：1+1。

5.10.2.6 硝酸溶液：1+99。

5.10.2.7 柠檬酸铵溶液：500 g/L。

5.10.2.8 硫酸铵溶液：400 g/L。

5.10.2.9 二乙基二硫代胺基甲酸钠溶液：100 g/L。

5.10.2.10 镉标准贮备溶液：1 mL 含 0.1 mg Cd。称取 0.100 g 金属镉（99.9%以上），精确至 0.2 mg，置于 100 mL 烧杯中，加 20 mL 硝酸溶液（1+1），加热驱除氮氧化物，冷却后移入 1 000 mL 容量瓶中，加水稀释至刻度，摇匀。

5.10.2.11 镉标准溶液：1 mL 含 0.01 mg Cd。移取 10.00 mL 镉标准溶液贮备溶液放入 100 mL 容量瓶中，用硝酸溶液（1+99）稀释至刻度，摇匀。

5.10.3 仪器

5.10.3.1 原子吸收光谱仪。

5.10.3.2 镉空心阴极灯。

5.10.4 分析步骤

5.10.4.1 分别移取 0.00、0.50 mL、1.0 mL、1.50 mL 镉标准溶液于 100 mL 烧杯中，加水至约 25 mL。各加入 3 mL 柠檬酸铵溶液及 15 mL 硫酸铵溶液，用氨水溶液或盐酸溶液调整 pH 值至 5.0～5.2（用 pH 计）。然后分别加入 3 mL 二乙基二硫代胺基甲酸钠溶液并混合均匀。

5.10.4.2 静置 3 min 后，移入分液漏斗中。依次加入 25.00 mL 4-甲基-2 戊酮，混摇 2 min，再静置 10 min 后，弃去水层，将萃取液收集于干燥的容量瓶中。在仪器最佳工作条件下，于 228.8 nm 波长处，以试剂空白调零，测其吸光度。以测定的吸光度为纵坐标，相对应的镉含量为横坐标，绘制校准曲线。

5.10.4.3 移取 25 mL 试液 B 于 100 mL 烧杯中，以下按 5.10.4.1 和 5.10.4.2 操作。

5.10.5 结果计算

镉含量以质量分数 w_7 计，按式（8）计算：

$$w_7=\frac{m\times 10^{-3}}{m_1\times 25/250}\times 100\% \qquad \cdots\cdots(8)$$

式中：

m ——从校准曲线查出的镉的质量的数值，单位为毫克（mg）；

m_1——试料的质量的数值，单位为克（g）。

5.10.6 允许差

取平行测定结果的算术平均值为测定结果，平行测定结果的绝对差值不大于 0.000 05%。

6 检验规则

6.1 本标准规定的全部指标项目为型式检验项目，在正常生产情况下，三个月至少进行一次型式检验或依据客户要求而定。其中氧化铝（以 Al_2O_3 计）、氧化钙、过滤时间、酸不溶物和可溶氧化铝指标应逐批检验。

6.2 水处理剂用铝酸钙的验收时间为货到之日起 15 d 内。

6.3 水处理剂用铝酸钙每批产品不超过 120 t。

6.4 按 GB/T 12573 取样。每一批号取得的试料分为两份，一份由检验部门按本标准进行检验，另一份密封保存三个月备查。

6.5 检验结果按 GB/T 8170 中修约值比较法进行判定。

6.6 检查项目如有一项不符合本标准要求时，应重新自两倍量的包装单元中采样核验。核验结果有一项不符合本标准要求时，该批产品为不合格。

7 标志、标签和包装

7.1 水处理剂用铝酸钙的包装袋应符合 GB 9774 标准。每袋净质量 50 kg、500 kg 或依顾客要求而定。

7.2 水处理剂用铝酸钙包装袋上应涂刷牢固清晰的标志，内容包括：生产厂名、产品名称、商标、类别、净含量、批号、生产日期、本标准号以及 GB/T 191 规定的标志“怕雨”。

7.3 每批出厂的水处理剂用铝酸钙都应附有质量检验报告及质量合格证。

7.4 水处理剂用铝酸钙在运输过程中应有遮盖物，避免雨淋、受潮，并保持包装完整，标志清晰。

7.5 水处理剂用铝酸钙应贮存在通风干燥的库房内，产品贮存期为三个月。

ICS 67.040
X 04

中华人民共和国国家标准

GB/T 29342—2012

肉制品生产管理规范

Criterion of producing management for meat-products

2012-12-31 发布　　2013-08-01 实施

中华人民共和国国家质量监督检验检疫总局
中国国家标准化管理委员会　发布

前言

本标准按照 GB/T 1.1—2009 给出的规则起草。

本标准由中国商业联合会提出。

本标准由全国肉禽蛋制品标准化技术委员会(SAC/TC 399)归口。

本标准起草单位:山东得利斯食品股份有限公司、杭州唯新食品有限公司、石狮市万里香食品有限公司、南京雨润食品有限公司、福建省厨师食品集团有限公司、湖南唐人神肉制品有限公司、河南省漯河市双汇实业集团有限责任公司、深圳市华测检测技术股份有限公司、中国商业联合会。

本标准主要起草人:郑乾坤、郑高峰、吴红、王鹏程、徐宝才、李燕秋、彭建华、王玉芬、朱平、刘振宇。

肉制品生产管理规范

1 范围

本标准规定了肉制品加工的术语和定义、总则、文件要求、原料、辅料、食品添加剂和包装、厂房和设施、设备、人员的要求及管理、卫生管理、生产过程管理、质量管理和标识的要求。

本标准适用于肉制品加工企业产品生产过程的质量管理。

2 规范性引用文件

下列文件对于本文件的应用是必不可少的。凡是注日期的引用文件，仅注日期的版本适用于本文件。凡是不注日期的引用文件，其最新版本(包括所有的修改单)适用于本文件。

GB 2760 食品安全国家标准 食品添加剂使用标准

GB 7718 食品安全国家标准 预包装食品标签通则

GB 9959.1 鲜、冻片猪肉

GB/T 9959.2 分割鲜、冻猪瘦肉

GB/T 9961 鲜、冻胴体羊肉

GB 14881 食品企业通用卫生规范

GB 16869 鲜、冻禽产品

GB/T 17238 鲜、冻分割牛肉

GB/T 19001—2008 质量管理体系 要求

GB/T 19480 肉与肉制品术语

GB/T 21735 肉与肉制品物流规范

食品召回管理规定(国家质量监督检验检疫总局令[2007]第98号)

食品标识管理规定(国家质量监督检验检疫总局令[2007]第102号)

3 术语和定义

GB/T 19480 界定的以及下列术语和定义适用于本文件。

3.1

肉制品 meat-products

以畜禽肉或可食副产品等为主要原料加入适当辅料(含食品添加剂)，经相关加工工艺制成的制品。

3.2

外包 outsourcing

委托加工。

4 总则

4.1 企业应建立有效的肉制品生产质量管理体系，形成文件，加以实施和保持，并予以持续改进。

4.2 企业应确定肉制品生产质量管理体系的范围。该范围应规定所涉及的产品或产品类别、加工过程

和生产场地。

4.3 企业应做到：

a) 识别、评估、预防或控制产品对消费者健康预期可能产生的危害，以确保提供安全产品；

b) 监视、评价、防范在已放行产品中预期可能产生的危害，以保障产品的食用安全；

c) 在保障产品食用安全所需的食品链范围内，做好在企业内外以及危害预防、控制、防范过程的适应性、充分性和有效性相关的必要的信息沟通；

d) 实施必要的措施，以验证并保证危害预防、控制和防范过程持续的有效性。

4.4 企业应确保对任何影响肉制品质量的外包过程实施控制，并在质量管理体系中加以识别和验证。

5 文件要求

5.1 原则

企业应建立下列文件：

a) 肉制品加工质量体系的方针和目标应形成文件；

b) 企业为确保肉制品生产管理体系有效，建立、实施和更新所需的文件；

c) 肉制品企业生产的程序文件；

d) 肉制品生产过程所需的记录。

5.2 质量管理手册

企业应编制和保持质量管理手册，质量管理手册内容包括：

a) 质量管理体系的范围，包括任何删减的细节和正当的理由；

b) 为质量体系编制的形成文件的程序或对其引用；

c) 质量管理体系过程之间的相互作用的表述。

5.3 文件控制

5.3.1 肉制品加工质量管理体系所要求的文件应予以控制。记录是一种特殊类型的文件，应依据5.4的要求进行控制。

5.3.2 应编制形成文件的程序，以规定以下方面所需的控制：

a) 文件需经企业的主要负责人批准后发布、实施，以确保文件的准确、完善及可操作性；

b) 必要时对其进行评审与更新，并再次批准、发布；

c) 记录文件更改的原因和证据；

d) 确保文件的更改和现行修订状态得到识别；

e) 确保在使用时可获得适用文件的有效版本；

f) 确保文件保持清晰、易于识别；

g) 确保与肉制品安全管理体系相关的外来文件得到识别，并控制其分发；

h) 防止作废文件的非预期使用，对需保留的作废文件进行适当的标识。

5.4 记录控制

5.4.1 应建立并保持记录，以提供符合要求和肉制品加工质量管理体系有效运行的证据。记录应保持清晰、全面、准确、易于识别和检索。应编制形成文件的程序，以规定记录的标识、贮存、保护、检索、保存期限和处置所需的控制。

5.4.2 工厂所有记录管理应由执行人和负责人签名。记录应以真实、及时、填写规范为原则，不得随意更改，确需更改时应由更改人签名确认。

5.4.3 所有生产和质量管理记录应由生产和质量管理部门进行审核，以确定该作业是否符合规范；检查中发现异常应及时处理。

5.4.4 质量管理记录应以提供正确的判断或可追溯为依据。

5.4.5 所有记录按有关规定进行保存。

6 原料、辅料、食品添加剂和包装

6.1 原料肉

6.1.1 采购

原料肉应来自非疫区，并要求供方提供产地动物防疫监督机构出具的有效的动物产品兽医检疫合格证明、动物及动物产品运载工具消毒证明和非疫区证明。

6.1.2 验收

原料肉应符合 GB 9959.1、GB/T 9959.2、GB/T 9961、GB 16869 和 GB/T 17238 等的规定。

6.2 辅料

应符合相关国家标准或行业标准的规定。

6.3 食品添加剂

6.3.1 质量应符合相关产品的国家标准或行业标准。

6.3.2 使用范围和用量应符合 GB 2760 的规定。

6.4 包装材料

应符合相关的食品用卫生标准。

7 厂房和设施

应符合 GB 14881 的规定。

8 设备

8.1 配置

根据加工各类肉制品的生产工艺要求，配备相应的生产加工设备。

8.2 安全与卫生

所有的机械设备，应易于检查，便于拆卸和清洗消毒，利于保持清洁干燥，与食品接触的设备表面材料应符合相关卫生标准。

8.3 检验、计量设备

根据肉制品生产检验的需要，应配置符合出厂检验项目要求的检验、计量仪器设备。

9 人员的要求及管理

9.1 人员的要求

9.1.1 应有生产、质量及卫生的专职(或兼职)管理人员。
9.1.2 质量管理负责人应能独立行使职权。
9.1.3 生产管理、质量管理负责人和卫生专职管理人员应具备相关专业学历或经过相关专业培训。
9.1.4 检验人员应具备专业检验资格和相应的检测技能。

9.2 人员管理

9.2.1 人员的能力

9.2.1.1 生产管理人员应具有从事肉制品生产基本知识、加工工艺和卫生要求的知识。
9.2.1.2 质量管理人员应具有理解和掌握应用食品安全管理体系相关标准的能力。

9.2.2 人员的健康和卫生要求

应按 GB 14881 的有关规定执行。

9.2.3 人员培训

9.2.3.1 肉制品企业应制定年度业务培训计划,组织各部门负责人和作业人员参加各种岗前或在职培训及有关专业知识的学习,并建立培训档案。
9.2.3.2 从事肉制品生产操作和监管的人员应经过岗前从业培训,生产监督的人员应在肉制品加工技术及相关的专业知识领域受到过适当培训。

10 卫生管理

10.1 应符合 GB 14881 的规定。
10.2 应有污水处理系统,并能达到国家有关排放要求。
10.3 废弃物应委托有资质的专业单位(或符合相关条件的组织)妥善处理。

11 生产过程管理

11.1 总体要求

产品生产前应确认或制定原辅料管理、产品加工工艺(含关键控制环节)、操作规程、产品配方、产品质量标准和检验规则,并形成文件加以控制。根据加工工艺要求,对生产过程实施控制,确定关键控制环节,对关键控制环节人员进行相关培训,对生产设备的状态要进行鉴定,并有过程控制记录。

11.2 原料、辅材料、食品添加剂和包装材料管理

11.2.1 应明确生产肉制品所需原辅材料(含包装材料)的采购标准、品质规格、检验项目和检验方法;制定过磅、取样、检验、判定、审核、领用等工作程序,并切实执行。
11.2.2 应确认原辅材料供应商的合法性,并对其资格进行审查。
11.2.3 采购的原辅料、食品添加剂应符合相关国家标准或行业标准或经备案的企业标准。
11.2.4 食品添加剂应设专柜(间),专人负责,按使用量核对后领取和使用。

11.3 产品生产流程和关键控制环节

应确立肉制品生产一般工艺流程及其关键控制环节，并保存相关质量控制记录。

11.3.1 腌腊类制品

11.3.1.1 工艺流程

应符合图1的规定。

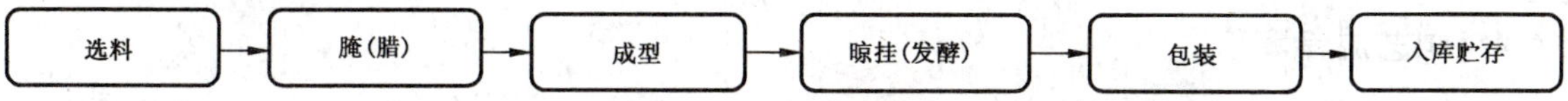

图1 腌腊类制品工艺流程

11.3.1.2 关键控制环节

应包括但不限于：

a) 原辅料(含食品添加剂)的选用；

b) 腌(腊)工序；

c) 晾挂(发酵)环境温湿度和时间。

11.3.2 酱卤类制品

11.3.2.1 工艺流程

应符合图2的规定。

图2 酱卤类制品工艺流程

11.3.2.2 关键控制环节

应包括但不限于：

a) 原辅料(含食品添加剂)的选用；

b) 加工过程中时间控制；

c) 杀菌。

11.3.3 熏烧焙烤类制品

11.3.3.1 工艺流程

应符合图3的规定。

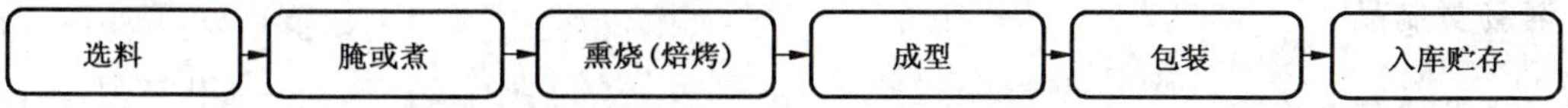

图3 熏烧焙烤类制品工艺流程

11.3.3.2 关键控制环节

应包括但不限于：

a) 原辅料(含食品添加剂)的选用；

b) 腌煮工序；

c) 熏烧、焙烤的温度和时间。

11.3.4 肉干类制品

11.3.4.1 工艺流程

应符合图4的规定。

图4 肉干类制品工艺流程

11.3.4.2 关键控制环节

应包括但不限于：

a) 原辅料(含食品添加剂)的选用；

b) 调味；

c) 干燥环境。

11.3.5 油炸类制品

11.3.5.1 工艺流程

应符合图5的规定。

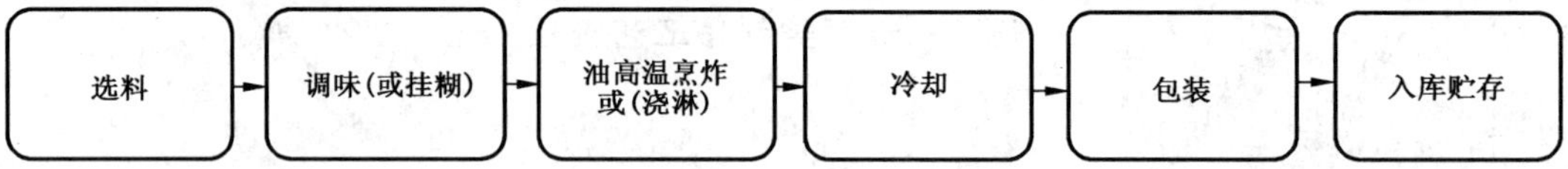

图5 油炸类制品工艺流程

11.3.5.2 关键控制环节

应包括但不限于：

a) 原辅料(含食品添加剂)的选用；

b) 调味(或挂糊)；

c) 烹炸的油温。

11.3.6 灌肠类制品

11.3.6.1 工艺流程

应符合图6的规定。

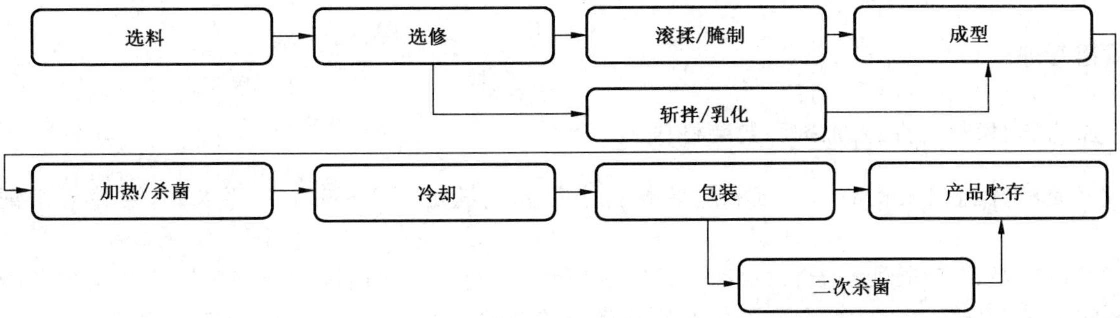

图6 灌肠类制品工艺流程

11.3.6.2 关键控制环节

应包括但不限于：

a) 原辅料(含食品添加剂)的选用；

b) 斩拌/乳化/滚揉工序；

c) 杀菌。

11.3.7 火腿类制品

11.3.7.1 工艺流程

应符合图7的规定。

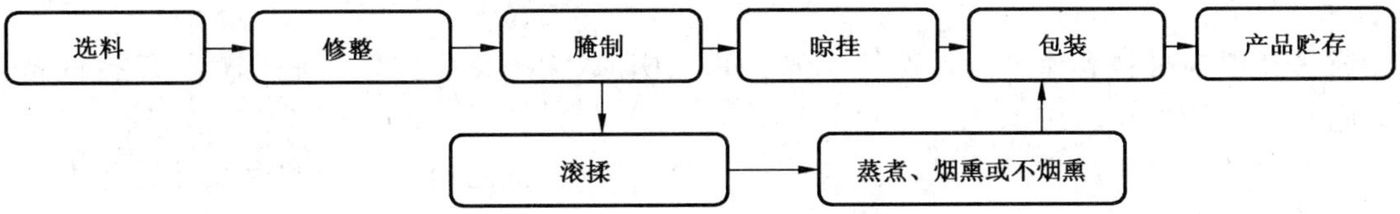

图7 火腿类制品工艺流程

11.3.7.2 关键控制环节

应包括但不限于：

a) 原辅料(含食品添加剂)的选用；

b) 腌制；

c) 蒸煮、烟熏。

11.4 其他类制品

应制定相关加工工艺流程，确定关键控制环节。

11.5 设备的保养和维修

11.5.1 建立生产设备档案，制定设备的定期维护保养计划。

11.5.2 严格执行设备操作规程，出现故障及时排除。

11.5.3 做好设备的日常维修和保养工作。

11.5.4 设备应有使用维护和保养记录。

12 质量管理

12.1 原料、辅材料、食品添加剂和包装材料

12.1.1 原料、辅材料、食品添加剂和包装材料进厂除应满足6.1～6.4的要求外，要建立索证索票制度。

12.1.2 应选择有资质的原辅料供应商。采购的原辅料、食品添加剂应符合相关国家标准或行业标准或经备案的企业标准。对供应商和外包方的选择应符合GB/T 19001—2008中7.4的要求。

12.2 加工过程

12.2.1 生产企业应依据危害性分析与风险评估的结果，确定质量关键控制环节，并制定控制的标准与控制的措施，一旦偏离控制标准时应采取相应的纠偏措施和预防措施。

12.2.2 详细制定质量关键控制环节的监控措施，严格执行并记录。

12.3 产品检验

12.3.1 详细制定产品的规格、检验项目、检验标准、抽样及检验方法。

12.3.2 产品应逐批抽取代表性样品实施查验分析，检验项目应符合产品的出厂检验要求，检验结果应填写"检验报告"单，不合格品应按照质量管理手册中不合格品的相关规定处理。

12.3.3 生产企业应设立批产品留样，样品数量应满足必要的品质保存性检验及产生质量纠纷时检验用。保存时间在正常的保存条件下至保质期限1个月后。

12.4 产品贮存

12.4.1 成品和原辅材料仓库应满足保持干燥、通风、阴凉，无不良气味以及需要时能保持低温等要求。仓库容量应与生产能力相适应。

12.4.2 经检验合格的成品应按其贮存要求储存于成品库内，低温肉制品应贮存在低温冷库，并做好仓库储存条件的管理和记录。成品应按品种、批次、分类存放，并有明显标志。

12.4.3 仓库中的物品应定期检查，发现异常应及时处理，并有温度、湿度记录。

12.4.4 成品仓储应有存量记录，出厂应做出货记录，内容包括批号、出货时间、地点、对象、数量等，发生问题时便于追溯和及时召回。

12.4.5 仓库出货顺序应按"先进先出"的原则，并对外观品质进行检查。包装破损或临近保质期的储存品应查明原因，报告企业主管部门妥善处理。

12.4.6 成品库、原料库不得储存有毒、有害物品或其他易腐、易燃品以及可能引起串味的物品。储存物品应与地面、墙壁、顶棚保持适当的距离。

12.4.7 仓库应具有完备的防鼠、防虫设施。

12.5 运输

12.5.1 装运前应对进出货用的容器、车辆等运输工具进行卫生检查。运输工具应无污染、无虫害、无异味。禁止与有可能造成污染的原料、半成品或成品一起运输。

12.5.2 应避免日光直射、雨淋和撞击，运输应符合GB/T 21735的规定。

12.6 售后服务管理

12.6.1 应建立产品售后管理制度，对顾客提出的书面或口头意见、投诉，企业应立即追查原因，妥善处理。

12.6.2 应按《食品召回管理规定》制定并执行产品的召回制度。

13 标识

预包装食品的标签应符合 GB 7718 和《食品标识管理规定》的要求。

ICS 67.180
X 11

中华人民共和国国家标准

GB/T 29343—2012

木 薯 淀 粉

Edible cassava starch

2012-12-31 发布　　2013-09-01 实施

中华人民共和国国家质量监督检验检疫总局
中国国家标准化管理委员会　发布

前　言

本标准按照 GB/T 1.1—2009 给出的规则起草。

本标准由中国商业联合会提出并归口。

本标准主要起草单位：中国商业联合会、广西木薯产业协会、广西农垦明阳生化集团股份有限公司、广西红枫淀粉有限公司、广西椰岛淀粉工业有限公司、南宁市坛洛淀粉厂、广西荟力淀粉有限公司、三明百事达淀粉有限公司、杭州普罗星淀粉有限公司、中国淀粉工业协会。

本标准主要起草人：文玉萍、玉琼广、王自豪、刘振宇、郑士勇、林景琚、陈学文、成林锦、陈颖、游为贵。

木 薯 淀 粉

1 范围

本标准规定了木薯淀粉的术语和定义、分类、原料和食品添加剂、技术要求、检验方法、检验规则以及标签、标志、包装、运输、贮存、销售和召回的要求。

本标准适用于3.1中所定义产品的生产、检验和销售。

2 规范性引用文件

下列文件对于本文件的应用是必不可少的。凡是注日期的引用文件，仅注日期的版本适用于本文件。凡是不注日期的引用文件，其最新版本(包括所有的修改单)适用于本文件。

GB/T 191 包装储运图示标志

GB 5009.12 食品安全国家标准 食品中铅的测定

GB/T 5009.36 粮食卫生标准的分析方法

GB 7718 食品安全国家标准 预包装食品标签通则

GB/T 8884—2007 马铃薯淀粉

GB/T 12087 淀粉水分测定 烘箱法

GB/T 12104 淀粉术语

GB/T 22427.1 淀粉灰分测定

GB/T 22427.4 淀粉斑点测定

GB/T 22427.5 淀粉细度测定

GB/T 22427.6 淀粉白度测定

GB/T 22427.7 淀粉粘度测定

GB/T 22427.10 淀粉及其衍生物氮含量测定

GB/T 22427.13 淀粉及其衍生物二氧化硫含量的测定

JJF 1070 定量包装商品净含量计量检验规则

定量包装商品计量监督管理办法(国家质量监督检验检疫总局令第75号)

食品召回管理的规定(国家质量监督检验检疫总局令第98号)

3 术语和定义

GB/T 12104界定的以及下列术语和定义适用于本文件。

3.1

木薯淀粉 cassava starch

从木薯块根中提取的淀粉。

4 分类

4.1 食用木薯淀粉。

4.2 工业用木薯淀粉。

5 原料和食品添加剂

5.1 原料

木薯应无异味、臭味，不应有腐烂和霉变，并符合国家的相关要求。

5.2 食品添加剂

应符合相关国家标准和行业标准的规定。

6 技术要求

6.1 感官要求

应符合表1的规定。

表1 感官要求

项目	指标	
	食用木薯淀粉	工业用木薯淀粉
色泽和形态	白色或稍带浅黄色的粉末	具有该产品应有的色泽和形态
滋味、气味	具有木薯淀粉固有的滋味、气味，无异味，无砂齿	—
杂质	无正常视力可见的外来物质	—

6.2 理化指标

6.2.1 食用木薯淀粉

应符合表2的规定。

表2 食用木薯淀粉理化指标

项目		指标		
		优级	一级	合格
水分/(g/100 g)	≤	13.5	14.0	15.0
灰分(干基) /(g/100 g)	≤	0.20	0.30	0.40
斑点/(个/cm^2)	≤	3.0	6.0	8.0
细度[150 μm(100目)筛通过率]/%	≥	99.8	99.5	99.0
粘度[6%(干物质计)，700 cmg，峰值粘度]/BU	≥	600		
白度(457 nm 蓝光反射率)/%	≥	92.0	89.0	86.0
蛋白质(干基)/(g/100 g)	≤	0.20	0.30	0.40
pH		5.0～8.0		

6.2.2 工业用木薯淀粉

应符合表 3 的规定。

表 3 工业用木薯淀粉理化指标

项目		指标		
		优级	一级	合格
水分/(g/100 g)	≤	13.5	15.0	
灰分(干基)/(g/100 g)	≤	0.20	0.30	0.40
斑点/(个/cm^2)	≤	3.0	6.0	8.0
细度[150 μm(100 目)筛通过率]/%	≥	99.8	99.5	99.0
粘度[6%(干物质计),700 cmg,峰值粘度]/BU	≥	550		
白度(457 nm 蓝光反射率)/%	≥	92.0	88.0	84.0

6.3 食用木薯淀粉安全指标

应符合相关食品安全国家标准的规定。

6.4 净含量

应符合《定量包装商品计量监督管理办法》的规定。

7 检验方法

7.1 感官要求

7.1.1 取适量样品置于白色瓷盘内,在自然光线条件下,用肉眼观察其色泽、形态和杂质,并取少量样品经糊化后品尝其滋味。

7.1.2 取淀粉样品 20 g,放入 100 mL 磨口瓶中,加入 50 ℃的温水 50 mL,加盖,振摇 30 s,倾出上清液,嗅其气味。

7.2 理化指标

7.2.1 水分

按 GB/T 12087 规定的方法测定。

7.2.2 灰分

按 GB/T 22427.1 规定的方法测定。

7.2.3 斑点

按 GB/T 22427.4 规定的方法测定。

7.2.4 细度

按 GB/T 22427.5 规定的方法测定。

7.2.5 白度

按 GB/T 22427.6 规定的方法测定。

7.2.6 粘度

按 GB/T 22427.7 规定的方法测定。

7.2.7 蛋白质

按 GB/T 22427.10 规定的方法测定。

7.2.8 pH 值

按照 GB/T 8884—2007 中附录 A 的规定测定。

7.2.9 铅

按 GB 5009.12 规定的方法测定。

7.2.10 氢氰酸

按 GB/T 5009.36 规定的方法测定。

7.2.11 二氧化硫

按 GB/T 22427.13 规定的方法测定。

7.3 净含量负偏差

按 JJF 1070 的规定执行。

8 检验规则

8.1 批

同一生产线、同一班次的产品为一批。

8.2 抽样

每一批随机均匀抽取，抽样数量按式(1)计算，但每批数量不少于 20 kg。

$$n=\sqrt{N/2} \qquad \cdots\cdots(1)$$

式中：

n ——抽取的样品数量；

N——批数量。

8.3 出厂检验

8.3.1 每批按出厂检验项目进行检验，检验合格方可出厂。

8.3.2 出厂检验项目

8.3.2.1 食用木薯淀粉包括感官要求、水分、灰分、斑点、细度、粘度、白度和 pH。

8.3.2.2 工业用木薯淀粉包括感官要求、水分、灰分、斑点、细度、粘度和白度。

8.4 型式检验

8.4.1 型式检验的项目包括第 6 章“技术要求”规定的所有项目。

8.4.2 有下列情况之一的,应进行型式检验。

a) 新产品定型鉴定时;

b) 原料来源有重大改变或生产工艺重大改变时;

c) 产品停产 3 个月以上又恢复生产时;

d) 出厂检验结果与上次型式检验有较大差异时;

e) 国家质量监督机构或主管部门提出进行型式检验的要求时。

8.5 判定和复检规则

8.5.1 出厂检验判定和复检

8.5.1.1 出厂检验项目全部符合本标准规定,判为相应的等级品。

8.5.1.2 出厂检验项目中有 1 项不符合本标准规定,可以加倍随机抽样进行该项目的复检,复检后仍不符合本标准要求,则判该批产品为不合格产品。

8.5.2 型式检验判定和复检

8.5.2.1 型式检验项目全部符合本标准规定,判为合格品。

8.5.2.2 型式检验项目不超过两项(含两项)不符合本标准,可以加倍抽样复检,复检后仍有一项不符合本标准的规定,判该产品为不合格产品。

9 标签、标志、包装、运输、贮存和销售

9.1 标签、标志

产品应进行预包装,食用木薯淀粉的预包装产品标签应符合 GB 7718 的规定。产品外包装的标志应符合 GB/T 191 的规定。

9.2 包装

包装容器及其材料应符合相关卫生标准和有关规定。

9.3 运输

运输设备应保持干燥、清洁,不得与有毒、有害、有异味、易挥发、有腐蚀性的物品混装、混运,避免日晒和雨淋。装卸时应轻拿轻放,严禁直接钩扎包装袋。

9.4 贮存

产品应贮存在干燥、通风良好的场所,不得与有毒、有害、有异味、易挥发、易腐蚀的物品同贮。

9.5 销售

产品销售场所保持干燥、清洁,不与有毒、有害、有异味物品共处。

10 召回

食用木薯淀粉应执行《食品召回管理的规定》。

ICS 67.040
X 83

中华人民共和国国家标准

GB/T 29344—2012

灵芝孢子粉采收及加工技术规范

Standards on harvesting and processing techniques of ganoderma lucidum spore powder

2012-12-31 发布 2013-08-01 实施

中华人民共和国国家质量监督检验检疫总局
中国国家标准化管理委员会 发布

前　言

本标准按照 GB/T 1.1—2009 给出的规则起草。

本标准由全国食品工业标准化技术委员会(SAC/TC 64)提出并归口。

本标准由福建仙芝楼生物科技有限公司、仙芝科技(福建)股份有限公司、福建仙芝楼健康菌业有限公司、福建省药品检验所、福建省疾病预防控制中心、福建省检验检疫技术中心、福建省健神生物工程有限公司、福建省分析测试中心、福建省标准化研究院负责起草。

本标准主要起草人:李晔、吴长辉、张劲松、姚渭溪、王勇、陈若芸、刘国辉、杨娟娟、谢宝贵、林树钱、陈国忠、林升清、齐红、陈硕、董秀云、杨方、肖振林、毛德春、卢先勇、宋玉娥、卓金龙、程军。

灵芝孢子粉采收及加工技术规范

1 范围

本标准规定了灵芝孢子粉的采收和加工技术要求。

本标准适用于赤芝(*Ganoderma lucidum*)和松杉灵芝(*Ganoderma tsugae*)孢子粉的采收、加工。

2 规范性引用文件

下列文件对于本文件的应用是必不可少的。凡是注日期的引用文件,仅注日期的版本适用于本文件。凡是不注日期的引用文件,其最新版本(包括所有的修改单)适用于本文件。

GB 5009.3 食品安全国家标准 食品中水分的测定

GB 5009.4 食品安全国家标准 食品中灰分的测定

GB 5749 生活饮用水卫生标准

GB/T 6682 分析实验室用水规格和试验方法

GB 50073 洁净厂房设计规范

定量包装商品计量监督管理办法(国家质量监督检验检疫总局[2005]75 号令)

3 术语和定义

下列术语和定义适用于本文件。

3.1

灵芝孢子 ganoderma spore

由灵芝子实体发育产生并可在成熟时释放的担孢子。

3.2

破壁灵芝孢子 cell wall-broken ganoderma spore

经加工,孢子壁被破碎的灵芝孢子。

3.3

破壁率 cell wall-broken rate

破壁的孢子在总孢子中所占的百分比。

4 孢子粉采收

4.1 采收灵芝孢子粉的要求

4.1.1 尽可能采集到最大量的灵芝孢子粉。

4.1.2 采取措施,尽量避免杂质混入。

4.1.3 采收前,灵芝种植大棚要进行卫生清理,去除杂物。

4.1.4 采收人员进入大棚要做到头戴工作帽,身穿工作服,脚穿专用工作鞋。

4.1.5 采集用纸张、薄膜、无纺布等材料及盛装容器应符合国家食品容器、包装材料的卫生标准。

4.1.6 采集用毛刷、修剪刀等工具应干净,并专用。

4.2 采收条件

4.2.1 灵芝菌盖边缘黄白色生长圈消失后 15 d 左右，有孢子粉弹射时，开始采收。

4.2.2 环境温度以 25 ℃～33 ℃为宜。

4.3 采收方法

4.3.1 套袋采粉

4.3.1.1 套袋

灵芝菌盖边缘黄白色生长圈消失，即将弹射孢子时，地面铺设薄膜或无纺布，隔离泥土，并及时在灵芝菌柄基部套上薄膜或无纺布筒袋，下端以菌柄为中心，结扎成袋，袋口朝上，再围绕菌盖，在袋内插入白色纸板或无纺布，将纸板打小孔，增加透气，并将纸板或无纺布上端连结成筒，筒口上盖一纸板或无纺布，防止孢子粉逃逸，盖板与灵芝菌盖要有 5 cm 的空隙距离，套袋采粉要十分注意通风，采粉期芝棚两头薄膜需敞开，保持空气相对湿度在 75%～80%。

4.3.1.2 分期采粉

取下套筒，先采收套筒内侧和灵芝菌盖上孢子粉。再用手抓住扎袋上端向边拉，形成口子，另一手用勺子将扎袋内孢子粉取出，套上套筒，继续培育。一般 15 d 左右采收一次。

4.3.1.3 最后一次采粉

子实体采收时，掀开盖板，取下套筒，依次刷下积在套筒内侧和灵芝菌盖上的孢子粉，剪下灵芝，抓住扎袋两端，脱离地上菌柄，最后取出扎袋内孢子粉。

4.3.2 风机吸附采粉

用风机加布袋组成的孢子收集器收集孢子粉。当灵芝孢子开始释放时，将孢子收集器放置在出芝棚中间，距地面 1 m～1.5 m 高，开动风机，形成负压流，采集灵芝孢子粉。

4.3.3 地膜覆盖采粉

在灵芝成熟后的每行灵芝中间排放双层条状地膜，接收降落的孢子粉。在采收灵芝子实体时，用专用的软毛刷把菌盖表面孢子粉刷入专用的容器内，然后再采收地膜上的孢子粉。采收时只采收上层膜粉，下层孢子粉弃之不用。

5 加工人员卫生要求

5.1 加工人员应每年进行健康体检，并符合相关法律、法规的规定。

5.2 进入车间的人员应按规定程序进行更衣。

6 加工车间卫生要求

6.1 过筛、除杂车间应洁净，并有捕尘设施。

6.2 灭菌后的出料应置于净化车间内。

6.3 烘干、破壁、粉碎、过筛车间应做净化，并有捕尘设施。

6.4 需洁净化的车间，洁净度应至少达到 GB 50073 规定的第 9 级。

7 孢子粉加工

7.1 过筛、除杂

先用 80 目筛除去较大杂质，再用 200 目筛除去细小杂质或用符合 GB 5749 的水漂洗除去泥沙等杂质，灰分不得大于 3.0%。

注：灰分可按 GB 5009.4 规定的方法测定。

7.2 灭菌

可采用高压蒸气、微波或辅照等灭菌方式，灭菌后的微生物应符合相应的标准规定。

7.3 烘干

将灭菌后的需要烘干的孢子粉用烘干设备进行烘干，烘干至水分不大于 9.0 g/100 g。

注：水分可按 GB 5009.3 规定的方法测定。

7.4 破壁

通常采用物理方法，如用机械碾磨、气流粉碎等方式对灭菌烘干后的灵芝孢子粉进行破壁，破壁率不得低于 95%。

注：破壁率可按附录 A 规定的方法测定。

7.5 粉碎、过筛

当破壁后的孢子粉结成片状或粒状时，需进行粉碎处理，并过 80 目筛。

7.6 包装

采用真空包装，封装应平整严密，破壁灵芝孢子粉应避光，各种包装材料应符合相应的国家卫生标准及产品质量要求，净含量应符合《定量包装商品计量监督管理办法》的规定。

7.7 贮存

产品应存放于通风、干燥、阴凉的仓库内，严禁与有害、有异味、有腐蚀性的物品混贮，堆放应隔墙离地。

附 录 A
（规范性附录）
破壁灵芝孢子粉破壁率的测定方法

A.1 方法提要

利用血球计数板对未破壁的孢子进行计数，分别计算出单位质量孢子粉中灵芝孢子的数量和单位质量破壁孢子粉中未破壁灵芝孢子的数量，从而获得破壁孢子粉的破壁率。

A.2 仪器与设备

A.2.1 血球计数板：25 个中格×16 个小格或 16 个中格×25 个小格。
A.2.2 电子分析天平：精度 0.1 mg。
A.2.3 超声波清洗器：功率≥45 W。
A.2.4 光学显微镜：放大倍数≥200。
A.2.5 烘箱。

A.3 试剂和溶液

除非另有规定，本方法中所用试剂均为分析纯。
A.3.1 实验用水应符合 GB/T 6682 规定的三级水规格。
A.3.2 吐温 80。
A.3.3 蔗糖。

A.4 样品制备

分别取同一批次有代表性灵芝孢子粉和破壁灵芝孢子粉的样品各至少 100 g，分别充分混匀，置于密闭的容器内。

A.5 分析步聚

A.5.1 取适量同一批次的灵芝孢子粉 A 和破壁灵芝孢子粉 B，于烘箱 60 ℃下烘干 5 h
A.5.2 准确称取经烘干的孢子粉 A 和破壁灵芝孢子粉 B，其中 $m_A=0.100\ 0$ g，$m_B=0.150\ 0$ g。
A.5.3 分别称取 5.0 g 经过研磨后过 100 目筛的蔗糖粉末，分别与孢子粉 A、B 充分混合至色泽均一。用蒸馏水分别溶解上述样品，在样品溶液中加 0.1 mL 吐温 80，用蒸馏水定容到 100 mL 的容量瓶中，并在室温超声震荡 30 min，使孢子充分分散。
A.5.4 将待测孢子悬液，用吸管吸取一滴置于盖玻片的边缘，使液体缓缓渗入，多余的液体用吸水纸吸取，进样完成后静置约 30 s，然后将血球计数板置于 200 倍及以上放大倍数的光学显微镜下进行观察计数。
A.5.5 使用 25 个中格×16 个小格的计数板时，应计算出血球计数板 4 个角上与中央 5 个中格中含完整灵芝孢子的数目（即以 80 个小格为一个计数单位）；当使用 16 个中格×25 个小格的计数板时，应计算出血球计数板4个角上的4个中格中含完整灵芝孢子的数目(即以100个小格为一个计数单位)。如有部分孢子处于中格边线上，计数时应仅统计位于中格四个边线的其中两个边线的孢子数，每个样品观察计数时应去掉离群较大的值，每个样品有效观察计数不少于3次，然后计算它们的平均数 n。

A.6 结果计算

A.6.1 使用25个中格×16个小格的计数板时，每克孢子粉中含完整灵芝孢子数按式(A.1)计算：

$$N=\frac{n}{80}\times 400\times 10\,000\times \frac{V}{m} \qquad \cdots\cdots(\text{A.1})$$

式中：

N ——每克孢子粉含完整的灵芝孢子数，单位为个每克(个/g)；

n ——80个小方格内含完整灵芝孢子的总数，单位为个；

V ——孢子稀释液的体积，单位为毫升(mL)；

m ——样品的质量，单位为克(g)；

400 ——血球计数板的计数室内共有400个小方格；

10 000 ——血球计数板计数室的容积为0.1 mm^3，1 mL相当于10 000个血球计数板计数室的容积。

A.6.2 使用16个中格×25个小格的计数板时，每克孢子粉中含完整灵芝孢子数按式(A.2)计算：

$$N=\frac{n}{100}\times 400\times 10\,000\times \frac{V}{m} \qquad \cdots\cdots(\text{A.2})$$

式中：

N ——每克孢子粉中含完整的灵芝孢子数，单位为个每克(个/g)；

n ——100个小方格内含完整灵芝孢子的总数，单位为个；

V ——孢子稀释液的体积，单位为毫升(mL)；

m ——样品的质量，单位为克(g)；

400 ——血球计数板的计数室内共有400个小方格；

10 000 ——血球计数板计数室的容积为0.1 mm^3，1 mL相当于10 000个血球计数板计数室的容积。

A.6.3 破壁率按式(A.3)计算：

$$X=\left(1-\frac{N_B}{N_A}\right)\times 100\% \qquad \cdots\cdots(\text{A.3})$$

式中：

X ——破壁灵芝孢子粉的破壁率，%；

N_B ——每克破壁灵芝孢子粉中含完整的灵芝孢子数，单位为个每克(个/g)；

N_A ——每克灵芝孢子粉中含完整的灵芝孢子数，单位为个每克(个/g)。

ICS 55.100
A 82

中华人民共和国国家标准

GB/T 29345—2012

包装容器　铝易开盖钢制两片罐

Packaging containers—Aluminum easy open end and two-piece steel can

2012-12-31 发布　　2013-09-01 实施

中华人民共和国国家质量监督检验检疫总局
中国国家标准化管理委员会　发布

前　言

本标准按照 GB/T 1.1—2009《标准化工作导则　第1部分：标准的结构和编写》给出的规则起草。

本标准由全国包装标准化技术委员会(SAC/TC 49)提出并归口。

本标准主要起草单位：国家包装产品质量监督检验中心(广州)、上海宝钢包装股份有限公司、广州市质量监督检测研究院、上海宝翼制罐有限公司、河北宝钢制罐北方有限公司、成都宝钢制罐有限公司、佛山宝钢制罐有限公司、上海宝钢制盖有限公司、武汉宝钢制罐有限公司

本标准主要起草人：曹清、罗晓茵、庄建军、张清、朱丽萍、潘擎方、罗菁、高红亮、卢明。

包装容器　铝易开盖钢制两片罐

1　范围

本标准规定了铝易开盖钢制两片罐的分类、技术要求、试验方法、检验规则及标志、包装、运输、贮存。

本标准适用于盛装啤酒、充碳酸气及充氮软饮料的未经使用的铝易开盖钢制两片罐的制造、使用、流通和监督检验。

2　规范性引用文件

下列文件对于本文件的应用是必不可少的。凡是注日期的引用文件，仅注日期的版本适用于本文件。凡是不注日期的引用文件，其最新版本(包括所有的修改单)适用于本文件。

GB/T 2828.1—2003　计数抽样检验程序　第1部分：按接收质量限(AQL)检索的逐批检验抽样计划

GB/T 4122.1　包装术语　第1部分：基础

GB 4806.1　食品用橡胶制品卫生标准

GB 5009.60　食品包装用聚乙烯、聚苯乙烯、聚丙烯成型品卫生标准的分析方法

GB 5009.64　食品包装用橡胶垫片(圈)卫生标准的分析方法

GB 5009.69　食品罐头内壁环氧酚醛涂料卫生标准的分析方法

GB 11677　水基改性环氧易拉罐内壁涂料卫生标准

GB/T 18455　包装回收标志

3　术语、定义和符号

3.1　术语和定义

GB/T 4122.1 界定的术语和定义适用于本文件。

3.2　符号

下列符号适用于本文件。

3.2.1　缩颈翻边罐体

B ——翻边宽度；

D_1 ——罐体外径；

D_2 ——缩颈内径；

H ——罐体高度。

3.2.2　铝易开盖

b ——钩边开度；

e ——每 50.80 mm 盖钩边的重叠个数；

d ——钩边外径；

h_1——埋头度；

h_2——钩边高度。

4 铝易开盖钢制两片罐分类

4.1 钢制两片罐

钢制两片罐按型号分为 206/211×310(250 mL)、206/211×314(275 mL)、206/211×408(330 mL)、206/211×413(355 mL)、206/211×610(500 mL)。

注：特殊型号由供需双方商定。

钢制两片罐型号示例：

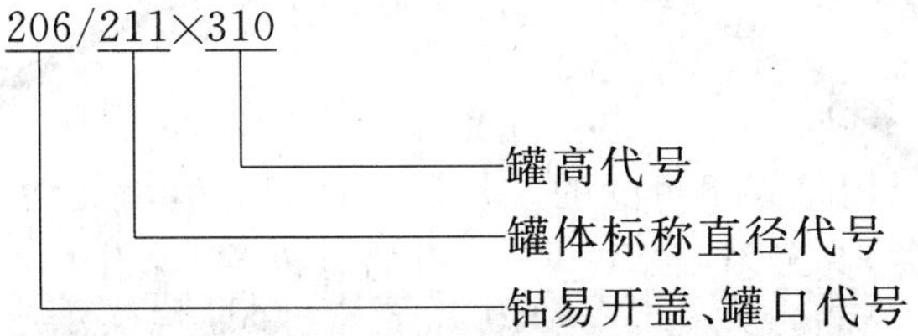

4.2 铝易开盖

4.2.1 铝易开盖分为拉环式和留片式易开盖，见图1。

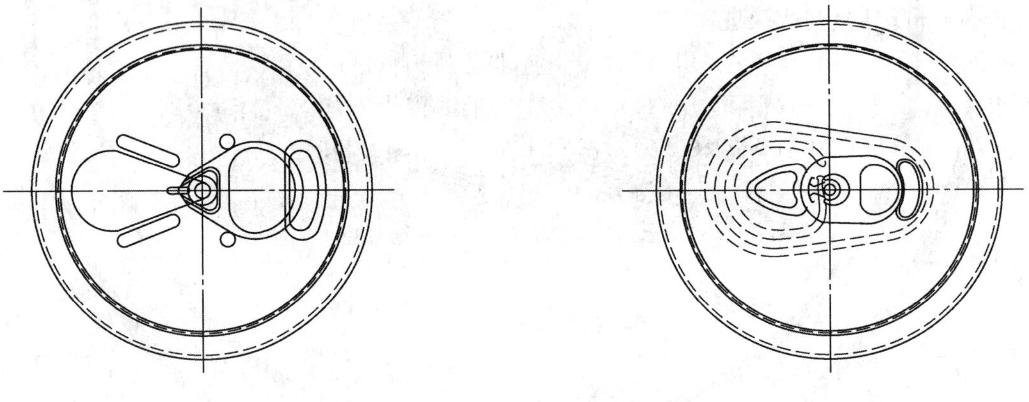

a） 拉环式　　　　b） 留片式

图1 易开盖示意图

4.2.2 钢制两片罐使用高肩部注胶盖，注胶部位见图2。

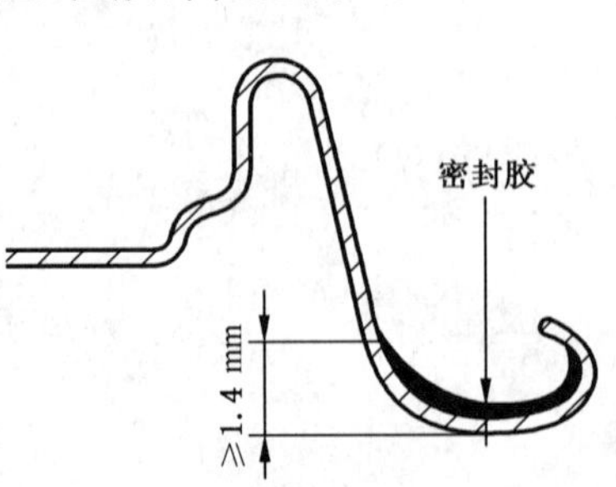

图2 注胶部位示意图

4.3 结构尺寸

4.3.1 缩颈翻边罐体的主要尺寸和极限偏差

缩颈翻边罐体的主要尺寸和极限偏差应符合图 3 和表 1 的规定。

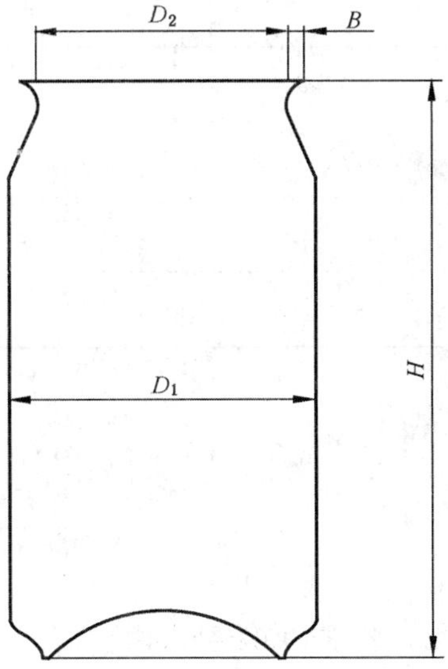

图 3 罐体主要尺寸示意图

表 1 罐体主要尺寸

单位为毫米

名称	符号	公称尺寸					极限偏差
		250 mL	275 mL	330 mL	355 mL	500 mL	
罐体高度	H	90.93	98.95	115.20	122.22	167.84	±0.38
罐体外径[a]	D_1	66.04					—
缩颈内径	D_2	57.40					±0.25
翻边宽度	B	2.24					±0.25
[a] 工具保证尺寸。							

4.3.2 易开盖的主要尺寸和极限偏差

易开盖的主要尺寸和极限偏差应符合图 4 和表 2 的规定。

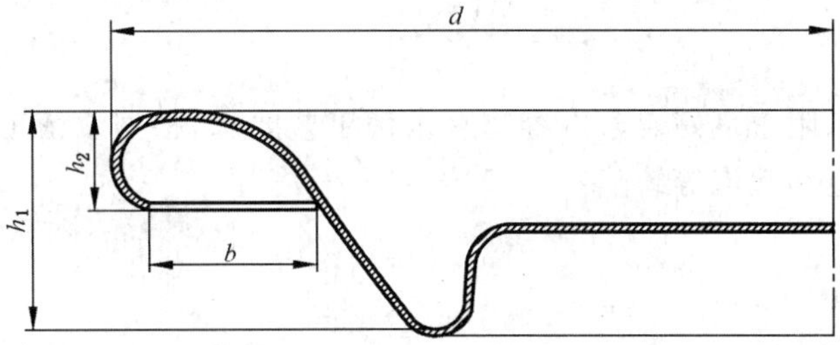

图 4 易开盖主要尺寸示意图

表 2　易开盖主要尺寸

单位为毫米

名　称	符　号	公称尺寸	极限偏差
钩边外径	d	64.82	±0.25
钩边开度	b	≥2.72	—
埋头度	h_1	6.35	±0.13
钩边高度	h_2	2.01	±0.20
每 50.80 mm 盖钩边的重叠个数	e	26±2	

5　技术要求

5.1　基本要求

5.1.1　产品结构尺寸应符合本标准 4.3 要求，特殊要求由供需双方商定。

5.1.2　产品灌装内容物的不同，对内涂膜及密封胶的理化性能要求各异，生产企业应向需方提供样品做灌装试验，并取得确认。

5.2　罐体

5.2.1　物理性能

罐体的物理性能应符合表 3 的规定。

表 3　罐体物理性能

项　目		要　求
轴向承压力/kN		≥1.00
罐底耐压强度/kPa		≥620
内涂膜完整性/mA	啤酒罐体	单个不大于 10，平均不大于 3
	软饮料罐体	单个不大于 5，平均不大于 1

5.2.2　涂膜质量

罐体内外涂膜应固化、附着良好。若内容物有杀菌工艺要求，根据杀菌工艺要求在经巴氏杀菌或高温杀菌后不得有脱落、变色和起泡等缺陷。

5.2.3　感官质量

5.2.3.1　感官质量要求见表 4。

表 4　罐体感官质量要求

名称	不合格分类	缺陷内容	接收质量限（AQL）
罐体	A 类不合格	内涂膜含杂质、罐内明显的油污或其他杂物、针孔、罐身折曲或凹痕导致内涂膜损伤、翻边缺损或撞凹、翻边不完全、翻边开裂、翻边有毛刺，有明显异味	0.65
	B 类不合格	涂料在罐内壁成滴状和斑点、底部内涂膜有大于 2 mm 气泡、底部变形、罐身折曲或凹痕长度大于 10 mm 且未导致内涂膜损伤、缩颈褶皱	2.5
	C 类不合格	内涂膜斑迹、印色轻微错位、印色以及罩光漆局部不完整、小划痕、印色与色版有轻微差别、缩颈部微折、底部金属轻微损伤	4.0

5.2.3.2　产品的图案及颜色应由供需双方协商确定。

5.3　易开盖

5.3.1　物理性能

易开盖物理性能应符合表 5 的规定。

表 5　易开盖物理性能

项目名称		要　求
耐压强度/kPa		≥620
密封性		不允许泄漏
内涂膜完整性/mA	啤酒盖	单个不大于 75，平均不大于 50
	软饮料盖	单个不大于 30，平均不大于 8
启破力/N		单个不大于 31，平均不大于 20
全开力/N		单个不大于 45，平均不大于 36
开启可靠性		开启时拉环(片)不脱落及完全开启
封口胶干膜体积/mm^3		40±5

5.3.2　涂膜质量

易开盖内外涂膜应固化、附着良好。若内容物有杀菌工艺要求，根据杀菌工艺要求在经巴氏杀菌或高温杀菌后不得有脱落、变色和起泡等缺陷。

5.3.3　感官质量

感官质量要求见表 6。

表 6　易开盖感官质量要求

名称	不合格分类	缺陷内容	接收质量限（AQL）
易开盖	A类不合格	破损、盖内侧明显油污、污染、未涂封口胶、肩部胶位高度小于1.4 mm、有明显异味、涂膜起层或脱落、钩边严重皱折、无拉环(片)	0.65
	B类不合格	封口胶粘连、局部漏涂大于 2 mm^2、明显的钩边变形	2.5
	C类不合格	内外涂膜划痕、擦伤但金属不裸露、钩边轻度皱折和变形、封口胶搭接不均匀	4.0

5.4　卫生要求

5.4.1　产品内壁涂料应符合 GB 11677 的规定。

5.4.2　易开盖密封胶应符合 GB 4806.1 的规定。

6　试验方法

6.1　感官检验

用目视，在自然光线下，用正常视力相距 60 cm 检查。

6.2　尺寸检验

用专用或通用量具(仪)测量，量具(仪)最小读数值不大于 0.01 mm。

6.3　罐体内涂膜完整性试验

使用最小读数值不大于 0.1 mA 的内涂膜完整性测试仪，在罐内加入电解液，液面距罐口 3 mm，读取第 4 秒的电流值。

电解液为 2%(质量浓度)硫酸钠水溶液。

6.4　罐底耐压强度试验

使用最小读数值不大于 1 kPa 的罐底耐压强度测试仪，读取罐底部变形的最大读数值。

6.5　罐体轴向承压力试验

使用最小读数值不大于 10 N 的罐体轴向承压力测试仪，读取罐体变形的最大读数值。

6.6　易开盖启破力、全开力试验

6.6.1　使用最小读数值不大于 1 N 的启破力/全开力测试仪，试验的全行程时间为 15 s。

6.6.2　拉环式启破力、全开力试验：把易开盖放在测量支架上，支架固定在后倾 30°(即与水平成 60°)位置，先后读取盖开启瞬间及拉环舌片完全撕离盖体时的读数值。

6.6.3　留片式启破力、全开力试验：把易开盖放入水平的支架，支架与拉力链成 60°，先后读取盖开启瞬间及舌片按预刻线完全打开时的读数值。

6.7 易开盖耐压强度试验

使用最小读数值不大于 1 kPa 的易开盖耐压强度测试仪，读取盖变形时的读数值。

6.8 易开盖内涂膜完整性试验

使用最小读数值不大于 0.1 mA 的内涂膜完整性测试仪，对盖内涂膜测试，读取第 4 秒的电流值。电解液用 1%（质量浓度）氯化钠水溶液。

6.9 内外涂膜杀菌试验

6.9.1 巴氏杀菌，使用恒温水浴箱，将试样放入温度为(68±2)℃的蒸馏水中，恒温 30 min 后取出，检查内外涂膜有无变色、起泡、脱落等现象。

6.9.2 高温杀菌，罐体采用 80 ℃蒸馏水热灌装，并加盖封口密封，将试样放入高温蒸煮锅内，加入适量蒸馏水，加热至 121 ℃并保持 30 min，取出试样，冷却后倒出试样内的蒸馏水，自然干燥后，检查内外涂膜有无变色、起泡、脱落等现象。

6.10 易开盖泄漏试验

在进行 6.7 试验时将测试压力保持在 620 kPa，保压 1 min。观察试样有无漏气现象。

6.11 封口胶干膜体积

使用感量为 0.1 mg 的分析天平，把易开盖拉环除去，称重为 m_1，再除去封口胶，烘干后称重为 m_2，封口胶干膜质量为 m_1 与 m_2 之差。根据公式 $V=(m_1-m_2)/\rho$ 进行计算，计算结果应符合表 5 的规定。ρ 值为供应商提供的该种密封胶的密度。

6.12 开启可靠性试验

用手或简单工具正向开启易开盖，观察拉环(片)是否脱落及完全开启。

6.13 卫生检验

卫生要求按 GB 5009.60、GB 5009.64、GB 5009.69 进行。

7 检验规则

7.1 同批交货的同品种、同规格的产品为同一检验批。

7.2 产品质量按本标准规定的指标及方法进行检验，依照 GB/T 2828.1—2003 的 11.1.2 的二次抽样方案进行抽样检验。

7.3 生产厂质量部门应按本标准的规定对产品进行检验并出具合格证。

7.4 产品检验分出厂检验和型式检验。

7.4.1 出厂检验

本标准中 5.1.1、5.2.3、5.3.3 为出厂检验项目。

7.4.2 型式检验

7.4.2.1 本标准中第 5 章(5.1.2 条除外)内容为型式检验项目。

7.4.2.2 有下列情况之一时，应进行型式检验：

a) 产品或老产品转产试制定型鉴定；

b） 当结构、材料、工艺改变，可能影响产品性能时；

c） 正常生产，每半年进行一次检验；

d） 长期停产后，恢复生产时；

e） 出厂检验结果与上次型式检验有较大差异时；

f） 国家质量监督机构提出进行型式检验的要求时。

7.4.3 抽样检验规定

出厂检验和型式检验（除卫生要求）按表 7 和表 8 所列的规定抽样检验。

表 7 检验项目 AQL 值

名称	检验项目	批检验水平（IL）	不合格分类	接收质量限（AQL）
罐体	感官	S-4	A 类不合格	0.65
			B 类不合格	2.5
			C 类不合格	4.0
	尺寸	S-3	C 类不合格	4.0
	耐压强度	S-1	B 类不合格	2.5
	轴向承压力	S-1	B 类不合格	2.5
	内涂膜完整性	S-1	A 类不合格	0.65
	涂膜质量	S-1	B 类不合格 A 类不合格（高温杀菌灌装）	2.5 0.65
易开盖	感官	S-4	A 类不合格	0.65
			B 类不合格	2.5
			C 类不合格	4.0
	尺寸	S-3	C 类不合格	4.0
	耐压强度	S-1	B 类不合格	2.5
	密封性	S-1	A 类不合格	0.65
	内涂膜完整性	S-1	A 类不合格	0.65
	启破力	S-1	B 类不合格	2.5
	全开力	S-1	B 类不合格	2.5
	开启可靠性	S-1	A 类不合格	0.65
	封口胶干膜体积	S-1	C 类不合格	4.0
	涂膜质量	S-1	B 类不合格 A 类不合格（高温杀菌灌装）	2.5 0.65

表 8　正常检验二次抽样方案

检验水平	批量范围	接收质量限（AQL）	样本数	判定数组 [A_{c1},A_{c2},R_{e1},R_{e2}]
S-1	≥35 001	0.65	n=20	[0,1]
		2.5	n=5	[0,1]
		4.0	$n_1=n_2=8$	[0,1,2,2]
S-3	35 001～500 000	4.0	$n_1=n_2=20$	[1,4,3,5]
	≥500 001	4.0	$n_1=n_2=32$	[2,6,5,7]
S-4	≥35 001～500 000	0.65	$n_1=n_2=50$	[0,1,2,2]
		2.5		[2,6,5,7]
		4.0		[3,9,6,10]
	≥500 001	0.65	$n_1=n_2=80$	[0,3,3,4]
		2.5		[3,9,6,10]
		4.0		[5,12,9,13]

7.4.4　合格批判定

所有检验项目检验结果全部合格，则判该批产品合格。

7.5　用户可按表 7、表 8 所列的规定或订货合同进行检验。

8　标志

8.1　罐体及易开盖应有制造厂家的标识。

8.2　产品的托盘包装或包装箱应附有检验合格证，合格证上应注明制造厂名、产品名称、规格、制造日期、批号、数量和检验标记。

8.3　回收标志应符合 GB/T 18455 规定。

9　包装

9.1　包装材料要求

包装材料应清洁、干燥，无毒、无害，不允许有异味和污染等。

9.2　罐体包装

9.2.1　罐体采用托盘包装。托盘尺寸根据用户与运输的要求确定。每层罐数及层数由供需双方商定，层与层之间用中性纸板或适宜的材料隔开，放上顶板后用打包带捆扎，然后用塑料薄膜包封。

9.2.2　顶板和托盘为未经化学处理的木材或其他适宜的材料制造。

9.3　易开盖包装

9.3.1　易开盖采用中性包装纸袋或适宜材料包装，不允许用书钉、铁钉封袋。

9.3.2　易开盖装袋后用包装箱或托盘包装，也可用其他可靠的方式包装。

10 运输

10.1 运输工具应清洁、干燥，不允许有异味、污染等，采用集装箱方式装运或其他方式运输时，应避免雨淋、曝晒、受潮污染及损伤。

10.2 运输的其他要求按有关规定执行。

11 贮存

产品应贮存在干燥、通风、清洁的仓库内，不得有污染、损伤和阳光直照。

ICS 55.200
A 84

中华人民共和国国家标准

GB/T 29346—2012

卧式枕型接缝式裹包机

Horizontal pillow juncture wrapping machine

2012-12-31 发布　　2013-09-01 实施

中华人民共和国国家质量监督检验检疫总局
中国国家标准化管理委员会　发布

前　言

本标准按照 GB /T 1.1—2009 给出的规则起草。

本标准由全国食品包装机械标准化技术委员会(SAC/TC 494)提出并归口。

本标准负责起草单位:北京大森长空包装机械有限公司、上海松川远亿机械设备有限公司、青岛日清食品机械有限公司、博世包装技术(杭州)有限公司、欧姆龙自动化(中国)有限公司、合肥通用机电产品检测院。

本标准参加起草单位:卡夫食品企业管理(上海)有限公司、杭州顶益食品有限公司、福建省盼盼食品集团有限公司、洽洽食品股份有限公司。

本标准主要起草人:杜克飞、徐宏、王新国、李凯、海尔锐、李立言、于长春、陈相基、顾菊萍、罗广、张高潮、李俊岑、兰宗华、陈润洁。

本标准参加起草人:薛国强、朱卫东、萧春林、舒奇。

卧式枕型接缝式裹包机

1 范围

本标准规定了卧式枕型接缝式裹包机(以下简称“裹包机”)的术语和定义、型号、型式与基本参数、技术要求、试验方法、检验规则、标志、包装、运输与贮存。

本标准适用于采用挠性包装材料对水平输送的内装物进行裹包,能自动完成制袋、充填、封口、切断等包装过程的枕型接缝式裹包机,应用于食品、医药、日化、化工、农产品等行业的包装。

2 规范性引用文件

下列文件对于本文件的应用是必不可少的。凡是注日期的引用文件,仅注日期的版本适用于本文件。凡是不注日期的引用文件,其最新版本(包括所有的修改单)适用于本文件。

GB/T 191 包装储运图示标志
GB 2894 安全标志及其使用导则
GB/T 4122.1—2008 包装术语 第1部分:基础
GB 5226.1—2008 机械电气安全 机械电气设备 第1部分:通用技术条件
GB/T 7311 包装机械分类与型号编制方法
GB/T 9969 工业产品使用说明书 总则
GB/T 13306 标牌
GB/T 13384 机电产品包装通用技术条件
GB/T 15171 软包装件密封性能试验方法
GB 16798 食品机械安全卫生
GB 16855.1 机械安全 控制系统有关安全部件 第1部分:设计通则
GB 19891 机械安全 机械设计的卫生要求
GB/T 21302 包装用复合膜、袋通则
JB/T 7232 包装机械噪声声功率级的测定 简易法
JB 7233 包装机械安全要求

3 术语与定义

下列术语和定义适用于本文件。

3.1

卧式枕型接缝式裹包机 horizontal pillow juncture wrapping machine

采用挠性包装材料对水平输送的内装物进行裹包,能自动完成制袋、充填、封口、切断等包装过程的机器。

3.2

挠性包装材料 flexible packaging material

一种可挠曲、可变形的薄片状包装材料。通常指纸、纤维制品、塑料薄膜、金属箔或其复合材料等,以下简称“包材”。

3.3

包装件　package

产品经过包装所形成的总体。

[GB/T 4122.1—2008,定义 2.2]

3.4

内装物　contents

包装件内所装的产品或物品。

[GB/T 4122.1—2008,定义 2.9]

3.5

拉膜速度　film speed

裹包机连续运动时,单独输送包材的速度,单位为 m/min。

3.6

生产能力　production capacity

单位时间内能完成的包装件数量,单位为袋/min。

3.7

上裹包　horizontal pillow wrapping

包材从产品上部开始包裹内装物的裹包形式,见图 1。

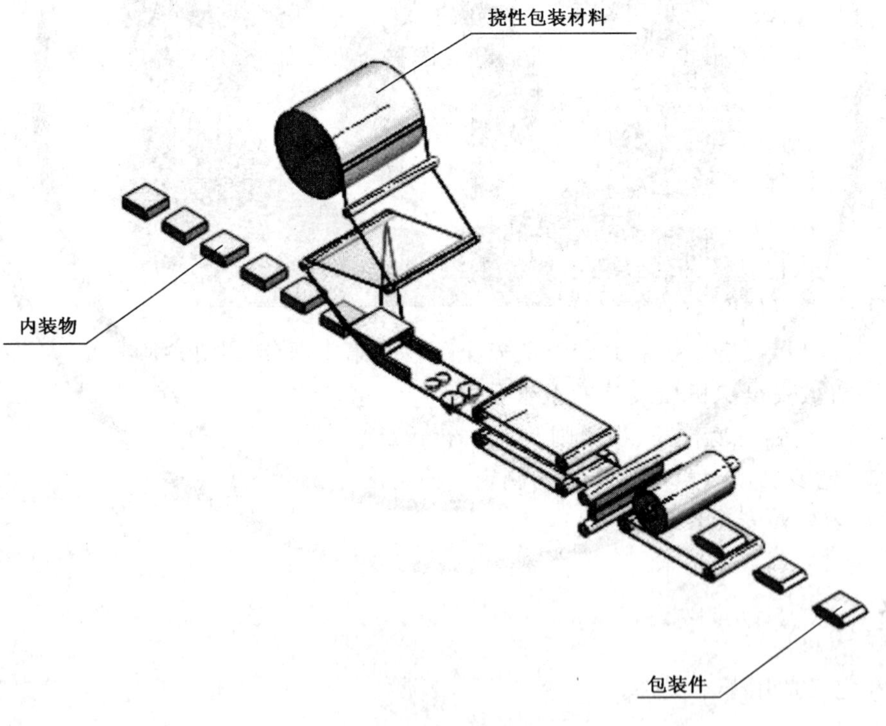

图 1　上裹包结构示意图

3.8

下裹包　Inverted pillow wrapping

包材从产品底部开始包裹内装物的裹包形式，见图2。

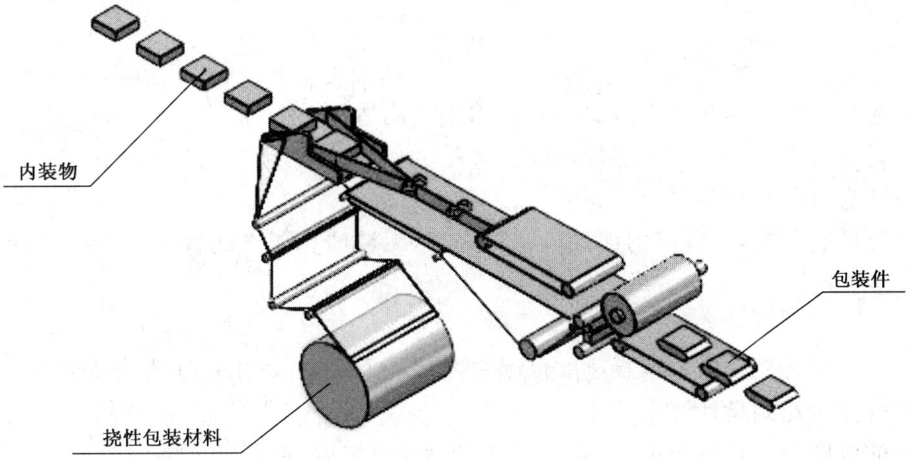

图2　下裹包结构示意图

3.9

包装件合格率　qualified package ratio

外观、袋长或色标切断位置误差、封口强度和密封性试验均合格的包装件数量与所检查的总包装件数量的百分比。

4　型号、型式与基本参数

4.1　型号

裹包机的型号编制按GB/T 7311的规定。

BJ □ □ □

- □（第三位）——改进设计顺序代号：依次用英文字母A、B、C… 表示，第一次设计的产品无顺序代号
- □（第二位）——主要参数：最大膜宽（单位为mm）
- □（第一位）——裹包形式：上裹包(S)、下裹包(X)
- BJ——卧式枕型接缝式裹包机

示例：

BJX450 表示下裹包式的卧式枕型接缝式裹包机，最大膜宽为450 mm，第一次设计。

4.2　型式与基本参数

4.2.1　裹包机按裹包形式分为以下两种型式：

上裹包(S)、下裹包(X)。

4.2.2　基本参数：

a)　额定生产能力：袋/min；

b)　最大膜宽：mm；

c)　拉膜速度：m/min；

d) 额定电压、频率：V、Hz；

e) 功率：kW。

5 技术要求

5.1 一般要求

5.1.1 裹包机应按经规定程序批准的图样及技术文件制造。

5.1.2 裹包机运转应平稳，运动零、部件动作应灵敏、协调、准确，无卡阻和异常声响。

5.1.3 裹包机应有打印接口装置。

5.1.4 含有气路的裹包机，其气路的连接应密封完好，无渗油和漏气现象。

5.2 性能要求

5.2.1 裹包机的拉膜速度在最大拉膜速度范围之内应能无级调节，生产能力应达到裹包机的额定生产能力，裹包尺寸范围应达到设计要求。

5.2.2 裹包机的温度调节器应稳定、可靠地控制热封部位温度，在一定范围内应可调，并应设有加热指示。热封表面有效部位上的温度差值应在±10 ℃以内。

5.2.3 裹包机正常工作时的噪声声压级应不大于 80 dB(A)。

5.2.4 包装件质量应符合下列规定。

5.2.4.1 包装件封口应平整、压纹清晰，不应有灼化和压穿现象；包装件宜有易开口功能；包装件不应有内装物被切现象。

5.2.4.2 裹包机以色标定位控制袋的长度时，其切断位置误差应不超过±2 mm。用其他形式控制袋的长度时，袋长小于 100 mm 时，其误差应不超过±2 mm；袋长大于或等于 100 mm 时，其误差应不超过袋长的±2%。

5.2.4.3 包装件的封口强度(封口所能承受的拉力)应符合表 1 的规定。

该表中所述的材料厚度是指封口层材料的厚度，其封口部位采用易于热合的材料，如 PE、PP 等。

表 1 封口强度

材料厚度(R) mm	封口强度 (N/15 mm)
$0.02 \leqslant R < 0.08$	≥10
$0.08 \leqslant R < 0.18$	≥15

5.2.4.4 包装件经密封性试验，封口处应完好，无渗漏。

5.2.4.5 包装件合格率应不小于 98%。

5.3 电气安全要求

5.3.1 裹包机的电路控制系统应符合 GB 5226.1 的要求，安全可靠、动作准确，各电器接头应联接牢固并加以编号；操作按钮应灵活，并有急停按钮；指示灯显示应正常；应有急停装置，急停操动器的有效操作中止了后续命令，该操作命令在其复位前一直有效。复位应只能在引发紧急操作命令的位置用手动操作。命令的复位不应重新起动机械，而只是允许再起动。

5.3.2 动力电路导线和保护接地电路间施加 500 Vd.c. 时测得的绝缘电阻应不小于 1 MΩ。

5.3.3 裹包机所有外露可导电部分应按 GB 5226.1—2008 中 8.2.1 要求连接到保护联结电路上。接地端子或接地触点与接地金属部件之间的连接，应具有低电阻值，其电阻值应不超过 0.1 Ω。

5.3.4 电气设备的动力电路导线和保护联结电路之间应经受至少 1 s 的耐压试验。

5.4 安全卫生要求

5.4.1 裹包机的安全防护应符合下列规定：

a) 裹包机安全防护应符合 JB 7233 的规定，应设有安全防护装置，安全等级应符合 GB 16855.1 的规定。

b) 裹包机应设有保障人员、物料及设备安全的联锁保护，当缺少包材、物料或机器故障卡机时，应报警并停机。

c) 裹包机上应有清晰醒目的操纵、润滑、防烫、防切等安全警示标志，安全标志应符合 GB 2894 的规定。

d) 裹包机上的各零部件及螺栓、螺母等紧固件应可靠固定，防止松动，不应因振动而脱落。

e) 裹包机端封部分应设置保护罩并安装联锁保护装置，确保打开时即停机。

5.4.2 裹包机的材质与零部件应符合下列规定：

a) 内装物为食品时，裹包机的材料选用、设计、制造、配置原则的安全卫生要求应符合 GB 16798 的规定。内装物为药品时，裹包机与内装物、包材相接触的表面材料，应符合国家对药品生产设备的有关规定。

b) 裹包机所用的原材料、外购配套零部件应有生产厂的质量合格证明书。

c) 与内装物、包材接触的部位应耐腐蚀，不与内装物发生化学变化，表面应光洁、平整，无死角，易清洗或消毒，焊缝处应打磨抛光，无存料缝隙。

d) 不与包材、内装物接触的裹包机表面应由耐腐蚀材料制成，或表面涂覆耐腐蚀材料，若经表面涂覆，其涂层应粘附牢固。

e) 裹包机所用的润滑剂、冷却剂等不得对内装物、包材造成污染。

f) 当内装物具有腐蚀性时，供料装置与电气系统应采取密封防腐措施。

g) 裹包机的机械设计卫生安全应符合 GB 19891 的规定。

5.5 外观质量和说明书要求

5.5.1 裹包机非加工表面的涂漆或喷塑层应平整光滑、色泽均匀，无明显的划痕、污浊、流痕、起泡等缺陷。

5.5.2 裹包机经表面处理的零件应色泽均匀、无起泡、起层、锈蚀等缺陷。

5.5.3 裹包机使用说明书编写应符合 GB/T 9969 的规定。

6 试验方法

6.1 试验条件

6.1.1 试验环境温度应不低于 5 ℃。

6.1.2 试验时采用的包材应符合 GB/T 21302 的规定，内装物采用符合国家和行业标准规定的固体物料。

6.2 一般要求检查

6.2.1 空运转试验

每台裹包机装配完成后，应做空运转试验，连续空运转时间应不小于 4 h，额定低速和高速各 2 h，检查机器性能，应符合 5.1.2 和 5.3.1 的规定。

6.2.2 气路密封性检查

裹包机的气路密封性检查可采用下列方法进行：

a) 用脱脂棉在气动元件的密封件周围轻轻擦拭，观察脱脂棉上有无油渍；

b) 用肥皂水或洗涤剂水涂抹在气动元件的密封件的密封处，观察是否漏气。

6.3 性能试验

6.3.1 拉膜速度试验

裹包机正常运行后，仅输送包材(裹包机不进行内装物充填)，测试裹包机的最大拉膜速度，并检测拉膜速度在最大拉膜速度范围内是否能无级调节。

6.3.2 生产能力试验

裹包机正常工作条件下，分别测试裹包机的最大和最小包装速度；连续包装时间应不小于 5 min，统计包装件数量，按公式(1)计算生产能力。

$$V=\frac{M}{T} \qquad \cdots\cdots (1)$$

式中：

V ——生产能力，单位为袋/min；

M——完成的包装件数量，单位为袋；

T ——包装时间，单位为分钟(min)。

6.3.3 裹包尺寸试验

在裹包机正常工作条件下，分别调整成型器和其他相应调节机构，裹包尺寸范围应能达到 5.2.1 的要求。

6.3.4 温控试验

将温度调节器调至热封温度值，用测温仪(测温仪精度为±1.5 ℃、分辨率为 0.1 ℃)在有效热封部位均匀取三点，所测三点的温度差应符合 5.2.2 的规定。

6.3.5 噪声测试

在连续工作过程中，裹包机的噪声宜采用 JB/T 7232 的规定的方法进行测量，还可采用如下方法：噪声值采用 A 计权声压级时，其环境背景噪声值与被测裹包机的工作噪声值之差大于 10 dB(A)时，用精密声级计测量裹包机前、后、左、右四个方向正中，距裹包机 1 m、距操作平台 1.5 m 处的噪声，以测得最大值作为裹包机的噪声值。

6.3.6 包装件合格率试验

6.3.6.1 外观质量检查

裹包机连续正常工作后，在额定速度运转情况下，分三次抽取 100 袋样品，每次间隔时间不小于 1 min。目测 100 袋样品的外观质量，统计不合格品数 a_1。

6.3.6.2 袋长或色标切断位置误差试验

取外观质量合格的样品 30 袋，用精度为 0.5 mm 的钢尺测量其色标切断位置误差或袋长误差。其中色标切断位置的测量方法如下：用钢尺测量每袋色标与封口边沿处的相对距离，如图 3 所示，计算

30袋的平均值,将30个测量数据中的最大值、最小值分别与平均值的差值作为本机的色标切断位置误差。袋长误差和色标切断位置误差应符合5.2.4.2的规定,统计不合格品数 a_2。

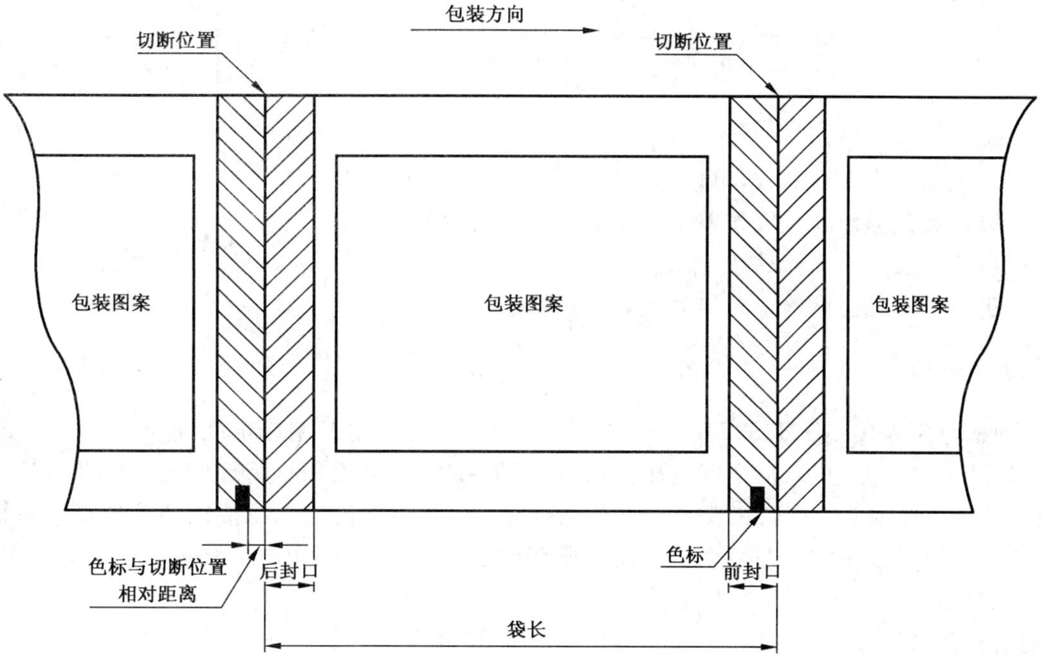

图3 色标切断位置示意图

6.3.6.3 封口强度试验

取外观质量合格的样品30袋,按表2的方法在每袋封口处抽取试样,每条试样宽15 mm,与封口长度垂直方向上长50 mm(封口部位除外),180°平展后长度为100 mm,将封口位于中间的试样两端分别放置在试验机的夹具中。夹具间距离为50 mm,试验速度为300 mm/min±20 mm/min,读取试样断裂时的最大载荷,以每袋试样载荷中的最低值作为本袋的封口强度,统计不合格品数 a_3。

表2 封口强度试验抽样方案

袋封口总长(L) mm	15 mm≤L≤30 mm	30 mm<L≤60 mm	L>60 mm
取样点的位置及数量	袋封口处中间部位取一条试样	袋封口处左、右部位各取一条试样	袋封口处的左、中、 右部位各取一条试样

6.3.6.4 包装件密封性试验

余下的外观质量合格的样品做密封性试验。按照GB/T 15171中的试验方法进行操作:在真空室内放入适量的蒸馏水,将样品浸入水中(样品的顶端与水面的距离不得低于25 mm),盖上真空室密封盖,关闭排气管阀门,再打开真空管阀门对真空室抽真空。将其真空度在30 s~60 s调至下列数值之一:20 kPa、30 kPa、50 kPa、90 kPa。到达一定真空度时停止抽真空,并保持30 s。观测样品在抽真空时和真空保持期间,是否有连续气泡产生(不包括单个孤立气泡),打开密封盖,取出样品,擦净表面的水,开封检查样品内部是否有试验用水渗入。若有连续气泡或开封检查时有水渗入样品,则为不合格,统计不合格品数 a_4。

6.3.6.5 包装件合格率

按以下公式计算包装件合格率

$$K=\frac{100-(a_1+a_2+a_3+a_4)}{100}\times 100\% \quad \cdots\cdots(2)$$

式中：

K ——包装件合格率，%；

a_1 ——外观质量不合格品数，单位为袋；

a_2 ——袋长或色标切断位置误差不合格品数，单位为袋；

a_3 ——热封口强度不合格品数，单位为袋；

a_4 ——包装件密封性试验不合格品数，单位为袋。

6.4 电气安全试验

6.4.1 用绝缘电阻表按 GB/T 5226.1—2008 中 18.3 的规定测量其绝缘电阻，应符合 5.3.2 的规定。

6.4.2 在切断电气装置电源，从空载电压不超过 12 V(交流或直流)的电源取得恒定电流，且该电流等于额定电流的 1.5 倍或 25 A(取二者中较大者)的情况下，让该电流轮流在接地端子与每个易触及金属部件之间通过。测量接地端子与每个易触及金属部件之间的电压降，由电流和电压降计算出电阻值，应符合 5.3.3 的规定。

6.4.3 用耐压测试仪按 GB 5226.1—2008 中 18.4 的规定做耐压试验，应符合 5.3.4 的规定。

6.5 安全卫生要求检查

6.5.1 检查裹包机安全防护，应符合 5.4.1 的规定。

6.5.2 检查裹包机材质报告及质量证明书，应符合 5.4.2 的规定。

6.6 外观质量检查

目测检查裹包机外观质量，并应符合 5.5.1、5.5.2 的规定。

7 检验规则

7.1 检验分类

裹包机的检验分为出厂检验和型式检验，检验项目、要求、试验方法按表 3 中的规定。

表 3 检验项目

序号	检验项目	检验类别		要 求	试验方法
		型式检验	出厂检验		
1	电气安全试验	√	√	5.3	6.4
2	空运转试验			5.1.2、5.3.1	6.2.1
3	气路密封性检查			5.1.4	6.2.2
4	拉膜速度试验			5.2.1	6.3.1
5	生产能力试验			5.2.1	6.3.2(可在用户现场进行)

表 3（续）

序号	检验项目	检验类别		要　求	试验方法
		型式检验	出厂检验		
6	裹包尺寸试验	√	√	5.2.1	6.3.3
7	温控试验	√	√	5.2.2	6.3.4
8	噪声测试	√	√	5.2.3	6.3.5
9	包装件合格率试验	√	—	5.2.4.5	6.3.6
10	安全防护检查	√	√	5.4.1	6.5.1
11	材质检查	√	√	5.4.2	6.5.2
12	外观质量检查	√	√	5.5.1、5.5.2	6.6
13	产品标牌及技术文件	√	√	5.5.3	8.1、8.2.6

7.2　出厂检验

每台裹包机均应做出厂检验，检验合格后方可出厂。

7.3　型式检验

7.3.1　有下列情况之一时，应进行型式检验：

——老产品转厂生产或新产品试制定型鉴定；

——正式生产后，如材料、结构、工艺有较大变动，可能影响产品的性能；

——正常生产时，每年定期或积累一定产量后，应进行一次检验；

——产品长期停产后恢复生产；

——出厂检验结果与上次型式检验有较大差异；

——国家质量监督机构提出型式检验要求时。

7.3.2　型式检验应符合第5章的规定，见表3。型式检验的项目全部合格为型式检验合格。在型式检验中，若电气安全试验中的保护联结电路的连续性、绝缘电阻、耐压试验有一项不合格，即判定为型式检验不合格。其他项目有一项不合格，应加倍复测不合格项目，仍不合格的，则判定该裹包机型式检验不合格。

8　标志、包装、运输与贮存

8.1　标志

裹包机应在明显的部位固定标牌，标牌尺寸和技术要求按 GB/T 13306 的规定。标牌上至少应标出下列内容：

——产品型号；

——产品名称；

——产品执行标准；

——产品主要技术参数；

——制造日期和出厂编号；

——制造厂名称。

8.2 包装

8.2.1 裹包机的运输包装应符合 GB/T 13384 的规定。

8.2.2 裹包机在包装前，外露加工表面应进行防锈处理。

8.2.3 裹包机包装箱应牢固可靠，适应运输装卸的要求。

8.2.4 包装箱应有可靠的防潮措施。

8.2.5 裹包机随机专用工具及易损件应包装并固定在包装箱中。

8.2.6 技术文件应妥善包装放在包装箱内，内容包括：

——产品合格证；

——产品说明书；

——装箱单。

8.2.7 包装箱外表面应清晰标出发货及运输作业标志，并应符合 GB/T 191 的有关规定。

8.3 运输与贮存

8.3.1 裹包机的运输应符合下列要求：

——装运裹包机的车厢、船舱和集装箱等应保持清洁、干燥，无污染物；

——严禁将裹包机同污染物、有毒有害物、腐蚀性化学物品和潮湿性材料装在同一车厢、船舱、集装箱内运输；

——裹包机运输过程中应小心轻放，不允许倒置和碰撞。

8.3.2 裹包机应贮存于干燥通风的场所。

ICS 13.310
A 92

中华人民共和国国家标准

GB/T 29347—2012

法庭科学枪械射击弹壳痕迹检验规范

Examination standard for cartridge case marks in firearms discipline of forensic science

2012-12-31 发布　　2013-05-01 实施

中华人民共和国国家质量监督检验检疫总局
中国国家标准化管理委员会　发布

前　言

本标准按照 GB/T 1.1—2009 给出的规则起草。

本标准由中华人民共和国公安部提出。

本标准由全国刑事技术标准化技术委员会(SAC/TC 179)归口。

本标准起草单位:公安部物证鉴定中心。

本标准主要起草人:王明直 、蒋雪梅、马新和、王晓琳、李铁昳。

法庭科学枪械射击弹壳痕迹检验规范

1 范围

本标准规定了法庭科学领域枪械射击弹壳痕迹的检验内容和要求、样本的制作要求、检验方法和检验意见的表述。

本标准适用于法庭科学领域枪械射击弹壳痕迹的检验鉴定。

2 规范性引用文件

下列文件对于本文件的应用是必不可少的。凡是注日期的引用文件，仅注日期的版本适用于本文件。凡是不注日期的引用文件，其最新版本(包括所有的修改单)适用于本文件。

GB/T 29348—2012 法庭科学枪械射击弹头痕迹检验规范

3 术语和定义

下列术语和定义适用于本文件。

3.1

弹壳痕迹 cartridge case marks

装弹、发射、抛壳过程中，枪械相关机件及火药气体在弹壳表面形成的痕迹。

3.2

弹匣口痕迹 magazine marks

装弹、进膛、抛壳过程中，弹匣抱弹口棱边在弹壳体和底部棱边上形成的痕迹。

3.3

弹膛尾端面痕迹 breech feeding marks

枪弹在进膛过程中，弹膛后切口在壳口、壳体上形成的痕迹。

3.4

击针头痕迹 firing pin impressions/marks

击发枪弹时，击针头部在弹壳底火面上形成的痕迹。

3.5

弹底窝痕迹 bolt recess marks/impressions

击发及退壳时，弹底窝在弹壳底面上形成的痕迹。

3.6

弹膛内壁痕迹 chamber marks

击发枪弹时，弹膛在弹壳体表面形成的痕迹。

3.7

指示杆痕迹 indicator marks

枪弹进膛和被击发时，指示杆头部在弹壳底面形成的痕迹。

3.8

拉壳钩痕迹 extractor marks

枪弹进膛抱壳和弹壳被抛出枪外过程中，拉壳钩在弹壳底部后边缘、棱边、底槽等部位形成的痕迹。

3.9

抛壳挺痕迹 ejector marks

退壳过程中，抛壳挺在弹壳底面形成的痕迹。

3.10

抛壳口痕迹 ejection port marks

退壳过程中，抛壳口边沿或机匣棱边等在弹壳体部形成的痕迹。

3.11

弹底标记 cartridge case head mark

弹壳底面标注的生产厂商代号、出厂年号、生产批号等的总称。

4 检验内容和要求

4.1 识别弹种

4.1.1 检验弹壳的形状、材质。

4.1.2 检验弹底标记反映出的生产厂商、年份、批号等。

4.1.3 测量弹壳的长度、壳口内径、底缘直径，以毫米(mm)为单位，保留小数点后两位。

4.1.4 测量弹壳的重量，以克(g)为单位，保留小数点后一位。

4.2 判断发射枪种

4.2.1 按照4.1识别弹种后，根据其种类判断适用的枪种范围。

4.2.2 分别检验各处射击痕迹，并结合适用枪种的下列射击痕迹特征确定发射枪种：

a) 弹底窝痕迹反映出的弹底窝结构特征、加工花纹的形态和分布特点；

b) 击针头痕迹的位置、形态和尺寸；

c) 弹膛内壁痕迹的位置、形态和尺寸；

d) 指示杆痕迹的位置、形态和尺寸；

e) 拉壳钩痕迹的位置、形态和尺寸；

f) 抛壳挺痕迹的位置、形态和尺寸；

g) 抛壳口痕迹的位置、形态和尺寸；

h) 弹匣口及机匣棱边痕迹的位置、形态和尺寸；

i) 烟垢颜色的位置、深浅程度。

4.3 鉴别发射枪支

4.3.1 按照4.1识别弹种后，根据其种类判断适用的枪种范围。

4.3.2 按照4.2检验射击痕迹并判断发射枪种。

4.3.3 检材的发射枪种与嫌疑枪支种类相同时，检验检材和样本并依据下列细节特征的一致性鉴别发射枪支：

a) 印压痕迹的整体轮廓和形态，特征的位置及其轮廓、形态、大小，各痕迹特征间的相互关系；

b) 检材和样本对应部位线条痕迹的整体凸凹趋势、痕迹线条的形态，各线条痕迹的相互关系。

4.3.4 当对多案检材进行并案检验时，可将一案以外的其他案件检材设定为样本，依照4.3.1～4.3.3进行检验。

5 样本的制作要求

制作样本时宜选择与检材同批号的枪弹。

6 检验方法

按照 GB/T 29348—2012 中第 5 章的方法进行检验。

7 检验意见的表述

7.1 识别弹种检验意见的表述

7.1.1 送检弹壳与某种枪弹弹壳的弹种特征相同时，检验意见表述为送检弹壳是某种枪弹弹壳。

7.1.2 送检弹壳与某种枪弹弹壳的弹种特征不相同时，检验意见表述为送检弹壳不是某种枪弹弹壳。

7.1.3 送检弹壳未完全反映弹种特征或缺少相关样本、资料时，检验意见表述为不能确定送检弹壳的种类。

7.2 判断发射枪种检验意见的表述

7.2.1 送检弹壳与某种枪支射击弹壳样本反映出的枪种特征相同时，检验意见表述为送检弹壳是某种枪所发射。

7.2.2 送检弹壳与某种枪支射击弹壳样本反映出的枪种特征不同时，检验意见表述为送检弹壳不是某种枪所发射。

7.2.3 送检弹壳未完全反映枪种特征或缺少对应样本、资料时，检验意见表述为不能确定送检弹壳的发射枪种。

7.3 鉴别发射枪支检验意见的表述

7.3.1 认定

7.3.1.1 送检的均为现场弹壳，反映出的枪种特征相同、相符细节特征的组合关系具有特定性且没有出现本质差异时，检验意见表述为送检现场弹壳是同一支枪所发射。

7.3.1.2 送检现场弹壳与送检枪支制作的样本弹壳反映出的枪种特征相同、相符细节特征的组合关系具有特定性且没有出现本质差异时，检验意见表述为送检现场弹壳是送检枪支所发射。

7.3.1.3 送检现场弹壳与送检样本弹壳反映出的枪种特征相同、相符细节特征的组合关系具有特定性且没有出现本质差异时，检验意见表述为送检现场弹壳与送检样本弹壳是同一支枪所发射。

7.3.2 否定

7.3.2.1 送检的均为现场弹壳，反映出的枪种特征不同或细节特征存在本质差异时，检验意见表述为送检现场弹壳不是同一支枪所发射。

7.3.2.2 送检现场弹壳与送检枪支制作的样本弹壳反映出的枪种特征不同或细节特征存在本质差异时，检验意见表述为送检现场弹壳不是送检的枪支所发射。

7.3.2.3 送检现场弹壳与送检样本弹壳反映出的枪种特征不同或细节特征存在本质差异时，检验意见表述为送检现场弹壳与送检的样本弹壳不是同一支枪所发射。

7.3.3 不具备鉴定条件

7.3.3.1 送检现场弹壳反映出的射击痕迹不明显、细节特征少或弹壳严重变形失去鉴定条件时，检验意见表述为送检现场弹壳不具备同一认定的鉴定条件。

7.3.3.2 送检嫌疑枪支已发生本质变化，不能制作样本，检验意见表述为送检嫌疑枪支不具备同一认定的鉴定条件。

7.3.4 检验意见不确定的表述

送检现场弹壳与送检枪支制作的样本弹壳反映出的枪种特征相同，但不能确定细节特征差异的性质，检验意见表述为不能确定送检现场弹壳是送检枪支所发射。

注：如鉴定机构已对检材和样本进行了唯一性标识，在检验意见中可以直接用唯一性标识代替检材和样本名称。

ICS 13.310
A 92

中华人民共和国国家标准

GB/T 29348—2012

法庭科学枪械射击弹头痕迹检验规范

Examination standard for bullet marks in firearms discipline of forensic science

2012-12-31 发布

2013-05-01 实施

中华人民共和国国家质量监督检验检疫总局
中国国家标准化管理委员会 发布

前　言

本标准按照 GB/T 1.1—2009 给出的规则起草。

本标准由中华人民共和国公安部提出。

本标准由全国刑事技术标准化技术委员会(SAC/TC 179)归口。

本标准起草单位:公安部物证鉴定中心。

本标准主要起草人:王明直 、马新和、蒋雪梅、王晓琳、李轶昳。

法庭科学枪械射击弹头痕迹检验规范

1 范围

本标准规定了法庭科学领域枪械射击弹头痕迹的检验内容和要求、样本的制作要求、检验方法和检验意见的表述。

本标准适用于法庭科学领域枪械射击弹头痕迹的检验鉴定。

2 术语和定义

下列术语和定义适用于本文件。

2.1

弹头痕迹 bullet marks

装弹、发射过程中，枪械相关机件在弹头表面形成的痕迹。

2.2

膛线痕迹 rifling marks

弹头通过线膛过程中，受线膛内表面的挤压、剪切和刮擦作用，在弹头表面形成的条带状痕迹，包括阳膛线痕迹和阴膛线痕迹。

2.3

膛线痕迹的宽度 width of rifling marks

膛线(阴膛线或阳膛线)痕迹中相邻两棱线痕迹的垂直距离。

2.4

膛线痕迹的斜度 twist angle of rifling marks

膛线痕迹相对于弹头轴线方向的倾斜角度。

2.5

坡膛痕迹 chamber throat marks

弹头通过坡膛过程中，受坡膛内表面的挤压和刮擦作用，在弹头表面形成的与弹轴平行的线条状擦划痕迹。

2.6

拔弹痕迹 bullet seating marks

弹头脱离弹壳过程中，受弹壳口部内壁表面的刮擦作用，在弹头圆柱部表面形成的与弹轴平行的线条状擦划痕迹。

2.7

进膛痕迹 chamber feeding marks

推弹进膛过程中，弹尖及其附近与机座导引面或枪管导弹斜面的连接棱边等相碰撞，在弹尖及其附近形成的痕迹。

3 检验内容和要求

3.1 识别弹种

3.1.1 检验弹头的形状、材质、色标。

3.1.2 测量弹头的长度、直径，以毫米(mm)为单位，保留小数点后两位。

3.1.3 测量弹头的重量，以克(g)为单位，保留小数点后一位。

3.2 判断发射枪种

3.2.1 按照3.1识别弹种后，根据其种类判断适用的枪种范围。

3.2.2 检验弹头上的射击痕迹，综合下列种类特征判断发射枪种：

a) 膛线痕迹的数量、旋向；

b) 膛线痕迹的宽度，以毫米(mm)为单位，保留小数点后一位；

c) 膛线痕迹的斜度，以度(°)为单位，保留小数点后一位；

d) 其他种类特征，如进膛痕迹的形态、位置等。

3.3 鉴别发射枪支

3.3.1 按照3.1识别弹种后，根据其种类判断适用的枪种范围。

3.3.2 按照3.2检验射击痕迹并判断发射枪种。

3.3.3 检材的发射枪种与嫌疑枪支种类相同时，检验检材和样本并依据下列细节特征的一致性鉴别发射枪支：

a) 阳膛线痕迹起、末端形态；

b) 进膛痕迹、坡膛痕迹、膛线痕迹等射击痕迹的形态以及相互关系。

3.3.4 当对多案检材进行并案检验时，可将一案以外的其他案件检材设定为样本，依照3.3.1～3.3.3进行检验。

4 样本的制作要求

4.1 制作样本时宜选择与检材同批次的枪弹。

4.2 制作样本时宜选用不易损坏样本弹头痕迹的收集装置。

5 检验方法

5.1 直观检验法

直接观察检材、样本的结构、形状等特征的检验。

5.2 综合分析法

根据检材、样本的结构、形状、材质、尺寸并结合射击痕迹综合分析弹种、发射枪种的方法。

5.3 比对检验法

对检材、样本对应部位痕迹的轮廓、形态、大小、间距、深浅、凸凹趋势及相互关系等种类特征和细节特征逐一进行比较鉴别，从而判断是否同一枪械或机件形成的痕迹。具体有以下几种：

a) 接合比对法：借助于比较显微镜或比对桥、同倍率照片、同倍率电子图像等图形图像检验技术，接合并比较检材、样本对应线条痕迹的形状、分布、凸凹、宽窄、深浅、间距等是否一致；
b) 重叠比对法：借助于比较显微镜或比对桥、同倍率照片、同倍率电子图像等图形图像检验技术，将检材、样本对应部位痕迹特征进行重叠并比较特征的位置、形状、大小、数量、相互关系等是否一致；
c) 对照比对法：借助于比较显微镜或比对桥、同倍率照片、同倍率电子图像等图形图像检验技术，对照比较检材、样本对应部位痕迹的位置、形状、大小、间距、相互关系及细微特征是否相同；
d) 综合检验法：对检材、样本上的多处痕迹，按痕迹种类及对应关系一一比对，并用图像的形式将这些痕迹有逻辑地组合在一张图片上，进而判断造痕客体是否同一。

6 检验意见的表述

6.1 识别弹种检验意见的表述

6.1.1 送检弹头与某种枪弹弹头的弹种特征相同时，检验意见表述为送检弹头是某种枪弹弹头。
6.1.2 送检弹头与某种枪弹弹头的弹种特征不相同时，检验意见表述为送检弹头不是某种枪弹弹头。
6.1.3 送检弹头未完全反映弹种特征或缺少相关样本、资料时，检验意见表述为不能确定送检弹头的种类。

6.2 判断发射枪种检验意见的表述

6.2.1 送检弹头与某种枪支射击弹头样本反映出的枪种特征相同时，检验意见表述为送检弹头是某种枪所发射。
6.2.2 送检弹头与某种枪支射击弹头样本反映出的枪种特征不同时，检验意见表述为送检弹头不是某种枪所发射。
6.2.3 送检弹头未完全反映枪种特征或缺少相关样本、资料时，检验意见表述为不能确定送检弹头的发射枪种。

6.3 鉴别发射枪支检验意见的表述

6.3.1 认定

6.3.1.1 送检的均为现场弹头，反映出的枪种特征相同、相符细节特征的组合关系具有特定性且没有出现本质差异时，检验意见表述为送检现场弹头是同一支枪所发射。
6.3.1.2 送检现场弹头与送检枪支制作的样本弹头，反映出的枪种特征相同、相符细节特征的组合关系具有特定性且没有出现本质差异时，检验意见表述为送检现场弹头是送检枪支所发射。
6.3.1.3 送检现场弹头与送检样本弹头，反映出的枪种特征相同、相符细节特征的组合关系具有特定性且没有出现本质差异时，检验意见表述为送检现场弹头与送检样本弹头是同一支枪所发射。

6.3.2 否定

6.3.2.1 送检的均为现场弹头，反映出的枪种特征不同或细节特征存在本质差异时，检验意见表述为送检现场弹头不是同一支枪所发射。
6.3.2.2 送检现场弹头与送检枪支制作的样本弹头反映出的枪种特征不同或细节特征存在本质差异时，检验意见表述为送检现场弹头不是送检的枪支所发射。
6.3.2.3 送检现场弹头与送检样本弹头反映出的枪种特征不同或细节特征存在本质差异时，检验意见表述为送检现场弹头与送检的样本弹头不是同一支枪所发射。

6.3.3 不具备鉴定条件

6.3.3.1 送检现场弹头反映出的射击痕迹不明显、细节特征少或弹头严重变形失去鉴定条件时，检验意见表述为送检现场弹头不具备同一认定的鉴定条件。

6.3.3.2 送检嫌疑枪支已发生本质变化，不能制作样本，检验意见表述为送检嫌疑枪支不具备同一认定的鉴定条件。

6.3.4 检验意见不确定的表述

送检现场弹头与送检枪支制作的样本弹头反映出的枪种特征相同，但不能确定细节特征差异的性质，检验意见表述为不能确定送检现场弹头是送检枪支所发射。

注：如鉴定机构已对检材和样本进行了唯一性标识，在检验意见中可以直接用唯一性标识代替检材和样本名称。

ICS 13.310
A 92

中华人民共和国国家标准

GB/T 29349—2012

现场照相、录像要求

Requirements for photography and videography of scene

2012-12-31 发布　　2013-05-01 实施

中华人民共和国国家质量监督检验检疫总局
中国国家标准化管理委员会　发布

前　言

本标准按照 GB/T 1.1—2009 给出的规则起草。

请注意本文件的某些内容可能涉及专利。本文件的发布机构不承担识别这些专利的责任。

本标准由全国刑事技术标准化技术委员会照相检验分技术委员会(SAC/TC 179/SC 5)归口。

本标准起草单位:公安部物证鉴定中心、内蒙古自治区公安厅。

本标准起草人:俞涛、许小京、周云彪、赵慧山。

现场照相、录像要求

1 范围

本标准规定了现场照相、录像的基本要求和实施拍摄的方法要则。

本标准适用于我国刑事、民事、行政等各类现场的照相和录像。

2 规范性引用文件

下列文件对于本文件的应用是必不可少的。凡是注日期的引用文件,仅注日期的版本适用于本文件。凡是不注日期的引用文件,其最新版本(包括所有的修改单)适用于本文件。

GA/T 120—1995 刑事照相、录像词汇

3 术语和定义

GA/T 120—1995 界定的以及下列术语和定义适用于本文件。

3.1

现场 scene

案件、事件发生的地点和留有与案件、事件有关的痕迹、物品的一切场所。

3.2

现场照相、录像 photography and videography of scene

将案件、事件发生的场所和与案件、事件有关的痕迹、物品,用照相、录像的方法客观、准确、全面、系统地固定、记录的专门手段。

3.3

现场方位照相、录像 azimuth photography and videography of scene

以整个现场和现场周围环境为拍摄对象,反映现场所处的位置及其与周围事物关系的专门照相、录像。

3.4

现场概貌照相、录像 survey photography and videography of scene

以整个现场或现场中心地段为拍摄内容,反映现场的全貌以及现场内各部分关系的专门照相、录像。

3.5

现场重点部位照相、录像 valuable portion photography and videography of scene

记录现场上重要部位或地段的状况、特点以及与案件、事件有关痕迹、物品与所在部位的专门照相、录像。

3.6

现场细目照相、录像 close-up photography and videography of scene

记录现场上所发现的与案件、事件有关的细小局部状况和各种痕迹、物品,以反映其形状、大小、特征等的专门照相、录像。

3.7

相向拍摄法 opposite-directional photography

以相对的方向、相近的距离对被拍物进行拍摄的方法。

3.8

多向拍摄法 multi-directional photography

从两个以上不同的方向,以相近的距离对被拍物进行拍摄的方法。

3.9

回转连续拍照法 turn-around-successive photography

固定照相机的拍照机位,水平或垂直方向转动镜头,将被拍客体分段连续拍照成若干画面的方法。

3.10

直线连续拍照法 straight-line-successive photography

相机焦平面和被拍物平面平行、等距,沿着被拍物直线移动并将其分段连续拍照成若干个画面的拍照方法。

3.11

测量拍照法 photogrammetry

将带有标准刻度的比例尺与被拍物一同拍入画面,根据比例尺可以测量出原物及其特征大小的拍照方法。

3.12

录像拍摄技术 videography technique

使用摄像机拍摄时所采用的技术方法。

3.12.1

推摄 dolly in,telephoto,zoom in

摄像机向被摄主体的方向推进,或变动镜头焦距(从广角调至长焦)使画面框架由远而近向被摄主体不断接近的拍摄方法。

3.12.2

拉摄 dolly out,zoom out,wide-angle

摄像机逐渐远离被摄主体或变动镜头焦距(从长焦调至广角)使画面框架由近至远与主体拉开距离的拍摄方法。

3.12.3

摇摄 pan

摄像机机位不动,借助于三角架上的云台或拍摄者自身的运动,变动摄像机光学镜头轴线的拍摄方法。

3.12.4

移摄 move

将摄像机放置在活动物体上随之运动而进行的拍摄方法。

4 拍摄现场应具备的设备材料

4.1 照相设备与材料

4.1.1 照相机

应选用坚固耐用,性能可靠的胶片照相机、数码照相机。配备广角至中焦的变焦距镜头和具有微距功能的镜头。

4.1.2 近摄装置

4.1.2.1 近摄用镜头应使用有微距功能的定焦或变焦镜头。

4.1.2.2 近摄镜应选择与相机镜头匹配、成像清晰、像差小的近摄镜。

4.1.2.3 近摄接圈、近摄皮腔和近摄调焦导轨应能与相机匹配,拍照的倍率为 1∶10～1∶1。

4.1.3 照相用滤光镜

应备有密度不同的红、黄、蓝、绿系列滤光镜。还可配备红外、紫外、偏振、色温转换滤光镜。

4.1.4 照相用三角架

应升降方便,转动灵活,牢固可靠,便于携带。

4.1.5 比例尺

应备有黑底白刻度、白底黑刻度和彩色比例尺、透明比例尺。比例尺以毫米(mm)为最小单位,刻度误差不应超过 1%。还应备有钢卷尺、皮尺。

4.1.6 照相用照明设备

应备有两只以上的电子闪光灯,闪光灯指数应在 28 以上,并配备 2 m～5 m 的同步线或同步感应器。还应备有碘钨灯、现场勘查灯和小型聚光灯。

4.1.7 照相用附属设备

应备有快门线、暗房袋、痕迹物证编号签、简易背景幕和柔光、反光、遮光器具、备用相机电池和闪光灯电池。偏远地区还应备有简易黑白冲洗器具。

4.1.8 感光材料

应备有全色片、盲色片、彩色负片等感光材料。还可准备其他专用感光材料。数码相机应备有 2G 以上容量的储存卡。

4.2 录像设备与材料

4.2.1 摄像机、录像机

4.2.1.1 摄录一体式摄像机和分体式摄、录像机,均可用于案件、事件现场录像。

4.2.1.2 应选用体积小、重量轻、清晰度高、色彩还原好、照度要求低的摄像机。

4.2.1.3 应使用摄像机、录像机原配电池或交流适配器,也可使用与原配电池电压相同、功率适宜的电源。所备电池的数量应保证供电 3 h 以上。

4.2.2 记录材料

应使用清晰度高、色彩还原好、质量可靠的存储介质(包括磁带、光盘、硬盘等)。

4.2.3 摄像用三角架

应能与摄像机匹配,牢固可靠,旋转方便,升降灵活。

4.2.4 摄像用照明设备

4.2.4.1 应备有两只碘钨灯和不少于 50 m 的防水电源线及备用保险丝。

4.2.4.2 应备有照射 3 m 外物体时，其照明亮度超过摄像机最低照度要求的直流新闻灯。

4.2.5 近摄镜

应备有与摄像机镜头口径匹配、成像清晰、像差小的近摄镜。

4.2.6 摄像用滤光镜

应备有偏振镜和密度不同的红、黄、蓝、绿等滤光镜。

4.2.7 摄像用附属设备

应备有射频线、视频线、音频线、数据线、反光、遮光器具，简易电工工具及比例尺。

5 现场拍摄的原则要求

5.1 现场拍摄应及时、全面、客观、准确。

5.2 现场拍摄所需器材设备应完备有效，能随时投入现场使用。

5.3 现场拍摄应遵守勘验规范程序，服从统一指挥，与其他技术勘验工作协调配合进行。

5.4 现场拍摄前拍摄人员应根据现场具体情况，对各画面的构成与衔接组合进行筹划构思，拍摄时应依照一定步骤和顺序，系统、连贯、有条不紊地进行。

5.5 现场拍摄人员应对现场所有场景、细目进行全面、细致地拍摄。对一时难以判定是否与案件、事件有关的痕迹、物品也应按要求拍摄。

5.6 现场录像中，不同场景、内容的镜头在转换组接时，应拍摄过渡镜头予以衔接。如无编辑条件，应尽可能依照一定顺序，拍摄成直观明了的现场录像片。

5.7 现场拍摄的画面应主题明确、主体突出。对其他勘验人员要求拍摄的画面，如不明白其拍摄意图和所要表现的主题内容时，应主动问明。

5.8 现场录像应合理使用推摄、拉摄、摇摄、移摄等技巧，拍摄这类镜头时应有不少于 5 s 的起幅和落幅时间。画面运动速度应符合人的视觉习惯，不宜过快或过慢。

5.9 现场照相、录像，尤其对现场概貌、现场重要部位照相、录像，应尽量避免将勘验人员和勘查器材、车辆等摄入画面。现场录像应避免录入无关声音。

5.10 现场照相、录像，应清晰、准确地反映出所拍摄的主题内容，合理、准确地选择光源和光照角度。要防止反光和不良阴影破坏画面主题内容。

5.11 现场拍摄前应对被拍摄主体进行测光，重要场景、物证应采用系列曝光拍摄，以避免曝光失误。曝光误差倍数不应超过表 1 规定的范围。

表 1 曝光误差范围

胶卷类型	曝光过度(＋)	曝光不足(－)
全色片	2	1
彩色负片	2	0.5
彩色反转片	0.5	1
盲色片	2	1

5.12 当相机速度低于 1/30 s 时应固定相机，并使用快门线或使用自拍延时装置释放快门。

5.13 拍摄重要物证时应请见证人过目。受条件限制需提取后拍摄的物证、物品时应先拍摄其所在位置和原始状况，提取时应办理手续。所提取的物品均应妥善包装、保管，避免损坏、丢失。

5.14 当现场物证、物品所在的环境不利于拍摄其轮廓、形态特征时，可先拍摄其原始状况，经痕迹物证显现处理后可放置在适当的背景、光线条件下拍摄。当环境背景与主体亮度差太大时，摄像机应使用手动光圈，以避免画面亮度失调。

5.15 现场勘验中，应在现场随时查看数码照片和现场拍摄效果，现场拍摄的胶卷应及时冲洗，如有失误应及时补拍。

6 现场拍摄的主要内容

6.1 现场方位

现场所处的地理位置以及周围环境情况。

6.2 现场概貌

现场全貌以及现场各部分的联系。

6.3 现场重点部位

现场上重要部位或地段的状况、特点以及痕迹物证与所在部位的关系、位置。

6.4 现场细目

现场上细小局部状况和与案件有关痕迹、物品的形状、大小、细节特征。

6.5 现场突发事件和意外情况

正在勘验中的现场上发生的犯罪分子继续犯罪、毁证、自杀以及抓获、击毙犯罪分子或其他与案件有关的重大情节和突发性情况。

7 现场拍摄的实施步骤

7.1 了解案情

拍摄人员到达现场后，应与其他勘验人员一同了解案件发生、发现的时间、地点和经过，现场原始状况、变动情况及保护措施，出入现场的人员及原因。

7.2 拍摄固定

巡视现场的同时或详细勘验开始之前，应迅速准确地对现场概貌状况进行拍摄固定。

7.3 现场构思

根据现场状况，明确现场拍摄的内容、重点；划分出主要画面和从属画面；构思主要画面的拍摄角度、范围以及各个画面的组合联系；应制定出照相或录像对整个现场表述的顺序和方法。

7.4 拟定计划

当两人以上共同承担复杂现场的拍照或摄像时，应研究拟定拍摄计划，统筹安排拍摄内容的先后顺序，并明确各自具体任务和责任范围。

7.5 拍摄顺序

现场拍摄一般应遵循以下顺序：

a） 先拍概貌，后拍重点部位、细目；

b） 先拍原始状况，后拍移动和显现后情况；

c） 先拍易破坏消失的，后拍不易破坏消失的；

d） 先拍地表面，后拍其他部分；

e） 先拍急需拍摄内容，后拍可以缓拍的内容；

f） 先拍容易拍摄的内容，后拍较难拍摄的内容；

g） 现场方位的拍摄可根据情况灵活安排。

7.6 查漏补缺

整个现场拍摄完毕后，应检查有无漏拍、错拍以及技术性失误。如有补拍必要需对现场全部或部分保留时，应及时向现场指挥人员提出。

8 现场拍摄的方法要点

8.1 现场方位拍摄要点

8.1.1 拍摄现场方位时取景范围要大，拍摄位置要高，要尽量显示出现场与周围环境的关系，以及一些永久的特殊标志。拍照时，应把现场安排在画面视觉中心，以远景反映为宜。录像时，应合理选择景别，突出表现现场。

8.1.2 现场方位应尽量用单幅画面反映为宜。受拍照距离和镜头视场限制时，可采用回转连续拍照法。拍照连接片时，画面衔接处应避开现场重点部位，衔接处重叠部位应占整个画面的1/4～1/5左右，各画面的调焦距离应相等，用光、曝光应一致，各画面的拍照间隔时间不应过长。

8.1.3 拍摄现场方位主要使用自然光。必要时，现场方位照相、录像可在白天补拍。如需夜间拍照，可将相机固定后打开快门，用闪光灯进行游动曝光或使用闪光灯同步配光。

8.2 现场概貌拍摄要点

8.2.1 拍摄现场概貌应以反映现场的整体状态及其特点为重点。照相取景构图时，应把现场中心或重点部位置于画面的显要位置。尽量避免重要场景、物证互相遮挡、重叠。录像时，应尽可能以较少的镜头连续完整地反映现场概貌。

8.2.2 现场概貌照相一般应采用相向拍照法、多向拍照法进行拍照，也可拍照连接片。运用相向拍照法、多向拍照法拍照时，拍照距离、镜头俯仰角度、用光要保持一致。

8.2.3 现场概貌照相、录像的用光应遵循以下原则：

a） 室外现场概貌照相的用光与拍摄方位的用光应符合8.1.3的规定；

b） 在逆光条件下拍摄时镜头前应加遮光罩，并给主要部位补光；

c） 室内现场光照不匀或亮度不足时，应使用闪光灯或灯光照明。需要闪光灯或其他灯光照明时应尽量用反射光照明，直射光照明时应注意配光角度。

8.3 现场重点部位拍摄要点

8.3.1 现场拍摄重点部位时，应以清楚反映现场重点部位的状况、特点及其与周围痕迹物证的关系为重点，确定拍摄距离和角度。录像时以中、近景或特写景别记录，画面运动速度应平缓。

8.3.2 现场重点部位照相、录像的用光应符合8.2.3的规定。

8.4 现场细目拍摄要点

8.4.1 拍摄现场细目应认真取景构图,合理利用画面。录像时,应使用固定画面以特写景别记录,画面的时间应在10 s以上。被摄主体应占画面的2/3以上,如物体太小时可使用近摄装置进行拍摄。

8.4.2 拍照用于检验鉴定的细目照片应做到物面与焦平面平行,或光轴与物面垂直。如不能垂直,应加方框比例尺以便后期处理制作。

8.4.3 拍摄痕迹、损伤时,要反映出痕迹、损伤的形态、特征与所在位置。录像时可采用推摄或拉摄的方法对痕迹、损伤进行定位。

8.4.4 现场上同类型痕迹、物证较多时应当编号,并将编号摄入画面。

8.4.5 凡是反映痕迹、物证形态与特征的照片,应进行测量摄影。拍照时应遵循以下原则:

a) 比例尺一般应放置于画面特征下方或下方居中部位;
b) 比例尺应与被拍物的主要特征在同一平面上;
c) 比例尺应与相机焦平面平行。比例尺上不应有反光;
d) 要根据被拍物体颜色和使用的感光片种类选择适当的比例尺,深色物体选用黑底白刻度的比例尺,浅色物体选用白底黑刻度的比例尺,全色、盲色负片应选用黑白比例尺,彩色负片和数码照片应选用彩色比例尺,使用透射光拍摄透明客体应使用透明比例尺;
e) 应根据被拍物体长度来选择比例尺长度,具体见表2;

表2 比例尺长度选择

单位为毫米

被拍物体长度	比例尺长度
≤50	≥30
50～150	≥50
150～500	≥100
≥500	≥物体长度的50%

f) 需照相提取具有检验鉴定价值的重要痕迹时应加放直角比例尺,拍照步幅时,应在步幅两侧平行放置贯通画面的皮尺。

8.4.6 现场细目照相、录像的用光,应根据被摄对象的形体、表面形态、颜色和所要反映的主题内容等,合理选择光源、光照强度和光照角度。

ICS 13.310
A 92

中华人民共和国国家标准

GB/T 29350—2012

法庭科学数字影像技术规则

Rules for forensic digital image technology

2012-12-31 发布

2013-05-01 实施

中华人民共和国国家质量监督检验检疫总局
中国国家标准化管理委员会 发布

前　言

本标准按照 GB/T 1.1—2009 给出的规则起草。

请注意本文件的某些内容可能涉及专利。本文件的发布机构不承担识别这些专利的责任。

本标准由全国刑事技术标准化技术委员会照相检验分技术委员会(SAC/TC 179/SC 5)归口。

本标准起草单位:公安部物证鉴定中心、山东省公安厅。

本标准起草人:俞涛、许小京、魏晨光。

法庭科学数字影像技术规则

1 范围

本标准规定了法庭科学领域数字影像技术的基本要求。

本标准适用于我国司法机关在刑事、民事、司法活动和国家行政机关在行政执法以及处理事故事件等活动中的数字影像技术工作。

2 规范性引用文件

下列文件中对于本文件的应用是必不可少的。凡是注日期的引用文件，仅注日期的版本适用于本文件，凡是不注日期的引用文件，其最新版本(包括所有的修改单)适用于本文件。

GB/T 29349 现场照相、录像要求

GB/T 29351 法庭科学照相制卷质量要求

GA/T 120 刑事照相、录像词汇

GA/T 591 刑事照相设备技术条件

3 术语和定义

GA/T 120 界定的以及下列术语和定义适用于本文件。

3.1

数字影像 digital image

以数字形式存储于各种物理介质中，能够以一定方式还原、传输、输出的图像。

3.2

数字影像技术 digital image technology

应用数字照相机、摄像机、扫描仪、计算机等设备以及相关软件记录、显现、检验鉴定、处理、存储、管理与案事件有关的图像的影像技术。

3.3

影像大小 image size

水平方向的像素数与垂直方向的像素数的乘积。

3.4

影像文件大小 image file size

影像文件的数据量占用的存储空间，单位为 MB、KB。

3.5

影像文件格式 image file type

静止图像文件格式有 RAW、TIFF、JPEG、BMP 等，动态图像文件的格式有 AVI、MPEG 等。

3.6

数字影像传输 digital image transport

数字影像文件在不同的存储设备之间或网络中进行数据传递。

3.7

原始影像文件 original image file

成像装置所记录的最初影像文件。

3.8

打印分辨率 print resolution

数字影像在打印设备上输出的分辨率，用 dpi 来表示。

4 数字影像技术器材

4.1 数字照相、录像器材

4.1.1 数字照相机

4.1.1.1 应使用单镜头反光式照相机。

4.1.1.2 记录的影像在照相机上不应更改。应有档案标记功能。

4.1.1.3 使用的成像器件的几何尺寸不应小于 23.7 mm×15.6 mm。

4.1.1.4 色彩管理系统的色度信息应大于 24 bit，要求红、绿、蓝三基色的每种颜色的色度信息不应小于 12 bit。

4.1.1.5 使用的镜头应符合 GA/T 591 中规定的技术条件。

4.1.2 数字摄像机

应选用轻便、清晰度高、色彩还原好、低照度效果好的摄像机。

4.2 扫描仪

平板扫描仪的分辨率应不低于 1 200 dpi，透射扫描仪的分辨率应不低于 2 000 dpi。

4.3 计算机

应使用不低于 Intel Core 2 CPU、19 英寸显示器、4G 内存配置的计算机。

4.4 操作系统

应使用 Windows XP 以上版本的操作系统。

4.5 输出设备

打印机分辨率应不低于 1 200 dpi，热升华型打印机和数字彩色扩印机分辨率应不低于 300 dpi。

4.6 存储设备

4.6.1 储存介质

使用质量可靠的光盘、硬盘、闪存、磁带等存储介质。

4.6.2 光盘刻录机

应为通用的整体性能较好的 CD 或 DVD 等刻录机。

4.6.3 磁盘阵列

应使用性能稳定可靠的磁盘阵列。

4.6.4 磁带机

可选择手动装带磁带机或自动加载磁带机。

4.6.5 光盘服务器

应使用光盘容量不少于100片；驱动器数量不少于2个；能兼容CD-ROM、DVD-ROM、DVD-RAM格式的光盘服务器。

4.7 软件

数字影像处理软件应能够确保图像的安全和工作的顺利进行。影像处理软件应具有裁切、调整亮度和对比度的功能。

4.8 其他器材

除4.1、4.2专用器材外，其他器材应符合GB/T 29349中规定的技术条件。

5 文件格式

在应用数字影像技术的工作过程中，应根据实际工作的不同需要，选用适当的图片文件格式，可采用RAW、FLASH、TIFF、JPG、PSD或BMP，录像采用AVI、MPG格式。

6 文件大小

数字影像应根据不同的图像内容以及可预期的后期处理的需要，采用适当的文件格式和文件大小，以确保影像质量。拍摄数字影像照片形成的图像文件应不小于1 MB。

7 数字影像技术的基本原则

7.1 受理数字影像技术任务后，应准备好所需的器材，并及时开展工作。

7.2 应真实、客观、全面地反映被拍对象的特征、特点或内容，为证实、辨认、识别或检验鉴定提供可靠的依据。

7.3 应用数字影像制作或处理技术时，应严格遵循客观真实反映事物本质特征的原则，不应使原影像所反映的事物特征发生本质的变化，其操作过程可以重复实现，并要说明所采用的操作环境、系统平台及技术过程。

8 原始影像的存储

8.1 对与案件有关的所有原始影像，应保存原始数据。

8.2 对与案件有关的所有原始影像，不应做任何处理，进行加密(或限权)保存，并向上级异地备份。应注明案件名称或性质、案件发生的时间、地点、图片张数、勘查人员、拍照人员、证明人等信息。

8.3 存储原始影像应选用光盘、硬盘、磁盘阵列或磁带机等设备。

9 影像文件的网络传输

9.1 静止图像文件采用JPEG格式，视频文件采用AVI格式。

9.2 影像文件用于网络传输时，可以对文件进行适当压缩。

9.3 指纹图像采用灰度图像，256灰度级；图像大小为512像素×512像素；分辨率为500 dpi。

9.4 足迹图像转换为灰度图像后，文件大小在200 KB～300 KB之间。

9.5 其他图像用于网上传输时，可以是彩色图像，文件大小在200 KB～300 KB之间。

10 数字影像照片案卷制作

按照GB/T 29351中相关规定制作。

11 数字影像资料的管理与保存

11.1 管理

数字影像资料应作为档案保存管理。档案由立档的刑侦技术部门负责每年的整理登记，长期保管。

11.2 保存条件

档案室库房应清洁卫生，具有相应的防尘设施，门窗应密封良好，采用机械通风时应加防尘罩。温度18 ℃～26 ℃；相对湿度40%～60%。采用金属柜、箱装具。

ICS 13.310
A 92

中华人民共和国国家标准

GB/T 29351—2012

法庭科学照相制卷质量要求

Quality requirements for file making of forensic photograph

2012-12-31 发布 2013-05-01 实施

中华人民共和国国家质量监督检验检疫总局
中国国家标准化管理委员会 发布

前　言

本标准按照 GB/T 1.1—2009 给出的规则起草。

请注意本文件的某些内容可能涉及专利。本文件的发布机构不承担识别这些专利的责任。

本标准由全国刑事技术标准化技术委员会照相检验分技术委员会(SAC/TC 179/SC 5)归口。

本标准起草单位:公安部物证鉴定中心、内蒙古自治区公安厅。

本标准起草人:俞涛、许小京、周云彪、赵慧山。

法庭科学照相制卷质量要求

1 范围

本标准规定了与刑事照相有关的照片制作成法律文书卷的基本要求和方法。

本标准适用于各类刑事案件、治安案件和灾害事故现场照片的制卷,也适用于刑事案件检验照片和其他证据照片的制卷。

2 规范性引用文件

下列文件对于本文件的应用是必不可少的。凡是注日期的引用文件,仅注日期的版本适用于本文件。凡是不注日期的引用文件,其最新版本(包括所有的修改单)适用于本文件。

GA/T 120—1995 刑事照相、录像词汇

3 术语和定义

GA/T 120—1995 界定的术语和定义适用于本文件。

4 案卷构成

4.1 构成顺序

案卷构成应按下列顺序编排:

a) 封面;

b) 封二;

c) 案情简介;

d) 目次;

e) 正文(照片部分)。

4.2 封面

4.2.1 封面应包括如下内容:

a) 照片卷编号;

b) 份号;

c) 密级;

d) 案卷题名(见 4.2.2);

e) 制作机关;

f) 制成时间。

4.2.2 案卷题名应包括:

a) 案件发生地域;

b) 案件名称;

c） 案卷内容。

4.2.3 案件名称应与现场勘验笔录、现场图的案件名称一致，一般应包括被侵害对象及侵害结果。也可使用有案件代号、案件性质的名称。

4.2.4 封面格式按附录A编排，示例参见附录B。

4.3 封二

4.3.1 封二应包括如下内容：

a） 现场地点；

b） 案件名称；

c） 案件性质；

d） 发案时间；

e） 拍照时间；

f） 拍照人；

g） 制卷单位；

h） 制卷人；

i） 审签人；

j） 生效标识域；

k） 案卷页数，卷内照片张数，案卷份数。

4.3.2 封二格式见附录C。

4.4 案情简介

4.4.1 案情简介的内容应包括：报案时间，案件发生或发现时间、地点、经过情况及被害人的姓名、职业、住址。案情简介的内容应通俗易懂，文字要简练准确。

4.4.2 当现场照片作为现场勘验记录的组成部分制卷时，可省略案情简介。

4.5 目次

4.5.1 段落层次较多的照片卷应编写目次。

4.5.2 目次的内容应包括各段落层次的标题和所在页码，标题与页码之间用“……”连接。

示例1：

第一现场……………………………………………………………………………………………………（4）

第二现场……………………………………………………………………………………………………（8）

……

示例2：

现场情况……………………………………………………………………………………………………（3）

尸体衣着……………………………………………………………………………………………………（7）

尸体损伤 ……………………………………………………………………………………………………（10）

……

4.6 正文

正文部分是照片卷的主体，应包括如下内容：

a） 照片（见第6章）；

b） 标引（勾线）（见第8章）；

c） 符号、代号（见第9章）；

d） 文字说明（见第10章）。

5 纸张

5.1 纸张质量

贴附照片的纸张应使用 200 g/m² ~ 250 g/m² 的卡片纸或白板纸。对于电脑打印卷应用 90 g/m²～150 g/m² 的白色纸张进行打印。可以使用照片级打印纸或彩色相纸。

5.2 幅面尺寸

5.2.1 正页幅面尺寸应与国家机关公文用纸标准的幅面尺寸一致，规格为：A4 型 210 mm×297 mm。

5.2.2 当正页粘贴不下一个段落层次的多张照片时，可在翻口连续折页，参见附录 D。上下两边不应连续折页。

5.2.3 折页为扇形折，折页幅面长度应与正页一致，宽度为 182 mm。

5.2.4 折页连续数量应不超过 7 页。

5.3 印刷

粘贴照片的卡片纸（包括折页）上白边（天头）、下白边（地脚）与图文区（见 7.1）之间应压有暗线，右下角应印有填写页码的“(　)”或“第　页”。上暗线距卡片纸上边为 20 mm±1 mm，下暗线距卡片纸下边为 10 mm±1 mm，参见附录 E。

6 照片

6.1 照片内容

6.1.1 在现场拍照的，与案件有关的一切场景和细目照片。

6.1.2 从现场上提取痕迹、物证，经过技术处理后拍照的照片。

6.1.3 从电视屏幕拍照或利用视频采集技术获取的现场录像画面的照片。

6.2 组合编排

6.2.1 编排与案件有关的痕迹、物证的照片，具体要求如下：

a) 与案件无关的照片或虽与案件有关，但画面内容不能反映所要表现的主题的照片应剔除；
b) 数张照片反映主题内容相同或相近时，应选取其中一张；
c) 照片加工质量应符合 6.3 的规定；规格尺寸应符合 6.4 的规定，不符合要求的应重新制作；
d) 画面内容有主从关系需就近粘贴标引的照片应核对无误。

6.2.2 照片的编排组合应遵循直观简明、系统连贯的表述案件现场整体状况的原则。

6.2.3 照片的编排顺序应以清楚反映出案件发生地点、案件性质、作案过程、犯罪手段、侵害对象、造成的后果、痕迹物证所在部位与特征为主旨。有条理，分层次，连续展开。

6.2.4 编排方法应根据现场情况和照片数量决定，具体要求如下：

a) 现场简单，照片数量少的，可按方位、概貌、重点部位的顺序，穿插细目照片编排；
b) 现场复杂，拍照内容较多的，可按照片的内容类别分层次编排，如无名尸体案件的现场照片可分现场情况、尸体衣着、尸体损伤与特征、遗留物、附着物等层次；
c) 现场范围大，涉及处所和细目内容多的，可按发现犯罪的第一现场、第二现场等划分段落进行编排，也可按实施犯罪时侵害目标的先后顺序划分段落进行编排，在每一段落内，可进一步按照片内容分类，划分层次。

6.2.5 应把反映案件本质的现场重点部位照片和能够起到揭露证实犯罪作用的痕迹、物证照片作为编排的重点。需标引定位的细目照片,应与所在部位、环境的主画面照片相互呼应,不应在案卷中孤立存在。

6.2.6 照片编排可由传统洗印照片,按7.2.2的规定粘贴而成,也可由数码相机拍照通过电脑编排按7.2.2的规定打印而成。

6.3 质量要求

6.3.1 照片上反映主题内容的景物与特征要清晰逼真,应有较大的景深范围。

6.3.2 痕迹物证照片比例尺不应变形,按倍率制作的照片比例应准确。

6.3.3 除检验鉴定需要增强或降低照片的反差外,黑白照片应反差适中,层次丰富。

6.3.4 除检验鉴定需要调整照片的色差外,彩色照片的色彩校正应接近实际颜色,不应有明显的偏色。

6.3.5 照片衔接部位的放大倍率、密度、反差、影调、色调应一致。对接线应避开画面重要部位和尸体。

6.3.6 照片应用光面相纸制作。照片应平展、清洁,不应有较明显的划痕、白点、斑渍。

6.3.7 照片应不留白边,不应裁切花边。

6.4 规格尺寸

6.4.1 照片的几何形状应以横幅矩形为主,竖幅矩形不应过多。也可配少量的方形或圆形,但不应有棱形、三角形等其他几何形状,更不应只剪留主体而不要背景。

6.4.2 照片的长宽比例应在8∶5左右。必要时,可根据画面主体形状和版面组合要求进行剪裁。

6.4.3 照片的尺寸应根据画面内容和组合编排需要决定:

a) 直接反映现场方位、概貌、重点部位的主要照片和重要细目照片,尺寸为90 mm×130 mm、100 mm×150 mm、130 mm×180 mm、120 mm×200 mm,边长误差控制在±3 mm;

b) 辅助反映现场局部场景、特写的照片,尺寸为60 mm×90 mm、90 mm×130 mm、100 mm×150 mm;

c) 直接反映痕迹物证的照片,比例原物大或放大;指纹印原物大或放大3倍,掌纹印原物大或略放大,足迹原物大或放大0.5倍,弹壳痕迹放大4倍,弹头痕迹放大10倍;其他痕迹物证照片的放大倍率,以清晰反映形象特征为前提,一般应为60 mm×90 mm、90 mm×130 mm、100 mm×150 mm;

d) 连接后的照片宽度为60 mm~90 mm,长度为150 mm~300 mm。

7 粘贴

7.1 粘贴区域(图文区)

7.1.1 粘贴照片卡片纸正页的图文区为156 mm×225 mm,参见附录E。上白边(天头)为37 mm±1 mm;下白边(地脚)为35 mm±1 mm;左白边(订口)为28 mm±1 mm;右白边(翻口)为26 mm±1 mm。

7.1.2 除连接照片与横长照片可占用左右白边或横跨两个版面外,其他照片均应粘贴在图文区。

7.2 版面设计

7.2.1 版面设计应严肃、整洁、灵活、多样,不宜过分对称呆板。

7.2.2 照片排列应疏密适当,不应过分拥挤或松散。图文区内应留有25%~40%的空白区。

7.2.3 版面设计见附录F。

7.3 粘贴要求

7.3.1 单幅照片应粘贴在图文区中心偏上部位。两幅以上照片应上顶图文区天头,下至图文区地脚,或左至订口右至翻口(包括文字说明)。

7.3.2 画幅尺寸相同或近似的两张(或两张以上)照片在同一页面上横向平列时,照片上下两边应平齐,见附录F。

7.3.3 照片间距不应小于5 mm。

7.3.4 照片的文字说明应视版面组合情况附在照片的下方或右侧。

7.3.5 现场指纹粘贴时应指尖向上,足迹照片应足尖向上。其他细目照片的定位,应与所属主画面上反映的方向基本一致,不应上下颠倒。

7.4 粘合剂

应使用不与照片乳剂、成色剂产生化学反应而致照片变色的粘合剂。不应使用浆糊粘贴照片。

7.5 粘贴方法

7.5.1 粘合剂应点涂于照片背面的四角或周围,用量不应过多,点涂位置不应过分靠边,不应全面涂抹。

7.5.2 粘贴后的照片应及时紧压固定,紧压前应在折页之间衬纸,以防照片乳剂受潮后相互粘合。

8 标引(勾线)

8.1 标引对象

凡主画面与若干附属画面组合在同一或相邻版面时,非经标引不能表达主题内容与位置关系的,应标引。

8.2 标引要求

8.2.1 标引线应为连续的单线条,线条宽度不应超过0.8 mm。

8.2.2 标引线颜色应使用红色或黑色。

8.2.3 标引线应平行于卡片纸的一边。必要时可以用折线,折角应为直角。一条标引线的折角不应超过两处。

8.2.4 标引线的线端指向应准确,不应离被标引位置太远。不应把线端画在较小的被标引对象上。

8.2.5 当标引线需要通过与线条颜色相同或相近的照片影像部位时,应改为易于辨别的颜色通过该部位。

8.2.6 标引线不应互相交叉。

8.2.7 标引要求按附录F执行。

9 符号、代号

9.1 为直接明了地在画面上标示现场、重点部位、细目或痕迹物证特征的具体位置,以及现场方位、概貌照片的坐标方向,可使用符号、代号。

9.2 符号、代号应用红色、黑色或白色标画。线条宽度不应大于0.5 mm,长度不应大于5 mm。

9.3 符号、代号应清晰醒目,种类不宜繁杂。符号、代号标画的位置应准确。

9.4 画面需要标注的符号、代号较多或不宜在画面上直接标注符号、代号时,应用标引线引至画面以外的图文区标注。

9.5 常用符号代号见附录G。

10 文字说明

10.1 使用对象

10.1.1 照片内容需要用文字表述的,应附注文字说明。

10.1.2 经标引或附注图解后仍不能清楚准确说明照片内容时,应附注文字说明。

10.1.3 凡在画面上标注符号、代号的照片,一般应对符号、代号所代表的内容附注文字说明。

10.1.4 用相向、多向等方法拍照的多张方位、概貌照片和通过技术手段显现拍照的痕迹物证照片,要对拍照方法、技术手段附注简略的文字说明。

10.1.5 划分段落层次的照片卷,应在段落层次前附以概括内容的文字标题。

10.2 使用要求

10.2.1 文字说明内容应通俗简练、严密、准确。术语应与相关专业的规范术语一致。

10.2.2 文字说明不应使用"同上"或"同左"等词语。

10.2.3 文字说明应打印,字体应使用宋体或楷体,字号根据内容有所区别,具体如下(示例参见附录H):

a) 段落标题用初号或1号字;

b) 层次标题用2号字;

c) 画面说明,图解、符号、代号说明用3号或4号字。

10.2.4 文字说明中带有符号、代号时,应在符号、代号位置留2~3字的空位。

10.2.5 文字说明中带有计量单位的数字,应采用阿拉伯数字,数字应写成小数,不写分数;不带计量单位的10以内的数字,可按汉字"一、二、三……"书写。

10.2.6 文字说明中应采用法定计量单位,应书写该计量单位的符号或代号,如:毫米应写作mm。

10.2.7 文字说明应印刷或贴附在照片下方或右侧,距照片边缘5 mm~10 mm居中部位。同一版面的两张照片可用同一文字说明时,文字说明应印贴在两张照片中间。

10.2.8 涉外案件现场照片的文字说明,应采用中、英文两种文字书写。

11 装订

11.1 照片卷应为左装式平订平装本。

11.2 照片卷厚度不宜超过20 mm,超过时应按内容分类,分为卷一、卷二等分别装订。

11.3 装订前要填写页码。

11.4 装订时要根据图文区厚度,在订口一侧加夹适当厚度的衬条。装订好的照片卷应牢固、整齐、清洁、平展。

11.5 装订后应粘封卷脊。案卷厚度超过6 mm时,应在卷脊上竖行印贴与封面内容相同的卷名。

11.6 装订好的现场照片卷参见附录I。

12 审签

12.1 照片卷制成后,应经参与现场勘验的有关专业人员审查。

12.2 照片卷发出前,应由现场勘验指挥人或本级公安机关刑侦部门负责人签发,并在封二的生效标识域加盖公章。

附 录 A
（规范性附录）
封 面 格 式

封面格式如图 A.1 所示。

单位为毫米

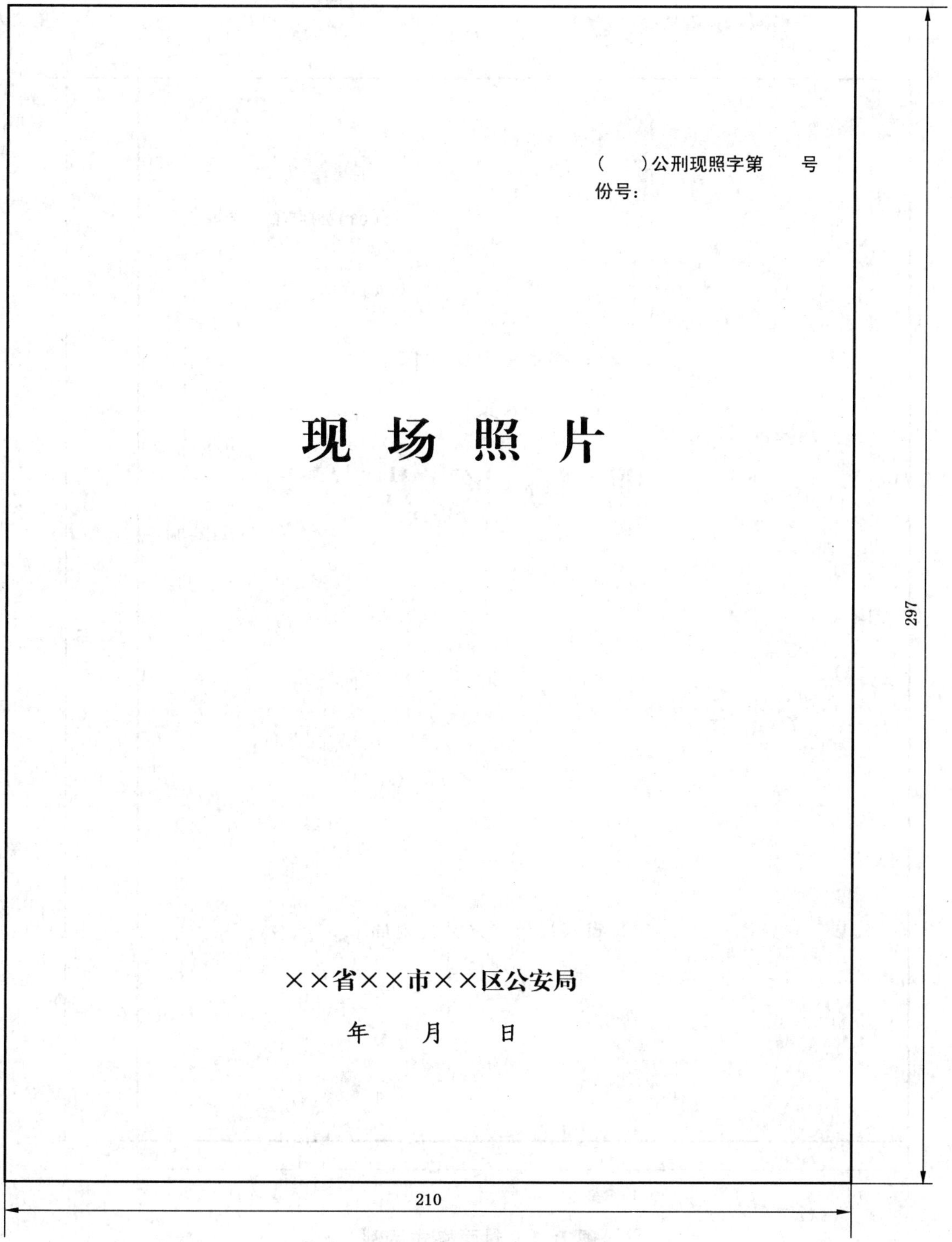

图 A.1 封面格式

附　录　B
（资料性附录）
封面格式示例

封面格式应包含的内容如图 B.1 所示。

单位为毫米

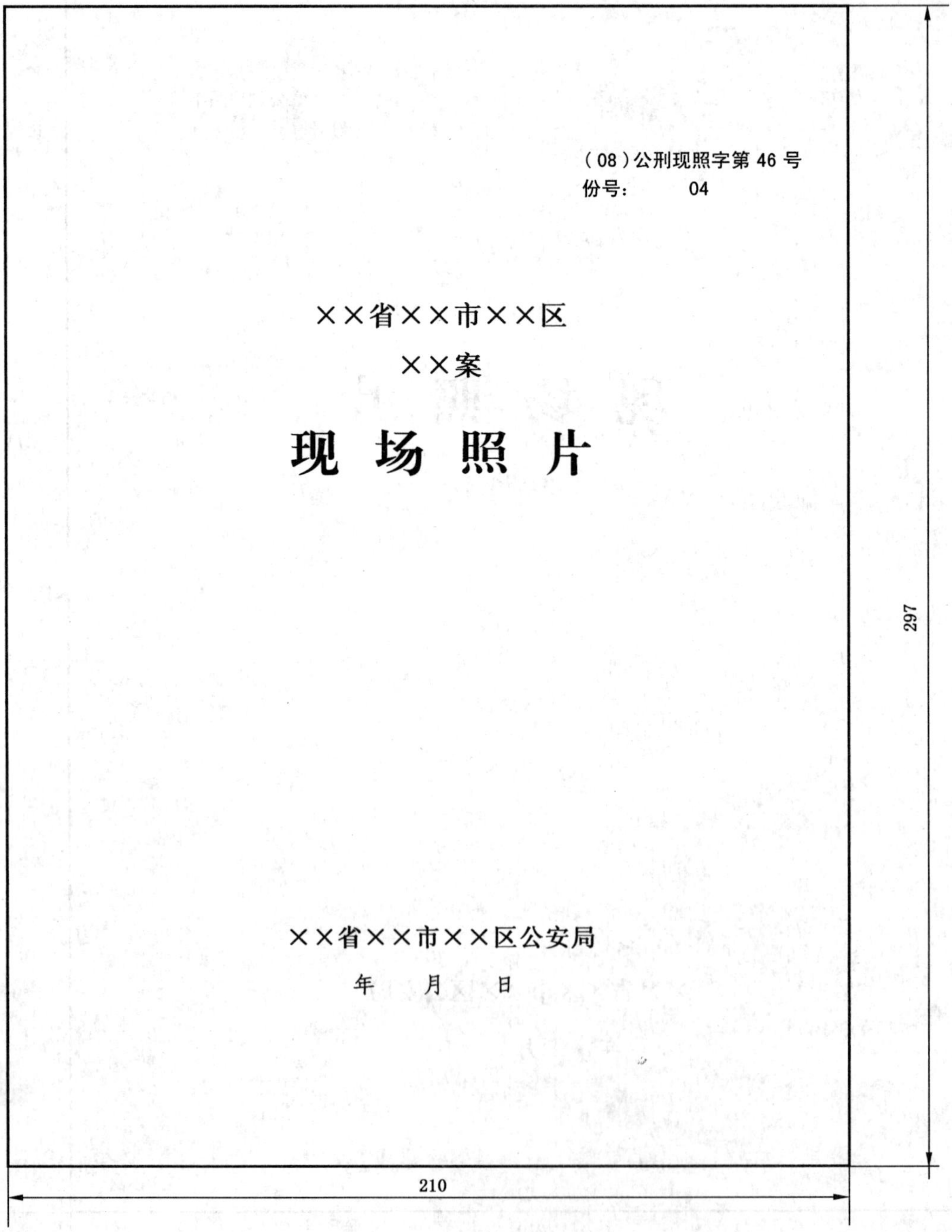

图 B.1　封面格式示例

附 录 C
（规范性附录）
封 二 格 式

封二格式如图 C.1 所示。

单位为毫米

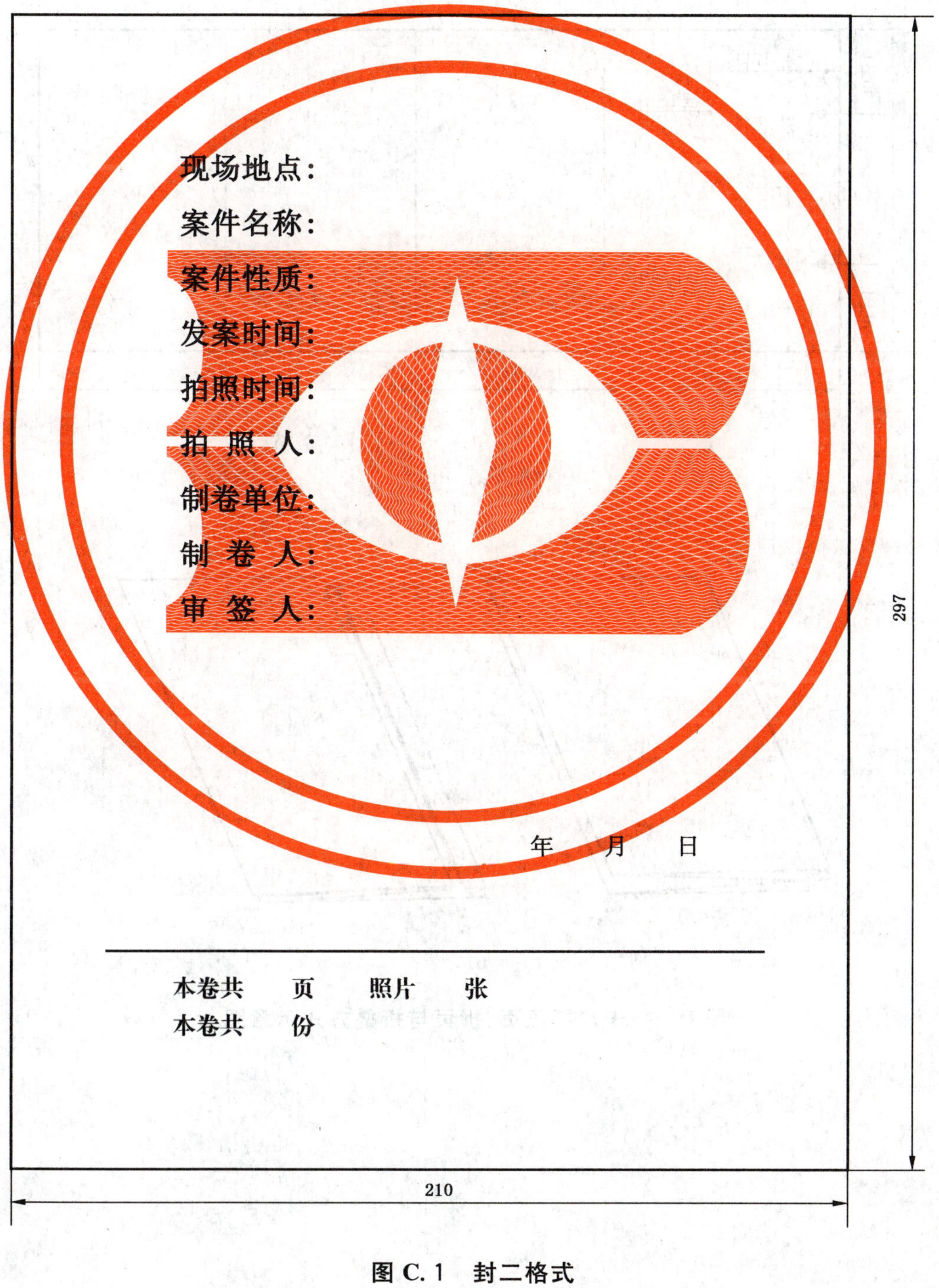

图 C.1 封二格式

附 录 D
（资料性附录）
卡片纸正页、折页与折叠方式示意图

卡片纸正页、折页与折叠方式如图 D.1 所示。

单位为毫米

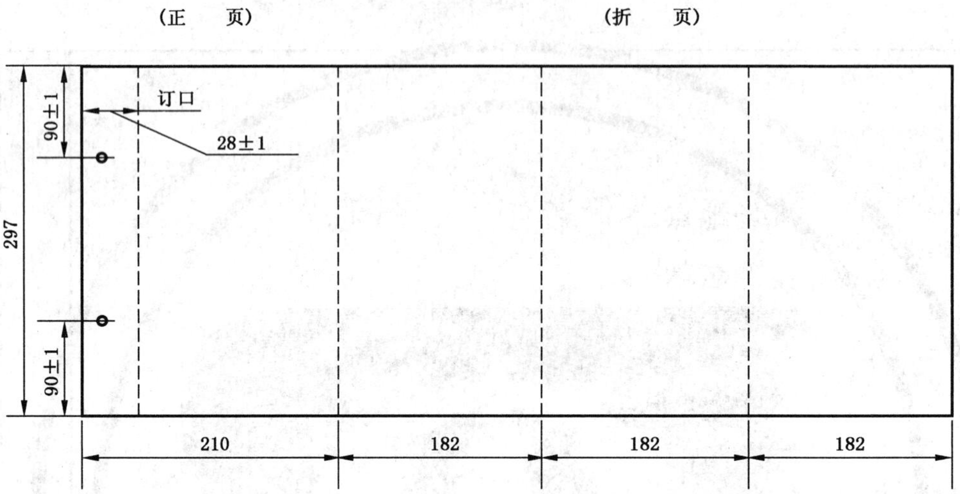

a）

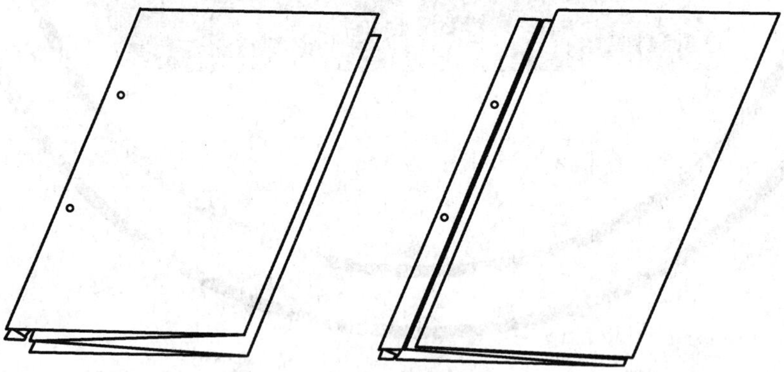

b）

图 D.1　卡片纸正页、折页与折叠方式示意图

附　录　E
（资料性附录）
卡片纸幅面尺寸与图文区示例

卡片纸幅面尺寸与图文区如图 E.1 所示。

单位为毫米

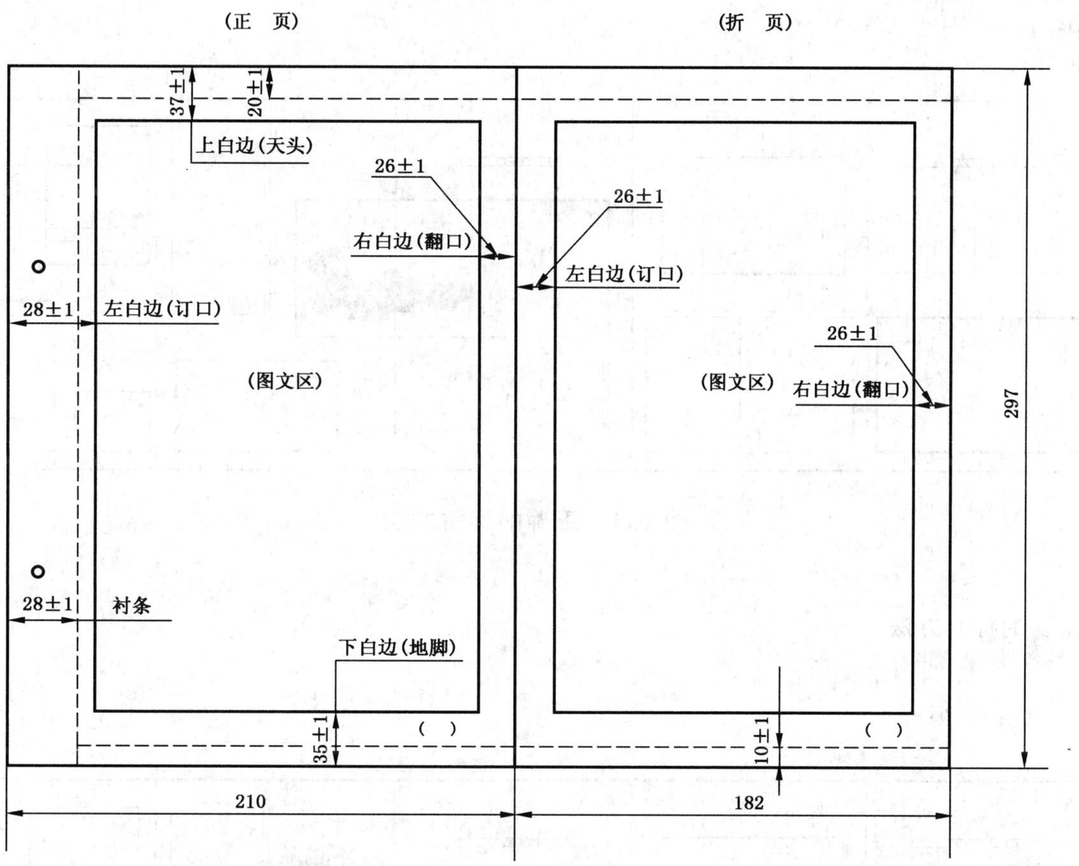

图 E.1　卡片纸幅面尺寸与图文区示例

附 录 F
（规范性附录）
版面设计与标引方法示意图

F.1 正确的标引方法

如图 F.1 所示。

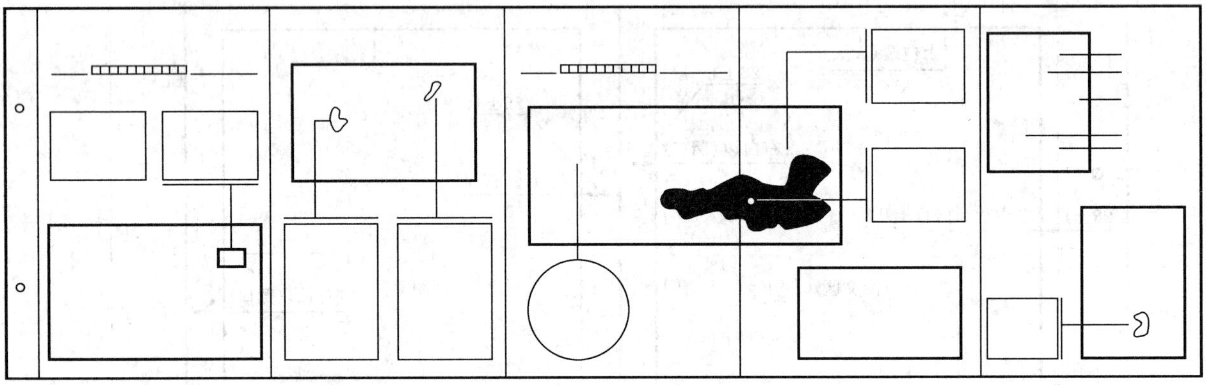

图 F.1 正确的标引方法

F.2 错误的标引方法

如图 F.2 所示。

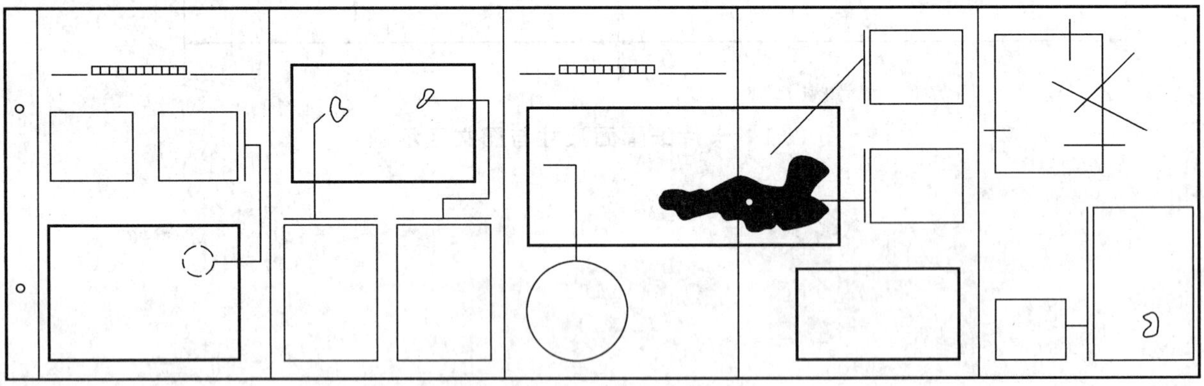

图 F.2 错误的标引方法

附　录　G
（规范性附录）
常用符号、代号及应用范围

案卷中常用的符号、代号及应用范围如下：

⊗ ……………………………………………………………（标示现场或现场中心所在部位）

△▲……………………………………………………………………（标示痕迹、物证所在部位）

⇧↑↑……………………………………………………………………（标示方向或痕迹、物证特征）

①②③ ………………………………………………………………………（标示物体、物证、痕迹）

○○○○…………………………………………………………（标示类型相同的多处痕迹、物证）

附 录 H
（资料性附录）
标题与文字说明内容相应字号示例

案卷中使用的文字字体字号举例如下：

第一现场　第一现场 ……………………（段落标题）

损伤部分 ……………………………………………………………………………（层次标题）

××案现场概貌…………………………………………………………（主画面说明）

现场上遗留的弹壳 ……………………………………………………………（从属画面说明）

⊗现场中心　　↑锁键上的附着物…………………………………………（符号、代号说明）

附　录　I
（资料性附录）
现场照片卷装订示意图

照片卷装订如图 I.1 所示。

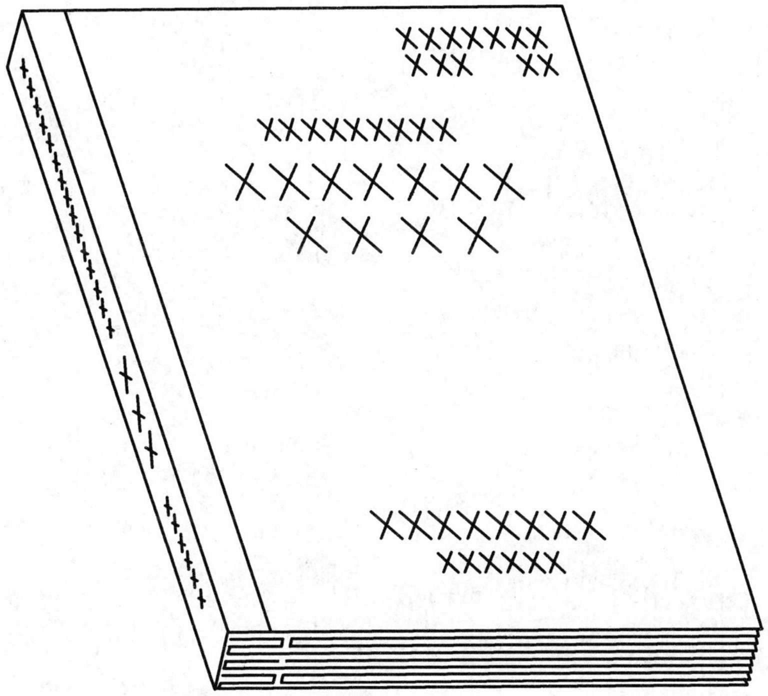

图 I.1　现场照片卷装订示意图

ICS 13.310
A 92

中华人民共和国国家标准

GB/T 29352—2012

物证检验照相录像规则

Requirements for photography and videography of evidence examination

2012-12-31 发布　　　　2013-05-01 实施

中华人民共和国国家质量监督检验检疫总局
中国国家标准化管理委员会　发布

前　　言

本标准按照 GB/T 1.1—2009 给出的规则起草。

请注意本文件的某些内容可能涉及专利。本文件的发布机构不承担识别这些专利的责任。

本标准由全国刑事技术标准化技术委员会照相检验分技术委员会(SAC/TC 179/SC 5)归口。

本标准起草单位:公安部物证鉴定中心、最高人民检察院。

本标准起草人：俞涛、许小京、幸生、黄威。

物证检验照相录像规则

1 范围

本标准规定了在物证检验中有关照相录像的基本要求和拍摄的方法要求。

本标准适用于我国刑事、民事、行政等案、事件物证检验的照相和录像。

2 规范性引用文件

下列文件对于本文件的应用是必不可少的。凡是注日期的引用文件，仅注日期的版本适用于本文件。凡是不注日期的引用文件，其最新版本(包括所有的修改单)适用于本文件。

GB/T 9704 党政机关公文格式

GB/T 23865 比例照相规则

GB/T 29351 法庭科学照相制卷质量要求

GA/T 120 刑事照相、录像词汇

3 术语和定义

GA/T 120 界定的术语和定义适用于本文件。

4 设备材料

4.1 照相设备与材料

4.1.1 照相设备

应选用坚固耐用、性能可靠的专业单反照相机及专业用设备。配备广角至中焦的变焦距镜头和具有微距功能的镜头。

4.1.2 近摄装置

4.1.2.1 近摄用镜头应使用有微距功能的定焦或变焦镜头。

4.1.2.2 近摄镜应选择与相机镜头匹配、成像清晰、像差小的近摄镜。

4.1.2.3 近摄接圈、近摄皮腔和近摄调焦导轨应能与相机匹配。

4.1.3 照相用滤光镜

应备有密度不同的红、黄、蓝、绿系列滤光镜。还可配备红外、紫外、偏振、色温转换滤光镜。

4.1.4 照相用翻拍架

应升降灵活，牢固可靠。

4.1.5 比例尺

应备有黑底白刻度、白底黑刻度和彩色比例尺、透明比例尺。比例尺以毫米(mm)为最小单位。还应备有钢卷尺、皮尺、直角比例尺。

4.1.6 照相用照明设备

应备有能够满足物证检验照相的光源。

4.1.7 照相用附属设备

应备有快门线、暗房袋、痕迹物证编号签、简易背景幕和柔光、反光、遮光器具、备用相机电池、闪光灯电池、三角架、闪光灯连线、读卡器、数据传输线及便携移动存储介质(或设备)等。

4.2 录像设备与材料

4.2.1 摄像设备

4.2.1.1 应选用清晰度高、色彩还原好、照度要求低的专业摄像机。
4.2.1.2 应配备保证供电 3 h 以上的电池。

4.2.2 记录材料

应使用清晰度高、色彩还原好、质量可靠的存储介质(包括磁带、光盘、硬盘等)。

4.2.3 三角架

应能与摄像机匹配,牢固可靠,旋转方便,升降灵活。

4.2.4 照明设备

应备有专用摄像灯具。

4.2.5 近摄镜

应备有与摄像机镜头口径匹配、成像清晰、像差小的近摄镜。

4.2.6 滤光镜

应备有偏振镜和密度不同的红、黄、蓝、绿等滤光镜。

4.2.7 附属设备

应备有射频线、视频线、音频线、数据线、电源线、监视器、遮光器具,简易电工工具及比例尺。

5 原则与要求

5.1 受理物证后应及时进行拍照。
5.2 坚持先静后动的原则,尽量做到无损拍照。对于需要处理的检材,在处理前首先拍照原始状态并进行处理方法的评估或模拟实验。
5.3 应按照 GB/T 23865 的规定,准确清晰地反映被拍摄痕迹物证的大小、材质、形态与特征。

5.4 拍摄立体痕迹应选择最佳光照强度、光照距离、光照方向和光照角度，以充分显示立体痕迹的特征。检材与样本拍摄方法和用光方向应该一致。

5.5 正确反映局部与整体的关系。有些痕迹物证除反映其本身特征外，还应反映该痕迹物证在整体中所处的位置。

5.6 照相机镜头应垂直于痕迹物证表面，避免或减少变形。

5.7 妥善保管检材与样本，不得损坏、遗失，拍照完毕连同照片一同交委托人。

6 主要方法

6.1 可见光照相录像

利用不同物质对可见光产生不同的吸收反射特性，选用准确波长的可见光和适合的配光方法，能够拍照出反差较好的痕迹物证。

可见光照相录像方法有：

a) 配光检验照相录像；

b) 定向反射照相；

c) 分色照相；

d) 光致发光照相录像；

e) 透射光照相；

f) 偏振光照相录像。

6.2 非可见光照相录像

非可见光照相录像方法有：

a) 紫外照相录像；

b) 红外照相录像；

c) 低温红外发光照相；

d) 红外透射光照相。

7 物证检验照相的操作程序

7.1 应根据检材具体情况及送检要求选择 6.1 和 6.2 中的方法进行拍照。

7.2 保证物证照片的质量、尺寸、比例，几何形状符合检验鉴定和GB/T 29351的规定。

8 检验报告

8.1 检验报告的幅面

编制检验报告纸张应采用 GB/T 9704 中规定的 A4 幅面（210 mm×297 mm），白纸，偏差符合GB/T 9704中的规定。必要时，允许采用其他幅面尺寸。

8.2 图文颜色

检验报告中文字、表格的颜色均应为黑色。图像、照片等可使用彩色。

8.3 检验报告的正文

8.3.1 委托单位

写明委托鉴定单位的全称。

8.3.2 送检人

写明送检人姓名。

8.3.3 送检日期

写明物证材料送达日期。

8.3.4 简要案情

写明案件名称或简要案情。简要案情的表述方式为:“据送检人介绍……”。

8.3.5 送检物证材料

客观准确描述送检物证的情况,包括以下内容:

a) 送检材料的来源,即送检的物证材料是从何处提取的;

b) 送检材料的名称、数量、形态等情况;

c) 若是显现提取痕迹物证,应对痕迹所处的位置,在日光下的效果等作出较为详细的表述,并应说明送检物证是否经过处理,以及经过何种化学或物理方法处理等情况。

8.3.6 检验要求

写明要求送检单位予以解决的问题。

8.3.7 检验

8.3.7.1 写明检验过程及方法。明确地表述出所采用方法的名称;对于显现提取痕迹,应简要介绍所用方法及主要器材。

8.3.7.2 用照相方法显现提取潜在痕迹要求如下:

a) 紫外反射照相方法、红外反射照相方法应说明该种方法所使用的光源情况及滤光镜的型号;

b) 紫外发光照相方法、紫外荧光照相方法、红外发光照相方法应说明激发光源及接收滤光镜的波长;

c) 分色照相方法应说明是采用何种分色方法;

d) 配光照相方法应说明是何种配光方式以及所使用的是何种光源;

e) 偏振光照相方法应说明采用的是何种偏振方式,即采用偏振光照明或自然光照明。

8.3.8 检验意见

8.3.8.1 针对送检要求把检验结果概括形成意见或结果报告。

8.3.8.2 显现、提取痕迹,对显现、提取到的痕迹应有准确的数量表述,例如:×枚指印、×个字迹。对效果的评价应尽量客观;对指印的效果评价一般采用“完整”、“较完整”、“残缺”来表述。对于字迹如能辨认出的则直接对其表述,在表述时应注意顺序;如果字迹太多则可以不作具体的描述,在检验报告中写出“结果见照片”字样。

8.4 签字

由检验人在打印的其姓名后签名，注明其技术职称，并加盖鉴定机构印章。

8.5 附件

检验报告中涉及的照片可作为附件附后。

ICS 03.080
A 16

中华人民共和国国家标准

GB/T 29353—2012

养老机构基本规范

Basic standard for senior care organization

2012-12-31 发布　　2013-05-01 实施

中华人民共和国国家质量监督检验检疫总局
中国国家标准化管理委员会　发布

前　言

本标准按照 GB/T 1.1—2009 给出的规则起草。

本标准由民政部提出。

本标准由全国社会福利服务标准化技术委员会(SAC/TC 315)归口。

本标准起草单位:民政部社会福利和慈善事业促进司、中国社会福利协会、民政部社会福利中心、北京市质量技术监督局、北京市民政局、清华大学、北京市石景山社会福利院。

本标准主要起草人:王素英、冯晓丽、彭嘉琳、陈言楷、宋国建、李声才、裴晓梅、张晓峰、崔炜。

养老机构基本规范

1 范围

本标准规定了养老机构的基本要求、人员要求、管理要求、环境与设施设备要求和服务内容及要求。

本标准适用于全日制养老机构的运行和管理。

本标准不适用于非全日制的社区日间照料或托老服务机构。

2 规范性引用文件

下列文件对于本文件的应用是必不可少的。凡是注日期的引用文件，仅注日期的版本适用于本文件。凡是不注日期的引用文件，其最新版本(包括所有的修改单)适用于本文件。

GB 3096—2008 声环境质量标准

GB/T 10001.9—2008 标志用公共信息图形符号 第9部分:无障碍设施符号

GB/T 15565.2—2008 图形符号 术语 第2部分:标志及导向系统

GB/T 18883—2002 室内空气质量标准

GB/T 50340—2003 老年人居住建筑设计标准

中华人民共和国卫生部.消毒技术规范.2002.

3 术语和定义

下列术语和定义适用于本文件。

3.1

养老机构 senior care organization

为老年人提供生活照料、膳食、康复、护理、医疗保健等综合性服务的各类组织。

3.2

相关第三方 relevant party

为老年人提供资金担保，监护或委托代理责任的个人或组织。

4 基本要求

4.1 机构应具有独立法人的资质。

4.2 应具有相对独立、固定、专用的场所。

4.3 养老机构建筑及设施的设计与设置应符合 GB/T 50340—2003 相关要求。

4.4 人力资源配置应满足养老服务的需要。

5 人员要求

5.1 机构管理者应具有高中及以上文化程度，具有五年以上的相关工作经验，并经行业培训合格，获得相关资质证书。

5.2 专业技术人员应持有与其岗位相适应的专业资格证书。

5.3 养老护理员应持有与岗位要求一致的职业资格证书。

5.4 宜配备社会工作者、康复师、营养师等。

6 管理要求

6.1 应制定老年人服务合同管理制度,明确相关内容。

6.2 应制定各类人员的聘用、培训和管理制度,建立各类人员职业健康制度、岗位资质审核制度、绩效考核制度。

6.3 应建立管理组织架构,设置工作岗位,明确工作标准。

6.4 应建立财务管理制度。

6.5 应制定设施、设备及用品的购置、使用、维保、报废等管理制度。

6.6 应建立外包服务质量管理和监督机制。

6.7 应建立安全管理机制,制定相关应急预案。

6.8 应建立老年人健康状况评估制度、入住档案和健康档案管理制度。

6.9 应制定以下规范:

——服务规范,明确服务内容及质量要求;

——服务提供规范,明确提供服务的时间、地点、内容、环节、程序等;

——服务质量控制规范,根据质量控制指标,明确不合格服务的预防措施,制定服务质量的评价及改进办法。

7 环境与设施设备要求

7.1 环境

7.1.1 室外环境应符合 GB/T 50340—2003 第 3 章的要求。

7.1.2 应按 GB/T 15565.2—2008 中标志及其应用要求设置相应场所标识图案,无障碍设施符号应符合 GB/T 10001.9—2008 的要求。

7.1.3 居室应符合 GB/T 50340—2003 中第 4 章的要求。

7.1.4 室内灯光照度应柔和,居室及通道应设有夜灯及应急灯。

7.1.5 室内宜配备房间空气温度调节设施。

7.1.6 室内空气应符合 GB/T 18883—2002 的要求。

7.1.7 室内噪音应符合 GB 3096—2008 中 0 类标准。

7.2 设施设备

7.2.1 配套服务设施配置应符合 GB/T 50340—2003 中 4.1.5 的要求。

7.2.2 公共区域应设置餐厅、卫生间、浴室、活动场所,并满足:

——餐厅布局合理,桌椅应完备、干净整洁;

——卫生间应设置坐式蹲位、残疾人蹲位,具有安全防护设施,通风良好、无异味;

——浴室应有安全防护措施,洗浴用水水温应可调节,温度适宜;

——活动场所应设置固定的健身设施、设备,应设置固定座椅,设施、设备应符合老年人的体能心态特征;

——室内活动场所应光线充足,配有文化娱乐用品;

——应设置公共洗涤场所,配备洗涤用具;

——应配备老年人常用的康复器具。

7.2.3　居室和卫生间应配置紧急呼叫设备。

8　服务内容及要求

8.1　生活照料服务

8.1.1　生活照料服务至少应包括：

——穿衣，包括协助穿衣、更换衣物、整理衣物等；

——修饰，包括洗头、洗脸、理发、梳头、化妆、修剪指甲、剃须等；

——口腔清洁，包括刷牙、漱口、清洁口腔、装卸与清理假牙等；

——饮食照料，包括协助进食、饮水或喂饭、管饲等；

——排泄护理，包括定时提醒入厕、提供便器、协助排便与排尿，实施人工排便，清洗与更换尿布等；

——皮肤清洁护理，包括清洗会阴、擦洗身体、沐浴和使用护肤用品等；

——压疮预防，包括定时更换卧位、翻身，减轻皮肤受压状况，清洁皮肤及会阴部等。

8.1.2　生活照料应由养老护理人员承担。

8.1.3　应配备生活照料服务必要的设施与设备。

8.1.4　应根据老年人的具体需要提供相应的照料服务。

8.2　膳食服务

8.2.1　膳食服务至少应包括食品的加工、配送，制作过程应安全、卫生，送餐应保温、密闭。

8.2.2　膳食服务提供者应由持有健康证并经过专业培训合格的人员承担。

8.2.3　应配备提供膳食服务必要的设施与设备。

8.2.4　应根据老年人身体状况及需求、地域特点、民族、宗教习惯制定菜谱，提供均衡饮食。

8.3　清洁卫生服务

8.3.1　应包括环境清洁、居室清洁、床单位清洁、设施设备清洁。

8.3.2　应设置专职岗位并配备相应的清洁卫生人员。

8.3.3　应配备必要的设施、设备与用具。

8.3.4　环境清洁包括生活区和医疗区的环境分类管理、生活和医疗垃圾的分类处理。

8.3.5　环境、居室、床单位、设施设备应整洁有序、及时清扫。

8.3.6　采取服务外包的方式时，应对服务质量进行监控。

8.4　洗涤服务

8.4.1　洗涤服务包括织物的收集、登记、分类、消毒、洗涤、干燥、整理和返还。

8.4.2　应配备相应的洗涤服务人员。

8.4.3　应配备必要的洗涤设施、设备与用具。

8.4.4　洗涤物品应标识准确，当面验清。

8.4.5　采取服务外包的方式时，应对服务质量进行监控。

8.5　老年护理服务

8.5.1　老年护理服务应包括基础护理、健康管理、健康教育、心理护理、治疗护理、感染控制等。

8.5.2　应由内设医疗机构提供或委托医疗机构提供。

8.5.3　应由在内设医疗机构或委托医疗机构注册的护士承担。

8.5.4 应配备必要的设施与设备。
8.5.5 应遵医嘱,应执行医疗机构规定的护理常规和护理技术操作规范。
8.5.6 应参照医疗文书书写规范进行记录。
8.5.7 应参照对老年人能力等级评估的情况提供相应的护理服务。
8.5.8 院内感染控制技术要求应符合《消毒技术规范》的规定。

8.6 心理/精神支持服务

8.6.1 心理或精神支持服务至少应包括沟通、情绪疏导、心理咨询、危机干预等服务内容。
8.6.2 应由心理咨询师、社会工作者、医护人员或经过心理学相关培训的养老护理员承担。心理咨询、危机干预宜由心理咨询师、社会工作者承担。
8.6.3 应配备心理或精神支持服务必要的环境、设施与设备。
8.6.4 应适时与老年人进行交流,掌握老年人心理或精神的变化。
8.6.5 应制定心理咨询和危机干预工作程序。
8.6.6 应保护老年人的隐私。

8.7 文化娱乐服务

8.7.1 根据老年人身心状况需求,开展文艺、美术、棋牌、健身、游艺、观看影视、参观游览等活动。
8.7.2 主要由养老护理员、社会工作者组织,邀请专业人士或相关志愿者给予指导。
8.7.3 应配备文化娱乐服务必要的环境、设施与设备。
8.7.4 开展活动时,机构应提供必要的安全防护措施。

8.8 咨询服务

8.8.1 咨询服务包括信息提供和问询解答。
8.8.2 应由各类相关服务人员承担。
8.8.3 所提供的信息和解答应真实、准确、完整。
8.8.4 应提供咨询服务必要的环境、设施与设备。

8.9 安全保护服务

8.9.1 安全保护服务是通过医护人员的评估,为老年人采取适当的安全防护措施的活动。
8.9.2 应由专业技术人员及养老护理员承担。
8.9.3 应提供安全保护服务必要的设施、设备及用具,包括提供床档、防护垫、安全标识、安全扶手、紧急呼救系统等。
8.9.4 满足以下条件之一时,应对老年人进行身体约束或其他限制行为并记录时间、身心状况以及原因:

——当发生自我伤害或伤害他人的紧急情况时;
——经专业执业医师书面认可,并经相关第三方书面同意后。

8.9.5 满足以下条件之一时,应解除对老年人进行身体约束或其他限制行为并记录:

——当发生自我伤害或伤害他人的紧急情况解除时;
——经专业执业医师书面认可,并经相关第三方书面同意后。

8.10 医疗保健服务

8.10.1 医疗保健服务是为老年人提供预防、保健、康复、医疗等方面的活动。
8.10.2 应由内设医疗机构或委托医疗机构提供。

8.10.3 医疗保健包括常见病和多发病、慢性非传染性疾病的诊断、治疗、预防和院前急救工作，康复治疗和转院工作。

8.10.4 应由执业医师或康复师承担，符合多点执业要求。

8.10.5 应参照医疗机构设置要求配备设施与设备。

8.10.6 应运用综合康复手段，为老年人提供维护身心功能的康复服务。

8.10.7 应符合卫生行政主管部门有关诊疗科目及范围的规定。

8.10.8 医疗行为应参照临床医疗诊疗常规。

ICS 01.040.13
A 90

中华人民共和国国家标准

GB/T 29354—2012

救助管理机构安全

Safety of administration and relief shelters

2012-12-31 发布　　　　2013-05-01 实施

中华人民共和国国家质量监督检验检疫总局
中国国家标准化管理委员会　发布

前　言

本标准按照 GB/T 1.1—2009 给出的规则起草。

本标准由全国城市临时性社会救助标准化技术委员会(SAC/TC 314)归口。

本标准起草单位:民政部社会事务司、江苏省南京市救助管理站、北京市救助管理事务中心、辽宁省盘锦市救助管理站。

本标准主要起草人:张明亮、李波、王宏丽、戴阿根、夏阳、李军、江秀忱、吴越富、杨洋。

救助管理机构安全

1 范围

本标准规定了救助管理机构涉及安全方面的制度建设、设施设备、安全管理、突发事件预防、预案和处置等要求。

本标准适用于为生活无着的流浪乞讨人员等对象服务的各类救助管理机构。

2 规范性引用文件

下列文件对于本文件的应用是必不可少的。凡是注日期的引用文件，仅注日期的版本适用于本文件。凡是不注日期的引用文件，其最新版本（包括所有的修改单）适用于本文件。

GB 2894　安全标志及其使用导则

GB 13495　消防安全标志

GB/T 23245—2009　流浪乞讨人员社会救助基本术语

JGJ 50—2001　城市道路和建筑物无障碍设计规范

3 术语和定义

GB/T 23245—2009 界定的以及下列术语和定义适用本文件。

3.1

检视　inspection

救助管理机构对求（受）助人员的身份证件、体貌特征及身体、精神状况察看判明的过程。

3.2

保护性救助对象　sheltered relief object

受助人员中无民事行为能力和限制民事行为能力的人。

4 制度建设

4.1 文件

救助管理机构应制定安全管理制度，将各项安全管理制度形成工作文件，由救助管理机构法定代表人或行政主要负责人签署，各部门负责实施和监督，机构内工作人员都应该知晓文件中的各项要求。

这些文件的内容应涉及以下方面：

a） 安全目标；

b） 安全检查；

c） 受助人员安全管理；

d） 机构安全保卫；

e） 后勤保障安全；

f） 安全教育培训；

g） 应急预案。

4.2 职责

4.2.1 安全负责人

救助管理机构的安全负责人应全面负责机构内涉及安全方面的管理，其职责包括以下方面：

a) 组织相关部门制定安全管理文件；
b) 保障机构安全管理所需的设施、设备及人员的配备；
c) 组织开展安全教育培训；
d) 督促检查安全管理制度的实施；
e) 领导、指挥、协调突发事件的预防、救援和应急工作的组织实施；
f) 对安全事故的处理和报告。

4.2.2 安全员

救助管理机构应设安全员，其职责包括以下方面：

a) 负责机构安全设施、设备的日常管理和维护；
b) 负责机构日常安全管理工作；
c) 负责日常安全检查和报告工作；
d) 负责机构安全资料的建档。

4.2.3 管理服务人员

救助管理机构的管理服务人员应将对受助人员的安全管理作为履行职责的重要责任，其职责包括以下方面：

a) 负责受助人员安全教育；
b) 负责受助人员安全管理；
c) 记载安全值班记录。

4.2.4 医务人员

救助管理机构的医务人员主要负责受助人员站内医疗防治工作，其职责包括以下方面：

a) 负责受助人员入站体检；
b) 负责受助人员日常保健和患病人员初步诊断；
c) 负责站内突发疾病受助人员和危重、精神病人员的送医救治工作；
d) 负责各类药品的保管和处理。

4.3 工作人员要求

4.3.1 安全员

救助管理机构的安全员应具备大专以上学历，并掌握和熟悉以下内容和方法：

a) 熟悉救助管理机构安全管理涉及的法律法规；
b) 熟悉内部安全管理制度；
c) 掌握安全设施、设备管理维护的方法与要求。

4.3.2 管理服务人员

救助管理机构的管理服务人员应掌握和熟悉以下内容和方法：

a) 熟悉本岗位安全管理涉及的法律法规；

b） 熟悉内部安全管理制度；

c） 掌握管理服务工作安全操作规范与要求；

d） 掌握简单必要的应急处置方法、常识。

4.3.3 医务人员

救助管理机构内设医疗机构和医务人员应获得卫生部门资格认证并具备以下条件：

a） 遵守卫生医疗法律法规；

b） 掌握医疗诊治技能；

c） 熟悉医务安全操作规范。

4.4 工作人员培训

4.4.1 内容

救助管理机构对工作人员的培训应强调安全管理的重要性，培训的内容主要涉及以下方面：

a） 救助管理机构安全管理涉及的法律法规；

b） 机构内部安全管理制度；

c） 特种作业人员安全知识；

d） 安全事故典型案例分析。

4.4.2 方式

救助管理机构对工作人员的培训可采取：

a） 集中授课；

b） 安全演练；

c） 委派学习和外出考察。

4.4.3 要求

救助管理机构培训应符合以下要求：

a） 安全教育及安全知识培训每年不少于 20 学时；

b） 消防和人员紧急疏散演练每年不少于 2 次；

c） 特种作业人员安全培训符合相关行业要求。

5 设施设备

5.1 建筑及安全标志

救助管理机构建筑及安全标志的设置应符合以下要求：

a） 救助区域应安装安全防护设施；

b） 残疾人无障碍设施符合 JGJ 50—2001 的规定；

c） 安全标志符合 GB 2894 的规定；

d） 消防安全标志符合 GB 13495 的规定。

5.2 生活设施设备

救助管理机构用于受助人员生活设施设备的配置应符合以下要求：

a） 洗浴间、卫生间配置防滑垫、安全扶手、安全拉环；

b） 配备轮椅、拐杖等辅助用品；

c） 观察室配备紧急呼叫铃；

d） 未成年人居室配备符合未成年人特点的床具；

e） 食堂设施及卫生条件符合国家食品卫生管理要求。

5.3 安全管理设施设备

救助管理机构对受助人员安全管理设施设备的配置应符合以下要求：

a） 配备手持安检器等安全检查设备；

b） 公共区域及观察室应配备视频监控设施；

c） 观察区应配备急救箱、防护服及辅助器械。

5.4 救助区域设施设备

救助管理机构救助区域设施设备的配置应符合以下要求：

a） 电器设备应配备防护网(罩)；

b） 室内方柱和内墙阳角宜做弧形处理；

c） 无裸露电线，危险悬垂物应做安全防范处理；

d） 救助区域无养殖鱼塘、深水沟；景观性水域水深不应超过 60 cm。

5.5 工作人员安全防护

救助管理机构应注重保护工作人员人身安全和健康，工作人员的安全防护应包括以下基本要求：

a） 为工作人员配备工作服、口罩、防护手套等安全防护物品；

b） 配备必要的洗涤、消毒物品和设施；

c） 职业风险自我防护的培训；

d） 定期为工作人员进行健康体检，注射预防疫苗。

5.6 医疗设施设备

救助管理机构应：

a） 有专门诊治场所；

b） 配置常规身体检查等基本医疗设备；

c） 配置药物管理和辅助检查设备；

d） 按照卫生部门要求做好医疗废弃物处置。

6 安全管理

6.1 安全教育

6.1.1 内容

救助管理机构应对受助人员进行安全教育，内容涉及以下方面：

a） 法律法规及相关政策规定；

b） 站内安全管理制度；

c） 应对突发性事件的方法；

d） 自我保护的知识和方法；

e） 离站返乡安全事项等。

6.1.2 形式

救助管理机构开展安全教育的形式应注重：

a） 宣讲安全管理的制度；

b） 发放安全教育资料；

c） 组织观看安全教育录像片；

d） 举办安全教育讲座；

e） 组织受助人员安全演练。

6.2 安全防范措施

6.2.1 安全检查

a） 救助管理机构应设 24 h 值守和定时安全巡逻；

b） 对受助人员身体及精神状况进行检视；

c） 对受助人员随身携带物品进行登记保管，对违禁物品予以处置。

6.2.2 居住安全

救助管理机构对受助人员应实行分类分区居住，基本居住要求应是：

a） 按性别；

b） 按年龄；

c） 按身心健康状况。

6.2.3 生活作息安全

6.2.3.1 救助管理机构对受助人员的饮食应实行分餐制，餐具、灶具及时清洗、消毒。

6.2.3.2 救助管理机构应定期对受助人员居室及活动区域进行消毒。

6.2.3.3 救助管理机构应在受助人员学习、活动、就餐时有工作人员现场管理，维护秩序。

6.2.4 保护性救助对象管理措施

6.2.4.1 救助管理机构应加强看护保护性救助对象，定时记录看护情况，做好交接手续。

6.2.4.2 救助管理机构对保护性救助对象的亲属或流出地有关部门接回离站的，应检查、核实有效证明、证件。

6.2.4.3 救助管理机构对保护性救助对象的亲属或流出地有关部门不能前来接回的，应安排专人护送返乡，流出地有关部门做好接收工作。

6.2.4.4 救助管理机构接送保护性救助对象离站返乡应办理书面交接手续。

6.2.4.5 救助管理机构应在危重病人、精神病人基本稳定后开展护接送工作，并由卫生医疗机构出具相关证明。

6.3 安全问题处置

6.3.1 特殊人员

6.3.1.1 救助管理机构应将在救助期间患有下列疾病的人员直接送定点医院：

a） 危重病人；

b） 疑似精神病人；

c） 遭受意外伤害人员。

6.3.1.2 救助管理机构应将在救助期间患有下列疾病的人员及时向当地卫生防疫部门报告，并采取措施隔离：

a) 传染病人；

b) 疑似传染病人。

6.3.1.3 救助管理机构应将在救助期间发生违法行为的人员及时报告公安部门，下列人员、情形应受关注：

a) 打架、斗殴情节严重的人员；

b) 伤害、胁迫、威逼工作人员或受助人员的行为者；

c) 吸毒人员；

d) 涉嫌违法犯罪人员；

e) 骗取救助，严重影响正常办公的人员。

6.3.2 特殊物品

6.3.2.1 受助人员禁止携带以下违禁物品入站：

a) 易燃易爆物品；

b) 有毒物品；

c) 腐蚀性物品；

d) 管制刀具；

e) 违禁出版物；

f) 违禁药(物)品；

g) 放射性物质。

6.3.2.2 救助管理机构应代为保管其他物品：

a) 除管制刀具以外的锐利器；

b) 可能造成人员伤害的非违禁物品。

7 突发事件预防、预案和处置

7.1 预防

救助管理机构应建立突发事件预防和应急处置工作机制，明确职责。预防措施应包括以下方面：

a) 储备衣被等生活必需品；

b) 配置应急灯、担架等应急救援设备，有条件的机构配备应急救援车辆；

c) 与附近医院协调建立医疗救治绿色通道；

d) 定期组织开展有关突发事件应急知识的宣传活动及演练；

e) 组织应急预防、处置队伍和志愿者队伍。

7.2 预案

救助管理机构应制定自然灾害和突发事件应急预案。应急预案的内容还应与当地政府突发事件应急预案的协调和衔接。应急预案的内容涉及以下方面：

a) 高温、冰冻、暴雪、雷电、水灾、地震、强台风等特殊天气或自然灾害；

b) 火灾；

c) 食物中毒；

d) 重大人员伤亡；

e) 护接送受助人员途中突发事件；

f） 突发疫情；

g） 群体性事件。

7.3 处置

救助管理机构对突发事件处置的基本要求：

a） 启动应急工作机制；

b） 向上级民政主管部门报告；

c） 根据情况报请公安、卫生等有关部门参与救援和处置；

d） 尽可能保护好现场，设有监控设施的保存相关视频监控录像和录音资料；

e） 组织开展突发事件的调查工作；

f） 及时总结经验教训，完善安全工作机制。

ICS 03.080.99
A 12

中华人民共和国国家标准

GB/T 29355—2012

优抚医院服务规范

Special care hospital service

2012-12-31 发布　　2013-05-01 实施

中华人民共和国国家质量监督检验检疫总局
中国国家标准化管理委员会　发布

前　　言

本标准按 GB/T 1.1—2009 给出的规则起草。

本标准由民政部提出并归口。

本标准起草单位:民政部优抚安置局、山东省民政厅、山东省荣军总医院。

本标准起草人:邹铭、杨国英、马飞雄、李树峰、李桂广、王忠诚、周文军、丛俭勤。

引　言

为加强优抚医院的服务管理，规范服务行为，提高服务安全质量，促进优抚医疗事业的健康有序发展，根据民政部的有关规定，结合我国优抚医院发展状况制定本标准。

优抚医院服务规范

1 范围

本标准规定了优抚医院服务的执业要求、服务内容、质量控制、服务规范和评价。

本标准适用于不同规模等级、不同类别的优抚医院。

2 规范性引用文件

下列文件对于本文件的应用是必不可少的。凡是注日期的引用文件，仅注日期的版本适用于本文件。凡是不注日期的引用文件，其最新版本(包括所有的修改单)适用于本文件。

JGJ 49—1988 综合医院建筑设计规范

3 术语和定义

下列术语和定义适用于本文件。

3.1

优抚医院 special care hospital

为残疾军人和服役期间患严重慢性病、精神病的复员退伍军人等优抚对象提供医疗和供养服务的优抚事业单位。

3.2

康复医疗 medical rehabilitation

采用医学手段，帮助患者或残疾人使其消除或减轻功能障碍，弥补或重建缺失功能的过程。

4 执业要求

4.1 执业及人员资质

4.1.1 《医疗机构执业许可证》应在有效期内，按时校验。法人、床位或诊疗科目等注册事项发生变化时，应及时办理变更注册登记。不得使用非卫生技术人员从事诊疗活动。

4.1.2 医师应取得执业医师资格并注册后执业。

4.1.3 护理人员应取得护士执业资格证并注册后执业。

4.1.4 药剂人员应进行资格认定后执业。非药学专业技术人员不得直接从事药剂技术工作。

4.1.5 其他辅助医疗岗位的从业人员，应按照国家有关规定取得相应的专业技术职务任职资格。

4.1.6 聘用的护理员应进行岗前培训。

4.1.7 应接受属地卫生行政部门的业务指导和监督管理。

4.2 组织建设

4.2.1 功能建设应符合医院的任务性质和当地的区域卫生规划，学科设置、人员、床位配置适应医疗服务。

4.2.2 应设临床科室、门诊科室、医技科室、职能科室和工勤保障科室等。根据功能任务的不同可设精神科、中医科、康复科、康复疗养科、老年科等特色科室。

4.2.3 门诊科室可设综合医院门诊部、专科医院门诊部及卫生保健门诊部等，具体科室设置可与自身发展规模而定。

4.2.4 根据医院医疗康复工作需要，医技科室可设药剂科、设备科、检验科、放射科、手术室、理疗科(可与康复科合设)、消毒供应室、病案室、营养室和临床功能检查室等。

4.2.5 职能科室根据功能任务可设院办公室、党委办公室、医务科、护理部、院感科、人事科、财务科、科教科、荣军管理科、公共卫生科、信息科、审计科、质量控制办公室、总务科、器材科、物资科、保卫科、老干部科、膳食科、社工科、医保科等。

4.2.6 根据工作需要可设立医院网络管理中心，建立有关工作制度。

4.2.7 工勤保障部门可设病员及职工食堂、供电、供水、供冷暖、车辆、洗衣、维修、电梯、总机、收费结算等班组。

4.3 床位设置

根据各省、市、自治区编制委员会批准的床位编制数设置。对社会开放的床位，在完成优抚医疗任务的前提下，可由各省、市、自治区民政主管部门协商卫生主管部门确定。

4.4 床位与工作人员比例

4.4.1 应参照卫生部关于综合性医院和专科医院的人员比例，由各省、市、自治区编制委员会确定。

4.4.2 100 张床位以下的单位，床位与工作人员的比例为 1∶1.2～1.3；100 张床位以上的单位，床位与工作人员的比例为 1∶1.1～1.25。收治 1～4 级残疾军人和复员退伍军人精神病人的优抚医院可适当提高人员比例。

4.5 各类人员比例

以卫生专业技术人员占 70%、管理人员占 10%、工勤人员占 20%为基础，依照优抚医院发展特点，合理确定。

4.6 基础设施设备与工勤保障

4.6.1 建筑物应符合 JGJ 49—1988 及相关规定，满足医疗服务流程需要。

4.6.2 医疗设备、工勤保障设备和设施应满足医院的功能需要。

4.6.3 大型设备实行档案管理，新购大型设备有论证报告，在用设备建立使用效益分析。特大型医疗设备引入应执行属地准入管理制度。使用的一次性医用材料应符合国家有关法规规定。

4.6.4 计量器具管理、计量人员岗位、计量器具周期检查等应有规章制度。计量器具的使用应配备专(兼)职人员。

4.6.5 工勤保障体系应与医院功能相适应。应制定岗位职责、工作制度、工勤服务流程和物流配送服务规范。

4.6.6 应设立安全保卫管理组织，制定安全保卫管理制度和各种紧急情况的应急预案。定期对安全管理制度的落实情况进行检查评估，并做好记录。应按公安消防部门要求，配备消防设备、设施，并定期检查更换。应加强氧气供应室、配电室、医用氧舱等部门的安全管理，严防意外事故发生。

4.6.7 医疗废物及污水处理应符合国家和省、市、自治区的规定。

5 服务内容

5.1 临床

5.1.1 应提供全面、连续的医疗服务。做好危、急、重症病人的院内急救工作。

5.1.2 应根据注册的诊疗科目开展诊疗活动，执行卫生行政部门规定的诊疗技术标准。

5.2 康复医疗

5.2.1 针对收治对象的特点，应提供康复治疗、康复评估、康复预防等服务。

5.2.2 康复治疗包括运动疗法、物理疗法、作业疗法、语言矫正、中医传统康复疗法等常用手段。

5.2.3 康复评估应包括初次评估、期中评估和结局评估，评估的重点应是患者的生活活动功能、言语功能和认知功能等。

5.2.4 康复医学工作者应配合其他学科的工作人员，针对本院常见病和多发病，开展残疾流行病学研究，提出预防计划和预防措施。

5.3 门(急)诊

5.3.1 应承担收治对象的门诊诊断和治疗任务，并进行危、急、重症病人的就近急救，对于重症病人应及时办理转诊。

5.3.2 应根据注册的诊疗科目开展诊疗活动，执行卫生行政部门规定的诊疗技术标准。

5.4 护理

5.4.1 应制定并严格执行护理服务流程、护理技术操作规程和应急预案。护理技术操作规程应包括基础护理技术操作规程、专科疾病护理技术操作规程和急救技术操作规程等。

5.4.2 护理服务便捷高效，规范有序。有便民服务措施。

5.4.3 应根据医院收治对象的特点，开展心理卫生教育、心理问题评估、心理干预和危机情况处理等心理护理服务，用启发、诱导、说服、解释、安慰、劝解及调整环境等方法，帮助病人增强战胜疾病的信心。

5.4.4 开展心理护理服务，制定心理护理服务流程、危机处理程序和服务质量检查程序。通过对收治对象的评估，及时发现心理问题，进行处理并做好相关记录。

5.4.5 提供心理护理服务应注意选择合适的服务场所，应由社会工作者、医护人员或经过培训的高级护理员担任，保护患者的隐私权。

5.5 生活护理与辅助照顾

5.5.1 应根据收治对象的年龄、疾病特点提供必要的生活护理和辅助照顾服务。

5.5.2 生活护理服务包括清洁护理、饮食护理、排泄护理、压疮预防等与病人日常生活有关的服务。

5.5.3 辅助照顾服务包括协助生活不能自理的病人进行肢体活动、使用助行器具或搬动病人等。

5.5.4 从事生活护理和辅助照顾服务的人员，应为注册护士或按规定培训合格的护理员。

5.6 医疗安全

5.6.1 加强患者身份识别。从对实施手术、昏迷、神志不清、无自主能力的重症患者佩戴腕带入手，对患者实施至少两种身份的识别方法；完善关键流程，在急诊室、手术室、ICU、病房等之间建立书面交接制度，实现无缝式链接。

5.6.2 提高用药安全。风险药物不混放乱放，并将内服药与外用药严格分开放置。

5.6.3 建立与完善在特殊情况下的有效沟通。着重于患者紧急抢救时出现的口头医嘱及在接获口头或电话通知患者的“危急值”结果，护理人员应规范安全的予以执行，包括实施重述、双重检查、进行登记报告等。

5.6.4 提高手卫生依从性。针对手卫生问题，组织“六步”洗手法实地操作考试，同时实行免洗手液使用专项检查。

5.6.5 病房内配备床档、防护垫、安全标识、安全扶手、紧急呼救系统、约束物品及其他必要的安全设施，避免或减少患者住院期间受到伤害。有患者安全保护措施，包括不安全因素评估、意外伤害和灾害事件应急预案，并定期检查落实情况。

5.6.6 加强约束物品的管理，使用约束物品应具备以下条件之一：患者病情发作，可能伤害自己或他人；病人生活不能自理，容易跌倒、坠床；病人意识不清，可能随意除去尿袋、鼻饲管、尿布或衣服；出现其他危险因素。

5.7 临终关怀

5.7.1 尊重临终病人的生活习惯和方式，提供能够保持其独立性和隐私性需要的生活空间。

5.7.2 针对临终病人的具体情况开展相应的专业治疗和身心照料，减轻病人的痛苦，维持病人的正常生活形态。

5.7.3 鼓励临终病人与亲朋好友之间彼此沟通和交流，采取渐进的方式帮助病人正确面对死亡。

5.7.4 鼓励亲属陪伴，并向亲属提供相应照料和帮助；优抚对象病故后，协助家属办理殡葬手续，并提供相应服务。

5.8 医技辅助检查

5.8.1 应为病人提供检验、医学影像及功能检查等支持服务，为医生诊断提供依据。

5.8.2 应根据医院临床科室设置和诊疗项目开展情况，确定医技辅助检查科室的检验、检查项目，执行医院分级管理规定的检验、检查技术标准。

5.8.3 应执行医技辅助检查科室各种仪器设备的操作规程。

5.8.4 应执行放射诊疗管理相关规定，做好病人和工作人员的防护工作。

5.9 药学

5.9.1 应开展药品采购供应、处方调剂、医院制剂及临床药学等项工作，为病人提供安全、及时的药学服务。精神病专科医院在有条件情况下开展医院制剂工作。

5.9.2 应根据国家特殊药品管理规定，制定本院的实施细则，做好麻醉药品、第一类、第二类精神药品等特殊药品的使用管理工作。

5.9.3 应制定医院基本药物目录和处方点评制度，规范用药行为，合理用药。

5.9.4 应开展药品不良反应监测工作。

5.9.5 抗菌药物临床应用应分级使用、分级管理。

5.10 健康教育及文化娱乐

5.10.1 应根据收治的老年病人、残疾军人和精神病人的特点，进行健康教育宣传活动，传播健康知识，促进身心健康。

5.10.2 应开展康复指导工作，向患者传授各种常见并发症的康复预防和自我护理技术。

5.10.3 应及时解答患者提出的相关问题，做好健康咨询工作。

5.10.4 提供文化娱乐场所，开展棋牌、健身、体育运动、书法、绘画、歌咏、戏曲等有益于身心健康的文化体育娱乐活动。

5.11 膳食

5.11.1 依据营养学、卫生学要求，为住院收治对象提供均衡饮食和送餐服务，为危重病员提供营养会诊、营养治疗服务。

5.11.2 可设营养医师、营养技师、营养护士等。

5.12 洗浴洗涤

5.12.1 为住院服务对象提供洗浴场所,配备洗浴设施,定期开放。

5.12.2 应设置洗衣房,为住院服务对象提供洗涤服务。

5.13 交通通讯

5.13.1 应为住院服务对象提供通讯服务,保证其与家人的联系。精神病专科医院可为恢复期病人提供与家人联系的通讯服务。

5.13.2 负责优抚对象住院期间转诊的接送,精神病人需由监护人接送。

6 质量控制

6.1 有医院医疗、医技、护理等质量管理组织,院、科二级质量控制网络齐全,各级质量管理人员结构合理,职责、任务明确。

6.2 应制定以各级、各类工作人员岗位责任制为中心的医疗、医技、护理、管理、工勤保障工作制度和各级各类人员职责。

6.3 应制定医疗、医技、护理技术操作规程和各项服务工作流程,不断提高服务质量,病人满意度达到90%以上。

6.4 定期做好急诊科、ICU、手术室、麻醉科、检验科、药剂科、护理、门诊、院感、病案管理等岗位的质量管理检查并做好记录。

6.5 应制定危重病人管理、围手术期管理、输血与药物不良反应、有创诊疗操作等质量关键过程的管理流程和制度,明确监控指标和内容,防止意外事故的发生。

6.6 应做好医疗工作中重要安全环节的监控,正确辨识患者的手术部位,紧急呼叫、分级护理、饮食标识等临床警示系统正常有效,落实消毒隔离措施,减少院内感染的风险。

6.7 应根据卫生行政管理部门的规定,制定新技术、新业务审批、准入、应用、监督与评价制度和新技术项目应急处置预案,并建立医疗技术档案。

6.8 临床科室应落实患者入、出院标准,制订个体化诊疗计划,加强病种质量管理和运行病历质量监控。

6.9 手术科室应制定和执行大中型手术术前讨论、手术告知、各级医师手术分级管理等制度,不应超权限实施手术。

6.10 麻醉科应加强术前查房和术后访视。

6.11 临床护理人员应严格按护理程序实施基础护理和专科护理操作,基础护理合格率应达到85%以上;危重病人护理合格率应达到85%以上;护理技术操作合格率应达到90%以上。

6.12 门(急)诊科室应按照卫生行政部门要求,制订门(急)诊病人紧急情况处理预案。

6.13 检验科应按照病原微生物实验室生物安全管理、医疗机构临床实验室管理、临床检验操作规程等规定开展工作。检验项目应按要求开展室内质量控制,参加室间质量评价。

6.14 开展医学影像工作应尽力做到诊断准确,报告及时、规范。

6.15 成立医院药事管理组织,提高处方质量和合理用药水平,处方合格率应达到95%;制剂一次性检验合格率≥98%。

6.16 应成立输血管理组织,制定临床用血管理制度和采购、验收、交叉配血与发放的技术操作规程和登记制度。成分输血适应症合格率≥95%。

6.17 应成立医院感染管理组织,落实医院感染监测、诊断和报告制度和医院消毒隔离、消毒灭菌效果监测等制度,做好院内感染预防和污物处理等工作。

7 服务规范

7.1 医师服务规范

7.1.1 严格执行各项医疗制度和技术操作规程，预防医疗差错事故的发生，对已经发生的医疗差错事故，按规定程序及时报告。

7.1.2 关心、爱护、尊重病人，做到工作细致，态度和蔼，举止端庄，不泄露病人的隐私，自觉维护病人的知情权、选择权等权利。

7.1.3 认真执行医疗和新制度首诊负责制，及时抢救急、危重病人。落实三级医师负责制，各负其责，把好医疗服务质量关。

7.1.4 因病施治，合理检查，合理用药，合理治疗，规范地记录病历等医疗文件。

7.1.5 熟练掌握基础理论、基本知识和基本技能，及时了解医学发展动态，改善知识结构，不断提高技术水平。

7.1.6 识大体，顾大局，正确处理同事间的关系，做到谦虚谨慎，互尊互学，共同进步，维护集体荣誉和医院形象。

7.1.7 遵守医德规范和廉洁行医的规定，不以工作之便谋私利，不接受病人的吃请、馈赠及经销人员以各种名义给予的财物或提成。

7.2 护理人员服务规范

7.2.1 尊重病人的民族、文化差异和信仰、风俗习惯，尊重病人的知情权、隐私权和选择权。

7.2.2 执行护理工作制度、技术操作规范和医嘱，细致观察病情，做到基础护理到位，专科护理达标，实现护理质量零事故。

7.2.3 加强“三基三严”训练，更新护理知识，做到理论基础扎实，技术操作娴熟，防止护理差错事故发生。一旦发生差错事故，应按规定及时报告。

7.2.4 诚信护理，努力实现护理服务零投诉。

7.2.5 仪表端庄，着装规范，举止稳重，语言文明，热情耐心，不携带与工作无关的物品上岗。

7.3 医技人员服务规范

7.3.1 主动配合临床需要，满足病人需求。遵守各项规章制度和操作规程，为临床诊断提供科学数据、恰当的治疗检查方法和合格的药品。

7.3.2 热情服务，及时出具检查检验报告或调配处方，减少病人诊疗时间。

7.3.3 检查前向病人详细交待检查注意事项；检查时细心检查可疑部位，避免差错；检查后认真登记检查结果，及时发送检查报告。

7.3.4 应及时掌握诊断、治疗新方法，开展新项目，满足临床医疗发展的需要。

7.3.5 应建立技术档案，管好医疗设备，做好医疗器械的供应管理、维修和养护工作。

7.3.6 执行药品管理法律法规，特殊药品、抗菌药物使用管理等符合规定。执行药品采购、保管、销售制度和制剂操作规程，保证药品和制剂质量。

7.3.7 自觉抵制各种不正当竞争行为，杜绝商业贿赂。

7.4 管理人员服务规范

7.4.1 尊重知识，尊重人才，密切联系群众，倾听群众意见，注意调动群众的积极性。

7.4.2 熟练掌握本职业务，认真负责，做到反映问题准确，决策问题科学，解决问题及时，讲求工作实效，提高工作效率。

7.4.3 更新思想观念，积极探索，深化改革，加强科学管理，不断提高医院工作水平。
7.4.4 办事公道，作风正派，廉洁奉公，不谋私利，自觉抵制和纠正不正之风。

7.5 工勤人员服务规范

7.5.1 熟练掌握本职业务技能，执行各项技术操作规程，准确及时满足医疗一线的需求。做到下收、下送、下修、送物上门，保证水、电、气正常供应。
7.5.2 执行财务、物资管理、食品卫生等规章制度，做好设备和物资的计划、审核、采购、验收、入库、保管、发放、报废、清点及回收等工作。
7.5.3 遵纪守法，爱护公物，廉洁奉公，不借工作之便为个人谋取私利。
7.5.4 严格执行污水、污物处理及环境卫生规定，保持医院环境清洁、整齐、优美。
7.5.5 做好防火、防盗、防毒等安全保卫工作。

8 评价与改进

8.1 评价

8.1.1 自我评价

8.1.1.1 建立内部评价机制，设立评价管理小组，对执行落实情况进行评价。每半年进行一次。
8.1.1.2 自评内容：坚守岗位，规范服务，准时上岗，恪尽职守，着装整齐，挂牌上岗，首问负责，处理准确，操作严格，规章落实，居室整洁，环境清洁，语言文明，态度诚恳，服务对象满意。
8.1.1.3 自评方式：

a） 定期召开座谈会；
b） 定期组织评选“最满意工作人员”；
c） 填写“满意度调查表”满意率达到90％以上；
d） 建立服务对象自我管理委员会；
e） 设立“征求意见箱”和“院长热线”，接受服务对象监督。

8.1.2 专业机构评价

按照医院等级参与卫生行政部门组织的医院评价考核。

8.2 持续改进

应重视并不断提高质量管理的有效性，以贯彻优质服务和实现服务管理、质量管理目标。通过纠正措施的控制，策划并实施日常的改进。通过对质量方针和目标的策划及确定，提出预期目标和总体要求；通过检查结果、信息反馈和数据分析，明确改进的目标，确定改进的方案；通过预防措施及特定评审，实施改进并评价改进结果，从而促进质量管理体系的持续改进。制定持续改进实施方案，包括检查监督、评价方法及改进措施等。定期组织监督检查和考核评估，发现问题及时整改。

参 考 文 献

[1] 医疗机构管理条例.国务院令[1994]第149号.
[2] 医疗机构基本标准(试行).卫医发[1994]第30号.
[3] 护士条例.国务院令[2008]第517号.
[4] 综合医院建设标准.建标[2006]第164号.
[5] 优抚医院管理办法.民政部令[2011]第41号.
[6] 军人抚恤优待条例.国务院、中央军委令[2011]第602号.
[7] 精神病专科医院建设标准.卫办规财发[2008]第122号.
[8] 放射诊疗管理规定.卫生部令[2006]第46号.
[9] 病原微生物试验室生物安全管理条例.国务院令[2004]第424号.
[10] GB 4789—1994 食品卫生微生物学检验
[11] GB 15980—1995 一次性使用医疗用品卫生标准
[12] GB 15982—1995 医院消毒卫生标准

ICS 03.080.99
A 12

中华人民共和国国家标准

GB/T 29356—2012

烈士纪念设施保护单位服务规范

Martyr monuments protection services unit

2012-12-31 发布

2013-05-01 实施

中华人民共和国国家质量监督检验检疫总局
中国国家标准化管理委员会
发布

前　　言

本标准按 GB/T 1.1—2009 给出的规则起草。

本标准由民政部提出并归口。

本标准起草单位：民政部优抚安置局、山东省民政厅、济南革命烈士陵园。

本标准主要起草人：邹铭、杨国英、马飞雄、李树峰、李桂广、王忠诚、王青、焦建全。

引　言

烈士纪念设施是弘扬爱国主义精神，教育激励群众的重要载体与阵地。为强化烈士纪念设施保护单位的管理，规范服务行为，提高服务质量，根据国务院《烈士褒扬条例》和民政部《革命烈士纪念建筑物管理保护办法》的有关规定，结合我国烈士纪念设施保护单位发展现状制定本标准。

烈士纪念设施保护单位服务规范

1 范围

本标准规定了烈士纪念设施保护单位服务质量的基本标准。

本标准适用于经各级人民政府批准公布的烈士纪念设施保护单位。

2 规范性引用文件

下列文件对于本文件的应用是必不可少的。凡是注日期的引用文件，仅注日期的版本适用于本文件。凡是不注日期的引用文件，其最新版本(包括所有的修改单)适用于本文件。

烈士褒扬条例. 国务院令[2011]第601号.

3 术语和定义

下列术语和定义适用于本文件。

3.1

烈士 martyr

经认定，符合《烈士褒扬条例》烈士评定要求的人。

注：烈士主要包括：

——在依法查处违法犯罪行为、执行国家安全工作任务、执行反恐怖任务和处置突发事件中牺牲的；

——抢险救灾或者其他为了抢救、保护国家财产、集体财产、公民生命财产牺牲的；

——在执行外交任务或者国家派遣的对外援助、维持国际和平任务中牺牲的；

——在执行武器装备科研试验任务中牺牲的；

——其他牺牲情节特别突出，堪为楷模的；

——现役军人牺牲，预备役人员、民兵、民工以及其他人员因参战、参加军事演习和军事训练、执行军事勤务牺牲评定烈士的。

3.2

烈士纪念设施保护单位 martyr monuments protection unit

经批准，负责划定范围内烈士纪念设施管理保护的机构。

注：烈士纪念设施保护单位分为以下四级：全国重点保护单位；省、自治区、直辖市级保护单位；自治州、市(地区、盟)级保护单位；县(市、旗、自治县)级保护单位。

3.3

烈士纪念设施 the martyr memorial building

为纪念烈士专门修建的永久性设施，包括烈士陵园、纪念堂(馆)、纪念碑(亭)、纪念塔(祠)、纪念雕塑、烈士骨灰堂、烈士墓区(地)等。

3.4

烈士陵园 martyr cemetery

为纪念烈士所建的纪念性建筑。

3.5

烈士纪念堂(馆) the martyr memorial hall

为纪念烈士而建立的陈设实物、图片等的建筑物。

3.6

烈士墓区(地)　revolutionary Martyrs' Cemetery

为安葬烈士修建的墓区、墓地。

3.7

烈士骨灰堂(室)　revolutionary Martyrs' Columbarium

安放烈士骨灰的纪念性建筑物。

3.8

烈士纪念碑(塔、亭)　monument/tower/pavilion to the Martyrs

为纪念烈士所修建的纪念性碑(塔、亭)。

3.9

烈士纪念雕塑　martyrs Memorial Sculpture

用艺术的手法再现烈士形象修建的浮雕、群雕等。

4　组织与制度

4.1　烈士纪念设施保护单位应根据实际情况科学设置岗位,岗位应配置管理人员、博物馆馆员、讲解人员、园艺师、社工师、维护人员、疏导人员等。

4.2　烈士纪念设施保护单位应建立健全以下规章制度:

——免费开放制度;

——讲解接待制度;

——馆藏革命文物陈列展示及保护制度;

——烈士纪念设施维护保养制度;

——重大纪念活动流程;

——纪念活动礼仪程序;

——安全保卫消防制度;

——环境美化制度。

5　设施设备

5.1　烈士纪念设施保护单位应交通便利、设施齐全、功能完备、园容整洁。

5.2　对于已搜集、整理的烈士遗物和事迹史料应妥善保管,并根据需要向公众展示。

5.3　革命文物应依照有关规定予以保护,做到无丢失、无破损、无锈蚀、无涂抹。

5.4　有条件的烈士纪念设施保护单位可在非褒扬区划定休闲活动区域,提供宣传资料,配备健身器材。

5.5　应由专人负责公共设施的维修保养,保障供水、供电、取暖、降温、通讯、消防、卫生等服务设施处于良好状态。

6　基本服务

6.1　烈士纪念堂(馆)服务

6.1.1　烈士纪念堂(馆)内应环境清洁、光线适当、展品醒目、主题明确。

6.1.2　应做好烈士遗物、图片、音像等资料的收集、登记、鉴别、保管工作,不断充实馆藏内容。

6.1.3　陈列、展览的烈士遗物、图片、音像等资料应清晰、美观、庄重。

6.1.4　烈士纪念设施保护单位可提供宣传资料和出版物。

6.1.5 烈士纪念设施保护单位宜充实、更新陈列、展览内容，运用现代化手段提升展示水平。

6.1.6 讲解人员能够运用语言、演讲等技能将本烈士纪念设施保护单位的陈列、展示内容传递给观众。

6.1.7 讲解人员应着装得体、举止大方、挂牌上岗、语言规范、讲解流畅。

6.1.8 有外事接待任务的烈士纪念设施保护单位应配备涉外讲解员。

6.1.9 对年老体弱、身体残疾、外籍人员等参观者，宜安排专人陪同。

6.1.10 烈士纪念堂(馆)应设有留言簿、题词册。

6.2 烈士骨灰堂(室)服务

6.2.1 烈士骨灰堂(室)应建立以下制度：

——骨灰存放规范化管理；

——骨灰迁入、迁出工作流程；

——烈士骨灰堂开放时间公示表；

——凭吊须知。

6.2.2 工作人员挂牌上岗，语言文明，举止端庄。

6.2.3 烈士骨灰堂(室)应维持凭吊瞻仰秩序，做好烈士亲属的接待和抚慰工作，倡导文明祭扫的良好社会风尚。

6.2.4 烈士骨灰堂(室)应保持环境整洁，骨灰盒保管完好，摆放整齐，附烈士遗像、生平简介。

6.3 烈士墓区(地)服务

6.3.1 烈士墓区应规划整齐，布局合理，庄严肃穆。

6.3.2 墓碑应庄严肃穆、完整清晰。

6.3.3 烈士墓区(地)应设置引导标识。

6.3.4 烈士纪念设施保护单位应组织举行烈士骨灰安葬、瞻仰祭扫等仪式。

6.3.5 讲解人员应严肃、庄重、认真地讲解烈士生平事迹。

7 其他服务

7.1 专项纪念活动服务

7.1.1 烈士纪念设施保护单位在重大历史事件、历史人物的纪念日及其他有特殊意义的纪念日，应为举行专项纪念活动提前做好准备，制定纪念活动计划及应急预案，确保纪念活动安全、有序，并根据大型集体纪念活动的时间、内容、形式等相关要求，报请当地政府及有关部门提前发布通知。

7.1.2 烈士纪念设施保护单位应按照纪念活动礼仪程序组织烈士纪念仪式。

7.1.3 烈士纪念设施保护单位应提供以下纪念活动需求：

——纪念场地；

——宣传资料；

——会标、宣传资料、音响器材；

——花圈、花篮、鲜花等祭奠物品。

7.1.4 烈士纪念设施保护单位应提供以下服务：

——引导参观群众；

——接待烈士亲属；

——停车、引导、等候、休息等综合性服务。

7.1.5 烈士纪念设施保护单位应联络新闻媒体单位及时宣传报道，对纪念活动适时总结。

7.1.6 烈士纪念设施保护单位应建立健全优质服务联络机制和重大专题纪念活动登记备案制度。

7.2 文物史料征集及烈士事迹宣传服务

7.2.1 烈士纪念设施保护单位为完善革命文物史料，应依据陈列展示主题，制定征集工作计划，确定征集范围。

7.2.2 烈士纪念设施保护单位对于捐赠革命文物，应：

——设立保管专柜或库房；

——建立健全捐赠文物档案；

——对捐赠文物的单位和个人给予精神鼓励或物质奖励。

7.2.3 烈士纪念设施保护单位应做好文物史料的挖掘、抢救、保护工作。

7.2.4 烈士纪念设施保护单位在不损毁革命文物的前提下，应开发利用馆藏文物，为单位或个人提供查阅、考证、复制等服务。

7.2.5 烈士纪念设施保护单位宜采取不同形式，弘扬英烈精神，纪念重大历史事件，发挥其革命传统的教育作用，主要形式包括：编制图书资料、制作音像作品、建立网上纪念馆。

8 服务质量评估与改进

8.1 烈士纪念设施保护单位应制定服务质量评估工作制度，确定服务质量评估工作的主管责任，完善服务质量评估工作组织措施，并建立服务质量评估定期报告制度和评估制度。

8.2 烈士纪念设施保护单位应定期进行自查自评。重点检查工作人员坚守岗位、文明举止、着装整齐、挂牌上岗、制度落实等情况。

8.3 烈士纪念设施保护单位应通过设立意见箱、留言簿、回访烈士亲属和观众、走访教育活动单位等形式，获得服务质量、内容、方式、需求等多角度的信息反馈。

8.4 烈士纪念设施保护单位应及时解决处理瞻仰群众的投诉、意见和建议，制定改进方案，促进各项服务工作的持续改善，并做好服务质量评估工作资料的积累与保存。

参 考 文 献

[1] 革命烈士纪念建筑物管理保护办法.民政部令[1995]第2号.
[2] 博物馆藏品管理办法.文化部令[2005]第35号.

ICS 03.080
A 12

中华人民共和国国家标准

GB/T 29357—2012

非正规教育与培训的学习服务质量要求 语言培训

Quality requirements of learning services for non-formal education and training—Language training

2012-12-31 发布

2013-05-01 实施

中华人民共和国国家质量监督检验检疫总局
中国国家标准化管理委员会
发布

前　言

本标准按照 GB/T 1.1—2009 给出的规则起草。

本标准由全国教育服务标准化技术委员会(SAC/TC 443)提出并归口。

本标准起草单位:中国标准化研究院。

本标准主要起草人:侯非、王世川、柳成洋、曹俐莉、李涵、曾毅、万福军、杨朔、张雨辰。

非正规教育与培训的学习服务质量要求 语言培训

1 范围

本标准对语言培训服务过程中服务提供者与顾客或学员直接接触的各环节给出了质量要求。

本标准适用于语言培训服务,包括母语培训服务和外语培训服务。

2 规范性引用文件

下列文件对于本文件的应用是必不可少的。凡是注日期的引用文件,仅注日期的版本适用于本文件。凡是不注日期的引用文件,其最新版本(包括所有的修改单)适用于本文件。

GB/T 26997—2011 非正规教育与培训的学习服务 术语

GB/T 29359 非正规教育与培训的学习服务质量要求 总则

3 术语和定义

GB/T 26997—2011 界定的以及下列术语和定义适用于本文件。

3.1

语言培训服务 language training service

以提供语言学习服务为核心的一系列活动与过程。

3.2

语言培训服务提供者 language training service provider

提供语言培训服务的组织或个人。

3.3

学员 learner

接受语言培训服务的人。

3.4

顾客 customer

语言培训服务购买者,包括个人和组织。

注:顾客有时是学员。

3.5

目的语 target language

语言培训服务中,学员所学习的语言。

3.6

共同语 common language

在一定区域内通行的语言。

4 总则

关于语言培训服务的通用质量要求应符合 GB/T 29359,关于语言培训服务的特殊质量要求应符合本标准。

5 服务过程

5.1 信息提供

5.1.1 语言培训服务提供者应为顾客与学员提供语言培训服务相关信息，主要包括：

——语言培训服务提供者的名称、经营范围，语言培训服务的日期、地点等基本信息；

——培训目标与内容、课时长度与课程安排、入学条件；

——授课语种、师资情况(例如是否有以目的语为母语的教学人员及其参与教学的程度)、所使用的教材与语言教学法；

——所提供的交互式学习系统、语音设备等语言教学设备；

——可能包含的其他服务(例如模拟真实场景言语交际训练、目的语国家留学服务、相关考试代报名等)；

——全部费用及明细；

——服务变更手续。

5.1.2 语言培训服务提供者应为顾客与学员提供信息咨询服务，对顾客与学员希望了解的语言培训服务相关事宜(例如与具体培训项目相关的师资和语言教学设备)进行解释说明。咨询渠道应方便、快捷、畅通。

5.1.3 语言培训服务提供者应确保所提供的信息真实、准确、完整，具有时效性，与实际的服务交付一致；并特别注意以顾客与学员能够理解的方式(例如使用学员母语、必要时配图等)提供信息。

5.2 服务设计

5.2.1 需求与特征分析

5.2.1.1 语言培训服务提供者应对顾客与学员的需求进行分析，包括希望学员获得的语言能力、目的语知识与技能、学习技巧等，以及顾客与学员期望语言培训服务所采用的方式与形式、培训时间与长度、学习难度等。

5.2.1.2 在需求分析的同时应对学员进行特征分析，包括学员现有目的语水平、母语及其特点、语言学习经历、语言生活背景、教育与职业背景、年龄等，以及学员群体的目的语水平分布、母语构成及其特点、年龄结构等。必要时可采用定性或定量测评手段对学员进行评估。

5.2.1.3 语言培训服务提供者应全面告知教学人员其所教授学员的需求与特征分析结果。

5.2.2 目标确定

语言培训服务提供者应在遵循语言学习规律的基础上，根据需求与特征分析的结果确定培训目标，并将其作为设计培训内容、选择培训方式、确定服务方案等的依据。

5.2.3 内容设计

语言培训服务提供者应根据需求与特征分析的结果，设计与培训目标一致的培训内容，通常包括：

——目的语及有关知识讲授，包括语音、词汇、语法、文字、修辞、文化典故、目的语国家与民族风俗习惯、社交礼仪等；

——目的语学习方法与技巧讲授；

——目的语技能训练，包括听、说、读、写、译等；

——语言能力培养，包括语言组织能力和语言应用能力。

注：语言组织能力主要包括组织口头或书面语篇的能力、理解言语内容或含义的能力等，语言应用能力主要包括在具体语境中正确、得体、礼貌地进行语言表达的能力，感知语境并准确解释言语行为的能力等。

5.2.4 方式选择

语言培训服务提供者应根据需求与特征分析结果、培训目标与内容、服务提供者自身条件与服务成本等因素，综合考虑、选择适合的培训方式、形式与方法。

注：培训方式主要包括脱产培训、业(课)余培训、家庭培训等，培训形式主要包括面授学习、远程学习、混合式学习等，培训方法主要包括翻译法、直接法、听说法、视听法、交际法、认知法、任务型教学法等。

5.2.5 项目与方案确定

5.2.5.1 语言培训服务提供者应根据培训目标、内容、方式等形成具体的服务项目与方案，并就项目与方案及其实施进行论证。

5.2.5.2 培训项目与方案的基本内容主要包括培训内容、培训方式、教学人员、学习资源、环境、考核方式等。

5.2.5.3 语言培训服务提供者应就培训项目或方案的内容与实施条件(尤其是与具体项目或方案相关的师资和语言教学设备)与顾客和学员进行沟通并达成一致。

5.2.5.4 服务设计应由具有相关能力与经验的人员完成，至少应包括语言教学研究、目的语教学、语言测试、培训服务等领域的专家。

5.3 服务合同

5.3.1 语言培训服务提供者宜与顾客订立书面合同。

5.3.2 服务合同应包括培训内容、培训时间与地点、全部费用及明细、服务变更手续、投诉与纠纷解决方法、隐私保护等基本内容，以及授课语种、是否有以目的语为母语的教学人员及其授课时长、与具体项目相关的环境及语言教学设备等。

5.3.3 服务合同应体现公平、公正的原则，在双方平等的前提下订立。

5.3.4 语言培训服务提供者应履行告知义务，提醒顾客注意合同中与顾客利益密切相关的内容(例如目的语国家游学服务签证事宜需由学员自理等)，告知形式包括口头告知、书面告知、公示告知等。

5.4 服务交付

5.4.1 内容

语言培训服务包括教学服务和学习支持服务，语言培训服务提供者应确保实际服务交付的内容与合同约定的一致。

5.4.2 方式

5.4.2.1 语言培训服务提供者应根据自身条件、学员情况以及服务项目或方案的成本，选择适合的方式并综合考虑采用多种方法实施语言培训服务交付。

5.4.2.2 在服务交付过程中，语言培训服务提供者应：

——以学员为中心组织教学活动，采用符合语言学习规律的教学方法和形式(例如分组会话练习)；

——通过培养和提高学员听、说、读、写、译等方面的语言技能，提高其目的语应用水平；

——重视交际能力的培养，教授学员目的语交际策略，培养学员目的语交际能力；

——使用真实语言材料，合理设计教学情景，增强教学互动，为学员创造语言实践机会；

注：真实语言材料指来源于现实生活、蕴涵真实信息、具备交际价值的日常语言材料。

——适时引入文化(包括民俗)、历史、社交礼仪等相关内容的介绍；

——确保教学人员数量能够满足语言培训服务的正常开展，并尽量提高以目的语为母语的教学人员数量和比例。

5.4.3 职员

5.4.3.1 教学人员

5.4.3.1.1 语言培训教学人员应具有教授目的语的相关资格，掌握能够满足正常语言教学需求的目的语知识与相关知识、目的语技能、跨文化交际能力、语言教学法等，并注重能力保持与提升。

5.4.3.1.2 在语言培训服务交付过程中，教学人员应：

——尽量增加目的语的使用，并特别注意自身目的语的示范作用；

——选择科学、有效、合适的教学方法和技巧并综合运用；

——设计与学员的知识和能力相适应的目的语学习情景；

——启发、带领学员运用目的语进行练习和互动；

——及时发现并纠正学员目的语应用方面的问题；

——告知学员与目的语相关的文化准则；

——培养学员的语言审美能力；

——及时回答或指导学员解决在学习中提出的疑问及遇到的问题；

——对学员表现与学习效果进行评价。

5.4.3.2 学习支持人员

5.4.3.2.1 在语言培训服务中，学习支持人员主要负责服务设计、信息咨询、反馈处理、学员信息管理、语言教学系统维护、语言教学设备保养与维修等。

5.4.3.2.2 学习支持人员应具备与学员交流的能力（例如使用共同语或学员母语等），以确保上述工作能够满足培训服务的正常交付。

5.4.4 学习资源

5.4.4.1 学习资料

5.4.4.1.1 语言培训服务提供者应选用内容科学、难度适宜、采用真实语言材料的学习资料并及时更新。

5.4.4.1.2 引进或研发学习资料时，应将语言培训服务的成功经验和语言教学研究的最新成果纳入其中，并进行试点实验和论证。

5.4.4.2 学习平台

语言培训服务提供者可利用现代信息技术，借助互联网和局域网等建立辅助学习的资源平台，为学员提供课件、课程、音视频学习资料、电子辞典、复读与翻译软件、语料资源库、交互式语言学习系统等。

5.4.4.3 学习设备与用具

5.4.4.3.1 语言培训服务提供者应根据服务项目与方案配备学习设备与用具并及时维护更新，确保其数量充足、功能完善，以满足正常服务交付的需求。

注：学习设备与用具主要包括语音设备、录音机、录像机、投影仪、话筒、耳机、白板、挂图、卡片、角色扮演道具等。

5.4.4.3.2 学习设备与用具应具有先进性和实用性，体现语言教学研究的新成果和语言培训服务的新技术。

5.4.4.3.3 语言培训服务提供者应建立学习设备与用具管理制度，设立学习设备与用具配置标准。

5.4.5 环境

5.4.5.1 物理环境

5.4.5.1.1 语言培训服务提供者应提供满足语言培训服务需求的物理环境，包括语音实验室、多媒体教室、交互式教学场所等。

5.4.5.1.2 语言培训服务提供者应按照语言培训服务特点（例如应便于进行言语交流、开展交互式学习和教学游戏等）安排空间与座位、设置光线，并确保语言培训服务环境远离噪音与电磁干扰。

5.4.5.1.3 语言培训服务提供者应确保语言培训服务环境安全，根据服务特点配备安全设施与工具，需配使用说明的应以学员能够理解的方式（例如使用学员母语或共同语）进行描述。同时应制定安全管理制度与突发事件应急预案，对学员和职员进行安全培训。

5.4.5.2 人文环境

语言培训服务提供者应为学员营造良好的语言学习氛围，例如在教室粘贴相关宣传画、学习标语，鼓励学员使用目的语相互交流等。

5.4.6 考核

5.4.6.1 形成性考核

语言培训服务提供者应对学员学习情况和培训过程进行阶段性考核，以判断培训效果，及时调整课程安排，确保服务质量。

5.4.6.2 终结性考核

在培训服务结束时，语言培训服务提供者应对学员表现进行考核，对培训效果进行整体评价。

5.4.6.3 考核内容

语言培训服务提供者应根据培训目标与实施情况选择合适的考核内容。

5.4.6.4 考核形式

语言培训服务提供者可采取的考核形式包括：作业与测验、听写、默写、朗读、背诵、会话、模拟交流、写作等。

语言培训服务提供者应依据培训目标与方案，选择能够准确、全面反映学员水平与学习效果的考核形式。

5.4.6.5 考核结果

考核结果应通过测试成绩、目的语水平等级鉴定、目的语能力评估报告、目的语相关资格认定等形式及时告知顾客或学员。告知考核结果时应特别注意保护学员隐私。

5.5 沟通与反馈

5.5.1 语言培训服务提供者应为顾客提供沟通渠道并保证渠道畅通、平等、公开。沟通渠道的具体形式包括面谈、意见箱、电话、电子邮件、传真、网络、告示栏、会议等。

5.5.2 语言培训服务提供者应建立沟通管理机制，明确反馈时限，对于较易解决的问题，应及时答复并处理；对于较难解决的问题，则应及时答复并尽快安排处理。

5.5.3 相关服务人员应具备与顾客和学员交流的能力（例如使用共同语或学员母语等）。

6 服务结果

6.1 顾客满意度

语言培训服务提供者应建立服务评价管理机制，定期收集来自内外部的评价信息并加以分析。

注：外部信息来源包括顾客、学员、语言测试组织者、行业管理者等，内部信息来源包括教学人员、教学支持人员、学术委员会等。

6.2 持续改进

语言培训服务提供者应根据评价分析结果，制定整改措施，持续改进，不断提高服务质量。

ICS 03.080
A 12

中华人民共和国国家标准

GB/T 29358—2012

非正规教育与培训的学习服务质量要求 职业培训

Quality requirements of learning services for non-formal education and training
—Vocational training

2012-12-31 发布　　2013-05-01 实施

中华人民共和国国家质量监督检验检疫总局
中国国家标准化管理委员会　发布

前　言

本标准按照 GB/T 1.1—2009 给出的规则起草。

本标准由全国教育服务标准化技术委员会(SAC/TC 443)提出并归口。

本标准起草单位:中国标准化研究院。

本标准主要起草人:侯非、王世川、柳成洋、曹俐莉、李涵、曾毅、万福军、杨朔、张雨辰。

非正规教育与培训的学习服务质量要求 职业培训

1 范围

本标准对职业培训服务提供过程中服务提供者与顾客或学员直接接触的各环节给出了质量要求。

本标准适用于职业培训服务，包括岗位培训、就业培训、创业培训和职业资格培训等。

2 规范性引用文件

下列文件对于本文件的应用是必不可少的。凡是注日期的引用文件，仅注日期的版本适用于本文件。凡是不注日期的引用文件，其最新版本(包括所有的修改单)适用于本文件。

GB/T 26997—2011 非正规教育与培训的学习服务 术语

GB/T 29359 非正规教育与培训的学习服务质量要求 总则

3 术语与定义

GB/T 26997—2011 界定的以及下列术语和定义适用于本文件。

3.1

职业培训服务 vocational training service

按照国家职业分类和职业标准设计实施的学习服务，包括岗位培训、就业培训、创业培训和职业资格培训等。

3.2

职业资格培训 vocational qualification training

以帮助学习者获得国家职业标准所要求的技能和相关知识为目的的学习服务。

3.3

职业培训服务提供者 vocational training service provider

提供职业培训服务的组织或个人。

3.4

实训、实习指导教学人员 practice instructor

指导学员利用实训或生产设备进行技能学习与训练的教学人员。

3.5

学员 learner

接受职业培训服务的人。

3.6

顾客 customer

职业培训服务购买者，包括个人和组织。

注：顾客有时是学员。

4 总则

关于职业培训服务的通用质量要求应符合GB/T 29359《非正规教育与培训的学习服务质量要求 总则》，关于职业培训服务的特殊质量要求应符合本标准。

5 服务过程

5.1 信息提供

5.1.1 职业培训服务提供者应为顾客与学员提供职业培训服务相关信息，主要包括：

——职业培训服务提供者的名称、经营范围，职业培训服务的日期、地点等基本信息；

——培训服务项目与国家职业标准和职业技能等级的对应关系；

——培训目标与内容、课时长度与课程安排、入学条件；

——实训实习安排及设备；

——可能包含的其他服务(例如推荐就业等)；

——全部费用及明细；

——服务变更手续。

5.1.2 职业培训服务提供者应为顾客与学员提供信息咨询服务，对顾客与学员希望了解的事宜(例如具体培训项目要求学员应具备的职业技能基础、身体条件等)进行解释。咨询渠道应方便、快捷、畅通。

5.1.3 职业培训服务提供者应确保所提供的信息真实、准确、完整，具有时效性，与实际的服务交付一致。

5.2 服务设计

5.2.1 需求与特征分析

5.2.1.1 职业培训服务提供者应对顾客与学员的需求进行分析，包括希望学员获得的职业素养、专业知识、职业技能、操作生产设备的能力与实践经验，以及顾客与学员期望培训服务所采用的方式或形式、培训时间与长度等。

5.2.1.2 在进行需求分析的同时应对学员进行特征分析，包括学员的基本情况、专业知识水平、职业技能基础、职业能力水平、教育与职业背景、年龄等，以及学员群体的专业知识和职业能力水平分布、年龄结构等。必要时可采用定性或定量测评手段对学员进行评估。

5.2.1.3 职业培训服务提供者应全面告知教学人员其所教授学员的需求与特征分析结果。

5.2.2 目标确定

职业培训服务提供者应根据社会经济发展和职业需求，以及需求与特征分析的结果，参照国家职业分类和职业标准设置确定培训目标，并将其作为设计培训内容、选择培训方式、确定服务方案等的依据。

5.2.3 内容设计

职业培训服务提供者应根据需求与特征分析的结果，设计与培训目标一致的培训内容。

——岗位培训的内容主要包括工作岗位应具备的理论、知识讲授，技能训练、职业道德培养等；

——就业培训的内容主要包括就业知识与技能讲授、实际操作技能训练、职业素质培养、求职技巧训练和相关的就业指导服务等；

——创业培训的内容主要包括创业意识培养、创业项目指导、企业经营管理培训、相关政策和财税制度解读等；

——职业资格培训的内容主要包括国家职业标准规定的职业技能与专业知识讲授，以及职业技能鉴定考试辅导等。

5.2.4 方式选择

职业培训服务提供者应根据需求与特征分析的结果、培训目标与内容、提供者自身条件与服务成本等因素，综合考虑、选择适合的培训方式、形式与方法。

注：培训方式主要包括脱产培训、在职培训、委托培养、工学交替、岗前培训等，培训形式主要包括面授学习、远程学习、混合式学习等，培训方法主要包括理论讲授、案例分析、考察观摩、操作训练、经验模拟、顶岗实习等。

5.2.5 项目与方案确定

5.2.5.1 职业培训服务提供者应根据培训目标、内容、方式等形成具体的服务项目与方案，并就项目与方案及其实施进行论证。

5.2.5.2 培训项目与方案的基本内容主要包括培训内容、培训方式、教学人员、学习资源、环境、考核方式等。

5.2.5.3 职业培训服务提供者应就培训项目或方案的内容与实施条件（尤其是与具体项目或方案相关的实训设备与耗材）与顾客和学员进行沟通并达成一致。

5.2.5.4 服务设计应由具有相关能力与经验的人员完成，至少应包括专业理论研究、专业技术、实际生产、培训服务等领域的专家。

5.3 服务合同

5.3.1 职业培训服务提供者应与顾客订立书面合同。

5.3.2 服务合同应包括培训内容、培训时间与地点、全部费用及明细、服务变更手续、投诉与纠纷解决方法、隐私保护等基本内容，以及实训课时与安排、与培训项目相关的实训设备等。

5.3.3 服务合同应体现公平、公正的原则，在双方平等的前提下订立。

5.3.4 职业培训服务提供者应履行告知义务，提醒顾客注意合同中与顾客利益密切相关的内容（例如不负责安置学员工作等），告知形式包括口头告知、书面告知、公示告知等。

5.4 服务交付

5.4.1 内容

职业培训服务包括教学服务和学习支持服务，职业培训服务提供者应确保实际服务交付的内容与合同约定的一致。

5.4.2 方式

5.4.2.1 职业培训服务提供者应根据学员情况、自身条件以及服务项目或方案的成本，选择适合的方式并综合考虑采用多种方法进行职业培训服务交付。

5.4.2.2 在服务交付过程中，职业培训服务提供者应：

——以学员为中心组织教学活动；

——立足于学员的职业能力培养；

——注意理论教学与实践指导结合、知识传授与技能训练并重；

——着重培养学员综合运用所学知识和技能分析解决实际问题的能力；

——高度重视职业安全教育与劳动保护；

——确保教学人员数量能够满足职业培训服务的正常开展。

5.4.3 职员

5.4.3.1 教学人员

5.4.3.1.1 职业培训教学人员应具有进行职业培训教学的相关资格，精通专业理论知识，生产经验丰富，具有分析和解决实际生产问题的能力，熟悉现代培训技术，应精通相关专业(工种)实践操作，熟悉有关设备的内部结构和工作原理，具有创新意识，能够及时捕捉专业(工种)发展的新趋势。

5.4.3.1.2 在职业培训服务交付过程中，教学人员应：

——严格遵守培训大纲与服务方案，制定教学进度安排，选用适合的教学手段，合理组织教学；

——组织完成教学实施过程；

——对学员表现与学习效果进行评价；

——培养学员职业安全与自我保护意识。

实训、实习指导教学人员还应：

——严格按照培训大纲与服务方案及实训实习计划，组织制定开展实训实习活动；

——对学生在实训实习活动中的表现进行评价；

——确保实训实习活动安全；

——不断更新实习实训内容和项目，创新教学模式。

5.4.3.2 学习支持人员

5.4.3.2.1 在职业培训服务中，学习支持人员主要负责服务设计，信息咨询，反馈处理，学员信息管理，实训设备维护、保养、维修等。

5.4.3.2.2 学习支持人员的能力与数量应能够满足培训服务正常交付的需要。

5.4.4 学习资源

5.4.4.1 学习资料

5.4.4.1.1 职业培训服务提供者应选用内容科学、方法有效、难度适宜的学习资料并及时更新。

5.4.4.1.2 引进或研发学习资料时，应充分体现专业(工种)发展的新知识、新技术、新工艺和新方法，并进行试点实验和论证。

5.4.4.2 学习平台

职业培训服务提供者可利用现代信息技术，借助互联网和局域网等建立辅助学习的资源平台，为学员提供课件、课程、学习辅导素材、软件、程序、仿真实训操作系统等。

5.4.4.3 学习与实训设备

5.4.4.3.1 职业培训服务提供者应参照有关国家和行业标准配备学习与实训设备(特别是安全设备与劳动保护用品)并做到及时维护更新，确保其数量充足、运转正常，以满足正常服务交付的需求。

5.4.4.3.2 学习与实训设备应具有先进性和实用性，体现专业(工种)发展的新技术、新工艺和新方法。

5.4.4.3.3 职业培训服务提供者应建立包括学习与实训设备安全操作规程等在内的学习与实训设备管理制度，所设立的学习与实训设备配置标准(例如实训设备与学员的数量比例、每次实训应消耗的耗材数量等)应不低于现有行业标准。

5.4.5 环境

5.4.5.1 物理环境

5.4.5.1.1 职业培训服务提供者应提供能够满足正常开展教学与实训活动需要的物理环境，包括理论教室、实操车间、实训基地等。

5.4.5.1.2 职业培训服务提供者应确保职业培训服务环境符合安全与劳动保护条件，具有良好的排尘、排烟、排风、防火、防潮、防噪等功能。

5.4.5.1.3 实训环境应模拟真实的生产环境，设备设施摆放、安全线拉设、物品堆码、灯光与电路设置等都应与实际的生产环境一致。

5.4.5.2 人文环境

5.4.5.2.1 职业培训服务提供者应在培训中引进相关专业(工种)生产管理规定，营造真实的生产活动氛围。

5.4.5.2.2 职业培训服务提供者应通过粘贴宣传画与学习标语等手段营造良好的学习氛围。

5.4.6 考核

5.4.6.1 形成性考核

职业培训服务提供者应对学员学习情况和培训过程进行阶段性考核，以判断培训效果，及时调整课程与实训安排，确保服务质量。

5.4.6.2 终结性考核

在培训服务结束时，职业培训服务提供者应对学员表现进行考核，对培训效果进行整体评价。

5.4.6.3 考核内容

职业培训服务提供者应根据培训目标与实施情况选择合适的考核内容，通常包括理论与实践两方面。

注：考核内容可包括：专业知识、职业技能、实操水平与经验、职业素养与道德、心理素质等。

5.4.6.4 考核形式

职业培训服务提供者可采取的考核形式包括：作业与测验、现场操作、顶岗实习等。

职业培训服务提供者应依据培训目标与方案，选择能够准确、全面反映学员水平与学习效果的考核形式。

5.4.6.5 考核结果

考核结果应通过测试成绩、职业技能证书、实习鉴定报告等形式及时告知顾客或学员。告知考核结果时应特别注意保护学员隐私。

5.4.7 安全与劳动保护

5.4.7.1 职业培训服务提供者应特别注意服务交付过程的安全性，重视劳动保护。

5.4.7.2 职业培训服务提供者应建立系统有效的安全管理制度，根据服务特点配备安全设备与劳动保护用品，制定突发事件应急预案。

5.4.7.3 对学员与职员进行职业安全培训，树立安全意识，强化安全知识，提高职业安全事件应对能力。

5.5 沟通与反馈

5.5.1 职业培训服务提供者应为顾客提供沟通渠道并保证渠道畅通、平等、公开。沟通渠道的具体形式包括面谈、意见箱、电话、电子邮件、传真、网络、告示栏、会议等。

5.5.2 职业培训服务提供者应建立沟通管理机制，明确反馈时限。对于较易解决的问题，应及时答复并处理；对于较难解决的问题，则应及时答复并尽快安排处理。

6 服务结果

6.1 顾客满意度

职业培训服务提供者应建立服务评价管理机制，定期收集来自内外部的评价信息并加以分析。

注：外部信息来源主要包括顾客、学员、用人单位、行业管理者与组织等，内部信息来源主要包括教学人员、教学支持人员、学术委员会等。

6.2 持续改进

职业培训服务提供者应根据评价分析结果，制定整改措施，持续改进，不断提高服务质量。

ICS 03.080
A 12

中华人民共和国国家标准

GB/T 29359—2012

非正规教育与培训的学习服务质量要求 总则

Quality requirements of learning services for non-formal education and training—General

2012-12-31 发布 2013-05-01 实施

中华人民共和国国家质量监督检验检疫总局
中国国家标准化管理委员会 发布

前　言

本标准按照 GB/T 1.1—2009 给出的规则起草。

本标准由全国教育服务标准化技术委员会(SAC/TC 443)提出并归口。

本标准起草单位:中国标准化研究院。

本标准主要起草人:王世川、侯非、柳成洋、曹俐莉、李涵、曾毅、杨朔、万福军、张雨辰。

非正规教育与培训的学习服务质量要求　总则

1　范围

本标准给出了非正规教育与培训学习服务提供各环节服务质量的基本要求。

本标准适用于非正规教育与培训服务。

2　规范性引用文件

下列文件对于本文件的应用是必不可少的。凡是注日期的引用文件，仅注日期的版本适用于本文件。凡是不注日期的引用文件，其最新版本(包括所有的修改单)适用于本文件。

GB/T 26997—2011　非正规教育与培训的学习服务　术语

3　术语和定义

GB/T 26997—2011 所界定的术语和定义适用于本文件。

4　基本原则

4.1　学习服务的内容和形式应有助于学习目标的实现。

4.2　学习服务的形式和内容应与相关服务承诺相一致。

4.3　学习服务的提供应以学员为中心，满足学员的实际需求。

4.4　学习服务应确保学习资源安全，学员信息安全等。

5　服务信息的提供

5.1　学习服务信息展示的内容应真实、完整、全面。

5.2　学习服务信息应全面介绍学习服务提供者的服务能力和服务范围，如培训项目、课程设置、师资配备、入学条件、学习时限、收费标准、教学管理等。

6　服务的设计

6.1　需求与特征分析

学习服务提供者应采用合法、合理、科学的方法和技术确定服务需求，分析学员特征。

6.2　培训的设计

培训的设计应以服务需求为依据，体现培训的目标、培训的内容、培训的结构、培训的考核等。

6.3 教学方案的制定

学习服务提供者在定制教学方案时应：

——明确课程的内容框架；

——考虑教学的方式与方法；

——协调教学人员、学习资源；

——设计考核与评价等。

7 服务合同

7.1 服务合同应在平等自愿、协商一致的基础上订立，宜采用书面形式。

7.2 服务合同的内容应至少包括：

——培训名称、培训时限；

——培训目标、培训内容、培训方式以及培训效果的评价等；

——培训费用；

——双方责任的规定；

——特殊情形的处置。

8 服务的交付

8.1 教学内容

教学内容应以培训目标和学习目标为依据，采用符合学员学习特点的教学方式，并反映不断变化的新要求。

8.2 教学人员

8.2.1 教学人员应具有职业道德和教学能力，并应符合相关资格要求。

8.2.2 教学人员应根据不同学员的特点，采用不同的教学方法、教学模式，因材施教。

8.2.3 教学人员宜与学习服务提供者、学习支持人员和学员保持沟通。

8.3 学习支持人员

学习支持人员应认真履行其职责，并为教学人员和学员提供支持。

8.4 学习资源

8.4.1 教材

8.4.1.1 教材应具有针对性、实用性、专业性，反映社会、行业发展的现状及趋势。

8.4.1.2 教材的形式宜多样化。

8.4.1.3 课件的制作和使用应便于理解、应用和传输。

8.4.2 教学设施、设备

8.4.2.1 配备的教学设施、设备应确保培训课程顺利、安全地开展。

8.4.2.2 学习服务提供者应制定并完善教学设施、设备相关的管理制度。

8.5 学习环境

学习服务提供者应提供适宜教学、培训、学习的学习环境，具体可包括：

——物理环境，如温度、声音、光线等；

——人文环境，如组织文化、学习气氛、文明礼仪等；

——服务提供所需的设施，如空调、照明设施、标牌等。

8.6 学习结果的考核

8.6.1 考核组织

学习服务提供者宜成立专门考核组织，开展学习服务结果的考核工作。

8.6.2 考核内容

学习服务提供者可根据教学方案、教学内容，从理论和实践层面对学员进行考核。

8.6.3 考核方式

8.6.3.1 学习服务提供者可采用口头测试、开卷考试、闭卷考试、实习鉴定、角色演练等方式考核学员的学习效果。

8.6.3.2 学习服务提供者可根据提供的学习服务内容设计个性化考核方式。

8.6.4 考核程序

学习服务提供者应根据不同学习课程的特点，制定合理、公正的考核程序，并严格执行。

8.6.5 考核结果

学习服务提供者应采取适当方式及时告知学员考核结果。对合格的学员可采取颁发证书等形式予以肯定，对未合格的学员可采取其他措施予以补救。

9 服务评价

9.1 满意度

学习服务提供者应建立满意度的测量和监控方法，定期或不定期开展满意度调查和满意度数据分析。

9.2 沟通

9.2.1 学习服务提供者宜定期或不定期开展学习服务提供者内部沟通、学习服务提供者与学员的外部沟通等沟通活动。

9.2.2 学习服务提供者宜采用多渠道的沟通方式，并确保沟通渠道的顺畅。

注：沟通渠道可包括：面谈、意见箱、电话、电子邮件、传真、网络、告示栏、会议等。

9.3 学习服务提供者宜建立沟通处理机制，不断提升沟通能力。

10 持续改进

10.1 学习服务提供者宜制定服务提供持续改进方案，不断提高服务质量。

参 考 文 献

[1] GB/T 24620—2009 服务标准制定导则 考虑消费者需求(ISO/IEC Guide 76:2008,IDT)
[2] 国务院关于加强职业培训促进就业的意见.国发[2010]36号.

ICS 13.310
A 92

中华人民共和国国家标准

GB/T 29360—2012

电子物证数据恢复检验规程

Technical specification for data recovery of electronic forensic

2012-12-31 发布

2013-05-01 实施

中华人民共和国国家质量监督检验检疫总局
中国国家标准化管理委员会 发布

前　言

本标准按照GB/T 1.1—2009给出的规则起草。

请注意本文件的某些内容可能涉及专利。本文件的发布机构不承担识别这些专利的责任。

本标准由全国刑事技术标准化技术委员会电子物证检验分技术委员会(SAC/TC 179/SC 7)提出并归口。

本标准起草单位:公安部物证鉴定中心。

本标准主要起草人:邢桂东、楚川红、张国臣、尹春社。

电子物证数据恢复检验规程

1 范围

本标准规定了电子物证检验中数据恢复检验的方法。

本标准适用于法庭科学领域中的电子物证检验。

本标准不适用于物理损坏存储介质的数据恢复。

2 规范性引用文件

下列文件对于本文件的应用是必不可少的。凡是注日期的引用文件，仅注日期的版本适用于本文件。凡是不注日期的引用文件，其最新版本(包括所有的修改单)适用于本文件。

GB/T 29362 电子物证数据搜索检验规程

3 术语和定义

GB/T 29362 界定的术语和定义适用于本文件。

4 仪器设备

4.1 硬件

存储介质、保全备份设备、具有只读接口的电子物证检验工作站。

4.2 软件

4.2.1 操作系统：Windows、Unix、Linux、Mac OS 等。

4.2.2 软件工具：具有数据恢复功能的软件。

5 操作步骤

5.1 检材及样本编号

对送检的检材(样本)进行唯一性编号。

5.2 检材及样本拍照

对送检的检材(样本)加上唯一性编号进行拍照。

5.3 检材及样本保全备份

对具备保全条件的检材(样本)进行保全备份。

5.4 检验

5.4.1 启动杀毒软件对电子物证检验工作站系统进行杀毒。

5.4.2 将检材(若已保全,使用保全的存储设备)通过只读方式连接到电子物证检验工作站。

5.4.3 计算检材(样本)的哈希值。

5.4.4 根据检验要求,使用软件工具进行数据恢复。

5.4.5 恢复数据文件方法应按照软件工具使用说明书进行操作。

5.4.6 将恢复的数据进行筛选后复制到检验专用存储介质中。

5.5 检出数据刻录

5.5.1 将检出数据刻录在不可擦写的空白光盘上,应采用封盘刻录。

5.5.2 计算光盘的哈希值。

5.5.3 对光盘进行唯一性编号。

5.5.4 贴上盘签。盘签应注明检验单位名称、光盘编号、光盘哈希值、光盘制作日期等;应加盖检验鉴定专用章。

6 检验结论的表述

经对编号为"a_1"至"a_n"的检材使用 rr 软件工具进行技术检验,检验结果如下:

在检材 a_i 中检出与 yy 有关数据文件 mm 个,大小合计 bb。检出的数据文件刻录在编号为 gg 光盘中,该光盘的 HH 哈希值为 hh。(或:在检材 a_i 中未检出与 yy 有关的数据文件。)

注:a_i 代表检材编号;n 代表检材个数;i 代表检材序号;rr 代表使用软件工具的名称及版本号;yy 代表检验要求或样本;mm 代表文件个数;bb 代表文件大小,单位可以使用 Byte、KB、MB 或 GB; gg 代表光盘的编号;HH 代表哈希值算法;hh 代表光盘的哈希值。

7 附则

7.1 在检验过程中,应做检验记录。

7.2 在检验过程中,不应改变送检检验对象中的数据。

7.3 在检验过程中,检出数据应存储到专用的存储介质中。

7.4 应对送检检验对象做好防水、防磁、防静电和防震保护。

ICS 13.310
A 92

中华人民共和国国家标准

GB/T 29361—2012

电子物证文件一致性检验规程

Technical specification for file identification of electronic forensic

2012-12-31 发布 2013-05-01 实施

中华人民共和国国家质量监督检验检疫总局
中国国家标准化管理委员会 发布

前言

本标准按照 GB/T 1.1—2009 给出的规则起草。

请注意本文件的某些内容可能涉及专利。本文件的发布机构不承担识别这些专利的责任。

本标准由全国刑事技术标准化技术委员会电子物证检验分技术委员会(SAC/TC 179/SC 7)提出并归口。

本标准起草单位:公安部物证鉴定中心。

本标准起草人:尹春社、邢桂东、楚川红、张国臣。

电子物证文件一致性检验规程

1 范围

本标准规定了电子物证检验中文件一致性检验的方法。

本标准适用于法庭科学领域中的电子物证检验。

2 规范性引用文件

下列文件对于本文件的应用是必不可少的。凡是注日期的引用文件,仅注日期的版本适用于本文件。凡是不注日期的引用文件,其最新版本(包括所有的修改单)适用于本文件。

GB/T 29362 电子物证数据搜索检验规程

3 术语和定义

GB/T 29362 界定的以及下列术语和定义适用于本文件。

3.1

文件一致性 file identification

两个文件的数据相同。

4 仪器设备

4.1 硬件

存储介质、保全备份设备、具有只读接口的电子物证检验工作站。

4.2 软件

4.2.1 操作系统:Windows、Unix、Linux、Mac OS 等。

4.2.2 软件工具:具有计算哈希值功能的软件。

5 操作步骤

5.1 检材及样本编号

对送检的检材(样本)进行唯一性编号。

5.2 检材及样本拍照

对送检的检材(样本)加上唯一性编号进行拍照。

5.3 检验

5.3.1 启动杀毒软件对电子物证检验工作站系统进行杀毒。

5.3.2 将检材数据文件和样本数据文件进行保全。

5.3.3 使用软件工具分别计算检材数据文件和样本数据文件的哈希值。

5.3.4 哈希值的计算方法应按照软件工具使用说明书进行操作。

5.3.5 比较检材数据文件和样本数据文件的哈希值。两个哈希值相同,则可以判断两个文件的数据相同;两个哈希值不同,则可以判断两个文件的数据不同。

6 检验结论的表述

经对编号为"n"的检材与编号为"m"的样本使用 rr 软件工具进行技术检验后,两个文件的数据相同(或不同)。其 HH 哈希值分别为:

a) 编号为"n"检材的哈希值:hh_n;

b) 编号为"m"样本的哈希值:hh_m。

注:n 代表检材的编号;m 代表样本的编号;rr 代表所使用软件工具的名称及版本号;HH 代表哈希算法;hh 代表哈希值。

7 附则

7.1 在检验过程中,应做检验记录。

7.2 在检验过程中,不应改变送检检验对象中的数据。

7.3 应对送检检验对象做好防水、防磁、防静电和防震保护。

ICS 13.310
A 92

中华人民共和国国家标准

GB/T 29362—2012

电子物证数据搜索检验规程

Technical specification for data search of electronic forensic

2012-12-31 发布　　2013-05-01 实施

中华人民共和国国家质量监督检验检疫总局
中国国家标准化管理委员会　发布

前　言

本标准按照 GB/T 1.1—2009 给出的规则起草。

请注意本文件的某些内容可能涉及专利。本文件的发布机构不承担识别这些专利的责任。

本标准由全国刑事技术标准化技术委员会电子物证检验分技术委员会(SAC/TC 179/SC 7)提出并归口。

本标准起草单位:公安部物证鉴定中心。

本标准主要起草人:张国臣、尹春社、邢桂东、楚川红。

电子物证数据搜索检验规程

1 范围

本标准规定了电子物证检验中数据搜索检验的方法。

本标准适用于法庭科学领域中的电子物证检验。

2 术语和定义

下列术语和定义适用于本文件。

2.1

数据搜索 data search

在送检存储设备或介质中查找已知内容或关键字检验，包括文件搜索和物理搜索两种方式。

2.2

文件搜索 file search

根据已知内容或关键字对送检存储设备或介质的数据文件进行搜索检验。

2.3

物理搜索 physical search

根据已知内容或关键字对送检存储设备或介质的二进制数据进行搜索检验。

2.4

保全备份 safe backup

对原始数据进行完整、精确、无损的备份。

3 仪器设备

3.1 硬件

存储介质、保全备份设备、具有只读接口的电子物证检验工作站。

3.2 软件

3.2.1 操作系统：Windows、Unix、Linux、Mac OS 等。

3.2.2 软件工具：具有数据搜索功能的软件、操作系统提供的资源（文件）管理器等。

4 操作步骤

4.1 检材及样本编号

对送检的检材（样本）进行唯一性编号。

4.2 检材及样本拍照

对送检的检材（样本）加上唯一性编号进行拍照。

4.3 检材及样本保全备份

对具备保全条件的检材(样本)进行保全备份。

4.4 检验

4.4.1 启动杀毒软件对电子物证检验工作站系统进行杀毒。

4.4.2 将检材(样本)(若已保全,使用保全的存储设备)通过只读方式连接到电子物证检验工作站。

4.4.3 计算检材(样本)的哈希值。

4.4.4 根据检验要求,使用软件工具进行文件搜索或物理搜索。

4.4.5 搜索数据应按照软件工具使用说明书进行操作。

4.4.6 将搜索结果按检验要求筛选后复制到检验专用存储介质中。

4.5 检出数据刻录

4.5.1 将检出数据刻录在不可擦写的空白光盘上,应采用封盘刻录。

4.5.2 计算光盘的哈希值。

4.5.3 对光盘进行唯一性编号。

4.5.4 贴上盘签。盘签内容应注明检验单位名称、光盘编号、光盘哈希值、光盘制作日期等;应加盖检验鉴定专用章。

5 检验结论的表述

经对编号为“a_1”～“a_n”的检材使用 rr 软件工具进行技术检验,检验结果如下:

在检材 a_i 中检出与 yy 有关数据文件 mm 个,大小合计 bb。检出的数据文件刻录在编号为 gg 光盘中,该光盘的 HH 哈希值为 hh。(或:在检材 a_i 中未检出与 yy 有关的数据文件。)

注:a_i 代表检材编号;n 代表检材个数;i 代表检材序号;rr 代表使用软件工具的名称及版本号;yy 代表检验要求或样本;mm 代表文件个数;bb 代表文件大小,单位可以使用 Byte、KB、MB 或 GB; gg 代表光盘的编号;HH 代表哈希值算法;hh 代表光盘的哈希值。

6 附则

6.1 在检验过程中,应做检验记录。

6.2 在检验过程中,不应改变送检检验对象中的数据。

6.3 在检验过程中,检出数据应存储到专用的存储介质中。

6.4 应对送检的检验对象做好防水、防磁、防静电和防震保护。

ICS 27.200
J 73

中华人民共和国国家标准

GB/T 29363—2012

核电厂用蒸气压缩循环冷水机组

Water chiller with the vapor compression cycle for nuclear power plant

2012-12-31 发布　　　　2013-10-01 实施

中华人民共和国国家质量监督检验检疫总局
中国国家标准化管理委员会　发布

前　言

本标准按照 GB/T 1.1—2009 给出的规则起草。

本标准由中国机械工业联合会提出。

本标准由全国冷冻空调设备标准化技术委员会(SAC/TC 238)归口。

本标准负责起草单位:浙江盾安人工环境股份有限公司、合肥通用机械研究院、合肥天鹅制冷科技有限公司、中国核电工程有限公司、中广核工程有限公司、浙江国祥空调设备有限公司、江森自控楼宇设备科技(无锡)有限公司、广东吉荣空调有限公司、昆山台佳机电有限公司、浙江中广电器有限公司。

本标准参加起草单位:特灵空调系统(中国)有限公司、广东欧科空调制冷有限公司、珠海格力电器股份有限公司、浙江专风科技有限公司。

本标准主要起草人:葛亚飞、邓立力、史敏、金从卓、张凤阁、郭建辉、章立标、胡祥华、陈镇凯、刘一民、朱建军、张维加、陈军、齐方成、方胜良。

核电厂用蒸气压缩循环冷水机组

1 范围

本标准规定了电动机驱动的采用蒸气压缩制冷循环应用于核电厂的冷水机组(以下简称"机组")的术语和定义、型式与基本参数、要求、试验方法、检验规则、标志、包装和贮存。

本标准适用于核电厂使用的核级机组和抗震机组。

2 规范性引用文件

下列文件对于本文件的应用是必不可少的。凡是注日期的引用文件,仅注日期的版本适用于本文件。凡是不注日期的引用文件,其最新版本(包括所有的修改单)适用于本文件。

GB/T 2423.10 电工电子产品环境试验 第2部分:试验方法 试验Fc:振动(正弦)

GB 4208—2008 外壳防护等级(IP代码)

GB/T 10870—2001 容积式和离心式冷水(热泵)机组性能试验方法

GB/T 12727 核电厂安全系统电气设备质量鉴定

GB/T 13306 标牌

GB/T 13384 机电产品包装通用技术条件

GB/T 13625 核电厂安全系统电气设备抗震鉴定

GB/T 15474—2010 核电厂安全重要仪表和控制功能分类

GB/T 16702—1996 压水堆核电厂核岛机械设备设计规范

GB/T 17569—1998 压水堆核电厂物项分级

GB/T 17758 单元式空气调节机

GB/T 18430.1—2007及第1号修改单 蒸气压缩循环冷水(热泵)机组 第1部分:工业或商业用及类似用途的冷水(热泵)机组

GB 19577 冷水机组能效限定值及能源效率等级

GB/T 22577—2008 核电站用1E级电缆 通用要求

GB 25131 蒸气压缩循环冷水(热泵)机组 安全要求

JB/T 7249 制冷设备 术语

NB/T 47012 制冷装置用压力容器

HAF 003 核电厂质量保证安全规定

HAF-J0053 核设备抗震鉴定试验指南

EJ/T 1197—2007 核电厂安全级电气设备质量鉴定试验方法与环境条件

3 术语和定义

JB/T 7249界定的以及下列术语和定义适用于本文件。

3.1

核电厂用蒸气压缩循环冷水机组 water chiller with the vapor compression cycle for nuclear power plant

用于核电厂有核级要求或抗震要求的、由电动机驱动采用蒸气压缩制冷循环的冷水机组。

3.2

核级机组 nuclear grade water chiller

"核级"为"核安全级"的简称,"核级机组"为"核安全级冷水机组"的简称。

核级机组是指核电厂各工况下都需要运行的、向涉及核安全的重要的通风系统提供冷源的、对核安全有重要作用的冷水机组。

机械设备核安全等级、抗震类别和规范等级的划分参见 GB/T 17569—1998,电气、仪控设备的安全等级的划分参见 GB/T 15474—2010,电气设备质量鉴定程序的划分参见 EJ/T 1197—2007。

根据以上划分要求,本标准定义的"核级机组"的机械设备核安全等级为 3 级,整机抗震类别为 1 类,蒸发器、冷凝器的规范等级为 3 级,启动柜安全等级为 1E 级,控制柜安全等级为 NC,电气设备的质量鉴定等级为 K3 类。

3.3

抗震机组 anti-seismic units

在核电厂所有与安全有关的机械和电气设备,包括安全 1、2、3、LS 级的机械设备和 1E 级的电气设备都被定为抗震 1 类的设备。

抗震 1 类的设备和部件按其要求不同,可分为以下 3 类:

a) 在安全停堆地震(SSE)引起的荷载作用下,应保持其完整性和密封性的设备属于 1I 类;

b) 专用安全设施及其支持系统中的非能动设备,当受到 SSE 荷载作用时需保持其功能的设备属于 1F 类(例如:冷水机组中的冷凝器、蒸发器、油分离器等);

c) 在安全停堆地震(SSE)引起的荷载作用下,仍要求能运转且保持其安全功能的能动设备属于 1A 类(例如:冷水机组中的压缩机、电机、油泵和能动阀门等)。

没有核安全级的要求,但有抗震要求的设备(包括机械设备和电气设备)仍按上述 3 类(1I、1F、1A)进行划分。

本标准所定义的"抗震机组"是指无核安全级要求,但有抗震要求的冷水机组。

3.4

安全停堆地震 safe shutdown earthquake(SSE)

按 GB 13625 的定义,SSE 是指采用历史上可能出现的最大地震加上安全裕度而定出的假想地震。

3.5

运行基准地震 operating basis earthquake(OBE)

按 GB 13625 的定义,OBE 是指在该地震等级下,反应堆仍能继续运行。

3.6

LOCA 失水事故 loss of coolant accident(LOCA)

是指核反应堆中的冷却剂丧失的事故。

4 型式与基本参数

4.1 型式

4.1.1 按制冷压缩机型式分类:

——开启式;

——半封闭式;

——全封闭式。

4.1.2 按制冷压缩机类型分类:

——离心式;

——螺杆式;

——活塞式；
——涡旋式。

4.1.3 按制冷运行放热侧热交换方式分类：
——水冷式；
——风冷式。

4.1.4 按核电厂的要求分类：
——核级机组；
——抗震机组。

4.2 型号

机组型号的编制方法，可由制造商自行编制，但型号中应体现本标准名义工况下机组的制冷量。

4.3 基本参数

4.3.1 机组的型式及功能

机组的型式及功能见表1。

表1 机组的型式及功能

型 式	功 能
水冷式	水冷单冷式
风冷式	风冷单冷式

4.3.2 工况

4.3.2.1 名义工况

机组的名义工况见表2。

表2 名义工况时的温度/水流量

使用侧		热源侧（或放热侧）			
冷水		水冷式		风冷式	
水流量 $m^3/(h \cdot kW)$	出口水温 ℃	进口水温 ℃	水流量 $m^3/(h \cdot kW)$	干球温度 ℃	湿球温度 ℃
0.143	8	35	0.136	35	—

4.3.2.2 名义工况的其他规定

名义工况的其他规定如下：

a) 机组名义工况时的蒸发器和冷凝器水侧污垢系数为 0.086 $m^2 \cdot ℃/kW$，新机组蒸发器和冷凝器水侧被认为是清洁的，测试时污垢系数应考虑为 0 $m^2 \cdot ℃/kW$，性能测试时应按 GB/T 18430.1—2007 附录 C 的方法模拟污垢系数；

b) 大气压力为 101 kPa。

4.3.3 设计使用工况

机组设计使用工况见表3。

表3 机组设计温度/水流量

<table>
<tr><td rowspan="3">项 目</td><td colspan="2">使用侧</td><td colspan="4">热源侧(或放热侧)</td></tr>
<tr><td colspan="2">冷水</td><td colspan="2">水冷式</td><td colspan="2">风冷式</td></tr>
<tr><td>水流量
m³/(h·kW)</td><td>出口水温
℃</td><td>进口水温
℃</td><td>水流量
m³/(h·kW)</td><td>干球温度
℃</td><td>湿球温度
℃</td></tr>
<tr><td>LOCA(最大负荷)工况</td><td rowspan="2">0.143</td><td rowspan="2">8</td><td>45</td><td rowspan="2">0.136</td><td>43</td><td rowspan="2">—</td></tr>
<tr><td>低温工况</td><td>15</td><td>5</td></tr>
<tr><td colspan="7">注：低温工况时热源侧水流量允许调整。</td></tr>
</table>

4.3.4 性能系数

机组名义工况时的性能系数不应低于表4的数值。

表4 性能系数

单位千瓦每千瓦

机组类型	性能系数 COP
风冷式	不低于 GB 19577 的限定值
水冷式	3.5

5 要求

5.1 总则

机组应按经规定程序批准的图样和技术文件(或按用户和制造厂的协议)制造。对于能动(即通过机械运动实现其安全功能)的机械设备和1E级电气设备,在原型样机第一次进行抗震鉴定时,宜采用试验方法。并应在样机检验合格后,方能进行机组正式生产。

5.2 安全功能

机组应能在核电厂正常运行和事故运行期间保持功能,应能经受核电厂安全停堆地震(SSE)的干扰,机组设计应符合可运行准则。

5.3 设计寿命

机组设计寿命不低于40年,主体零部件的设计寿命按用户规格书要求执行,其中消耗件、易损件、非金属部件等在设计寿命期内可以更换。

5.4 结构设计

5.4.1 机组应能满足其所处的使用环境要求,其材料应与使用环境条件相适应。

5.4.2 机组应满足外部管口荷载的要求。冷凝器和蒸发器及接口法兰在设计、计算和制造时要考虑正常管口荷载、异常管口荷载、事故管口荷载的因素。

5.4.3 机组应满足整机荷载要求。机组的整体设计、计算和制造要考虑该机组在各种运行工况下所允许的应力准则。

5.4.4 机组整机应按抗震1类进行设计。

5.5 材料

5.5.1 机组所选材料应符合所输送的介质特性要求并需经用户认可。

5.5.2 机组应采用经认可的钢材牌号,并应有所选材料的合格证明和检验报告;必要时对每批购进的材料均应进行材质分析和力学性能试验。焊条的力学性能不应低于母材的性能。

5.5.3 在辐照区范围内选择的非金属材料应为耐辐射产品。

5.5.4 机组本体所用材料应为不燃材料,其他部分的原材料应采用难燃材料。

5.5.5 风冷机组使用的材料要考虑室外100%相对湿度可能造成凝露的情况以及置于室外海边的空气中含有盐雾的因素。

5.5.6 电缆、导线应采用GB/T 22577—2008规定的1E级K3类,其附件应是低烟无卤阻燃材料。

5.5.7 换热管采用强化换热管,壁厚应充分考虑机组寿命的要求。

5.6 零部件

5.6.1 冷水机组两器(冷凝器和蒸发器)的制造应满足招标方提出的所有要求。对于有核级要求的冷水机组,制造单位应对每台换热器的材料、制造、检验和试验全面负责,并提供相应报告。两器所用的本体材料及焊接材料必须有材料的质量证明书;制造单位对所购进的材料应按批复验,并填写材料复验质量证明书。有核级要求的两器,其设计、制造、检验、试验等应按GB/T 16702—1996中D3000、D4000和D5000的规定执行。

5.6.2 GB/T 16702—1996中规范等级为3级的零部件及焊缝为3级的容器,焊接过程中和焊后无损检验项目以及验收标准应符合该标准中D4000的规定。

5.6.3 核级机组支承件的原材料、制造、验收应符合GB/T 16702—1996中H2000或D2200的规定。

5.6.4 换热器应设有泄水口和排气口。

5.6.5 开启式机组联轴器和电机驱动轴应带有可拆卸的保护装置。

5.6.6 机组应有保护性涂层和外表面涂漆。保护性涂层和外表面涂漆按用户技术要求执行。

5.6.7 核级机组电机和启动柜的安全等级为1E,鉴定等级为K3。电机、启动柜、控制柜的防护等级和电机的绝缘等级应符合用户规格书的要求。

5.6.8 电控柜门应配有导电门封垫条,箱内的控制线与动力线采用实体隔离的方式,满足电磁兼容性的相关要求。电控柜应安装有供外部电缆接入的电缆密封头,电缆密封头应安装在可拆卸的活动板上。

5.6.9 电控柜内安装带温控接点的防冷凝电加热器,对于需要散热的电气装置应提供排气风扇。

5.7 气密性、真空试验和压力试验

气密性、真空试验和压力试验应符合GB/T 18430.1—2007中5.2的规定。

5.8 运转

机组出厂前应进行运转试验,机组应无异常。

5.9 性能

5.9.1 名义工况性能

机组在名义工况下进行试验时,机组应满足:

a) 制冷量不小于名义规定值；

b) 消耗总电功率不大于名义消耗电功率的110%；

c) 性能系数COP符合表4的要求，并不低于机组的明示值(当机组明示值的92%高于表4规定的值时)的92%；

d) 冷水、冷却水的压力损失应不大于机组名义规定值；

e) 抗震试验前后名义制冷量偏差不大于5%。

5.9.2 LOCA(最大负荷)工况

按表3中LOCA(最大负荷)工况运行时，机组应符合功能要求和可运行准则。

5.9.3 低温工况

按表3低温工况运行时，机组应能正常工作。

5.9.4 变工况性能

机组变工况性能温度条件如表5所示。

表5 变工况性能温度范围

单位为摄氏度

使用侧		热源侧(或放热侧)			
冷水		水冷式		风冷式	
进口水温	出口水温	进口水温	出口水温	干球温度	湿球温度
—	5～15	15～45	—	5～43	—

5.10 耐久性能

经耐久性能试验，机组应无异常。

5.11 噪声和振动

5.11.1 机组实测噪声值(声压级)应不大于明示值。

5.11.2 机组实测振动值应不大于明示值。

5.12 电气安全

5.12.1 电压变化性能

机组在表2规定的名义工况下运行，在额定电压90%～110%范围内运行时，安全保护机构不动作。机组无异常现象并能连续运行。

注：电动机、电器元件及安全保护机构等由相关质量监督部门进行检测并提供报告则可不进行此项测试。

5.12.2 电动机绕组温度

机组在表2规定的名义工况下运行时，电动机绕组温度应符合GB 25131的规定。

5.12.3 绝缘电阻

机组带电部位和可能接地的非带电部位之间的绝缘电阻值应不低于GB/T 18430.1的规定。

5.12.4　耐电压

机组的耐电压性能应符合 GB/T 18430.1 的规定。

5.12.5　启动性能

机组的启动性能应符合 GB/T 18430.1 的规定。

5.12.6　耐湿性能

机组的耐湿性能应符合 GB/T 18430.1 的规定。

5.12.7　淋水绝缘性能

机组的淋水绝缘性能应符合 GB/T 18430.1 的规定。

5.12.8　接地电阻

机组的接地电阻应满足 GB/T 18430.1 的要求。

5.13　电气设备长时间运行老化

5.13.1　按 GB/T 12727 规定的正常使用限值和寿期内预计的循环次数对电气设备进行周期性的功能试验，试验后电气设备应能正常工作。

5.13.2　核级机组应按 GB/T 12727 的规定，对于电动机、电磁阀、断路器、继电器等包含运动部件的电气设备进行长时间运行老化试验，以模拟随时可能出现的机械磨损（锁定、结合处泄漏等）或电气故障（触电腐蚀、氧化等）。已经通过 1E、K3 鉴定的电仪设备不用做此试验。

5.14　仪控设备机械振动

核级机组的仪控设备按 GB/T 12727 的规定进行机械振动试验。在进行振动试验前和试验后，应对试验样品进行外观检查和性能测试，振动试验结束后样品外形应完好无损，功能特性应符合基准试验的要求。

5.15　机组鉴定

5.15.1　核级机组样机，包括安全级机械设备和 1E 级仪控设备，具体鉴定次序按如下原则：

a）基准试验（鉴定试验前的功能试验）；

b）仪控元器件的老化试验（含运行老化和振动老化鉴定试验）；

c）机组抗震前性能试验；

d）机组抗震鉴定试验；

e）机组抗震后性能试验（含耐久试验）；

f）鉴定试验后的功能试验，以便与基准试验比较。

5.15.2　抗震机组样机，具体鉴定次序按如下原则：

a）基准试验（鉴定试验前的功能试验）；

b）机组抗震前性能试验；

c）机组抗震鉴定试验；

d）机组抗震后性能试验（含耐久试验）；

e）抗震鉴定试验后的功能试验，以便与基准试验比较。

5.15.3　试验件的选择：应尽量选择工程原型件进行试验。

5.15.4 抗震鉴定要求如下：

5.15.4.1 核电厂中所有抗震1类设备均应进行抗震鉴定。抗震1类设备包括所有安全1、2、3级流体承压系统机械设备，安全级的不承压机械设备，1E级电气设备以及少数虽定为非安全级但在地震时要履行某些安全功能的设备。抗震1类设备，应能承受OBE和SSE载荷，并保证在地震发生时或(和)地震后均能履行其安全功能。

5.15.4.2 机组的抗震鉴定可采用分析方法、试验方法、分析与试验相结合的方法、根据经验反馈进行推理论证的方法等。当分析不足以合理又可信地证实抗震1类设备的完整性和可运行性时，必须用试验法进行鉴定。

5.15.4.3 抗震鉴定试验可按下列步骤进行：

a) 动态特性探查试验；
b) 抗震性能试验(试验中包括功能试验)；
c) 极限试验(根据需要)；
d) 最终检验。

5.15.4.4 在试验中和试验前后应对机组的功能特性和可运行能力进行测量，对其承压边界的结构完整性进行监测。

5.15.4.5 抗震性能试验的试件应是经过老化试验的试件。抗震鉴定大纲应根据机组安装处的楼板响应谱进行编制，并符合设备采购技术规格书的相关要求。抗震鉴定试验应完成5次OBE(运行基准地震)的模拟震动试验和1次SSE(安全停堆地震)的模拟震动试验。机组在抗震试验期间应处于运转状态。

5.15.4.6 抗震性能试验后，应对机组的外形、结构和功能进行测试和检查，并与试验前的基准数据相比，以证明机组在地震后的完整性、功能性和可运行性。必要时可拆卸检查，重大的损伤及修改应记录在鉴定试验报告中，并进行评价。

5.15.4.7 抗震鉴定试验的合格标准一般考虑以下因素：发生结构完整性的故障(例如：裂纹、泄漏等)；典型部位应力、应变位移变形超过允许值；产生了阻止和防碍执行其安全功能的功能性和可运行性故障等。

5.16 外观

机组外表面应清洁，涂漆表面应光滑。充装制冷剂前，机组内与制冷剂和润滑油接触的表面应保持洁净、干燥。各类电线、电缆应沿线槽敷设。

5.17 质量保证

5.17.1 机组质量保证应符合HAF 003的规定。

5.17.2 机组的制造单位以及分包单位应各自建立质量保证程序。

5.17.3 机组应按合同要求向用户提交每台机组的最终制造报告和产品合格证等文件。上述文件在核电厂寿期内均应保存。这些文件至少应包括图样、计算书、机组及主要部件性能测试报告、制造记录、原材料质量证明、机组及主要部件抗震分析报告或抗震试验报告、无损检测报告等。

6 试验方法

6.1 仪表仪器和测量方法

6.1.1 测量用仪表、仪器及准确度按GB/T 10870—2001中附录A的规定，并经校验或校准合格。

6.1.2 测量方法按以下规定进行：

a) 测量仪表的安装和使用按GB/T 10870的规定；

b) 机组空气干、湿球温度的测量采用取样法测量，取样器按 GB/T 18430.1—2007 中附录 A 的要求。

6.2 测试条件和安装方法

6.2.1 测试时，应符合以下规定的条件：

a) 机组的水温及空气干、湿球温度偏差按表 6 的规定；

b) 被试机组应在额定频率、额定电压下运行，其频率偏差值不应大于 0.5 Hz、电压偏差不应大于 ±5%。

6.2.2 被试机组应按制造厂规定的方法进行安装，并且不应进行影响制冷量的构造改装。风冷式机组的测试环境应充分宽敞，机组附近的风速应减小到充分低的值，以免影响机组的性能。

6.2.3 机组测试时，温度和流量偏差应符合表 6 的规定。

表 6 机组测试温度和流量偏差

<table>
<tr><th rowspan="3">项　目</th><th colspan="2">使用侧</th><th colspan="4">热源侧(或放热侧)</th></tr>
<tr><th colspan="2">冷水</th><th colspan="2">水冷式</th><th colspan="2">风冷式</th></tr>
<tr><th>水流量
$m^3/(h \cdot kW)$</th><th>出口水温
℃</th><th>进口水温
℃</th><th>水流量
$m^3/(h \cdot kW)$</th><th>干球温度
℃</th><th>湿球温度
℃</th></tr>
<tr><td>名义工况</td><td rowspan="3">±5%</td><td>±0.3</td><td>±0.3</td><td rowspan="3">±5%</td><td rowspan="3">±1</td><td rowspan="3">—</td></tr>
<tr><td>LOCA(最大负荷)工况</td><td rowspan="2">±0.5</td><td rowspan="2">±0.5</td></tr>
<tr><td>低温工况</td></tr>
</table>

6.3 试验方法

6.3.1 气密性试验、真空试验和压力试验

6.3.1.1 抗震机组的气密性试验、真空试验和压力试验方法按 GB/T 18430.1 的规定执行。

6.3.1.2 核级机组的气密性、真空试验方法按 GB/T 18430.1 的规定执行。

6.3.1.3 核级机组压力试验：水侧在 1.5 倍设计压力(液压)或在 1.25 倍设计压力(气压)下，按 NB/T 47012 中压力试验方法进行检验。

6.3.2 运转试验

机组进行运转试验时，检查机组运行是否正常。

6.3.3 名义工况性能试验

6.3.3.1 制冷量和消耗总电功率试验

将机组卸载机构等能量调节置于最大制冷量位置，在表 2 规定的名义工况下，按以下规定进行试验测定和计算制冷量与消耗总电功率，并应符合 5.9.1a) 和 5.9.1b) 的规定。同时测量运行电流和功率因数。

a) 水冷式机组：制冷量按 GB/T 10870 的规定，主要试验采用液体载冷剂法进行试验测定和计算，校核试验采用机组热平衡法。消耗总电功率包括压缩机电动机、油泵电动机和操作控制电路等的输入总电功率；

b) 风冷式机组：制冷量按 GB/T 10870 的规定，采用液体载冷剂法进行试验测定和计算。放热侧

采用 GB/T 17758 的空气焓差法中的室内空调装置使其达到放热侧环境温度条件，消耗总电功率除 6.3.3.1a)中包括项目外，还应包括放热侧冷却风机消耗的电功率。

6.3.3.2 名义工况性能系数

机组名义工况性能系数(COP)按式(1)计算，计算结果应符合表 4 和 5.9.1c)的规定。

$$COP = \frac{Q_n}{N_0} \qquad \cdots\cdots(1)$$

式中：

Q_n——名义制冷量，单位为千瓦(kW)；

N_0——名义制冷量时消耗总电功率，单位为千瓦(kW)。

6.3.3.3 水侧压力损失

在进行上述试验时，按 GB/T 18430.1—2007 中附录 B 的方法测量冷水和冷却水的压力损失，应符合 5.9.1d)的规定。

6.3.4 机组设计和使用范围试验

6.3.4.1 LOCA(最大负荷)工况试验

在额定电压和额定频率以及表 3 规定的 LOCA(最大负荷)工况下运行，达到稳定状态后再运行 2 h，应符合 5.9.2 的规定。

6.3.4.2 低温试验

在额定电压和额定频率以及表 3 规定的低温工况下运行 6 h，应符合 5.9.3 的规定。

6.3.4.3 变工况试验

机组在表 5 中某一条件改变时，其他条件按名义工况时的流量和温度条件。该试验应包括表 5 中相应的工况温度条件点。将试验结果绘制成曲线图或编制成表格，每条曲线或每个表格应不少于 4 个测量点的值。

6.3.5 耐久试验

6.3.5.1 在额定转速下进行耐久性试验，时间至少为 200 h。

6.3.5.2 启停试验：试验次数为 50 次循环的启动/停机。

6.3.6 噪声和振动

机组噪声和振动按 GB/T 18430.1 的规定进行测试。

6.3.7 电气安全试验

6.3.7.1 电压变化试验

机组在表 2 规定的名义工况下，使电源电压在额定电压值±10%的范围内变化运行 1 h，应符合 5.12.1 的规定。

6.3.7.2 电动机绕组温度试验

机组电动机绕组温度按 GB/T 18430.1 的规定进行测试。

6.3.7.3 绝缘电阻试验

机组绝缘电阻按 GB/T 18430.1 的规定进行测试。

6.3.7.4 耐电压试验

机组的耐电压性能按 GB/T 18430.1 的规定进行测试。

6.3.7.5 启动试验

机组按 GB/T 18430.1 规定的方法进行启动试验。

6.3.7.6 耐湿试验

机组按 GB/T 18430.1 规定的方法进行耐湿试验。

6.3.7.7 淋水绝缘试验

机组按 GB 4208—2008 中 IPX5 级进行淋水绝缘试验，结束后立即进行 6.3.7.3 绝缘电阻试验和 6.3.7.4 耐电压试验，测试结果应分别符合 5.12.3 和 5.12.4 的规定。

6.3.7.8 接地电阻值测试

机组接地电阻值按 GB/T 18430.1 的规定进行测试。

6.3.8 电气设备长时间运行老化试验

6.3.8.1 运行老化试验条件：按实际工作条件确定试验电压、试验电流、试验次数、操作频率等参数，在室温条件下进行老化试验，应符合 GB/T 12727 的规定。

6.3.8.2 运行老化试验后性能测试：手动操作（若有）应能可靠分合，在实际的工作状态下动作正常，基本电气性能（例如绝缘电阻）符合相关国家标准。

6.3.8.3 各元器件的长时间运行试验记录以第三方出具的测试报告为准。

6.3.9 仪控设备机械振动试验

仪控设备机械振动试验按 GB/T 2423.10 的规定实施，通过确定频率范围、振动幅值、耐久试验的持续时间等参数，将已通过基准性能试验的试验样机安装在专门的振动台上，在不通电状态下进行试验。试验期间允许对被试设备进行紧固等维修，试验过程允许中断。试验结束后，应对试验样机进行外观检查并测试基准性能，确认其仍能正常工作。

6.3.10 抗震鉴定方法

6.3.10.1 分析法

机组抗震鉴定分析法参见 GB 13625。

6.3.10.2 试验法

6.3.10.2.1 试件安装

抗震试验前对机组样机进行性能试验，设备各项性能试验合格后运到试验现场。检查设备整体结构有无变形和破裂，各个连接件有无松动或脱落，结构完整的情况下将其安装于地震模拟台上，机组安装好后在设备接管处施加模拟管口载荷，并将机组与水箱连接形成回路。对机组进行运行试验，以验证设备在抗震鉴定试验前的可运行性。

6.3.10.2.2 **动态特性探查试验**

在机组样机的3个正交轴向输入加速度幅值不大于0.2g的白噪声进行激振，测量设备的固有频率和阻尼比。振动应有足够的持续时间，保证固有频率的测量精度。试验中机组样机应充满制冷剂、冷冻水和冷却水。

6.3.10.2.3 **抗震鉴定试验**

试验采用多频波法在机组的3个正交轴向同时进行激振。采用地震台台面的加速度信号作为控制信号完成OBE和SSE地震试验。抗震鉴定具体方法参见HAF-J0053。

6.3.11 **外观**

采用目测方式检测机组外观，应符合5.16的规定。

6.3.12 **试验报告**

6.3.12.1 按6.3.1～6.3.10各项试验内容，记录测试参数和结果，并按相应标准的规定进行计算。
6.3.12.2 试验操作人员、审核人员签字。

7 检验规则

7.1 检验项目

机组的检验分为出厂检验和型式检验。

7.2 出厂检验

每台机组均应做出厂检验，检验项目、要求及试验方法按表7的规定。

表7 检验项目

<table>
<tr><th>序号</th><th colspan="2">项目</th><th>出厂检验</th><th>型式检验</th><th>要求</th><th>试验方法</th></tr>
<tr><td>1</td><td colspan="2">气密性、真空试验、压力试验</td><td rowspan="11">√</td><td rowspan="11">√</td><td>5.7</td><td>6.3.1</td></tr>
<tr><td>2</td><td colspan="2">绝缘电阻</td><td>5.12.3</td><td>6.3.7.3</td></tr>
<tr><td>3</td><td colspan="2">耐电压</td><td>5.12.4</td><td>6.3.7.4</td></tr>
<tr><td>4</td><td colspan="2">外观</td><td>5.16</td><td>6.3.11</td></tr>
<tr><td>5</td><td colspan="2">运转</td><td>5.8</td><td>6.3.2</td></tr>
<tr><td rowspan="3">6</td><td rowspan="3">名义工况性能</td><td>制冷量、消耗电功率</td><td>5.9.1</td><td>6.3.3.1</td></tr>
<tr><td>性能系数</td><td>4.3.4和5.9.1</td><td>6.3.3.2</td></tr>
<tr><td>水侧压力损失</td><td>5.9.1</td><td>6.3.3.3</td></tr>
<tr><td>7</td><td colspan="2">LOCA(最大负荷)工况</td><td>5.9.2</td><td>6.3.4.1</td></tr>
<tr><td>8</td><td colspan="2">低温工况</td><td>5.9.3</td><td>6.3.4.2</td></tr>
<tr><td>9</td><td colspan="2">变工况</td><td>5.9.4</td><td>6.3.4.3</td></tr>
</table>

表 7（续）

序号	项　　目	出厂检验	型式检验	要求	试验方法
10	噪声和振动	—	√	5.11	6.3.6
11	电压变化			5.12.1	6.3.7.1
12	电动机绕组温度			5.12.2	6.3.7.2
13	启动			5.12.5	6.3.7.5
14	耐湿			5.12.6	6.3.7.6
15	淋水绝缘性能			5.12.7	6.3.7.7
16	接地电阻			5.12.8	6.3.7.8
17	耐久试验[a]		△	5.10	6.3.5
18	电气设备长时间运行老化			5.13	6.3.8
19	仪控设备机械振动			5.14	6.3.9
20	抗震鉴定			5.15.4	6.3.10
[a] 对于同一系列的机组，应在工厂选取其中一台进行试验。					
注：“√”表示“需要”；“△”表示“根据项目技术规格书要求”；“—”表示“不需要”。					

7.3　型式检验

7.3.1　新产品或定型产品作重大改进对性能有影响时，第一台产品应做型式检验和抗震试验。

7.3.2　型式检验的项目、要求及试验方法按表 7 的规定。

7.3.3　型式检验时间不应少于试验方法中规定的时间，其中名义工况运行不少于 24 h，允许中途停车，以检查机组运行情况。运行时如有故障，在故障排除后应重新进行试验，前面进行的试验无效。

7.4　检验判定原则

7.4.1　按表 7 规定的检验项目中有一项不合格，则判为不合格。型式检验不合格的机组，不能投产。出厂检验不合格的机组不允许出厂。

7.4.2　其中抗震试验为破坏性试验，经过抗震试验的样机不允许再销售使用。

8　标志、包装和贮存

8.1　标志

8.1.1　每台机组应在明显而平整的部位固定有永久性铭牌，铭牌应符合 GB/T 13306 的规定。铭牌应采用不锈钢材质，铭牌内容见表 8。

8.1.2　机组相关部位上应设有工作情况标志(例如：转向、水流方向、液位、油位标记)。

8.1.3　应在相应的地方(如铭牌、产品说明书等)标注产品执行标准编号。

表 8　铭牌内容

标记内容	选项
型号	√
名称	√
设备编码	√
抗震等级	√
安全等级	√
制冷量/kW	√
额定电压/V;相数;频率/Hz	√
最大运行电流	△
消耗总电功率/kW	√
COP	√
水侧压力损失/kPa	√
噪声(声压级)	△
制冷剂名称及充注量/kg	√
机组外形尺寸/mm	√
机组总质量/kg	√
公司名称和商标	√
制造年月及产品编号	√
注 1:"√"表示"需要";"△"表示"选项"。 注 2:一般机组的制冷量、功率、COP 等以名义工况性能进行标定,当机组技术规格书中对使用工况下的性能有要求时,可以用使用工况性能参数进行标定,但使用工况应同时予以说明。	

8.2　包装

8.2.1　设备或部件在清洁后应立即进行包装,并根据清洁度等级在相应工作区内进行包装。

8.2.2　通常使用的材料

用于包装设备、部件的材料和包装箱衬里材料应满足以下要求:

a)　防潮湿、防水;

b)　符合防火要求(阻燃);

c)　能够热封合;

d)　抗撕裂、抗穿孔等。

8.2.3　不应使用的材料

8.2.3.1　非金属材料中应限制含有卤素、砷、铅、汞、硫及它们的化合物。

8.2.3.2　未经采购方同意,不应使用接触性防腐蚀剂、挥发性缓蚀剂及类似产品。如果采购方同意使用,那么所使用防腐剂的名称、清除方法和要求必须标注在外包装和相关文件上。

8.2.3.3　不应使用含铅、汞和低熔点合金的材料。

8.2.3.4　不应使用布料堵塞或盖住开孔。

8.2.3.5　不应使用涂漆的或用透明材料制作的封盖和端塞(湿度指示器观察窗除外)。

8.2.4　包装方法

8.2.4.1　选用的包装方法应确保设备免受污染、腐蚀和其他破坏。供货商采取的包装方法应符合相关规定并得到采购方认可。

8.2.4.2　机组的包装技术要求应符合 GB/T 13384 的规定。

8.2.5 随机文件

8.2.5.1 每台机组出厂时应在包装时随带产品合格证、产品说明书和装箱单等。

8.2.5.2 产品合格证的内容包括：

——型号和名称；

——产品编号；

——公司名称和商标；

——检验结论；

——检验员、检验负责人签章及日期。

8.2.5.3 产品说明书的内容包括：

——工作原理、特点及用途；

——主要技术参数；

——结构示意图、水侧压力损失、电气线路等；

——安装说明、使用要求、维护保养及注意事项；

——机组主要部件名称、数量。

8.3 贮存

8.3.1 机组的防锈处理应适应核电厂的使用要求，机组外露的不涂漆加工表面应采取防锈措施，螺纹接头用螺塞堵住，法兰孔用盲板封盖等。

8.3.2 机组出厂前应充入或保持规定的制冷剂量，或充入 0.02 MPa～0.03 MPa(表压)的干燥氮气。

8.3.3 机组应存放在能抵御大气环境的封闭空间内，应防止整台机组和自控、电气系统的受潮。

8.3.4 包装和保养的设备应保持原状态直到贮存期的结束，备品备件和独立包装的附件应单独存放和标识。

ICS 13.220.20
C 81

中华人民共和国国家标准

GB 29364—2012

防火门监控器

Indicating and control unit for fire resistant doorsets

2012-12-31 发布 2013-07-01 实施

中华人民共和国国家质量监督检验检疫总局
中国国家标准化管理委员会 发布

前　言

本标准的第 4、6、7 章内容为强制性的，其余为推荐性的。

本标准按照 GB/T 1.1—2009 给出的规则起草。

请注意本文件的某些内容可能涉及专利。本文件的发布机构不承担识别这些专利的责任。

本标准由中华人民共和国公安部提出。

本标准由全国消防标准化技术委员会火灾探测与报警分技术委员会(SAC/TC 113/SC 6)归口。

本标准负责起草单位:公安部沈阳消防研究所。

本标准主要起草人:丁宏军、马恒、张颖琮、栾军、闫茹、丁万君、鲁林、谢锋、邵宇。

本标准为首次发布。

防火门监控器

1 范围

本标准规定了防火门监控器的术语和定义、要求、试验、检验规则、标志和使用说明书。

本标准适用于一般工业与民用建筑中安装使用的防火门监控器,其他环境中安装的监控器亦可参照本标准。

2 规范性引用文件

下列文件对于本文件的应用是必不可少的。凡是注日期的引用文件,仅注日期的版本适用于本文件。凡是不注日期的引用文件,其最新版本(包括所有的修改单)适用于本文件。

GB/T 9969 工业产品使用说明书 总则

GB 12978 消防电子产品检验规则

GB 16838 消防电子产品 环境试验方法及严酷等级

GB/T 17626.2 电磁兼容 试验和测量技术 静电放电抗扰度试验

GB/T 17626.3 电磁兼容 试验和测量技术 射频电磁场辐射抗扰度试验

GB/T 17626.4 电磁兼容 试验和测量技术 电快速瞬变脉冲群抗扰度试验

GB/T 17626.5 电磁兼容 试验和测量技术 浪涌(冲击)抗扰度试验

GB/T 17626.6 电磁兼容 试验和测量技术 射频场感应的传导骚扰抗扰度

GB/T 17626.11 电磁兼容 试验和测量技术 电压暂降、短时中断和电压变化的抗扰度试验

3 术语和定义

下列术语和定义适用于本文件。

3.1

防火门监控器 indicating and control unit for fire resistant doorsets

用于显示并控制防火门打开、关闭状态的控制装置(以下简称“监控器”)。

3.2

防火门电动闭门器 electric closer for fire resistant doorsets

能够在收到指令后将处于打开状态的防火门关闭,并将其状态信息反馈至防火门监控器的电动装置(以下简称“电动闭门器”)。

3.3

防火门电磁释放器 electromagnetic release device for fire resistant doorsets

使常开防火门保持打开状态,在收到指令后释放防火门使其关闭,并将本身的状态信息反馈至监控器的电动装置(以下简称“释放器”)。

3.4

防火门门磁开关 magnetic contact for fire resistant doorsets

用于监视防火门的开闭状态,并能将其状态信息反馈至防火门监控器的装置(以下简称“门磁开关”)。

3.5

防火门故障状态　abnormal states of fire resistant doorsets

防火门处于非正常打开的状态或非正常关闭的状态。

4 要求

4.1 外观

监控器的外观应符合下述要求：

a) 文字、符号和标志清晰齐全；

b) 试样表面无腐蚀、涂覆层脱落和起泡现象，无明显划伤、裂痕、毛刺等机械损伤；

c) 紧固部位无松动。

4.2 主要部件性能

4.2.1 一般要求

监控器部件应采用符合相关标准的定型产品，同时应符合4.2.2～4.2.6的规定。

4.2.2 指示灯、显示器

4.2.2.1 应以红色指示启动信号、电动闭门器和释放器的动作信号和门磁开关的反馈信号；黄色指示故障、自检状态；绿色指示电源工作状态和释放器的反馈信号。

4.2.2.2 指示灯、显示器功能应有清晰的中文标注。

4.2.2.3 在100 lx～500 lx环境光条件下，在正前方22.5°视角范围内，状态和电源指示灯、显示器应在3 m处清晰可见；其他指示灯显示器显示的字符应在0.8 m处清晰可读。

4.2.2.4 采用闪亮方式的指示灯、显示器每次点亮时间应不小于0.25 s，其闪动频率应不小于1 Hz。

4.2.2.5 用同一个指示灯、显示器显示具体部位的状态时，应能明确、清晰可辨。

4.2.2.6 在100 lx～500 lx环境光线条件下，显示器显示的字符应在正前方22.5°视角内，0.8 m处可读。

4.2.3 熔断器

电源线路的熔断器或其他过电流保护器件的额定电流值不应大于监控器最大工作电流的2倍；当最大工作电流大于6 A时，熔断器电流值可取其1.5倍，并应在靠近熔断器或其他过电流保护器件处清楚地标注其参数值。

4.2.4 接线端子

每一接线端子上都应清晰、牢固地标注其编号或符号，相应用途应在有关文件中说明。

4.2.5 充电器及备用电源

4.2.5.1 充电器的电流应不大于备用电源电池生产企业规定的额定值。

4.2.5.2 备用电源正极连接导线为红色，负极为黑色或蓝色。

4.2.6 开关和按键

开关和按键上或靠近的位置应用中文清楚的标注其功能。

4.3 整机性能

4.3.1 基本功能

4.3.1.1 监控器主电源应采用220 V、50 Hz交流电源，电源线输入端应设接线端子。

4.3.1.2 监控器为其连接的电动闭门器、释放器和门磁开关供电时，供电电压应采用直流24 V或12 V；电动闭门器、释放器和门磁开关与监控器的接口参数应一致。

4.3.1.3 监控器应设有保护接地端子。

4.3.1.4 监控器使用文字显示信息时，应采用中文。

4.3.1.5 监控器应能显示与其连接的电动闭门器和释放器的开、闭状态，并应有专用状态指示灯。

4.3.1.6 监控器应能直接控制与其连接的每个电动闭门器和释放器的工作状态，并设启动总指示灯，启动信号发出时，应点亮该指示灯。

4.3.1.7 监控器应能接收来自火灾自动报警系统的火灾报警信号，并在30 s内向电动闭门器或释放器发出启动信号，点亮启动总指示灯。

4.3.1.8 监控器应在电动闭门器、释放器或门磁开关动作后10 s内收到反馈信号，并应有反馈光指示，指示名称或部位，反馈光指示应保持至受控设备恢复；发出启动信号后10 s内未收到要求的反馈信号时，应使启动总指示灯闪亮，并显示相应电动闭门器、释放器或门磁开关的部位，保持至监控器收到反馈信号。

4.3.1.9 监控器应有防火门故障状态总指示灯，防火门处于故障状态时，该指示灯应点亮，并发出声光报警信号。声信号的声压级(正前方1 m处)应为65 dB～85 dB；故障声信号每分钟至少提示1次，每次持续时间应为1 s～3 s。

4.3.1.10 监控器应能记录与其连接的防火门的状态信息(包括防火门地址，开、闭和故障状态及相应的时间等)，记录容量不应少于10 000条，并具有将上述信息上传的功能。

4.3.2 自检功能

监控器应能对其音响部件及状态指示灯、显示器进行功能检查。监控器执行自检时，应不造成与其相连的外部设备动作。

4.3.3 备用电源功能

4.3.3.1 监控器应配有备用电源，并符合下述要求：

a) 备用电源应采用密封、免维护充电电池。
b) 电池容量应保证监控器在下述情况下正常可靠工作3 h：
   1) 监控器处于通电工作状态；
   2) 提供防火门开启以及关闭所需的电源。
c) 有防止电池过充电、过放电的功能；在不超过生产厂规定的电池极限放电情况下，应能在24 h内完成对电池的充电。

4.3.3.2 监控器应有主、备电源转换功能。主、备电源的工作状态应有指示，主、备电源的转换应不使监控器发生误动作。

4.3.4 故障报警功能

有下述故障时，监控器应在100 s内发出与报警信号有明显区别的声、光故障信号，故障声信号应能手动消除，再有故障信号输入时，应能再启动；故障光信号应保持至故障排除：

a) 监控器的主电源断电；

b) 监控器与电动闭门器、释放器、门磁开关间连接线断路、短路；

c) 电动闭门器、释放器、门磁开关的供电电源故障；

d) 备用电源与充电器之间的连接线断路、短路；

e) 备用电源故障。

4.4 绝缘电阻

监控器有绝缘要求的外部带电端子与机壳间的绝缘电阻值应不小于 20 MΩ；电源输入端与机壳间的绝缘电阻值应不小于 50 MΩ。

4.5 电气强度

监控器的电源插头与机壳间应能耐受频率为 50 Hz，有效值电压为 1 250 V 的交流电压历时 1 min 的电气强度试验。试验期间，不应发生击穿现象；试验后，基本功能应与试验前保持一致。

4.6 电磁兼容性能

监控器应能适应表 1 规定条件下的各项试验要求。试验期间，应保持正常监视状态；试验后，基本功能应与试验前保持一致。

注：正常监视状态指监控器在电源正常供电条件下，无故障报警、自检等操作时所处的工作状态。

表 1 电磁兼容试验条件

试验名称	试验条件				
射频电磁场辐射抗扰度试验	场强 V/m	频率范围 MHz	扫描速率 10 oct/s	调制幅度	工作状态
	10	80～1 000	≤1.5×10^{-3}	80% (1 kHz，正弦)	正常监视状态
射频场感应的传导骚扰抗扰度试验	频率范围 MHz	电压 dBμV	调制幅度		工作状态
	0.15～80	140	80%(1 kHz，正弦)		正常监视状态
静电放电抗扰度试验	放电电压 kV	放电极性	放电间隔 s	每点放电次数	工作状态
	空气放电(外壳为绝缘体) 8 接触放电(外壳为导体) 6	正、负	≥1	10	正常监视状态
电快速瞬变脉冲群抗扰度试验	电压峰值 kV	重复频率 kHz	极性	时间 min	工作状态
	AC 电源线：2×(1±0.1) 其他连接线：1×(1±0.1)	AC 电源线：2.5×(1±0.2) 其他连接线：5×(1±0.2)	正、负	每次 1	正常监视状态
浪涌(冲击)抗扰度试验	浪涌(冲击)电压 kV	极性	持续时间 ms	试验次数	工作状态
	AC 电源线 线—线：1×(1±0.1) AC 电源线 线—地：2×(1±0.1) 其他连接线 线—地：1×(1±0.1)	正、负	10(下滑 100%)	AC 电源线：5 其他连接线：20	正常监视状态
电压暂降、短时中断和电压变化的抗扰度试验	试验时间 额定电压周期	试验次数			工作状态
	10(40%供电电压) 1(0 V)	10			正常监视状态

4.7 电源瞬变耐受性

监控器的主电源按“通电(9 s)～断电(1 s)”的固定程序连续通断500次。试验期间,应保持正常监视状态;试验后,基本功能应与试验前保持一致。

4.8 气候环境耐受性

监控器应能耐受表2规定的气候条件下的各项试验。试验期间,处于通电状态的监控器及其组件应保持正常监视状态;试验后,应无破坏涂覆和腐蚀现象,基本功能应与试验前保持一致。

表2 气候环境条件

试验名称	试验条件			
低温(运行)试验	温度 ℃	持续时间 h	工作状态	
	0±3	16	正常监视状态	
恒定湿热(运行)试验	温度 ℃	相对湿度 %	持续时间 d	工作状态
	40±2	90～95	4	正常监视状态

4.9 机械环境耐受性

监控器应能耐受表3规定的机械环境条件下的各项试验。试验期间,处于通电状态的监控器应保持正常监视状态;试验后,不应有机械损伤和紧固部位松动现象,基本功能应与试验前保持一致。

表3 机械环境条件

试验名称	试验条件					
振动(正弦)(运行)试验	频率循环范围 Hz	加速幅值 m/s²	扫频速率 oct/min	每个轴线扫频次数	振动方向	工作状态
	10～150	0.981	1	1	X、Y、Z	正常监视状态
振动(正弦)(耐久)试验	频率循环范围 Hz	加速幅值 m/s²	扫频速率 oct/min	每个轴线扫频次数	振动方向	工作状态
	10～150	4.905	1	20	X、Y、Z	不通电状态
碰撞试验	碰撞能量 J			碰撞次数		工作状态
	0.5±0.04			3		正常监视状态

5 试验

5.1 总则

5.1.1 试验程序见表4。

5.1.2 试验应在下述环境条件下进行:

——温度:15 ℃～35 ℃;

——湿度：25% RH～75% RH；

——大气压力：86 kPa～106 kPa。

5.1.3　电磁兼容试验设备应符合 GB/T 17626.2～17626.6 和 GB/T 17626.11 的规定，气候环境和机械环境试验设备应符合 GB 16838 的规定。

5.1.4　各项试验数据的容差为±5%。

5.1.5　试样为监控器 2 套，试验前予以编号。

5.1.6　试验前应按 4.1 和 4.2 的规定对试样进行外观和主要部件检查，符合要求方可进行试验。

表 4　试验程序

序号	章条	试验项目	编号	
			1	2
1	4.1	外观检查	√	√
2	4.2	主要部件检查	√	√
3	5.2	基本功能试验	√	√
4	5.3	自检功能试验	√	√
5	5.4	备用电源功能试验	√	√
6	5.5	故障报警功能试验	√	√
7	5.6	绝缘电阻试验	√	
8	5.7	电气强度试验	√	
9	5.8	射频电磁场辐射抗扰度试验	√	
10	5.9	射频场感应的传导骚扰抗扰度试验	√	
11	5.10	静电放电抗扰度试验		√
12	5.11	电快速瞬变脉冲群抗扰度试验		√
13	5.12	浪涌(冲击)抗扰度试验		√
14	5.13	电压暂降、短时中断和电压变化的抗扰度试验	√	
15	5.14	电源瞬变试验		√
16	5.15	低温(运行)试验	√	
17	5.16	恒定湿热(运行)试验		√
18	5.17	振动(正弦)(运行)试验	√	
19	5.18	振动(正弦)(耐久)试验	√	
20	5.19	碰撞试验		√

5.2　基本功能试验

5.2.1　将试样连接电动闭门器、释放器和门磁开关各两个，其他回路可分别连接等效负载，接通电源，使试样处于正常监视状态。

5.2.2　检查试样电源、供电状态、显示状态和接地端子；模拟电动闭门器、释放器和门磁开关的开、闭和防火门故障状态，保持 100 s，观察并记录试样的工作状态。

5.2.3　操作电动闭门器、释放器和门磁开关令其动作，观察并记录试样和电动闭门器、释放器和门磁开关的状态。

5.2.4 向试样发出来自火灾自动报警系统的火灾报警信号，记录试样向电动闭门器、释放器发出启动信号的时间，观察并记录试样和电动闭门器、释放器状态。

5.2.5 检查试样的信息记录和信息传输功能。

5.3 自检功能试验

5.3.1 将试样连接两个以上的电动闭门器、释放器和门磁开关，接通电源，使其处于正常监视状态。

5.3.2 操作试样自检机构，观察并记录试样的工作状态。

5.4 备用电源功能试验

5.4.1 将试样一个回路按设计容量连接真实负载，其他回路连接等效负载。按照4.3.3.1的要求进行试验，观察并记录试样的工作状态。

5.4.2 在试样处于正常监视状态下，切断试样的主电源，使试样由备用电源供电，再恢复主电源，观察并记录试样的状态。

5.5 故障报警功能试验

5.5.1 将试样连接两个以上的电动闭门器、释放器和门磁开关，其他回路可分别连接等效负载，接通电源，使试样处于正常监视状态。

5.5.2 按4.3.4的要求，对试样各项故障功能进行测试，观察并记录试样的工作状态。

5.5.3 手动消除故障声信号，并使另一部位发出故障信号，检查试样消音功能、故障声信号再启动功能和故障信号显示功能。

5.5.4 手动复位试样，记录试样发出尚未排除故障信号的时间；排除所有输入的故障信号，手动复位试样后（适用于没有故障自动恢复功能的试样），观察并记录试样的指示情况。

5.6 绝缘电阻试验

5.6.1 试验设备

采用满足下列要求的绝缘电阻试验设备（也可用兆欧表或摇表测试）：

a） 试验电压：500 V±50 V；

b） 测量范围：0 MΩ～500 MΩ；

c） 最小分度：0.1 MΩ；

d） 记时：60 s±5 s。

5.6.2 试验步骤

5.6.2.1 将试样有绝缘要求的外部带电端子短接后，连接到绝缘电阻试验装置的正极输出端，机壳接到绝缘电阻试验装置的负极输出端。施加500 V±50 V直流电压，持续60 s±5 s后，记录绝缘电阻值。

5.6.2.2 将试样电源插头（或电源接线端子）短接后，连接到绝缘电阻试验装置的正极输出端，机壳接到绝缘电阻试验装置的负极输出端。施加500 V±50 V直流电压，持续60 s±5 s后，记录绝缘电阻值。

5.7 电气强度试验

5.7.1 试验设备

采用满足下述条件的电器强度试验设备：

a） 试验电压：电压0 V～1 250 V（有效值）连续可调，频率50 Hz，短路电流10 A（有效值）；

b） 升、降压速率：100 V/s～500 V/s；

c） 计时：60 s±5 s。

5.7.2 试验步骤

5.7.2.1 试验前,将试样的接地保护元件拆除。
5.7.2.2 通过试验装置,以 100 V/s～500 V/s 的升压速率,对试样的电源线与机壳间施加 50 Hz, 1 250 V(有效值电压)的试验电压,持续 60 s±5 s,观察并记录试验中所发生的现象。
5.7.2.3 以 100 V/s～500 V/s 的降压速率使电压降至低于额定电压值,切断试验装置的电压输出。
5.7.2.4 接通试样电源,使其处于正常监视状态。
5.7.2.5 进行基本功能试验,并与试验前的基本功能相比较。

5.8 射频电磁场辐射抗扰度试验

5.8.1 将试样按 GB/T 17626.3 的规定进行试验布置,将监控器及电动闭门器、释放器和门磁开关连接,接通电源,使其处于正常监视状态,保持 20 min。
5.8.2 按 GB/T 17626.3 规定的试验方法对试样施加表 1 所示条件的电磁干扰试验,观察并记录试样的工作状态。
5.8.3 进行基本功能试验,并与试验前的基本功能相比较。

5.9 射频场感应的传导骚扰抗扰度试验

5.9.1 将试样按 GB/T 17626.6 的规定进行试验配置,将监控器及电动闭门器、释放器和门磁开关连接,接通电源,使其处于正常监视状态,保持 20 min。
5.9.2 按 GB/T 17626.6 规定的试验方法对试样施加表 1 所示条件的电磁干扰试验,观察并记录试样的工作状态。
5.9.3 进行基本功能试验,并与试验前的基本功能相比较。

5.10 静电放电抗扰度试验

5.10.1 将试样按 GB/T 17626.2 的规定进行试验布置,将监控器及电动闭门器、释放器和门磁开关连接,接通电源,使其处于正常监视状态,保持 20 min。
5.10.2 按 GB/T 17626.2 规定的试验方法对试样及耦合板施加表 1 所示条件的电磁干扰试验,观察并记录试样的工作状态。
5.10.3 进行基本功能试验,并与试验前的基本功能相比较。

5.11 电快速瞬变脉冲群抗扰度试验

5.11.1 将试样按 GB/T 17626.4 的规定进行试验配置,将监控器及电动闭门器、释放器和门磁开关连接,接通电源,使其处于正常监视状态,保持 20 min。
5.11.2 按 GB/T 17626.4 规定的试验方法对试样施加表 1 所示条件的电磁干扰试验。试验期间观察并记录试样的工作状态。
5.11.3 进行基本功能试验,并与试验前的基本功能相比较。

5.12 浪涌(冲击)抗扰度试验

5.12.1 将试样按 GB/T 17626.5 的规定进行试验配置,将监控器及电动闭门器、释放器和门磁开关连接,接通电源,使其处于正常监视状态,保持 20 min。
5.12.2 按 GB/T 17626.5 规定的试验方法对试样施加表 1 所示条件的电磁干扰试验,观察并记录试样的工作状态。
5.12.3 进行基本功能试验,并与试验前的基本功能相比较。

5.13 电压暂降、短时中断和电压变化的抗扰度试验

5.13.1 按正常监视状态要求，将试样电动闭门器、释放器和门磁开关连接。连接试样到符合GB/T 17626.11规定的主电压暂降和中断试验装置上，使其处于正常监视状态。

5.13.2 使主电压下滑至40%，持续20 ms，重复进行10次；再将使主电压下滑至0 V，持续10 ms，重复进行10次，观察并记录试样的工作状态。

5.13.3 进行基本功能试验，并与试验前的基本功能相比较。

5.14 电源瞬变试验

5.14.1 按正常监视状态要求，将试样与电动闭门器、释放器和门磁开关连接，连接试样到符合4.7规定的电源瞬变试验装置，使其处于正常监视状态。

5.14.2 开启试验装置，使试样主电源按"通电(9 s)～断电(1 s)"的固定程序连续通断500次，观察并记录试样的工作状态。

5.14.3 进行基本功能试验，并与试验前的基本功能相比较。

5.15 低温(运行)试验

5.15.1 将试样在正常大气条件下放置2 h～4 h。然后按正常监视状态要求，将试样与等效负载连接，接通电源。

5.15.2 调节试验箱温度，使其在20 ℃±2 ℃温度下保持30 min±5 min，然后，以不大于1 ℃/min的速率降温至0 ℃±3 ℃。

5.15.3 在0 ℃±3 ℃温度条件下，保持16 h后进行基本功能试验。

5.15.4 调节试验箱温度，使其以不大于1 ℃/min的速率升温至20 ℃±2 ℃，并保持30 min±5 min。

5.15.5 取出试样，在正常大气条件下放置1 h～2 h。

5.15.6 检查试样表面涂覆情况。

5.15.7 进行基本功能试验，并与试验前的基本功能相比较。

5.16 恒定湿热(运行)试验

5.16.1 将试样在正常大气条件下放置2 h～4 h。然后按正常监视状态要求，将试样与等效负载连接，接通电源，使其处于正常监视状态。

5.16.2 调节试验箱，使温度为40 ℃±2 ℃，相对湿度90%～95%(先调节温度，当温度达到稳定后再加湿)，保持4 d后进行基本功能试验。

5.16.3 取出试样，在正常大气条件下，处于正常监视状态1 h～2 h。

5.16.4 检查试样表面涂覆情况。

5.16.5 进行基本功能试验，并与试验前的基本功能相比较。

5.17 振动(正弦)(运行)试验

5.17.1 将试样按正常安装方式刚性安装，使同方向的重力作用与其使用时一致(重力影响可忽略时除外)，试样在上述安装方式下可放于任何高度。接通电源，使试样处于正常监视状态。

5.17.2 依次在3个互相垂直的轴线上，在10 Hz～150 Hz的频率循环范围内，以0.981 m/s^2的加速度幅值，1 oct/min的扫频速率，各进行1次扫频循环。

5.17.3 检查试样外观及紧固部位。

5.17.4 进行基本功能试验，并与试验前的基本功能相比较。

5.18 振动(正弦)(耐久)试验

5.18.1 在不通电的情况下,将试样按正常安装方式刚性安装(重力影响可忽略时除外),试样在上述安装方式下可放于任何高度。

5.18.2 依次在3个互相垂直的轴线上,在10 Hz～150 Hz的频率循环范围内,以4.905 m/s^2的加速度幅值,1 oct/min的扫频速率,各进行20次扫频循环。

5.18.3 检查试样外观及紧固部位。

5.18.4 接通电源,使其处于正常监视状态。

5.18.5 进行基本功能试验,并与试验前的基本功能相比较。

5.19 碰撞试验

5.19.1 将试样与等效负载连接,接通电源,使其处于正常监视状态。

5.19.2 对试样表面上的每个易损部件施加3次能量为0.5 J±0.04 J的碰撞。在进行试验时应小心进行,以确保上一组(3次)碰撞的结果不对后续各组碰撞的结果产生影响,在认为可能产生影响时,应不考虑发现的缺陷,取一新的试样,在同一位置重新进行碰撞试验。观察并记录试样的工作状态。

5.19.3 进行基本功能试验,并与试验前的基本功能相比较。

6 检验规则

6.1 出厂检验

应对监控器进行下述试验项目的检验:

a) 基本功能试验;

b) 自检功能试验;

c) 绝缘电阻试验;

d) 电气强度试验。

6.2 型式检验

6.2.1 有下列情况之一,应进行型式检验:

a) 新产品试制定型及老产品转厂生产时;

b) 投产后,产品的结构、主要部件、生产工艺有较大改变,可能影响产品性能时;

c) 正式投产满三年时;

d) 产品停产一年以上,恢复生产时;

e) 出厂检验结果与上次型式检验结果差异较大时;

f) 质量监督部门提出要求时。

6.2.2 型式检验项目为5.1.6、5.2～5.19规定的试验项目。检验样品在出厂检验合格的产品中随机抽取。

6.2.3 检验结果按GB 12978规定的型式检验结果判定方法进行判定。

7 标志

7.1 产品标志

每只监控器均应有清晰、耐久的产品标志,包含以下内容:

a) 产品名称及型号;

b） 执行标准代号；

c） 制造商名称或商标；

d） 接线柱标注；

e） 制造日期或产品编号；

f） 生产地址。

7.2 质量检验标志

每只监控器均应有质量检验合格标志。

8 使用说明书

监控器应附有中文说明书。说明书的内容应符合 GB/T 9969 的要求。

ICS 83.080.01
G 31

GB

中华人民共和国国家标准

GB/T 29365—2012

塑木复合材料　人工气候老化试验方法

Wood-Plastic Composite (WPC)—Test methods of artificial weathering

2012-12-31 发布　　2013-06-01 实施

中华人民共和国国家质量监督检验检疫总局
中国国家标准化管理委员会　发布

前 言

本标准按照 GB/T 1.1—2009 给出的规则起草。

本标准参考了 ASTM D 7032-2007《塑木复合材料铺板和护栏(挡板或扶手)系统性能等级标准规范》、ASTM D 6662-2006《聚烯烃基塑木铺板标准规范》、BS DD CEN/TS 15534-1:2007《塑木复合材料(WPC) 第 1 部分:塑木复合材料及制品相关性能试验方法》,并结合国内塑木复合材料产业的实际情况编制。

本标准由全国质量监管重点产品检验方法标准化技术委员会(SAC/TC 374)提出并归口。

本标准起草单位:广州市质量监督检测研究院、广东顾地塑胶有限公司、安徽国风木塑科技有限公司、惠东美新塑木型材制品有限公司、广东联塑科技实业有限公司、中山市森朗环保装饰建材有限公司、广州赫尔普复合材料科技有限公司、北京至柔科技发展有限公司、广州金发绿可木塑科技有限公司、开平关健木塑板材制品有限公司、海南汽车研究所。

本标准主要起草人:赵慕莲、何国山、王文治、方晓钟、林东亮、吴素平、刘雪宁、吴俊杰、宋维宁、段海龙、关荣健、庄奕玲、魏远芳、潘永红。

塑木复合材料　人工气候老化试验方法

1　范围

本标准规定了塑木复合材料的人工气候老化试验方法。

本标准适用于塑木复合材料在氙灯及荧光紫外灯为光源的人工气候老化箱中进行的老化试验。

使用本标准规定方法所得的试验结果,不能用于直接推断材料的使用寿命。

2　规范性引用文件

下列文件对于本文件的应用是必不可少的。凡是注日期的引用文件,仅注日期的版本适用于本文件。凡是不注日期的引用文件,其最新版本(包括所有的修改单)适用于本文件。

GB/T 2918　塑料试样状态调节和试验的标准环境

GB/T 16422.1　塑料实验室光源暴露试验方法　第1部分:总则

GB/T 16422.2　塑料实验室光源暴露试验方法　第2部分:氙弧灯

GB/T 16422.3　塑料实验室光源暴露试验方法　第3部分:荧光紫外灯

3　术语和定义

下列术语和定义适用于本文件。

3.1

塑木复合材料　wood-plastic composite

以热塑性塑料、木质纤维或其他生物质纤维为主要原料,经成型加工复合而成的材料。

3.2

人工气候老化　artificial weathering

将样品置于人工条件下,模拟和强化自然环境中的光、热、空气、温度、湿度和降雨等因素,样品发生的加速破坏的现象。

4　试验装置

4.1　氙灯

4.1.1　应符合 GB/T 16422.1 和 GB/T 16422.2 的规定。

4.1.2　氙灯和滤光器在使用过程中会逐渐老化,沉积水垢、试样污染等可导致辐照强度下降,应定期进行光能量监测。在测定光能量时,光感器应固定在与试样接受光能量相同的位置上,当测得光能量不符合试验要求时,应调节氙灯功率,必要时,清洗氙灯和滤光器。氙灯和滤光器,应根据供应商提供的使用寿命及时更换。若无特别说明,通常选用既可监控试样窄带波段,又可监控宽带波段辐射能量的辐射计作为光能量监测设备。

4.2　荧光紫外灯

应符合 GB/T 16422.1 和 GB/T 16422.3 的规定。

5 试样

5.1 试样制备

5.1.1 应根据性能测试相关方法标准来确定，或由供需双方商定。

5.1.2 尺寸和形状应满足暴露后相应性能测试方法的规定。当要测试特定类型的制品性能时，在可能的情况下应暴露制品本身。

5.1.3 当进行外观或性能比较时，应使用尺寸及暴露面积相似的试样。

5.1.4 当进行破坏性试验时，应确保有足够的比对原样。

5.2 试样数量

5.2.1 每一组或每一个暴露周期的试样数量应按暴露后性能测试方法规定的数量进行准备；性能测试方法中没有规定试样数量的，测试中的每种材料应至少准备 3 个平行试样。

5.2.2 用于力学性能测试的试样，宜用 2 倍于性能测试方法规定的试样数量。

5.3 试样的状态调节

5.3.1 当利用试验来表征被暴露材料力学性能时，应在测试前按 GB/T 2918 的规定对试样进行状态调节。

5.3.2 参照试样应避光保存在实验室环境中，老化后的试样应尽快进行颜色测定或目测对比。

6 试验条件

6.1 氙灯老化

6.1.1 辐照度

宜采用以下辐照度：

——辐照度 1：(0.35±0.02)W/m^2@340 nm 或(41.5±2.5)W/m^2@(300～400)nm；

——辐照度 2：(0.51±0.02)W/m^2@340 nm 或(60±2.5)W/m^2@(300～400)nm。

选择其他辐照度，应在试验报告中说明。

注：有些薄壁型材(例如塑木复合材料型材或墙板)的老化降解对于光照强度或温度较敏感，建议选用辐照度 1。

6.1.2 温度

6.1.2.1 黑标温度或黑板温度

黑标温度为 65 ℃±3 ℃或黑板温度为 60 ℃±3 ℃，其他黑标或黑板温度可由供需双方商定。

6.1.2.2 箱体空气温度

箱体空气温度为 38 ℃±3 ℃，其他箱体空气温度可由供需双方商定。

6.1.3 相对湿度

相对湿度为 50%±5%，其他相对湿度可由供需双方商定。

6.1.4 喷水周期

喷水周期每次喷水时间为 18 min±0.5 min，两次喷水之间的无水时间为 102 min±0.5 min，其他喷水周期可由供需双方商定。

6.1.5 黑暗周期

6.1.2 和 6.1.4 所规定的条件适用于连续光照的试验,黑暗周期可选用更复杂的循环周期,比如具有较高相对湿度的黑暗周期,在该周期内提高箱体空气温度并形成凝露。

黑暗周期循环试验的具体条件,应在报告中说明。

6.2 荧光紫外灯老化

6.2.1 光源

采用Ⅰ型 UVA-340 荧光紫外灯,其他类型的荧光紫外灯可由供需双方商定。

6.2.2 暴露条件

试样经一段光照暴露期后,应进行无辐照冷凝的循环试验。选用的黑板温度应根据受试材料对环境适应性要求和老化性能评价指标确定,试验周期按有关规定进行。宜采用下述暴露条件:

——条件 1:辐照度为(0.89±0.02) W/m²@340 nm,在黑板温度 60 ℃±3 ℃下辐照暴露 8 h,然后,在黑板温度 50 ℃±3 ℃下无辐照冷凝暴露 4 h。

——条件 2:辐照度为(0.72±0.02) W/m²@340 nm,在黑板温度 60 ℃±3 ℃下辐照暴露 8 h,然后,在黑板温度 50 ℃±3 ℃下无辐照冷凝暴露 4 h。

选择其他暴露条件,应在试验报告中说明。

7 试验步骤

7.1 试样固定

7.1.1 将试样以不受任何外加应力的方式固定于试样架上,每件试样应作不易消除的标记,标记不能标在后续试验需使用的部位上。为了检查方便,可以设计试样放置的布置图。

7.1.2 为了避免因试样暴露位置不同而造成表面受辐照度的不同,在固定试样时,应根据试样的尺寸和形状,合理排列。若有必要,试验仓内的试样位置要定时调换,使循环光照强度相对均匀。

7.1.3 当测定试样外观颜色变化时,可用不透明物遮盖试样的一部分面积,为有利于直观地比较遮盖面与暴露面老化前后的变化,通常遮盖的面积不大于试样总面积的 1/3,但最终试验结果应以试样暴露面与保存在暗处的原始试样的比较为准。

7.2 暴露

7.2.1 在试样放入试验箱前应确保设备在所选试验条件下正常运行,在试验过程中试验条件应保持恒定。

7.2.2 试样应达到规定的暴露期。应经常调换试样的位置,以减少试样暴露的不均匀性;调换试样的位置时,应保持试样初始固定时的取向。

7.2.3 取出试样作定期检查时,应注意不要触摸或破坏试样表面。检查后,试样应按原状放回试验箱,并保持试样初始固定时的取向。

7.3 辐照度测量

宜用外置辐照度仪进行测量,测量前应根据设备制造商说明书进行测量校准。

7.4 试验终止

若发生以下任一种情况，则可以终止试验：

——达到产品标准中规定的暴露时间或辐射能量；

——达到协商同意的暴露时间或辐射能量；

——试样性能变换满足某一规定值。

7.5 老化后性能变化和外观的测定

老化后的性能变化和外观测定按相关产品标准规定的测试方法进行。

8 试验报告

试验报告至少应包括以下内容：

8.1 试样描述

a) 试样及其来源的完整描述；

b) 试样制备方法的完整描述。

8.2 暴露试验的描述

a) 引用标准的名称和代号；

b) 试验设备的类型和型号；

c) 试验用光源、辐照度和滤光器；

d) 试验开始前滤光器和光源已被使用的小时数；

e) 暴露周期(黑标或黑板温度、相对湿度、光照及黑暗周期的时间、冷凝暴露、水喷淋的持续时间及水对试样喷淋位置等)；

f) 试验总时间(按小时计的时间或辐照能 J/m^2 以及测试所用的通道)。

8.3 试验结果

a) 所有试验条件和试验方法的完整描述；

b) 试样老化前、后的性能变化和外观测试结果的完整描述。

8.4 试验日期

8.5 试验单位和试验人员

ICS 07.060
A 47

中华人民共和国国家标准

GB/T 29366—2012

北方牧区草原干旱等级

Drought grade of grassland in northern pastoral area

2012-12-31 发布　　2013-07-20 实施

中华人民共和国国家质量监督检验检疫总局
中国国家标准化管理委员会　发布

前　言

本标准按照 GB/T 1.1—2009 给出的规则起草。

本标准由中国气象局提出。

本标准由全国农业气象标准化技术委员会(SAC/TC 539)归口。

本标准起草单位:青海省气象局、内蒙古自治区气象局、新疆维吾尔自治区气象局、中国气象科学研究院、青海省草原总站。

本标准主要起草人:颜亮东、陈素华、周秉荣、李凤霞、李新建、庞立英、刘玲、李旭谦。

引　言

草原干旱是我国北方牧区最为严重的气象灾害之一，给畜牧业生产造成极大的经济损失。建立统一的北方草原干旱指标和等级标准，客观描述北方草原干旱发生、发展的过程和程度，对草原干旱等级的气象预报、情报服务及防灾减灾具有重要的意义。

北方牧区草原干旱等级

1 范围

本标准规定了北方牧区草原的干旱等级。

本标准适用于北方牧区对牧草生长情况的监测以及草原干旱的评定。

2 术语和定义

下列术语和定义适用于本文件。

2.1

北方牧区草原 grassland in northern pastoral area

秦岭淮河一线以北大面积的天然植物群落所着生的陆地部分，其植被是直接用来收割或放牧饲养牲畜的天然草地。

2.2

草原干旱 grassland drought

长时期降水偏少，造成空气干燥、土壤缺水，使牧草水分发生亏缺，影响牧草正常返青、生长发育而导致的草地地上生物量减少的气象灾害。

2.3

草地最大蒸散量 grassland potential evapotranspiration

在当地自然环境条件下，某时段内地段水分充分满足条件下牧草蒸腾和土壤蒸发的水量总和。

2.4

蒸散系数 evapotranspiration coefficient

实际蒸散与潜在蒸散的比值。

2.5

牧草地上生物量 aboveground biomass of forage

某一时刻单位面积地上所含牧草干物质的累计总量。

2.6

凋萎湿度 wilting moisture

凋萎系数

生长正常的植株仅由于土壤水分不足，致使植株失去膨压，开始稳定凋萎时的土壤湿度。

2.7

土壤有效水分贮存量 available soil moisture

一定(深度)厚度的土壤中含有的大于凋萎湿度的水分贮存量。

3 等级

3.1 等级划分

采用土壤相对湿度、降水距平百分率、相对蒸降差等指标将北方牧区草原干旱划分为5级，从轻到重依次为无旱、轻旱、中旱、重旱、特旱，各等级旱象特征见表1。

表1 北方牧区草原干旱等级及其旱象特征

等级	类型	返青期	分蘖期—成熟期	全生育期
1	无旱	牧草正常返青，植株生长健壮	牧草能正常生长发育，长势良好	牧草返青和生长发育正常，牧草地上生物量正常或偏高
2	轻旱	牧草返青率80%～90%，但返青速度缓慢，植株不整齐	仅牧草基部叶片卷曲，生长发育略有迟缓，长势基本正常	牧草地上生物量为牧草正常返青和生长发育年份的80%～90%
3	中旱	因水分亏缺，牧草返青率在50%～80%	30%～50%牧草叶片中午时萎蔫卷曲，生长中后期中下部叶片早衰变黄，灌浆受阻，秕粒较多	牧草地上生物量仅是牧草正常返青和生长发育年份的60%～80%
4	重旱	因水分亏缺，牧草返青率在20%～50%	50%～80%牧草叶片萎蔫卷曲，叶色发灰，叶片干枯易脱落，生长发育严重受阻，籽粒不能正常灌浆，大部分为秕粒	牧草地上生物量仅是牧草正常返青和生长发育年份的40%～60%
5	特旱	因水分亏缺，牧草返青率低于20%	80%以上牧草叶片干枯、茎秆矮小，甚至生长发育停止，籽粒正常灌浆率低于10%	牧草地上生物量不足正常年份的40%

3.2 判定

在判定干旱等级时，干旱指标的使用依次以土壤相对湿度、降水距平百分率、相对蒸降差指标的评判的结果为准。

3.3 土壤相对湿度指标

3.3.1 基于土壤相对湿度指标的干旱等级见表2。

表 2 基于土壤相对湿度指标的干旱等级

生长季	等级	类型	土壤相对湿度/%				
			温性草甸草原	典型草原	荒漠草原	高寒草原	高寒草甸
春季	1	无旱	>58	>50	>48	>55	>59
	2	轻旱	48～58	40～50	43～48	40～55	40～59
	3	中旱	38～47	35～39	35～42	30～39	30～39
	4	重旱	33～37	30～34	30～34	20～29	20～29
	5	特旱	≤32	≤29	≤29	≤19	≤19
夏季	1	无旱	>65	>60	>58	>59	>59
	2	轻旱	55～65	50～60	48～58	40～59	40～59
	3	中旱	45～54	40～49	40～47	30～39	30～39
	4	重旱	35～44	30～39	30～39	20～29	20～29
	5	特旱	≤34	≤29	≤29	≤19	≤19
秋季	1	无旱	>58	>50	>48	>50	>59
	2	轻旱	48～58	40～50	43～48	40～49	40～59
	3	中旱	38～47	35～39	35～42	30～39	30～39
	4	重旱	33～37	30～34	30～34	20～29	20～29
	5	特旱	≤32	≤29	≤29	≤19	≤19

3.3.2 土壤相对湿度指标按式(1)计算：

$$U=(W/f_c)\times 100\% \quad \cdots\cdots(1)$$

式中：

U——土壤相对湿度，本标准时间尺度以旬为单位，取整数记载；

W——土壤重量含水率；

f_c——田间持水量(用重量含水率表示)。

3.4 降水距平百分率指标

3.4.1 基于降水距平百分率指标的干旱等级见表 3。

表3 基于降水距平百分率指标的干旱等级

生长季	等级	类型	降水量距平百分率/%				
			温性草甸草原	典型草原	荒漠草原	高寒草原	高寒草甸
春季	1	无旱	>20	>30	>37	>−20	>−25
	2	轻旱	−10~20	0~30	20~37	−34~−20	−44~−25
	3	中旱	−40~−11	−30~−1	−10~19	−54~−35	−55~−45
	4	重旱	−70~−41	−60~−31	−30~−11	−64~−55	−75~−56
	5	特旱	≤−71	≤−61	≤−31	≤−65	≤−76
夏季	1	无旱	>10	>10	>10	>−19	>−20
	2	轻旱	−10~10	−10~10	−20~10	−34~−20	−36~−21
	3	中旱	−30~−11	−30~−11	−50~−21	−49~−35	−50~−37
	4	重旱	−50~−31	−50~−31	−80~−51	−59~−50	−65~−51
	5	特旱	≤−51	≤−51	≤−81	≤−60	≤−66
秋季	1	无旱	> 20	>30	> 38	>−20	>−25
	2	轻旱	−10~<20	0~<30	20~38	−34~−21	−44~−26
	3	中旱	−40~−11	−30~−1	−10~19	−54~−35	−55~−45
	4	重旱	−70~−41	−60~−31	−30~−11	−64~−55	−75~−56
	5	特旱	≤−71	≤−61	≤−31	≤−65	≤−76

3.4.2 降水距平百分率指标按式(2)计算：

$$P_a = \frac{P - \overline{P}}{\overline{P}} \quad \cdots\cdots(2)$$

式中：

P_a ——某时段降水距平百分率，本标准时间尺度以月为单位，取整数记载；

P ——某时段降水量，单位为毫米(mm)；

$\overline{P}$ ——某时段历年平均降水量，单位为毫米(mm)，时段采用 WMO 气候分析业务中规定的最近 30 a。

3.5 相对蒸降差指标

3.5.1 基于相对蒸降差指标的干旱等级见表4。

3.5.2 相对蒸降差的计算方法和计算公式见附录A。

表 4 基于相对蒸降差指标的干旱等级

生长季	等级	类型	相对蒸降差				
			温性草甸草原	典型草原	荒漠草原	高寒草原	高寒草甸
春季	1	无旱	<0.9	<0.6	<0.6	<1.3	<1.5
	2	轻旱	0.9～1.0	0.6～1.0	0.6～0.9	1.4～1.6	1.6～1.8
	3	中旱	1.1～1.2	1.1～1.5	1.0～1.3	1.7～1.8	1.9～2.0
	4	重旱	1.3～1.4	1.6～1.7	1.4～1.7	1.9～2.0	2.1～2.4
	5	特旱	≥1.5	≥1.8	≥1.8	≥2.1	≥2.5
夏季	1	无旱	<1.1	<0.5	<0.5	<1.3	<1.5
	2	轻旱	1.1～1.3	0.5～0.7	0.5～0.8	1.4～1.6	1.6～—2.0
	3	中旱	1.4～1.6	0.8～1.2	0.9～1.2	1.7～1.9	2.1～2.3
	4	重旱	1.7～1.9	1.3～1.5	1.3～1.6	2.0～2.2	2.4～2.7
	5	特旱	≥1.9	≥1.5	≥1.6	≥2.2	≥2.7
秋季	1	无旱	<0.9	<0.6	<1.0	<1.3	<1.5
	2	轻旱	0.9～1.0	0.6～1.0	1.0～1.4	1.4～1.6	1.6～1.8
	3	中旱	1.1～1.2	1.1～1.5	1.5～1.9	1.7～1.8	1.9～2.0
	4	重旱	1.3～1.4	1.6～1.7	2.0～2.5	1.9～2.0	2.1～2.4
	5	特旱	≥1.4	≥1.7	≥2.5	≥2.0	≥2.4

附 录 A
(规范性附录)
相对蒸降差计算方法

相对蒸降差(W_d)的计算见公式(A.1):

$$W_{d(i)}=\frac{W_{(i)}}{\overline{W}_i} \qquad \cdots\cdots(A.1)$$

其中:

$$W_{(i)}=E_{tm(i)}-P_{(i)}-Z_{(i-1)}$$

$$\overline{W}_{(i)}=\frac{1}{n}\sum_{k=1}^{n}\left(\overline{E_{tm(i)}}-\overline{P}_{(i)}-\overline{Z}_{(i)}\right)$$

式中:

$W_{d(i)}$ ——第 i 旬相对蒸降差,是第 i 旬蒸降差与第 i 旬历年平均蒸降差的比值;

$W_{(i)}$ ——第 i 旬当年蒸降差,单位为毫米(mm);

$\overline{W}_{(i)}$ ——第 i 旬历年平均蒸降差,单位为毫米(mm);

$E_{tm(i)}$ ——第 i 旬实际最大蒸散量,单位为毫米(mm),计算方法见附录 B;

$P_{(i)}$ ——第 i 旬降水量,单位为毫米(mm);

$Z_{(i-1)}$ ——第 i 旬旬末 0~50 cm 土壤有效水分贮存量减去第 $i-1$ 旬旬末 0~50 cm 土壤有效水分贮存量,单位为毫米(mm);

$\overline{E_{tm(i)}}$ ——第 i 旬历年平均最大草原蒸散量,单位为毫米(mm);

$\overline{P}_{(i)}$ ——第 i 旬历年平均降水量,单位为毫米(mm);

$\overline{Z}_{(i)}$ ——第 i 旬旬末 0~50 cm 历年平均土壤有效水分贮存量减去第 $i-1$ 旬旬末 0~50 cm 历年平均土壤有效水分贮存量,单位为毫米(mm);

i ——所计算旬数,$i=1,2,3\cdots n$;

n ——样本数。

附　录　B
（规范性附录）
草地最大蒸散量计算方法

草地最大蒸散量的计算见式(B.1)：

$$E_{tm(i)}=fE_0=f\frac{\Delta\cdot R/L+v\cdot E_a}{\Delta+v} \quad\cdots\cdots(B.1)$$

式中：

$E_{tm(i)}$ ——牧草生长期第 i 时段草地的最大蒸散量；

E_0 ——为某时段地段在当地气候条件下自由水面的蒸发量，单位为毫米(mm)；

Δ ——为饱和水汽压曲线在平均气温 T_a 处的斜率；

R ——为辐射收支差额，可以实测，也可利用经验公式求得；

v ——为干湿球温度表方程中的常数，为 0.486；

E_a ——为空气动力项，称干燥力。其值由式(B.2)计算：

$$E_a=0.35(E_s-E_d)(1+0.01u_2) \quad\cdots\cdots(B.2)$$

式中：

E_s ——平均气温 T_a 时的饱和水汽压；

E_d ——平均气温 T_a 时的实际水汽压；

u_2 ——2 m 高处的日平均风速。

f——自由水面最大蒸发量转换为北方牧区不同类型草地最大可能蒸散量的系数。该系数根据有关参考文献，利用经验模拟方程计算得出，计算公式见式(B.3)：

$$f=at^3+bt^2+ct+d \quad\cdots\cdots(B.3)$$

式中：

a,b,c,d ——待定系数，经验取值见表 B.1；

t ——返青后牧草生长的旬数。

表 B.1　北方牧区不同类型草原蒸散系数经验值

系数	草原类型				
	草甸草原	典型草原	荒漠草原	高寒草原	高寒草甸
a	−0.001	−0.001 2	−0.000 4	−0.000 1	−0.000 1
b	0.011 5	0.026 5	0.006 1	0.004 3	0.002 5
c	0.106 2	0.082 5	0.023 6	0.009 4	0.043 6
d	−0.189 6	0.216 6	−0.009 2	0.039 9	0.011 6

参 考 文 献

[1] 张正斌,山仑.作物水分利用效率和蒸发蒸腾估算模型的研究进展[J].干旱地区农业研究,1997.15(1):73-76.

[2] 潘晓玲,王学才,累加强.关于中国西部干旱区生态环境演变与调控研究的思考[J].地球科学进展,2001,16(1):24-27.

[3] 袁文平,周广胜.干旱指标的理论分析与研究展望[J].地球科学进展,2004,19(6):982-988.

[4] 信诠,赵聚宝.旱地农田水分热量状况与调控技术[M].北京:农业出版杜,1992.

[5] 华北平原作物水分胁迫与干旱研究课题组.作物水分胁迫与干旱研究[M].郑州:河南省科学技术出版社,1991.111-129.

[6] 刘巍巍,安顺清,刘庚山.帕默尔旱度模式的进一步修正.应用气象学报[J],2004,15(2):207-215 .

[7] 裴步祥.蒸发和蒸散的测定与计算[M].北京:气象出版社,1989,84-90.

[8] 侯琼,李一平.内蒙古雨养农业区土壤水分动态监测模式.应用气象学报[J],1999,10(1):70-78 .

[9] 徐盛荣,李秀芬.NOAA 卫星资料在干旱监测中的应用,广西气象[J],2001,12(4):15-16.

[10] 刘引鸽,韩景卫,屈康庆.宝鸡市干旱气候特征分析.宝鸡文理学院学报(自然科学版)[J],2000,20(2):154-156.

[11] 李久生.北方地区干旱变化趋势分析.干旱地区农业研究[J],2001,19(3):42-51.

[12] 钱正安,吴统文,宋敏红,等.干旱灾害和我国西北干旱气候的研究进展及问题.地球科学进展[J],2001,16(1):28-38.

[13] 李忙宁.干旱地区生态环境劣化的经济损失计算方法初探.东北水利水电[J],2001,17(4):84-87.

[14] 樊恒文,贾晓红,张景光,等.干旱区土地退化与荒漠化对土壤碳循环的影响.中国沙漠[J],2002,22(6):525-534.

[15] 任国业,石承苍,周华茂,等.干旱山区土壤资源适宜性评价实用方法的研究.西南农业学报[J],2001,(增刊):61-63.

[16] 梁巧倩,简茂球.干旱指数 AWTP 在广东冬半年干旱分析中的应用.广东气象[J],2001,4:7-9.

[17] 张宏.极端干旱气候下盐化草甸植被净初级生产力对全球变化的响应.自然资源学报[J],2001,16(3):216-221.

[18] 吕达仁,陈佐忠,王庚辰,等.内蒙古半干旱草原气候生态相互作用问题.地学前缘[J],2002,9(2):307-320.

[19] 徐向阳,刘俊,陈晓静.农业干旱评估指标体系.河海大学学报[J],2001,29(4):56-60.

[20] 周颖.卫星遥感信息系统在林火及干旱监测中的应用.贵州地质[J],2001,18(2):112-115.

[21] 黄富祥,王跃思.我国西北干旱半干旱区现实土地利用决策研究.水土保持学报[J],2001,15(6):108-112.

[22] 徐建华.西北干旱、半干旱区区域可持续发展综合评价模型研究.中国沙漠[J],2001,21(2):147-150.

[23] 杨传平.西北干旱区生态环境建设评价初探.生态学杂志[J],2001,20(6):71-74.

[24] 李翠金.异常干旱气候事件及其对农业影响评估模式.地理学报[J],2000,55(增刊)39-46.

[25] 马柱国,符淙斌.中国北方干旱区地表湿润状况的趋势分析.气象学报[J],2000,59:737-746.

[26] 宫德吉,郝慕玲,侯琼.旱灾成灾综合指数的研究. 气象[J],1997,22(10):3-7.

[27] 宫德吉.内蒙古干旱等级判定方法.内蒙古气象[J],1994,6:1-5.

[28] 祝昌汉,张强.中国旱涝气候监测业务系统简介,气象科技[J],1996(2).33-35.

[29] 张智操.华北地区干旱指数的确定及其应用,灾害学[J],1998,13(4).34-38.

[30] 白殿一.标准编写指南.北京:中国标准出版社.2002.

[31] 中国气象局.地面气象观测规范.北京:气象出版社.2003.

[32] 朱炳海,王鹏飞,束家鑫.气象学词典.上海:上海辞书技术出版社,1985.

[33] (日)气象手册编委会.气象手册.贵阳:贵州人民出版社,1980.

[34] 道尔吉帕拉木.集约化草原畜牧业.北京:中国农业科技出版社,1996.

[35] 国家气象局.农业气象观测规范.北京:气象出版社,1993.

[36] 中国科学院南京土壤研究所.土壤理化分析.上海:上海科学技术出版社.

[37] 中国气象局.地面气象观测方法. 北京:气象出版社,2000.

[38] 青海省技术监督局.DB63/F 209—1994.青海省草地资源调查技术规程.

[39] 北方草场资源调查办公室.草场资源调查技术规程.

[40] 农业部草原监理中心.2005年全国草原资源与生态监测技术操作手册.

[41] 青海省质量技术监督局.DB63/T 372—2001.青海省气象灾害标准.

[42] 内蒙古自治区质量技术监督局.DB15/T 255—1997.内蒙古自治区气象灾害标准.

[43] 李春梅,高素华. 我国北方半干旱区草地水分供需状况研究. 干旱区研究. 2004 Vol.21 No.4 P.338-342.

[44] GB/T 20481—2006 气象干旱等级.

ICS 13.020
Z 10

中华人民共和国国家标准

GB/T 29367—2012

轧花企业粉尘检测方法

Determination of dust in cotton processing enterprises

2012-12-31 发布　　　　2013-07-01 实施

中华人民共和国国家质量监督检验检疫总局
中国国家标准化管理委员会　发布

前言

本标准按 GB/T 1.1—2009 给出的规则起草。

本标准由中华全国供销合作总社提出。

本标准由全国棉花加工标准化技术委员会(SAC/TC 407)归口。

本标准起草单位:中华全国供销合作总社郑州棉麻工程技术设计研究所、中国棉花协会棉花加工分会、中棉工业有限责任公司、北京中棉工程技术有限公司、安徽财经大学、邯郸金狮棉机有限公司。

本标准主要起草人:王利民、王瑞霞、吴国新、胡春雷、李孝华、尹青云、刘军民、王思楠、董春强。

轧花企业粉尘检测方法

1 范围

本标准规定了轧花企业车间工作区空气粉尘浓度和由除尘装置排向大气的粉尘浓度的测定方法。

本标准适用于轧花企业的粉尘浓度测定。

2 规范性引用文件

下列文件对于本文件的应用是必不可少的。凡是注日期的引用文件，仅注日期的版本适用于本文件。凡是不注日期的引用文件，其最新版本(包括所有的修改单)适用于本文件。

GB/T 17061 作业场所空气采样仪器的技术规范

3 车间工作区粉尘浓度测定

3.1 测定工况

应在生产设备正常运行状态下测定。

3.2 采样点

3.2.1 轧花车间在籽棉清理机前和轧花机前、皮棉清理机后设采样点。

3.2.2 剥绒车间应在头道剥绒机、二道剥绒机前设采样点。

3.2.3 清绒车间应在清绒机前设采样点。

3.2.4 回收清理车间应在不孕籽清理机前设采样点。

3.3 采样位置

应在设备前 1 m，离地面 1.5 m 的位置采样。

3.4 仪器

3.4.1 粉尘采样仪

应采用经过产品检验合格的粉尘采样仪，且应符合 GB/T 17061 的规定。

3.4.2 滤膜

应采用过氯乙烯纤维滤膜或其他测尘滤膜，直径为 37 mm 或 40 mm。

3.4.3 分析天平

精度为 0.1 mg。

3.4.4 秒表或相当于秒表的计时器。

3.4.5 小镊子。

3.5 测定步骤

3.5.1 滤膜的准备

在实验室里，用镊子取下滤膜两面的夹衬纸，置于天平上称量，记录质量，然后将滤膜放入滤膜夹，确认滤膜无皱褶或裂隙后，放入已编好号的样品盒或密封袋备用。

3.5.2 安装

滤膜毛面应朝进气方向，滤膜放置应平整，不应有裂隙或皱褶。

3.5.3 现场采样

在确定的采样点水平架设一台粉尘采样仪，从样品盒或密封袋中取出已知滤膜质量的滤膜夹，按3.5.2的要求安装，拧紧顶盖，采样头进口应与含尘气流的方向垂直，开启采样仪。采样流量为 15 L/min～40 L/min，采样中应保持稳定的流量。用秒表计时，采样时间为 15 min。

3.5.4 滤膜收集

采样完毕，应将受尘面向上放置，取出滤膜夹，装入原样品盒或密封袋，室温下运输和保存。携带运输过程中应防止粉尘脱落或二次污染。

3.5.5 测定次数

每一采样点应测定 3 次。

3.5.6 滤膜的称量

在实验室中，用镊子将带尘滤膜从滤膜夹中取出，将滤膜受尘面向里对折 1～3 次，放入天平称量，记录滤膜质量。

3.6 结果计算

粉尘浓度按式(1)计算：

$$C=\frac{m_2-m_1}{Q\,t}\times 1\,000 \qquad \cdots\cdots(1)$$

式中：

C ——粉尘浓度，单位为毫克每立方米(mg/m^3)；

m_2 ——采样后滤膜的质量，单位为毫克(mg)；

m_1 ——采样前滤膜的质量，单位为毫克(mg)；

Q ——采样流量，单位为升每分(L/min)；

t ——采样时间，单位为分(min)。

3.7 测定结果处理

以 3 次测定结果的平均值作为测定结果。

3.8 测定记录

测定结果应按表 1 记录。

表 1 车间内空气粉尘浓度测定记录

企业名称：

测定项目	序号		
	1	2	3
采样前滤膜质量 m_1/mg			
采样后滤膜质量 m_2/mg			
采样流量 Q/(L/min)			
采样时间 t/min			
粉尘浓度 C/(mg/m^3)			
粉尘浓度平均值/(mg/m^3)			
测定日期：	测定点：	测定人：	

4 由除尘装置向大气中排放的粉尘浓度测定

4.1 测定工况

应符合 3.1 规定。

4.2 采样点

4.2.1 采样点应按无组织排放设置监测点。监测点的设置应选取在最终向室外排放口处。

4.2.2 当无明显风向和风速时，应在除尘装置排放口出风口处设置四个监测点。

4.2.3 当具有明显风向和风速时，应在除尘装置外下风向出风口处设置四个监测点，同时在上风向设置一个参照点。

4.2.4 监测点和参照点设置高度范围应为 1.5 m～5 m。监测点和参照点距除尘装置应为 2 m～3 m。

4.3 测定方法

见 3.5 的规定。

4.4 粉尘浓度测定

4.4.1 滤膜

应采用过氯乙烯纤维滤膜或其他测尘滤膜，直径为 75 mm。做成漏斗状装入采样夹。

4.4.2 滤膜的准备

按 3.5.1 的规定操作。

4.4.3 现场采样

在 4.2 确定的采样点架设一台粉尘采样仪，具体操作同 3.5.2。

4.4.4 滤膜的称量

按 3.5.6 进行。

4.5 粉尘浓度计算

按3.6的规定计算。

4.6 测定结果处理

当无明显风向和风速时，应以四个监测点中的浓度最高点的测量值作为粉尘浓度测定结果；当具有明显风向和风速时，应以四个监测点中的浓度最高点与参照点测定值之差作为粉尘浓度测定结果。测定结果记入表2。

表2 除尘装置向大气中排放粉尘浓度测定记录

企业名称：

测定项目	序号				
	1	2	3	4	5(参照点)
采样前滤膜质量 m_1/mg					
采样后滤膜质量 m_2/mg					
采样流量 Q/(L/min)					
采样时间 t/min					
粉尘浓度 C/(mg/m^3)					
最终结果/(mg/m^3)					
测定日期：	测定点：			测定人：	

ICS 67.080.01
X 26

中华人民共和国国家标准

GB/T 29368—2012

银耳菌种生产技术规范

Technology regulation for spawn production of white jelly fungus

2012-12-31 发布 2013-07-01 实施

中华人民共和国国家质量监督检验检疫总局
中国国家标准化管理委员会 发布

前　言

本标准按照GB/T 1.1—2009给出的规则起草。

本标准由中华全国供销合作总社提出。

本标准由全国银耳标准化工作组归口。

本标准起草单位：古田县食用菌产业管理局、福建农林大学菌物研究中心、古田县兴华真菌研究所、古田县兴达银耳研究所、福建省标准化研究院。

本标准主要起草人：阮淑珊、雷银清、朱坚、吴小平、黄聿善、邓优锦、温志强、彭冬祥、戴维浩、张汉文、赵理、曾丽平、高华娟。

银耳菌种生产技术规范

1 范围

本标准规定了银耳菌种生产的术语和定义、要求、一级种制作、二级种制作、三级种制作、接种室(箱)消毒处理、培养室处理、培养期检查、菌种生产档案和标志、包装、运输。

本标准适用于银耳菌种生产。

2 规范性引用文件

下列文件对于本文件的应用是必不可少的。凡是注日期的引用文件,仅注日期的版本适用于本文件。凡是不注日期的引用文件,其最新版本(包括所有的修改单)适用于本文件。

GB/T 191 包装储运图示标志

NY/T 528—2010 食用菌菌种生产技术规程

食用菌菌种管理办法(中华人民共和国农业部令第62号)

3 术语和定义

下列术语和定义适用于本文件。

3.1

银耳 white jelly fungus

银耳隶属担子菌纲(Basidiomycetes),银耳目(Tremellales),银耳科(Tremellaceae),银耳属(Tremella),其子实体由数片至十几片纯白或乳白色胶质瓣组成,形似菊花形、牡丹形或绣球形。

注:*Tremella fuciformis* Berk

3.2

银耳菌丝 mycelium of white jelly fungus

银耳营养生长阶段,颜色白至黄色,纤细,具分枝及分隔,锁状联合明显。

注:银耳菌种主要用银耳菌丝进行生产。

3.3

香灰菌 cohabitant fungus

银耳生长过程中与银耳菌丝伴生,并能分泌黑色素的一种羽毛状真菌。

注:*Hypoxylon* spp.

3.4

白毛团 mycelium pellet

银耳菌丝与香灰菌丝混生在培养基表面形成的白色菌丝团。

3.5

耳基 basal tissue of white jelly fungus fruit body

银耳子实体基部组织,呈桔黄色或垩白色,硬实,俗称蒂头。

3.6

混合培养 mix culture

将培养成熟的银耳菌丝与香灰菌丝按一定比例混合,制备成有生产价值的银耳菌种的过程,俗称交合。

3.7

基质块　substrate block

在银耳耳基正下方，含有银耳菌丝和香灰菌丝的硬质层培养基。

3.8

基内分离　substrate isolation

在基质块内分离出银耳菌丝和香灰菌丝混合培养物的过程。

3.9

分泌液　liquid exudation

正常生长过程中在白毛团表面分泌的无色、黄色或红色液体，俗称吐水。

3.10

银耳母种　stock culture of *Tremella fuciformis*

经混合培养或基内分离得到的具有结实性的银耳菌丝和香灰菌丝的混合培养物，包括基内分离、混合培养的木屑种和混合培养的试管种，也称银耳一级种。

4　要求

人员要求、场地选择、厂房设置和布局、设备设施应符合《食用菌菌种管理办法》和 NY/T 528—2010 中第 4 章的规定。

5　一级种制作

5.1　培养基制作

5.1.1　PDA 培养基制作

5.1.1.1　配方应符合 NY/T 528—2010 中附录 A 的规定。

5.1.1.2　按常规方法进行培养基配制，装入试管，灭菌制成试管斜面。

5.1.2　木屑培养基制作

配方：银耳适生树种（见附录 A）木屑 63%～73%、麸皮 35%～25%、石膏粉 2%，料水比 1∶1.3～1∶1.5。

按常规方法，将培养基拌匀，装瓶，料高 7 cm～10 cm，高压灭菌，121 ℃～124 ℃，维持 2 h。

5.2　生产工艺

5.2.1　混合培养生产工艺

5.2.1.1　材料选择

选择培养 28 d 左右，银耳子实体直径 7 cm～8 cm，朵形圆正，耳片白且厚，香灰菌丝生长有力，培养料表面黑色素分布均匀，无病虫害的银耳菌袋。

5.2.1.2　银耳菌丝分离

5.2.1.2.1　制备基质块

切除银耳子实体，取出基质块，并切成约 1 cm×1 cm×1 cm 的硬方块做分离材料。

5.2.1.2.2 基质块脱水

将基质块用无菌纱布包好，置于装有干燥剂的干燥器中脱水 10 d～20 d，或置于阴凉通风处风干 30 d 左右，直至香灰菌丝死亡。

5.2.1.2.3 分离培养

在无菌条件下，切开分离材料，取内部约 1 mm^3 的基质块至表面无积水的 PDA 斜面上，每支斜面放 1 块～3 块，接种后至 21 ℃±2 ℃的温度下培养 8 d～10 d。

5.2.1.2.4 转管

选取银耳菌落生长健壮、圆正的试管种，在无菌条件下，用接种针挑取菌落边缘约 1.5 mm^3 的菌丝块移至表面无积水的 PDA 斜面培养基上，于 21 ℃±2 ℃下培养 8 d～10 d，备用。

5.2.1.3 香灰菌丝分离

在无菌条件下，从银耳菌袋远离基质块的培养料中直接钩取约 0.5 mm^3 菌丝块至表面无积水的 PDA 斜面培养基上，于 21 ℃±2 ℃温度下培养 7 d～10 d。

在无菌条件下，挑取菌落边缘约 0.5 mm^3 菌丝块至表面无积水的 PDA 试管斜面培养基上，于 21 ℃±2 ℃温度下培养 7 d～10 d。

5.2.1.4 混合培养

在无菌条件下，分别挑取直径为 5 mm ～7 mm 的银耳菌丝块和直径为 2 mm 的香灰菌丝块至菌种瓶的培养基表面中央位置，确保两菌丝块相互接触，于 21 ℃±2 ℃温度下培养 30 d～35 d，选其中香灰菌丝长势均匀、吃料快、白毛团胶质化快、出耳早、朵型圆正、耳片伸展好、无污染的菌种作为一级种备用。

5.2.2 基内分离生产工艺

5.2.2.1 材料选择

同 5.2.1.1。

5.2.2.2 银耳菌袋表面消毒

切除子实体，用 75%酒精消毒菌袋表面。

5.2.2.3 基质块制备

无菌条件下，用接种刀将菌袋中基质块表面老菌丝铲除，取中下层基质块，挑取约 0.5 mm^3 的基质团置于菌种瓶的木屑培养基表面中央位置。

5.2.2.4 培养

置于 21 ℃±2 ℃下培养，30 d～35 d 后，选其中香灰菌丝生长健壮、分布均匀、分泌黑色素、白毛团胶质化快、出耳早、朵型圆正、耳片伸长好、无污染的菌种为一级菌种。

6 二级种制作

6.1 培养基配制

采用木屑培养基,其配方和制作同5.1.2。

6.2 接种

6.2.1 无菌条件下,切除一级种瓶内的银耳子实体,清除培养基表面的老化菌丝层。
6.2.2 用拌种铲捣碎基质块。
6.2.3 用接种匙取0.2 g~0.3 g的基质块碎粒,接入菌种瓶内木屑培养基表面中央位置。
6.2.4 每瓶一级种扩接50瓶~100瓶的二级种。

6.3 培养

置于21 ℃±2 ℃下培养15 d~30 d,挑选已出现原基与小耳片、香灰菌丝生长健壮、分布均匀、分泌黑色素的菌种作为二级种。

7 三级种制作

7.1 培养基制作

采用木屑培养基,其配方和制作同5.1.2。

7.2 接种

同6.2。

7.3 培养

置于21 ℃±2 ℃、避光、空气清新的菌种室内培养,经7 d~12 d左右,香灰菌丝生长健壮、分布均匀、分泌黑色素,培养基表面出现许多白毛团,即成三级种。

8 接种室(箱)消毒处理、培养室处理、培养期检查

8.1 接种室(箱)消毒

接种室(箱)用清水清洁、晾干,每批次接种前用气雾消毒剂消毒,接种室5 g/m^3~10 g/m^3,每个接种箱10 g。

8.2 培养室处理

清水清洁、晾干。

8.3 培养期检查

接种3 d后开始不定期检查,剔除已被污染和发生病虫害菌种等不合格菌种。

9 菌种生产档案

应符合《食用菌菌种管理办法》的规定。

10 标志、包装、运输

10.1 标志

一、二、三级菌种按出售批次贴上标签。标签内容应包括:菌种名称、编号、级别、生产单位名称、接种日期。

10.2 包装

一级、二级菌种单管或单瓶用干净棉花包好,外面套上牛皮纸,用橡皮筋扎紧,最后装在木箱中。三级菌种原则上按一级、二级菌种包装,但是对于短途、量大的三级菌种可用纸箱、编织袋、篮筐等包装。

10.3 运输

应符合 GB/T 191 的规定。

附 录 A
（规范性附录）
银耳适生树种

壳斗科(Fagaceae)、金缕梅科(Hamamelidaceae)、桦木科(Betulaceae)、杜英科(Elaeocarpaceae)、漆树科(Anacardiaceae)、胡桃科(Juglandaceae)、五加科(Araliaceae)、榛科(Corylaceae)、豆科(Leguminosae sp.)、安息香科(Styracaceae)、大戟科(Euphorbiaceae)、杨柳科(Salicaceae)。

ICS 67.080.01
X 26

中华人民共和国国家标准

GB/T 29369—2012

银耳生产技术规范

Technology regulation for white jelly fungus production

2012-12-31 发布 2013-07-01 实施

中华人民共和国国家质量监督检验检疫总局
中国国家标准化管理委员会 发布

前　言

本标准按照 GB/T 1.1—2009 给出的规则起草。

本标准由中华全国供销合作总社提出。

本标准由全国银耳标准化工作组归口。

本标准起草单位：古田县食用菌产业管理局、福建农林大学菌物研究中心、福建省食用菌技术推广总站、福建省标准化研究院。

本标准主要起草人：阮淑珊、雷银清、朱坚、吴小平、黄聿善、邓优锦、温志强、彭冬祥、戴维浩、张汉文、赵理、曾丽平、高华娟、谢福泉、杨永彬。

银耳生产技术规范

1 范围

本标准规定了银耳生产的术语和定义、生产场所及设施、菌袋制作、菌丝培养、栽培管理和采收。

本标准适用于银耳代料袋栽生产。

2 规范性引用文件

下列文件对于本文件的应用是必不可少的。凡是注日期的引用文件，仅注日期的版本适用于本文件。凡是不注日期的引用文件，其最新版本(包括所有的修改单)适用于本文件。

GB/T 5483 天然石膏

NY/T 119 饲料用小麦麸

3 术语和定义

下列术语和定义适用于本文件。

3.1

白毛团 mycelium pellet

银耳菌丝与香灰菌丝混生在培养基表面形成的白色菌丝团。

3.2

菌袋 mycelia colonized bag

塑料袋装入培养料、灭菌并接种后，形成培养料和菌丝体的混合体。

3.3

翻袋 turning

在发菌期间，为了调节温度、通气和检查杂菌污染情况，进行有规律翻动、交换菌袋位置、剔除被杂菌污染的菌袋的操作过程。

3.4

袋距 distance between two bags

菌袋摆放在床架上时，相邻菌袋之间的距离。

3.5

原基 primordium

尚未分化的原始子实体的组织团。

3.6

拌种 spawn homogenizing

在无菌条件下，将适龄银耳菌种搅碎、拌匀的操作过程。

3.7

缓冲道 prevention zone

在栽培房门外采用防虫网设置封闭的防虫隔离带。

4 生产场所及设施

4.1 栽培场所

给排水方便，四周卫生，周边无规模养殖的禽畜舍、垃圾场、集市和粉尘污染源(如:大量扬尘的水泥厂、砖瓦厂、石灰厂、木材加工厂等)。

4.2 菌丝培养室

室内干燥、保温、通风，每间面积 30 m^2～40 m^2、高 2.5 m～3 m。门窗安装 60 目～80 目防虫网。

4.3 栽培房

4.3.1 栽培房规格

栽培房要求保温、保湿，由墙、天花板、窗和门、通道、屋顶、缓冲道、调温设施、栽培床架组成。菇房长 10 m～12 m，一条通道的菇房宽 3.3 m、高 3.5 m～4 m；两条通道的菇房宽 4.4 m、高 3.5 m～4 m。

4.3.2 墙

墙由三层组成。外层砖墙厚 24 cm(土墙厚 40 cm，空心砖墙厚 20 cm)，中层墙壁要先衬上一层厚为 3 cm～5 cm 的泡沫板，内层衬一层塑料薄膜。

4.3.3 天花板

天花板设置防鼠铁丝网和隔热层，通道上方位置设置 2 个～3 个 80 cm×80 cm 能开合的天窗。

4.3.4 窗和门

一条通道的栽培房:1 扇门，前面开 1 扇门，门上方安装 1 个排气扇或 1 个窗，后面开 1 扇窗；两条通道的栽培房各自开 2 扇门，前后各设置 2 个窗户或排气扇。窗和门应安装 60 目～80 目防虫网。

4.3.5 通道

通道宽 1.1 m，正上方等距离安装 2 个小型电风扇和 2 盏节能灯。

4.3.6 屋顶

倾斜度为 30°～45°，用彩钢板、瓦片或水泥瓦搭盖。

4.3.7 缓冲道

缓冲道宽 2 m，安装 60 目～80 目防虫网，上方安装杀虫灯。

4.3.8 调温设施

采用地下火坑道形式，由烧火口、烧火膛、火烟暗道和烟囱组成。烧火口设在菇房门口外墙脚处，烧火口高 40 cm、宽 20 cm；烧火膛直径 80 cm；火烟暗道高 48 cm，宽 15 cm；烟囱高出菇房顶 50 cm 以上，烟囱内径 16 cm～18 cm。或其他温度调节设施。

4.3.9 栽培床架

层架式，床架用角钢、木头或竹竿等搭建。一条通道的菇房内安装两排栽培床架，架宽 1.1 m；两条通道的菇房内安装三排栽培床架，两边床宽 55 cm，中间床宽 1.1 m。以栽培房高度为准，床高 3.0 m～3.3 m，分 10 层～12 层，层距 27 cm～30 cm，床面纵向排放 4 根木条或竹竿等材料。

5 菌袋制作

5.1 原料要求

5.1.1 水

应为未被污染的自来水、井水、山泉水等。

5.1.2 栽培主料

棉籽壳、黄豆秆粉：要求新鲜、干燥，无霉变、虫蛀、结块、异味、异物。

木屑：要求为银耳适生树种（壳斗科、金缕梅科、桦木科、杜英科、漆树科、胡桃科、五加科、榛科、豆科、安息香科、大戟科、杨柳科），无霉变、干燥、无异物。

5.1.3 栽培辅料

麸皮：应符合 NY/T 119 的规定。

石膏粉：应符合 GB/T 5483 的规定。

5.1.4 基本配方

配方一：棉籽壳 82%～88%、麸皮 16%～11%、石膏粉 2%～1%，含水量 55%～60%。

配方二：木屑 60%、黄豆秆 23%、麸皮 15%、石膏粉 2%，含水量 55%～60%。

5.2 菌袋制作

5.2.1 装袋

5.2.1.1 采用对折径 12.5 cm、长 53 cm～55 cm、厚 0.004 cm 规格的低压聚乙烯塑料袋装培养料。根据制作袋数，计算培养料用量（每袋装干料 0.6 kg～0.75 kg）。按配方比例称取原、辅料。培养料填装高度 45 cm～47 cm。每个塑料袋填湿料 1.3 kg～1.5 kg。

5.2.1.2 擦净塑料袋口内外两面粘附的培养料后，用线扎紧袋口。

5.2.1.3 用直径 1.5 cm 的打穴器在填好培养基的料袋单面打穴，每袋打 3 个～4 个等距离穴，深

2 cm。

5.2.1.4 用规格 3.3 cm×3.3 cm 的食用菌专用胶布，贴封穴口，穴口四周封严压密实。

5.2.2 灭菌

采用常压蒸汽灭菌。要求灭菌锅内温度在 4 h 内达到 100 ℃，确保锅内所有料袋的温度达到 100 ℃开始计时，维持 100 ℃8 h～10 h。灭菌后，趁热取出料袋并搬运到已做消毒处理的接种室内，"井"型排放，每层 4 袋。

5.2.3 接种

5.2.3.1 拌种

选择合格的三级种，在接种前 12 h～24 h 内进行拌种。

5.2.3.2 接种室消毒

当料袋内温度降至 28 ℃以下时，将料袋、接种用具等进行消毒。采用熏蒸法消毒，药剂用量 5 g/m³～10 g/m³，消毒 2 h～5 h。

5.2.3.3 接种

消毒后 4 h 即可接种，要求接入穴内的菌种比穴口低 1 mm～2 mm。每穴接种量约 1.5 g，1 瓶三级种可接种 110 穴～120 穴。接种后的菌袋，按"井"字形叠放，每层 4 袋～5 袋，每堆叠 10 层～12 层。

6 菌丝培养

菌丝培养要求见表 1。

表 1 菌丝培养要求

日程/d	生长状况	作业内容	环境条件要求			注意事项
			温度/℃	湿度/%	通风	
1～3	接种后菌丝萌发定植	菌袋按"井"字形重叠室内发菌，保护接种口的封盖物	26～28	自然	不必每天通风	避光培养，室温不得超过 30 ℃
4～8	穴中凸起白毛团，袋壁菌丝伸长	翻袋检查杂菌，疏袋调整散热	23～25	自然	2 次/d，10 min/次	避光，通风时关好纱窗，检出有病虫害的菌筒，并用干净的塑料袋装好，搬离菌丝培养室

7 栽培管理

栽培管理要求见表2。

表2 栽培管理要求

日程/d	生长状况	作业内容	环境条件要求			注意事项
			温度/℃	湿度/%	通风	
9～12	菌落直径8 cm～10 cm白色带黑斑	栽培房消毒，床架清洗晾干，菌袋搬入栽培房排放床架上，袋距3 cm～4 cm	22～25	75～80	3次/d～4次/d，10 min/次	栽培管理整个过程随时注意防虫网密闭，保持栽培房内外清洁
13～19	菌丝基本布满菌袋，淡黄色原基形成，原基分化出耳芽	割膜扩口1 cm，覆盖无纺布，喷水加湿，保持湿润	22～25	90～95	3次/d～4次/d，30 min/次	
20～25	耳片直径3 cm～6 cm，耳片未展开，色白	取出覆盖物晒干后再盖上，喷水保湿	20～24	90～95	3次/d～4次/d，20 min/次～80 min/次	耳黄多喷水，耳白少喷水，结合通风，增加散射光
26～30	耳片直径8 cm～12 cm，耳片松展，色白	取出覆盖物，喷水保湿	22～25	90～95	3次/d～4次/d，20 min/次～30 min/次	以湿为主，干湿交替，晴天多喷水，结合通风
31～35	耳片直径12 cm～16 cm；耳片略有收缩，色白，基部呈黄色，有弹性	停止喷水，控制温度，成耳待收	22～25	自然	3次/d～4次/d，30 min/次	保温与通风
35～43	菌袋收缩出现皱褶、变轻。耳片收缩，边缘干缩，有弹性	采收				

8 采收

8.1 采收方法

一次性采收，采摘整个子实体。

8.2 初加工

银耳初加工流程图见图 1。

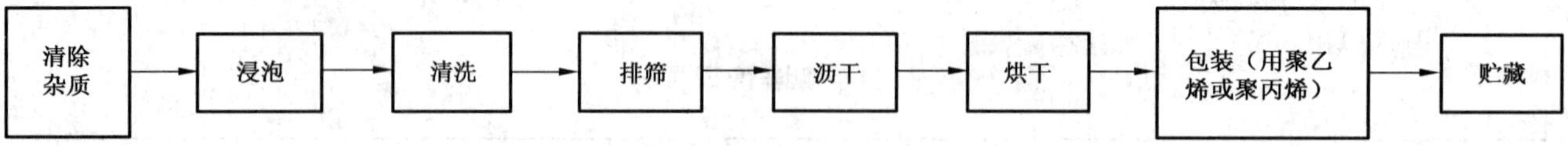

图 1 银耳初加工流程图

8.3 清场

采收后，应及时清除废菌袋、清扫栽培房，栽培房薄膜、地板、床架应洗净晒干或晾干，以备下批次生产用。